微信扫描本书二维码，了解更多线上资源

# 《污水处理厂仪表与自动化控制》配套学习资源

## 本书配套

**·实操视频·**

视频演示，助你提升实操技能

**·教学课件·**

同步课件，帮你提炼重、难点

**·程序文件·**

本地部署实训任务案例

**·答案解析·**

对照答案检测学习效果

中国生态环境产教融合丛书
智 慧 水 务 专 业 教 材

# 污水处理厂仪表与自动化控制

王建利　陈克森　宗德森　冀广鹏　主编

中国环境出版集团・北京

**图书在版编目（CIP）数据**

污水处理厂仪表与自动化控制/王建利等主编．—北京：中国环境出版集团，2022.7（2025.2 重印）

（中国生态环境产教融合丛书）

智慧水务专业教材

ISBN 978-7-5111-5190-2

Ⅰ．①污…　Ⅱ．①王…　Ⅲ．①污水处理厂—自动化仪表—教材②污水处理厂—自动控制—教材　Ⅳ．①X505

中国版本图书馆 CIP 数据核字（2022）第 110413 号

**责任编辑**　曹　玮
**封面设计**　岳　帅

---

**出版发行**　中国环境出版集团
（100062　北京市东城区广渠门内大街 16 号）
网　　址：http：//www.cesp.com.cn
电子邮箱：bjgl@cesp.com.cn
联系电话：010-67114150（第二分社）
发行热线：010-67125803，010-67113405（传真）

**印　　刷**　玖龙（天津）印刷有限公司
**经　　销**　各地新华书店
**版　　次**　2022 年 7 月第 1 版
**印　　次**　2025 年 2 月第 2 次印刷
**开　　本**　787×1092　1/16
**印　　张**　23.5
**字　　数**　487 千字
**定　　价**　84.00 元

---

# 中国生态环境产教融合丛书

## 编 委 会

# 本书编委会

主　编　王建利（北控水务集团有限公司）
陈克森（山东水利职业学院）
宗德森（北控水务集团有限公司）
冀广鹏（北控水务集团有限公司）

副主编　刘振生（北控水务集团有限公司）
宋雪臣（山东水利职业学院）
许　峰（山东水利职业学院）
刘同银（北控水务集团有限公司）
马圣昌（北控水务集团有限公司）
王双吉（北控水务集团有限公司）
张　雷（北控水务集团有限公司）
丁文兵（北控水务集团有限公司）
李岩鹏（河北工业职业技术大学）

编　委　罗学春（北控水务集团有限公司）
叶　斌（北控水务集团有限公司）
李　铎（北控水务集团有限公司）
韦　增（北控水务集团有限公司）
张　伟（山东水利职业学院）
乔　鹏（山东水利职业学院）
朱　蕊（北控水务集团有限公司）
秦建明（北控水务集团有限公司）

# 总　序

2021 年是“十四五”开局之年，我国生态环境产业将继续迎来蓬勃发展的重要机遇期，国家着力建立健全绿色低碳循环发展经济体系，促进经济社会发展全面绿色转型。面对新的发展时期，在“绿水青山就是金山银山”理念和生态文明思想的指引下，水务行业将从传统的水资源利用和水污染防治逐渐发展为生态产品价值体现以及环境资源贡献。

随着生态环境产业的迅速发展，对技术创新力的要求不断提高，市场竞争中行业人才供给有着非常大的缺口，而“产教融合”正是解决这一“缺口”的有效途径。企业通过与高校开展校企合作，联合招生，共同培养水务人才；企业专家和高校教师共同制定培养方案并开发教材，将污水处理厂作为学生的实习基地；企业专家担任高校授课教师，从而将对岗位能力的实际需求全方位地融入学生的培养过程。

2017 年，《关于深化产教融合的若干意见》印发，鼓励企业发挥重要主体作用，深化引企入教，促进企业需求融入人才培养环节，培养大批高素质创新人才和技术技能人才；2019 年，《国家产教融合建设试点实施方案》再次强调，企业应通过校企合作等方式构建规范化的技术课程、实习实训和技能评价标准体系，在教学改革中发挥重要主体作用，在提升技术技能人才和创新创业人才培养质量上发挥示范引领作用；2021 年，《中华人民共和国国民经济和社会发展第十四个五年规划和 2035 年远景目标纲要》提出，建设高质量教育体系，推行“学历证书+职业技能等级证书”制度，深化产教融合、校企合作，鼓励企业举办高质量职业技术教育，实施现代职业技术教育质量提升计划，建设一批高水平职业技术院校和专业。

北控水务集团有限公司是国内水资源循环利用和水生态环境保护行业的旗舰企业，集产业投资、设计、建设、运营、技术服务与资本运作于一体。近年来，在国家政策导向和企业发展战略的双重驱动下，北控水务集团有限公司在多年实践经验的基础上，进一步推动在产教融合领域的积极探索，把握（现代）产业学院建设、1+X 证书制度试点建设、“双师型”教师队伍建设、公共实训基地共建共享等重大政策机遇，围绕产教融合“大平台+”建设规划开展了一系列实践项目，并取得了显著成果。北控水务集团有限公司希望通过践行产教融合战略，推动行业人才培养和技术进步，为水务行业的持续发展提供有力的支持和帮助。

“中国生态环境产教融合丛书”（以下简称丛书）主要涉及智慧水务管理、职业技能等级标准、大学生创新创业、实习培训基地等，聚焦生态环境领域人才培养，采用校企双元合作的教材开发模式和内容及时更新的教材编修机制，深度对接行业企业标准，落实“书证融通”相关要求，同时适应“互联网+”发展需求，加强与虚拟仿真软件平台的结合，重视对学生实操能力的培养。

由于丛书内容涉及多学科领域，且受编者水平所限，难免有遗漏和不足之处，敬请读者不吝指正。

北控水务集团有限公司轮值执行总裁

生态环境职业教育教学指导委员会副秘书长

2021 年 12 月

# 前　言

本书为北控水务集团有限公司主导编写的面向智慧水务方向人才培养的教材，首次采用校企深度合作模式，结合水务行业未来发展方向——智慧水务，以企业需求为导向，融入职业教育思路和方法，由北控水务集团有限公司和山东水利职业学院、长沙环境保护职业学院、广东环境保护工程职业学院、河北环境工程学院共同讨论教材编写大纲，由北控水务集团有限公司自控仪表工程师和山东水利职业学院一线授课教师共同编写。本书结合污水处理厂对自动控制实用技术的需求，与高校讲授的工艺运行、自动控制、机电技术、仪表专业知识相衔接，以培养实际操作技能为主，理论与实践相结合。书中采用二维码呈现编程案例和实操视频，帮助学员理解掌握自动控制仪表技术，本书可用作水处理工艺自动控制、机电技术、仪表相关专业的实训教材。

本书由自动控制基础知识、可编程控制器基础、污水处理厂常用仪表和污水处理厂运行监视与自动控制 4 个模块组成，以城镇污水处理工艺配套的自动控制系统和在线过程仪表为主线，系统介绍了污水处理厂自动控制系统的构成及运行维护知识，并通过可编程控制器编程、污水处理厂自动化监视与控制、在线仪表操作维护实训任务，使学员掌握相应实操技能，因此本书也可用作污水处理厂仪表运维岗位的入职实训手册。

本书由王建利（北控水务集团有限公司）、陈克森（山东水利职业学院）、宗德森（北控水务集团有限公司）、冀广鹏（北控水务集团有限公司）担任主编，刘振生（北控水务集团有限公司）、宋雪臣（山东水利职业学院）、许峰（山东水利职业学院）、刘同银（北控水务集团有限公司）、马圣昌（北控水务集团有限公司）、王双吉（北控水务集团有限公司）、张雷（北控水务集团有限公司）、丁文兵（北控水务集团有限公司）担任副主编。本书各模块缩写具体分工如下：模块 1（宋雪臣）；模块 2（许峰、刘同银、王双吉）；模块 3（马圣昌、李铎、宋雪臣）；模块 4（王双吉、张雷、罗学春、叶斌、韦增）。参加编写的人员还有：山东水利职业学院的张伟、乔鹏；北控水务集团有限公司的罗学春、叶斌、李铎、韦增、朱蕊、秦建明。参与审核校对的人员有：刘振生、陈克森、宗德森、冀广鹏、张伟、乔鹏、朱蕊、秦建明。

在本书编写过程中，北控水务集团有限公司东部大区、南部大区工程师和各参编院校给予了大力支持，在此一并致以衷心的感谢。由于编者水平有限，编写经验不足，书中难免出现缺点和错误，欢迎读者批评指正。

编　者

2022 年 6 月

# 目　录

# 模块 1　自动控制基础知识

【学习目标】

通过学习自动控制基础知识，理解自动控制的基本概念和控制方式，为后续自动控制系统、在线仪表运行操作和维护保养等知识应用奠定基础。

1．知识目标

掌握自动控制系统的概念、构成与分类；熟悉自动控制系统的品质指标和自动控制的基本方式；了解智能控制技术的发展趋势。

2．技能目标

具备基本的自动控制系统运行分析能力、故障判断能力及设计能力。

## 任务 1.1　自动控制系统的概念、构成与分类

### 一、自动控制系统的概念

所谓自动控制是指在人不直接参与的情况下，通过外加的设备或装置（称控制装置）使整个生产过程或工作机械（称被控对象）自动地按预定规律运行，或使其某个参数（称被控量）按预定要求变化。系统是指按照某些规律结合在一起的物体（元器件）的组合，它们相互作用、相互依存，并能完成一定的任务。自动控制系统就是能够实现自动控制的系统，一般由控制装置和被控对象组成。人体本身就是一个天生的具有高度控制能力的系统，包括眼、耳等感觉器官，大脑和神经等控制器官，以及肩、手、脚等操作执行器官，分别对应自动控制系统的测量元件与变送器、自动控制器、执行器。

现以水池水位控制系统为例，说明自动控制系统的基本概念。

在给排水工程中，贮液容器是最常见的自动控制装置。在图 1.1-1 中，水池是被控对象，水池水位是被控量。水源源不断地经阀门流入水池，而由出水管道流出供用户使用。若要求在出水量随意改变的情况下，水位高度保持不变，则可由人工操作实现。操作人员首先测量水池实际水位，并将它与要求值比较，得出偏差，然后根据偏差大小调节进水阀门的开启程度，通过改变进水量使水池水位达到要求值，这是人工操作的过程。由

人工完成控制任务的系统叫作人工控制系统。

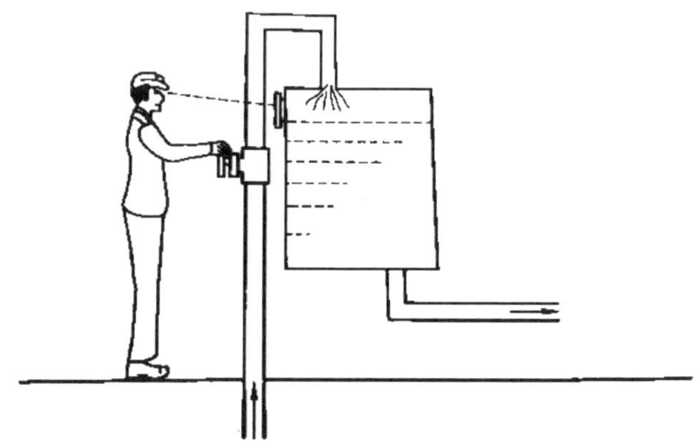

图 1.1-1　人工控制水池示意图

若用自动控制装置代替人工操作过程，即构成自动控制系统。自动控制系统一般包括以下部分：

（1）测量元件。测量被控量的实际值或对被控量进行物理量的变换。

（2）比较元件。将测量结果和要求值进行比较，得到偏差。

（3）调节元件。根据偏差大小产生控制信号，通常包括放大器和矫正装置，它能放大偏差信号并使控制信号和偏差具有一定的关系（称调节规律）。

（4）执行元件。由控制信号产生控制作用，从而使被控量达到要求值。

图 1.1-2 是水池水位自动控制系统的一种形式。浮子是测量元件，连杆起比较作用；电位器输出电压反映水位偏差；放大器、电动机、减速器和阀门等起调节和执行作用。由此可见，自动控制系统是由被控对象和控制装置按一定方式连接起来完成一定自动控制任务的总体。

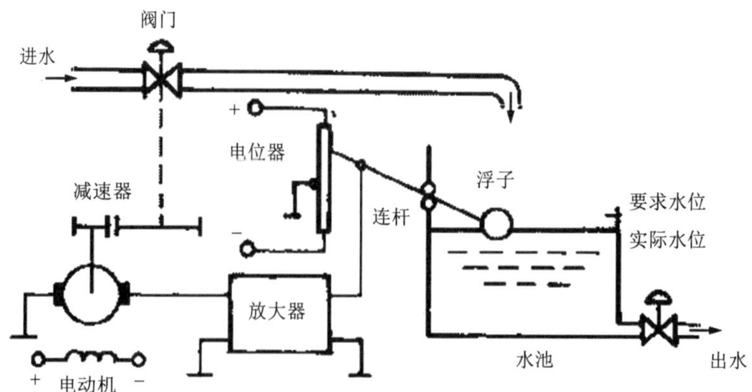


图 1.1-2　水池水位自动控制系统示意图

## 二、自动控制系统的构成

为了更清楚地表示自动控制系统的组成以及各组成部分信号传送的关系，常画出自动控制系统的元件作用图，简称方框图。在方框图中，每个组成部分用一个方框表示，并标上该组成部分的名称，一个方框可以对应一个元件或一个设备或几个设备的组合或一个局部的生产过程，通常称之为环节。信号用箭头表示。方框图中还包含信号的分支点（表示信号分成多路输出）和相加点（表示多个信号的代数相加）。方框图和生产流程图在形式上有某些相似之处，但它们所表示的内容却有本质的区别。生产流程图中的各个线条表示物料流通的方向，方框图中的联络线条则表示两个环节之间的信号传递和相互作用关系，而与物料的实际流向无关。

在图 1.1-3 中，箭头方向表示相互作用的因果关系。指向方框的箭头表示环节的输入信号，它是引起该环节变动的原因，背离方框的箭头，表示该环节的输出信号，它是该环节在输入信号作用下的变化结果，所以输入信号和输出信号是前因后果的关系。需要指出的是，信号只能沿箭头方向行进，不能逆行，否则将使输入/输出关系紊乱，这也就是方框图的单向传递特性。方框图是研究自动控制系统的有力工具，任何一个自动控制系统都可以用方框图表示。

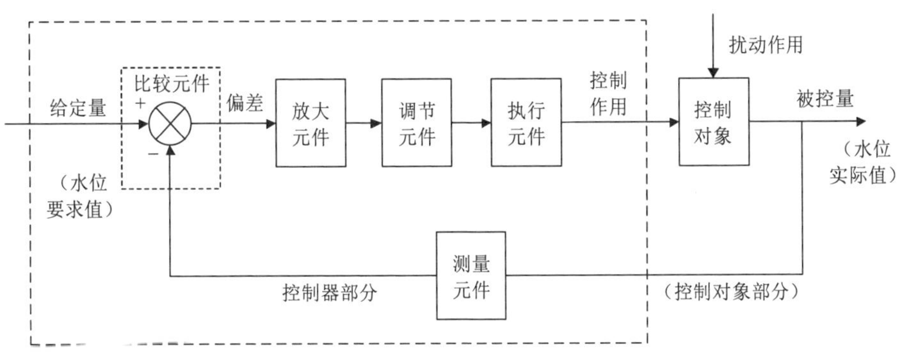


图 1.1-3　水位自动控制系统方框图

用方框图表示自动控制系统的优点是：只要依照信号的流向，便可将表示各元件或设备的方框连接起来，很容易组成整个系统；与纯抽象的数学表达式相比，它还能比较直观、形象地表示出组成系统的各个部分间的相互作用关系及其在系统中所起的作用；与物理系统相比，它更容易体现系统运动的因果关系。需要指出的是，方框图只关注与系统动态特性有关的信息，而不涉及组成该系统的各元件、设备的具体结构细节。因此，不同的系统也可以用同一个方框图表示。当然，对于同一个系统，其方框图的表示也并非唯一，根据分析研究的目的、角度不同，同一个系统也可以有若干种不同的方框图。

在以后的学习中，还将看到方框图中列有数学表达式的情况，这是定量地表征该环节特性的数学形式，称为传递函数。

通常，把自动控制系统的被控量称作输出量，而把影响系统输出的外界输入称作输入量。一般系统的输入量有两类，即给定量和扰动量。给定量决定系统输出量的变化规律或要求值；扰动量则是系统不希望的外作用，它影响给定量对系统输出量的控制。在水池水位控制系统中，水位要求值是给定量，而用水量为扰动量。整个自动控制系统也可用一个大方框图表示，如图 1.1-4 所示。

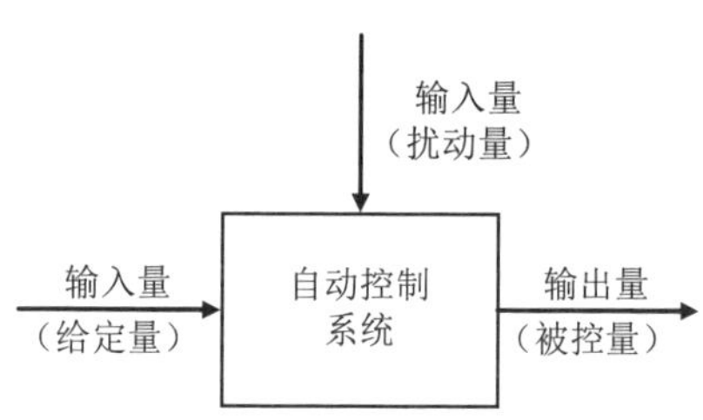


图 1.1-4　控制系统简图

一个自动控制系统主要由以下基本元件构成。

（1）整定元件。也称给定元件，给出了被控量应取的值。在图 1.1-2 中是通过一个电位器实现的。

（2）测量元件。用于检测被控量的大小，如流量计、热电耦、测速电机等。在各种自动控制系统中，测量元件的形式多种多样，它们能够敏感感应各种物理量（如温度、压力、力矩和加速度等），并有传送信号的作用。所以，这些敏感装置也称传感器。各种传感器在自动控制系统中都起着十分重要的作用，有了精确的传感器做基础，才能组成各种不同用途的自动控制系统。因此，研发各种新型传感器是自动控制系统最重要的基础工作。了解各类传感器的作用，也有助于灵活运用自动控制系统。

（3）比较元件。用来得到给定量与被控量之间的误差，如差动放大器、电桥等。在计算机控制系统中，是直接进行数值计算，不需要特定的比较元件。

（4）放大元件。用来将误差信号放大以驱动执行元件。它可以是电子元件网络，也可以是电机放大器等。

（5）执行元件。用来执行控制命令，推动被控对象。电机是典型的执行元件。

（6）校正元件。用来改善系统的动、静态性能，可以用模拟或数字电路来实现，也可以用计算机程序来实现。

（7）能源元件。用来提供控制系统所需的能量。

所谓自动控制，就是利用机械、电气、光学等装置代替人工控制的作用，在不用人工直接参与的情况下，自动地实现预定的控制过程。

虽然自动控制的基本概念来源于人工控制，但是由于科学技术的飞速发展，各种自动控制装置的性能远超过人工控制器官的能力。最初的光学镜头是模仿人的眼睛而做成的，但用新技术做成的光学装置却比人眼的能力强得多。例如，天文望远镜可以看得很远，显微镜能看到极微小的东西，航空照相机可以在几千米高空对地面摄影十分精确清晰，这些都是凭人的眼力不能做到的事。光电敏感元件和快速电子线路的作用也比人的视神经系统灵敏得多。由此可见，从模仿自然界生物的功能所获得的控制概念，到通过科学技术的作用，人们可以创造性地做成更灵敏、更精确的自动控制装置。

在给水排水工程中，自动控制技术起着越来越重要的作用。在西方发达国家已出现无人值班的全自动化污水处理厂，节省了大量的人力。在供水管网上采用遥测技术，自动收集各节点的工作参数，可以实现全供水系统自动调度控制和运行优化。在给水排水工程中，自动控制技术则有着更为广泛的应用，如建筑内的恒压给水系统，供水、排水泵站的自动控制系统，水处理单元环节的自动控制系统等。随着自动控制技术与给水排水工程技术的不断进步，给水排水工程自动化的水平必将会不断提高，它将推动水工业技术现代化的进程，并带来更大的社会效益与经济效益。

## 三、自动控制系统的分类

自动控制系统是由控制装置和被控对象组成的，其任务是使被控量自动跟随指令信号变化；实现方式有反馈控制、前馈控制或复合控制等。控制装置的功能是测量、比较放大和执行。

自动控制系统的类型很多，它们的结构类型和所完成的任务也各不相同。自动控制系统按信息传送的特点或系统结构的特点可分为开环控制系统、闭环控制系统以及同时具有开环结构和闭环结构的复合控制系统；按给定值的形式不同可以分为恒值控制系统、随动控制系统和程序控制系统；按元件类型可分为机械系统、电气系统、机电系统、液压系统、气动系统、生物系统等；按系统功用可分为温度控制系统、压力控制系统、位置控制系统等；按系统性能可分为线性系统和非线性系统、连续系统和离散系统、定常系统和时变系统、确定性系统和不确定性系统等。为了全面反映自动控制系统的特点，常常将上述各种分类方法组合使用。

### 1．反馈控制

把取出的输出量回送到输入端，并与指令信号比较产生偏差的过程称为反馈。指令信号与被控量相减为负反馈，相加则为正反馈。不做特别说明时，一般指负反馈。反馈控制方式就是采用负反馈并利用偏差进行控制的过程，也称为按偏差调节方式，是自动控制系统中最基本的控制方式，在工程中获得了广泛的应用。

其方框图如图 1.1-5 所示。这种控制方式的原理是：需要控制的是被控对象的被控量，而测量的则是被控量和给定量，计算两者的偏差，将该偏差信号放大后送到执行元件，去操纵被控对象，使被控量按预定的规律变化，力图消除偏差。只要被控量偏离了给定值，无论是干扰影响，还是内部特性参数变化导致的影响，或是给定量变动，系统均能自动纠正。显然，该控制方式从理论上提供了实现高精度控制的可能性。

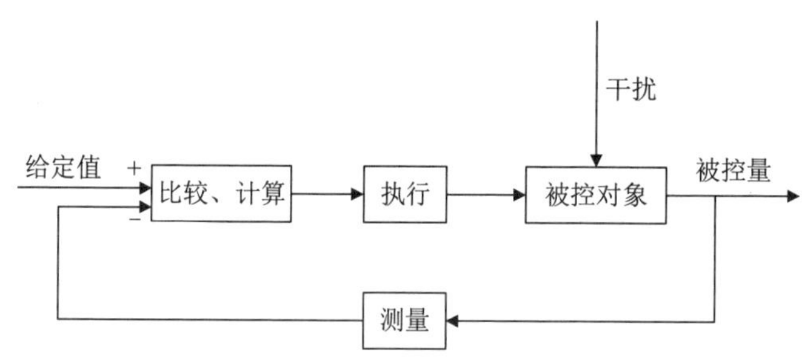


图 1.1-5　反馈控制方框图

图 1.1-2 所示的水位自动控制系统就是一个反馈控制系统。因为该系统由被控量的反馈构成一个闭合回路，所以又称为闭环控制系统，这是自动控制系统中最基本的一种。反馈信号也可能有多个，从而构成一个以上的闭合回路，称为多回路反馈控制系统。

反馈控制有三大特点：封闭的（闭环）、负反馈和按偏差控制。

反馈控制的主要优点是控制精度高，抗干扰能力强；缺点是使用的元件多，线路复杂，系统的分析和设计都比较烦琐。

## 2. 前馈控制

前馈控制是直接根据扰动进行工作，扰动是控制的依据，由于它没有被控量的反馈，所以不构成闭合回路，故也称开环控制系统。常见的前馈控制有以下两种。

（1）按恒定值控制

其控制原理是：需要控制的是被控对象的被控量，而控制装置只接收给定量，信号只由给定量单向传递到被控量，信号只有倾向作用，无反向联系。其方框图如图 1.1-6 所示。

这种控制方式简单，但控制精度低。控制精度完全取决于所用元件的精度和校准的精度，且抗干扰能力差。但由于其结构简单、成本低，在精度要求不高的情况下有一定的使用价值。一些自动化流水线，如包装机、交叉路口的红绿灯控制、自动售货机等多采用这种控制方式。

需要指出的是，开环控制和闭环控制的基本区别在于有无负反馈作用。

（2）按干扰补偿

其原理：需要控制的是被控量，而测量的是干扰量。利用干扰量产生控制作用以减小或抵消干扰量对被控量的影响，故称按干扰补偿，也可称顺馈控制。其方框图如图 1.1-7 所示。

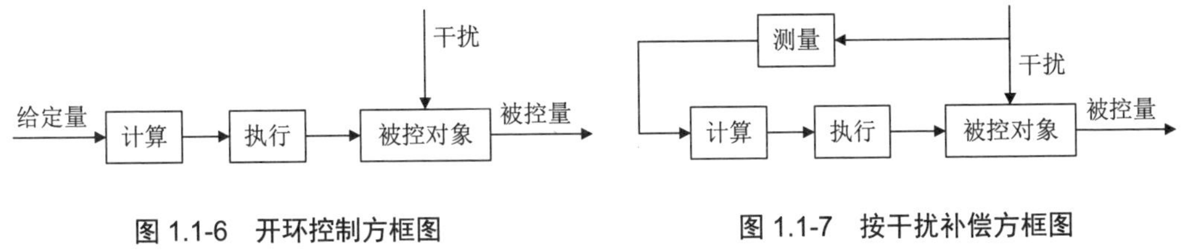


图 1.1-6　开环控制方框图　　图 1.1-7　按干扰补偿方框图

由于测量的是干扰，故只能对可测量的干扰进行补偿。因此，控制精度受到原理的限制。电源系统的稳压、稳频控制常用这种控制方式。

### 3. 复合控制

按干扰补偿控制方式在技术上较反馈控制方式简单，但只适用于扰动可测的场合，而且一个补偿装置只适用于补偿一个扰动因素，对其余扰动均不起补偿作用。比较合理的方式是把反馈控制与按干扰补偿控制结合起来，即对主要扰动采用适当的补偿，实现按干扰补偿控制；同时再组成反馈控制系统实现按偏差控制，以消除其他偏差，这种控制方式称为复合控制。其方框图如图 1.1-8 所示。

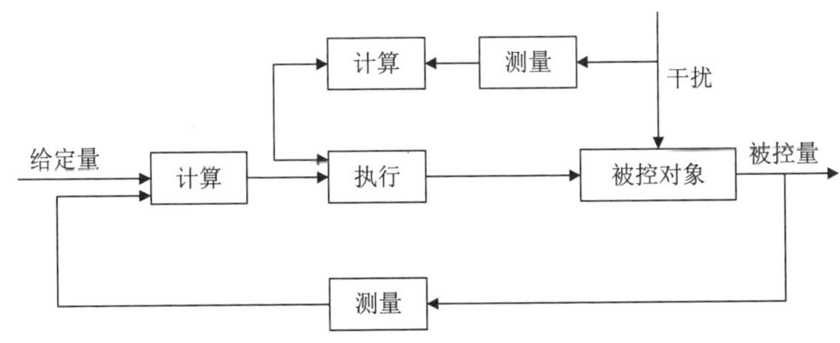


图 1.1-8　复合控制方框图

## 任务 1.2　自动控制的基本方式

从广义的角度，可以把控制器、执行器、测量变送器等元件组成的整体称为自动控制系统。这样，一个自动控制系统就可以简化为由控制器和被控对象组成，如图 1.2-1 所示，图中 $r_0$ 为给定量，$c$ 为来自被控对象的被控量的测量信号，$e$ 为偏差信号。当系统处于平衡状态，若此时被控量偏离了给定量，就产生了偏差信号 $e$（$e=r_0-c$），控制器接收偏差信号，并按一定的控制方式发出相应的控制信号 $u$，驱动执行器产生相应动作，消除干扰对被控量的影响，使被控量回到给定量上，当 $c=r_0$ 时，偏差信号 $e=0$，系统又进入新的平衡状态。

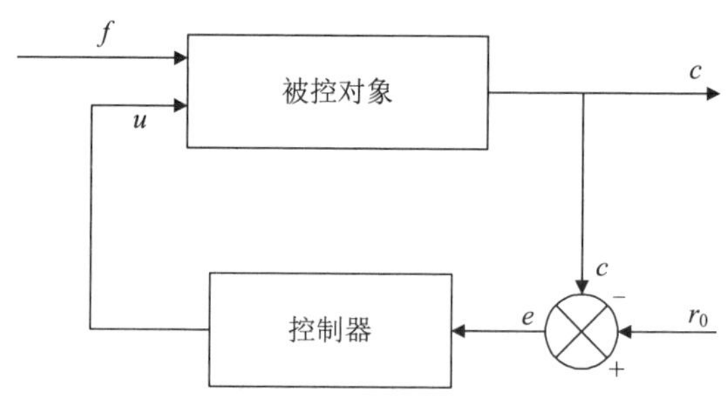


图 1.2-1　控制系统方框图

所谓控制器的控制方式，是指控制器接收到偏差信号（控制器的输入信号）后，输出信号（控制器发出的信号）的变化方式。简言之，就是控制器的输入信号 $e(t)$与输出信号 $u(t)$的关系。即

$$u(t) = f[e(t)] \tag{1-1}$$

控制器的基本控制方式有位式控制、比例控制、积分控制、微分控制等 4 种形式。一般来说，被控对象的动态特性是难以改变的，然而，为了得到满意的控制效果，根据被控对象的要求，选择合适控制方式的控制器则是可行的。要选用合适的控制器，首先必须了解几种控制方式及其特点、适用条件等。下文将对不同控制方式的控制器的控制效果进行分析和比较，其所得结论具有普遍性和通用性。

## 一、位式控制

### 1. 双位控制

在给水排水工程中，双位控制仍在大量采用。图 1.2-2（a）是一水池液位控制示意图，工艺要求该水池的液面保持在一定的高度 $L_0$ 附近。当液面低于 $L_0$，要打开调节阀向水池注水；若液面高于 $L_0$，要关闭调节阀，停止向水池注水。为实现这一要求，采用图 1.2-2（b）的控制电路。

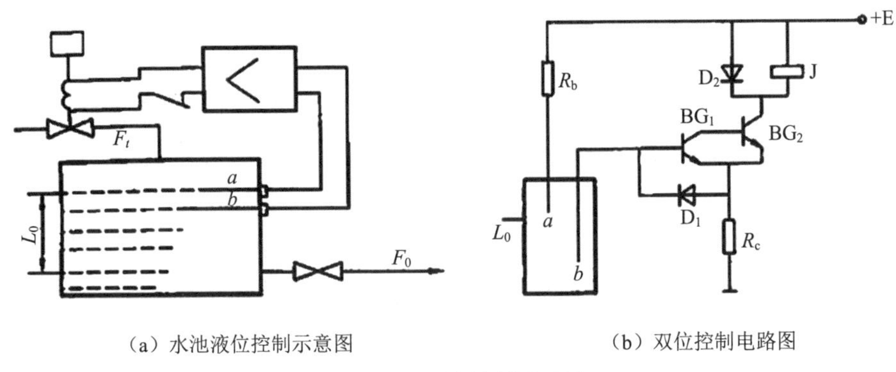


（a）水池液位控制示意图　　（b）双位控制电路图

图 1.2-2　双位控制原理图

在水池中安装两只电极，一只安装在底部，另一只安装在 $L_0$ 高度处，利用水导电的特性，配以晶体管开关放大器，实现水池液位控制。

当液位 $L$ 低于 $L_0$ 时，电极 $a$ 和 $b$ 断开，晶体管放大器中的 $BG_1$、$BG_2$ 截止，继电器 J 释放，利用 J 的常闭触头接通电磁阀，电磁阀吸合，向水池注水。由于进水量大于出水量，液面会不断升高，一段时间后，$L$ 达到 $L_0$，电极 $a$ 与 $b$ 通过液体连通，$BG_1$、$BG_2$ 导通，J 吸合，电磁阀回路断电，电磁阀关闭，停止向水池注水。由于水不断地由水池底部放走，所以液位继续下降。当 $L$ 低于 $L_0$ 时，电磁阀又会开启，就这样周而复始的循环下去，使液位 $L$ 在 $L_0$ 附近一极小范围内波动，控制过程如图 1.2-3 所示。

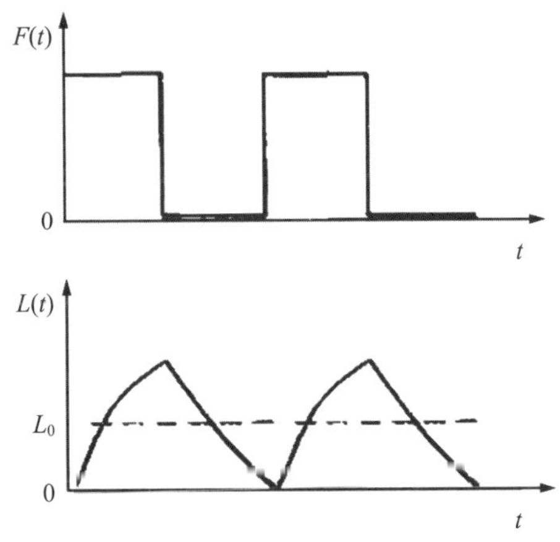


图 1.2-3　双位控制过程

在这个电路中，电磁阀有全开和全关的两个极限位置，所以把控制电路工作的晶体管放大器称为双位控制器。

双位控制有一个很大的缺点，它的动作非常频繁，致使系统中的运动部件（如阀杆、阀芯和阀座等）经常摩擦，很容易损坏，这样就很难保证双位调节系统的安全可靠运行。另外，对于某一具体液面对象来说，生产工艺也并不要求液面 $L$ 一定要维持在给定量 $L_0$，而往往是只要求液面 $L$ 保持在某一个较宽的范围内，即规定一个上限值 $L_H$ 和下限值 $L_L$，只要能控制液面 $L$ 在 $L_H$ 与 $L_L$ 之间波动，就能满足生产工艺的要求。这是给水排水工程中常见的情况。

水处理实验室中常用的恒温箱的温度控制，各种泵站、水池的液位控制等，多用双位控制调节。在生产过程中，凡是有上、下限触点的检测仪表，如带电接点的压力表、水银温度计、带电触点的电位差计、电子平衡电桥等，都可以兼作双位调节器，再配上一些中间继电器、磁力启动器、快开式调节阀、电磁阀等，便可以很方便地构成双位调节系统，实现双位控制。

### 2. 多位控制

双位控制的特点是控制器只有最大与最小两个输出值，执行器只有“开”与“关”两个极限位置。因此，被控对象中物料量或能量总是处于严重的不平衡状态，被控量总是剧烈振荡，得不到比较平衡的控制过程。为了改善这种特性，控制器的输出可以增加一个中间值，即当被控量在某一个范围内时，执行器可以处于某一中间位置，以使系统中物料量或能量的不平衡状态得到缓和，这就构成了三位式控制方式。图 1.2-4 是三位式控制器的特性示意图。显然它的控制效果要比双位式控制得好。假如位数更多，则控制效果还会提高。当然增加位数的同时也会使控制器复杂程度增加。所以在多位控制中，常用的是三位式控制。

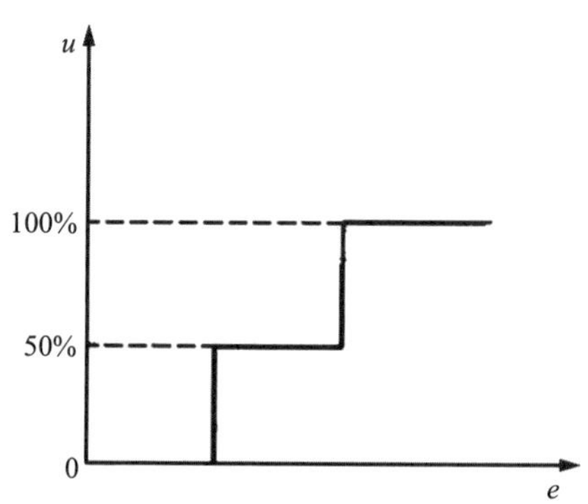


图 1.2-4　三位式控制器特性示意图

## 二、比例（P）控制

在双位控制中，由于执行器只有两个极限位置，被控量始终在给定量附近振荡，控制系统无法处于平衡状态。如果能使阀门的开度与被控量对给定量的偏差成比例，则控制的结果就有可能使输出量等于输入量，从而使被控量趋于稳定，系统达到平衡状态。这种阀门开度与被控量的偏差成比例的控制，称为比例控制。换句话说，就是控制器的输出信号与输入信号之间有一一对应的比例关系。比例控制也称 $P$ 控制。

比例控制器的输出量与输入量成比例，这种控制规律正是比例环节的特性。

实际使用比例控制器时，控制器输出量$\Delta P(t)$是控制器某个时刻输出量 $P(t)$和正常工作状态下 $P_0$ 的差值。当比例控制器有一输入信号$\Delta e(t)$后，其输出量$\Delta P(t)$为输入信号$\Delta e(t)$的 $K_c$ 倍。即

$$\Delta P(t)= P(t)- P_0=K_c\cdot\Delta e(t) \tag{1-2}$$

由式（1-2）还可以看出，比例控制器的输出量随输入量成比例地变化，时间上没有任何迟延。$K_c$ 是一个不随时间变化的常数。但为满足实际工作需要，$K_c$ 都制成可调的，一经人工调定，就不再随时间变化。

$\Delta P(t)$随时间的变化规律如图 1.2-5 所示。

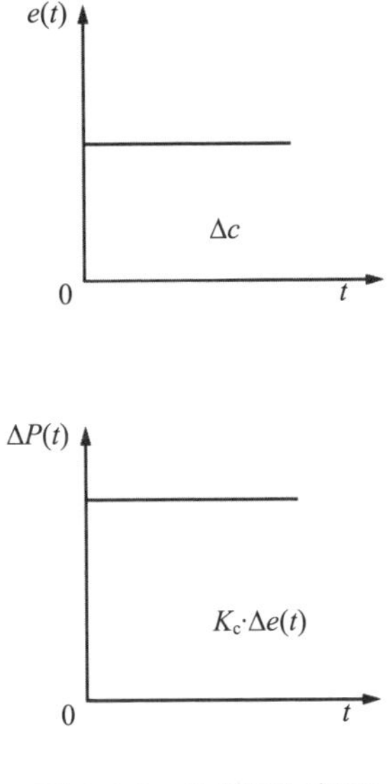


图 1.2-5　比例控制规律

下面以一个实际例子更好地说明比例控制的规律。图 1.2-6 是常见的浮球阀液位控制系统，也是一个简单的比例控制系统。被控量是水池的液面。水池通过安装在上部的调节阀加水并通过底部阀门放水。利用浮球、杠杆和调节阀构成一套自动控制装置。液面升高意味着进水量超过出水量，通过浮球和杠杆的作用，使阀杆下移，进水量减少；当液面降低时，通过浮球和杠杆的作用，阀杆上移，进水量增加。浮球是测量元件，而杠

杆就是一个最简单的控制器。从静态看，阀杆位移（控制器的输出）与液面偏差（控制器的输入）成正比；从动态看，由于浮球、杠杆都是刚性元件，阀杆的动作与液面的变化是同步的，没有时间上的迟延，所以控制器是比例式的。

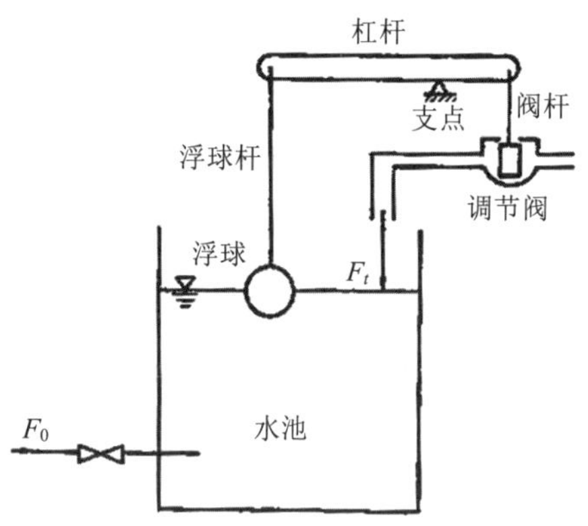


图 1.2-6　比例控制系统示意图

## 三、积分（I）控制

积分环节的特性是当有输入信号存在时，其输出就会一直积累下去，直到极值。积分环节构成的控制器称为积分控制器。在自动控制系统中只要被控量有偏差，积分控制器就会为消除这个偏差继续控制。控制系统中设置的控制作用都要大于干扰的作用，因此积分控制器就一定可以克服偏差，直到偏差为 0 时，控制的过渡过程才会停止。

积分控制器的控制规律就是控制器输出的变化量与偏差随时间的积分成比例，即输出变化速率与输入偏差值成正比。

当控制器的输入偏差存在时，其输出变化率就不为 0，会一直变化下去直到输入偏差为 0，控制器的输出变化率才等于 0，控制器的输出稳定在一个数值上，因此，积分控制是无差控制。

## 四、微分（D）控制

当广义对象存在较大的容量滞后时，宜采用微分控制规律，引入偏差的变化速度这一因素，会明显改善控制质量。微分控制规律一般不单独使用，常与比例控制或积分控制规律配合作用。

微分控制规律是根据被调参数的变化趋势即变化速率，而输出控制信号的，具有明显的超前作用。它是根据偏差的变化速度而引入的控制作用，只要偏差的变化一出现，就立即动作。这样控制的效果将会更好。微分控制主要用来克服被控对象的大时间常数 $T$

和容量滞后 $T_c$ 的影响。在对象存在容量滞后和大时间常数的条件下，尽管被控量开始变化的数值不明显，但变化率却很明显，微分控制器也会有较大的输出。对于纯滞后情况就不同了，由于在滞后时间里被控量变化率为 0，微分起不到控制作用，因此，具有纯滞后的对象利用微分控制器是不可能改善控制效果的。

理想微分控制器在阶跃输入下的特性如图 1.2-7 所示。从图 1.2-7 中看出，不管有无输入以及数值如何，只要输入量不改变，微分作用的输出量总是零，只有在输入量变化时，控制器才有输出，并且输入量变化越快，输出的值就越大，这就是微分作用的特点。所以微分控制器是不能作为一个独立控制器使用的，因为在偏差固定不变时，不论其数值有多大，微分作用都会停止，达不到消除偏差的目的。所以通常将微分控制器和比例控制器一起使用，构成比例微分控制。

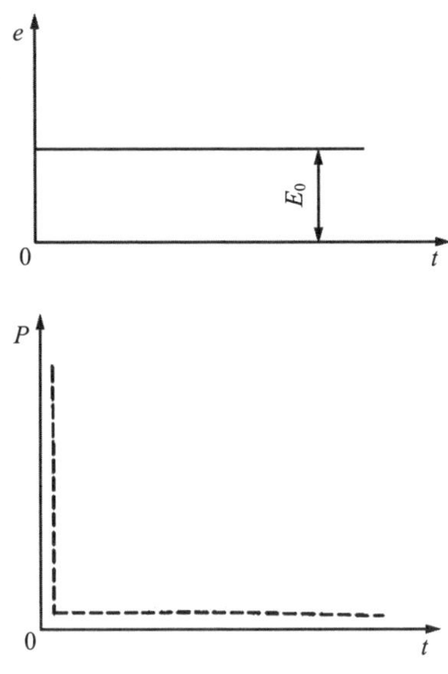


图 1.2-7　理想微分控制器的特性

## 五、控制方式的选择

### 1. 比例积分（PI）控制

既具有比例控制又有积分控制的控制器称为比例积分控制器。它是在比例控制作用的基础上，引入了积分控制作用，二者之间的关系是比例加积分。

（1）比例积分控制规律

比例积分控制器的输出是两部分输出在同一时刻的加和。当 $t$=0 时，控制器的输出正好是比例控制作用，$\Delta P_p=K_c \cdot A$，积分控制作用为零，但输出变化率并不为零，是一恒定值。随着时间的延续，控制器的比例控制作用$\Delta P_p=K_c \cdot A$ 保持不变，积分控制作用使输出逐渐上升。输出变化率与输入偏差幅值 $A$ 的大小有关，也与积分时间有关。

（2）积分时间及其对输出特性的影响

积分时间是比例积分控制规律的特征参数之一，采取如下方法定义。

当积分输出等于比例输出时，积分输出所用的时间为积分时间（$T_i$）。也就是当控制器的偏差作阶跃变化后，以任意时刻计时，积分控制在单独作用、其输出上升到与比例控制作用相同时所经历的时间，即积分时间。

比例积分控制器输出是比例控制作用与积分控制作用的叠加，对于比例积分控制的特性还可作这样理解：比例积分控制作用可看成是比例粗调作用和积分细调作用的组合。粗调及时克服干扰，细调逐渐克服余差，可见，在控制作用上仍以比例控制为主。

（3）积分时间对过渡过程的影响

对于不同的对象，其固有特性不同，为获得理想的过渡过程，应选择不同的积分时间数值与之对应。

当 $T_i$ 缩短时，将产生下列现象：

1）消除余差较快；

2）稳定程度下降，振荡倾向加强；

3）最大偏差减小。

上述现象如图 1.2-8 所示。

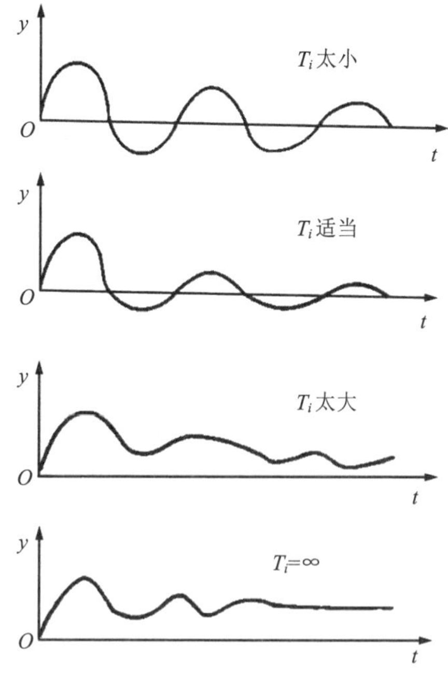


图 1.2-8　积分时间对过渡过程的影响

总之，积分时间过大或过小都不好。积分时间过大，积分作用弱，消除余差慢；积分时间过小，过渡过程振荡太剧烈，稳定性降低，动态指标下降。为此，积分时间要按对象特性来选取。对于管道压力、流量等滞后不大的对象，$T_i$ 可选得小些；温度等控制对象滞后较大，$T_i$ 可选得大些。一般情况下设置 $T_i$ 的大致范围是：压力控制系统 0～3 min，流量控制系统 0.1～1 min，温度控制系统 3～10 min，液面控制系统常不需用积分控制。

## 2. 比例微分（PD）控制

比例微分控制的特点是具有超前作用。它既有和偏差大小成比例的比例控制作用，又有和偏差变化率成比例的微分控制作用，有利于克服干扰，降低最大偏差。因此，当对象时间常数 $T_0$ 较大时，常用比例微分控制器。

这里所说的微分作用超前，是相对比例控制而言的。例如，当偏差做阶跃变化时，控制器输出会一跃而上，加大作用量，因此可使最大偏差减小，过渡时间缩短。如要更清楚地看出超前作用，可以令偏差做斜率不变的线性增加。纯比例控制作用与比例微分控制作用的变化过程如图 1.2-9 所示。PD 控制与 P 控制相比，输出值要高，从时间上看，纯比例控制作用达到同样的输出值要多花一段时间。也就是说，达到同样的 $P$ 值，PD 控制作用比 P 控制作用超前一段时间，这段时间正好是 $T_d$。

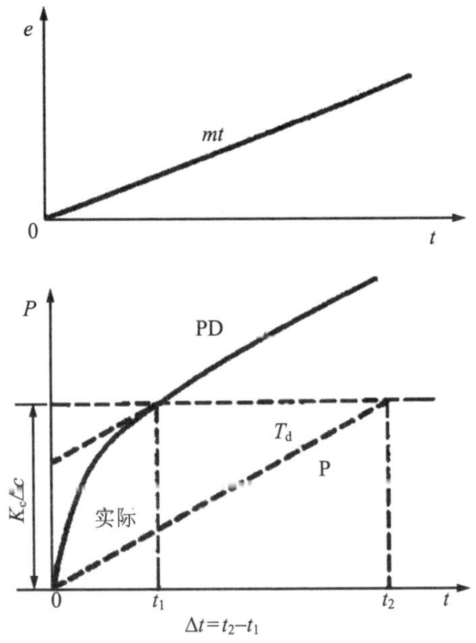


图 1.2-9 等速输入的反应曲线

### 3. 比例积分微分（PID）控制

比例积分微分控制规律是比例、积分、微分三种控制规律的组合。在容量滞后大而又要消除余差的场合广泛应用。它仍以比例控制作为基本控制规律，以微分控制的超前作用克服容量滞后、测量滞后，以积分控制作用最后消除余差。

当偏差信号是一个幅度为 $A$ 的阶跃信号时，PID 控制器先是微分控制起主导作用，而后是比例控制，最后是积分控制。在图形上也可相加而得到其输出变化过程，如图 1.2-10 所示。

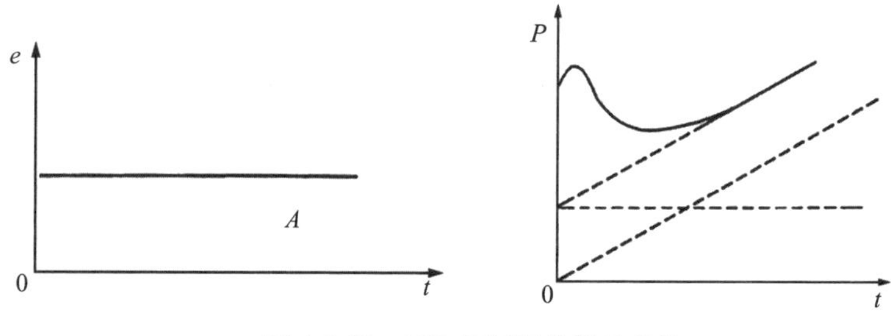


图 1.2-10　PID 控制规律特性曲线

前面介绍了几种典型控制方式，各有所长，也各有所短，虽然 PID 控制器比较综合，但其应用领域受到限制。考虑到生产领域的被控对象面大而广、负荷变化也有差别、控制品质要求不尽一致等，生产企业和工程技术人员要根据实际生产需要合理选择，适当配备，正确使用控制器（图 1.2-11）。

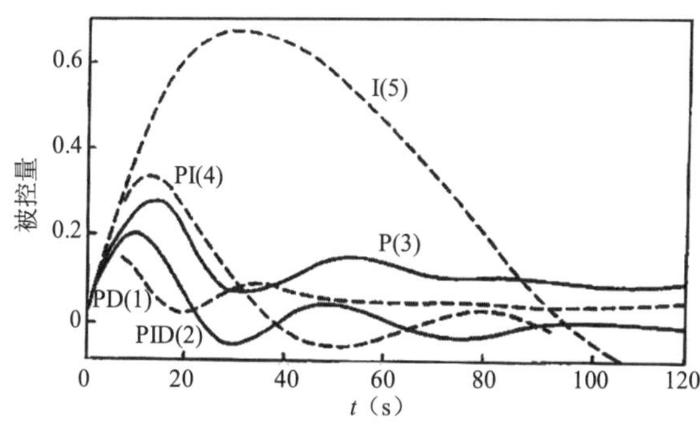


图 1.2-11　各种控制作用比较

总体来说，控制器的选择应根据对象特性、负荷变化情况、主要干扰以及控制品质的要求等不同情况进行具体分析。同时还要考虑经济性和系统的投运便捷性等，具体选择原则如下：

①当广义对象控制通道时间常数较小、负荷变化不大、工艺要求不高时，可选用比例控制方式；而当广义对象控制通道时间常数较小、负荷变化较大、工艺要求无余差时，

则应选用比例积分控制方式。

②当广义对象控制通道时间常数较大或容量滞后大时，采用微分控制有良好效果。

③当广义对象控制通道时间常数较小，而负荷变化很大时，选用微分控制和积分控制都容易引起振荡。可采用反微分作用来降低系统的反应速度，提高控制品质。

④当广义对象滞后很小或噪声严重时，应避免引入微分控制，否则会导致系统的不稳定。

⑤当广义对象控制通道时间常数很大（或存在较大的纯滞后），负荷变化也很大时，单回路控制系统往往已不能满足要求，应设计其他控制方案，根据具体情况选用前馈、串级、采样等复杂控制系统。

# 任务1.3　计算机控制系统

## 一、计算机控制系统的组成

以计算机为核心构成的数字式控制系统已在生产实践中广泛应用。广义来讲，以处理器为核心的各种智能化控制装置都可以归结到这一类控制系统，包括由工业计算机组成的系统、由单板机或单片机组成的系统、由可编程序控制器组成的系统、由智能专用调节器组成的系统以及由上述各类装置混合组成的系统等。虽然这些装置的配置功能不同，但其基本的组成部分是相似的，都是通过数字运算完成各种功能。

计算机控制系统以中央处理器（CPU）为核心构成，还包括参数采集、运算控制、执行机构、外部设备（显示器、储存记录装置、打印机）等部分，其基本构成如图1.3-1所示。

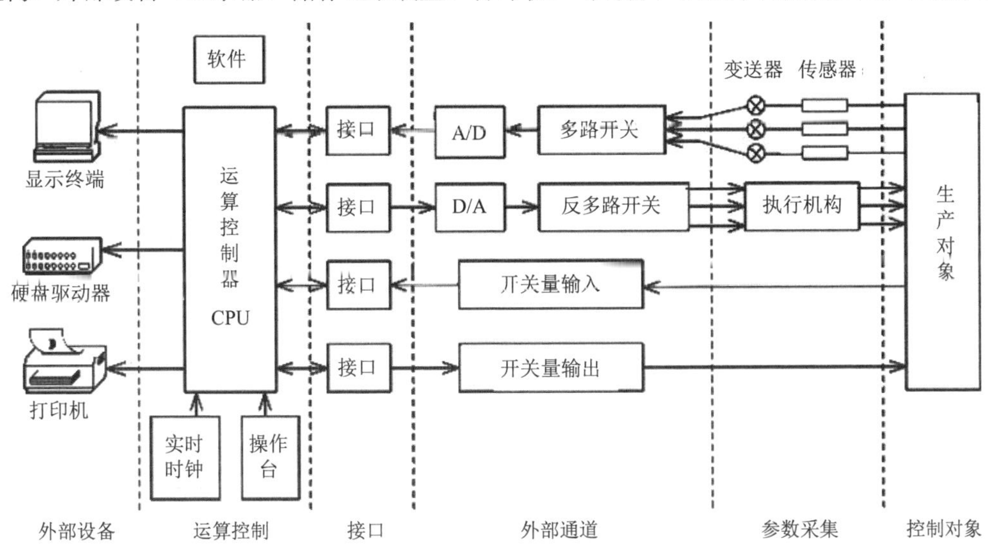


图1.3-1　计算机控制系统基本构成

### 1. 参数采集

在线检测仪表（传感器）将过程控制需要的各种参数的信号连续不断地输送给计算机，这种连续的输入信号称为模拟量。模拟量分为电流信号和电压信号两种模式，如 4～20 mA、0～10 mA、0～10V 等规格。然而计算机的特点是进行数字运算，它所能识别的是离散的量，即数字量，因此需要将这些输入的模拟量经过适当的变换，转换为计算机能够识别的数字量，实现这一转换过程的装置就称为模/数转换器（A/D 转换器），它将连续的模拟量转换为数字量，并以二进制的方式传送。转换器的一项重要指标是分辨率，通常用二进制的“位”表示，代表能识别的数字量的多少。一个 $n$ 位的转换器，可以将模拟量的全量程转换为 $2^n$ 个离散的十进制数字。以 8 位的转换器为例，其能识别的数字量为 $2^8$（256）个。对于一个全量程为 4～20 mA 的模拟量，经该 A/D 转换器转换后，即以 256 个数字量表示，每个数字代表（20 – 4）mA/256 =0.062 5 mA。当模拟量为 4 mA 时，对应的数字量为 0；当模拟量为 20 mA 时，对应的数字量为 255。若要求转换器有更高的精度，则要采用更高位的转换器。常用的转换器有 8 位、12 位等。

### 2. 运算控制

CPU 按照程序给定的控制算法（如 PID），根据输入参数的数字量进行逻辑运算，得出控制信号输出。控制算法是根据控制过程的特点人为选定并事先编程储存在 CPU 中的。算法中涉及的各项特性参数也已事先定好，储存在 CPU 中供随时调用。

### 3. 执行机构

计算机输出的控制信号也是数字量，必须经过转换变为模拟量后才能被执行元件接受。完成这一转换的装置就是数/模转换器（D/A 转换器）。D/A 转换的概念同 A/D 转换类似，也存在转换精度的问题，只不过是转换的方向是由数字量至模拟量。例如，若后续执行元件的可接受信号为 4～20 mA，就应选用输出信号为 4～20 mA 的 D/A 转换器。这些模拟控制信号指挥各种执行装置（泵、阀等），完成相应的调节功能外部设备。

前述几部分是计算机控制系统的主体。除此之外，还可选配一些外部设备，较常见的有显示器、存储记录装置、打印机等。显示器可以图形、数字表格等形式反映控制过程、状态，给操作人员提供直观的参考。存储记录装置可以是磁盘（U 盘、硬盘）或光盘，以数字形式储存信息；也可以是磁带等模拟记录方式；还可以用纸带或图形记录仪等，将生产过程的参数变化直接以图形的方式反映出来。打印机则可以将当前或以往的控制数据、图表打印输出，或按需要打印生产报表（日报表、班报表等）。目前工业上普遍应用的可编程控制器（PLC）是一种典型的以微处理器为核心的数字化控制装置。在现行的各种 PLC 中，A/D 转换器、D/A 转换器既可以是单独的卡件，由用户依需要适当选配，也可以是将上述各部分组合成一个固定的单元体，直接接受或输出模拟量，这种控制器通常可接受或输出几种规格的模拟量，由用户自行选择，使用起来更加方便。

## 二、计算机控制系统的典型应用方式

根据计算机在系统中的应用特点和参与控制的形式，计算机控制系统可以分为不同的应用方式。下面简单介绍几种典型的方式。

### 1. 操作指示控制系统

在操作指示控制（Operation Guide Control，OGC）系统中，计算机对生产过程的各种参数进行巡回检测，并对测量结果作必要的处理，然后通过声光信号或显示、打印输出数据，供操作人员参考，也可以转存或输送给上一级计算机使用。在此系统中，计算机仅作为辅助的检查测量工具和数据采集装置。一般也将该系统称为开环计算机监控系统，如图 1.3-2 所示。

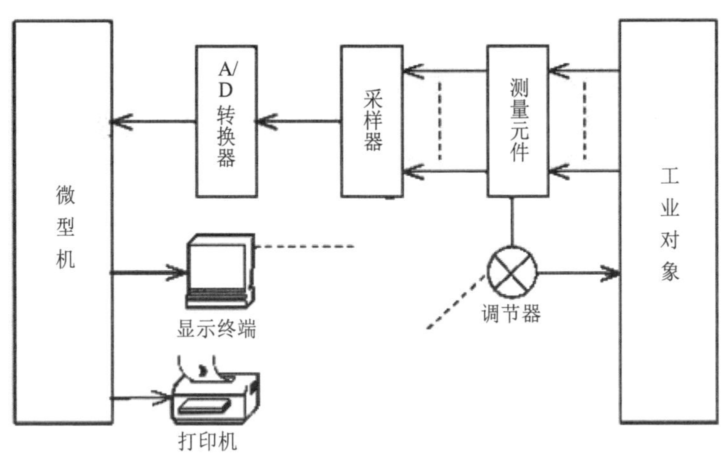


图 1.3-2　操作指示控制系统

### 2. 直接数字控制系统

在直接数字控制（Direct Digital Control，DDC）系统中，计算机对一个或多个被控量进行巡回检测，并根据规定的数学模型（控制规律）进行运算，然后发出控制信号，直接控制被控对象，如图 1.3-3 所示。

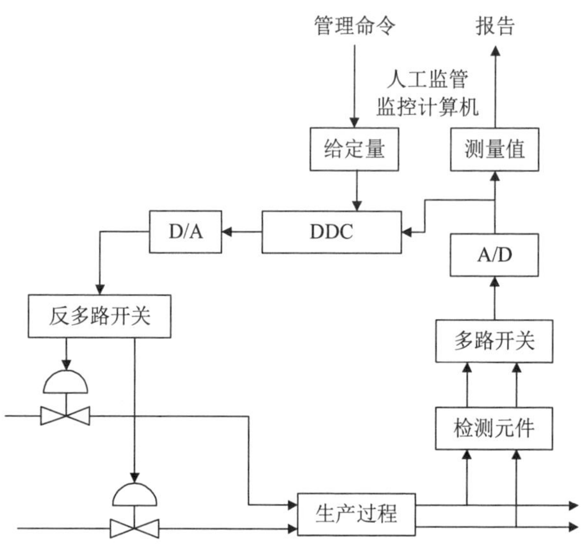


**图 1.3-3　直接数字控制系统原理**

DDC 系统中的一台计算机不仅完全取代了多个模拟调节器，而且在各个回路的控制方案中，不改变硬件通道，只通过改变程序就能有效地实现各种各样的复杂控制。一台计算机可以控制一个回路，也可以控制多个回路。这是因为一般情况下，计算机的运算速度远高于被控生产过程的运动速度，计算机可以依次对各个回路进行检测控制，从而较好地利用了计算机资源。

### 3. 集散式控制系统

随着以微处理器为核心的基本控制器的迅速发展，计算机控制系统趋向于采用单元组合方式，根据不同需要灵活组合成一个完整的系统，即集散式控制系统（Distributed Control System，DCS）。

DCS 一般分为三级：过程级、监控级和管理信息级。DCS 是将分散于现场的以微处理器为基础的过程监测单元、过程控制单元、图文操作站及主机（上位机）集成在一起的系统。它采用了局域网技术，将多个过程监控单元、图文操作站和上位机互连，使通信功能增强，信息传输速度加快，吞吐量加大，为信息的综合管理提供了基础。

DCS 实质上是一种分散型自动化系统，又称以微处理器为基础的分散型综合控制系统，具有分散监控和集中综合管理两方面的特征，而将“集”字放在首位，更注重于全系统信息的综合管理。该系统按“集中管理、分散控制”的方式进行工作，可靠性大大提高。

例如，一个城市供水系统的自动控制可以在过程级（各个工艺单元环节）大量采用由微处理器构成的基本控制器进行直接数字控制，在监控级（污水处理厂）进行监督控制，对各工艺环节协调管理、收集数据，在管理信息级（公司管理级）负责整个供水系统的生产协调、生产计划、经营决策等。由于只有一些必要的信息才能通过数据通道送往上一级计算机，减少了信息传输量，降低了对上级计算机的要求，系统可靠性大大提高，而且易于采用单元组合的方式，根据不同的需要，灵活组合成一个完整的系统，形成分级分布式控制，DCS 原理如图 1.3-4 所示。

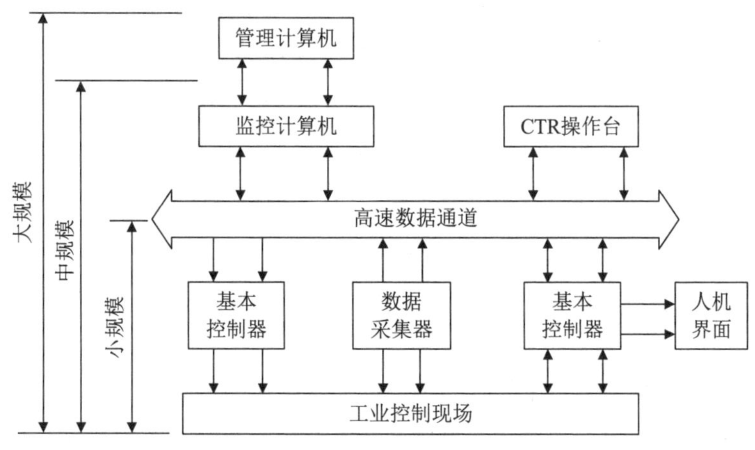


图 1.3-4 DCS 原理

为了确保控制任务的实现，无论何种形式的控制系统都需要具有可靠性和可维护性，这是衡量一个计算机控制系统质量的两个重要指标。

所谓可靠性，即使计算机系统能够无故障运行的能力。具体的评价指标是平均故障间隔时间，发生故障的间隔时间越长，计算机系统的可靠性就越高。

所谓可维护性，就是指进行维护时方便的程度。从使用计算机的角度，仅仅要求可靠性高是不够的，因为即使计算机的平均无故障时间间隔很长，可是一旦发生故障，就需要很长的时间才能修复，仍会对生产过程产生很不利的影响，所以应该要求计算机有较高的可利用率。可利用率即计算机平均故障间隔时间与平均故障间隔时间与平均失效时间之和的比值。其中，平均故障间隔时间取决于可靠性，而平均失效时间则取决于可维护性。理论上，计算机系统的可利用率最高值是 100%，但实际能达到 99.95%（每年失效时间 4 h）就可以了。

此外，对于计算机控制系统，还对抗干扰能力、可扩充性、通用性、可操作性等有具体要求。

【拓展任务】

# 任务 1.4　智能控制技术

传统控制都是基于系统的数学模型建立的，因此，控制系统的性能好坏很大程度上取决于模型的精确性，这正是传统控制的本质。现代工程技术、生态或社会环境等领域的研究对象往往是十分复杂的系统，难以用常规的数学方法来建立正确的数学模型，从而达到期望的控制指标。对这类系统需要用学习、推理或统计意义上的模型来描述实际系统，这就产生了智能控制研究。智能控制研究的主要目标不仅仅是被控对象，还包含控制器本身。智能控制不再是应用单一的数学模型，而是应用数学解析和知识系统相结合的广义模型将多种知识混合的控制系统。智能控制的主要目标是使控制系统具有学习和适应能力。

智能控制的主要研究分支有以下几个方面。

## 一、模糊控制

传统的控制问题是基于系统的数学模型来设计控制器的，而大多数工业被控对象具有时变、非线性等特性的复杂系统，对这样的系统进行控制，不仅仅需要建立在平衡点附近的局部线性模型，还需要加入一些与工业状况有关的人的控制经验。这种经验通常是定性的或定量的，模糊控制正是这种控制经验的表示方法。模糊控制的基本思想是将人对特定对象的控制经验运用模糊集理论进行量化，转化为可数学实现的控制器，从而实现对被控对象的控制。这种方法的优点是不需要被控过程的数学模型，可省去传统控制方法的建模过程，但却要过多地依赖控制经验。近年来，一些研究者在模糊控制研究中引入模糊模型概念，出现了模糊模型。模糊模型易于表达结构性知识，成为模糊控制系统研究的关键问题。

## 二、预测控制

预测控制是为适应复杂工业过程控制而提出的算法，它突破了传统控制对模型的束缚，具有易于建模、鲁棒性好的特点，是解决大多滞后对象控制问题的有效途径。它的特点在于：采用各种模型建模（参数和非参数模型），从而适应工业现场的复杂模型，并且采用局部优化策略，优化窗口不断滚动，对实际输出和模型输出不断比较并反馈校正，以实现跟踪参考值。预测控制在传统意义上具有三大要素：①预测模型；②滚动化；③反馈校正。其精髓是“随机应变，灵活变通”，把长远优化看成近期优化，不断滚动。而模糊建模是非线性系统建模的一个重要工具，也是复杂工业过程控制中广泛使用的方法。把预测控制和模糊控制相结合是目前很有吸引力的研究方向之一。

## 三、神经网络控制

神经网络控制是通过研究和利用人脑的某些结构机理以及人的知识和经验对系统进行的控制。一般地，神经网络控制系统的智能性、鲁棒性均较好，它能处理高维、非线性、强耦合和不定性的复杂工业生产过程的控制问题，显示了神经网络在解决高度非线性和严重不确定性系统控制方面具有很大潜力。虽然神经网络在利用系统定量数据方面有较强的学习能力，但它将系统控制问题看成“黑箱”的映射问题，缺乏明确的物理意义，不易把控制经验的定性知识融入控制过程中。近年来，在神经网络自适应控制、人工神经网络的数字设计、新的综合神经网络模型等方面有了一些重要进展，如应用于机器人操作过程的神经控制、核反应堆的载重操作过程的神经控制。神经网络、模糊控制、各种特殊信号的有机结合，还导致了一些新的综合神经网络的出现。例如，小波神经网络、模糊神经网络和混沌神经网络的出现为智能控制领域开辟了新的研究方向。

## 四、基于知识的分层控制设计

对于复杂控制对象，单一地采用传统控制不能获得理想的系统性能，这时就需要智能的控制策略。分层控制恰好体现了这一思想，底层采用传统的控制方法，高层采用智能策略协调底层工作，这就是基于知识的分层控制设计。

模糊控制和神经网络在控制应用中的区别表现在：

①模糊控制是基于规则的推理，神经网络则需要大量的数据学习样本。在有足够的系统控制知识的情况下，基于模糊规则控制较好；如果系统有足够的学习样本，应用神经网络通过学习可得到满意的控制结果。

②模糊控制在系统中是从集合到集合的规则映射，神经网络则是点到点的映射。模糊控制容易表达人们的控制经验等定性知识，而神经网络在利用系统定量数据方面有较强的学习能力。

③神经网络控制将系统控制问题看成“黑箱”的映射问题，缺乏明确的物理意义，因而控制经验的定性知识不易融入控制中。而模糊控制一般把被控对象看作“灰箱”。

控制科学界多年来一直在探索新的方法，寻求更加符合实际的“发展轨迹”。近 10 年来，人工智能学科的新进展给人们带来了希望。得益于计算机科学技术和智能信息处理的快速发展，智能控制逐渐形成一门学科，并在实际应用中显示出强大的生命力。基于模糊推理的系统建模、神经网络模型参考自适应控制、神经网络内模控制、神经网络非线性预测控制、混沌神经网络控制等方面已有不少重要研究成果。在很多系统中，复杂性不只表现在高维性上，更多的还表现在系统信息的模糊性、不确定性、偶然性和不完全性上。虽然智能控制理论取得了不少研究成果，但智能控制的理论体系还不够成熟。

能否用智能的人工神经网络、模糊逻辑推理、启发式知识、专家系统等理论解决难以建立精确数学模型的控制题目一直是控制工作者多年来追求的目标。

【实训任务】

# 实训任务 1-1　污水处理厂自动控制系统

## 一、任务用途

1. 了解自动控制系统基本知识在污水处理厂中的应用。
2. 了解污水处理厂自动控制系统的基本构成和作用。

## 二、方法步骤

1. 参观某污水处理厂，了解污水处理厂概况及其工艺流程，如图 1-1-1 所示。

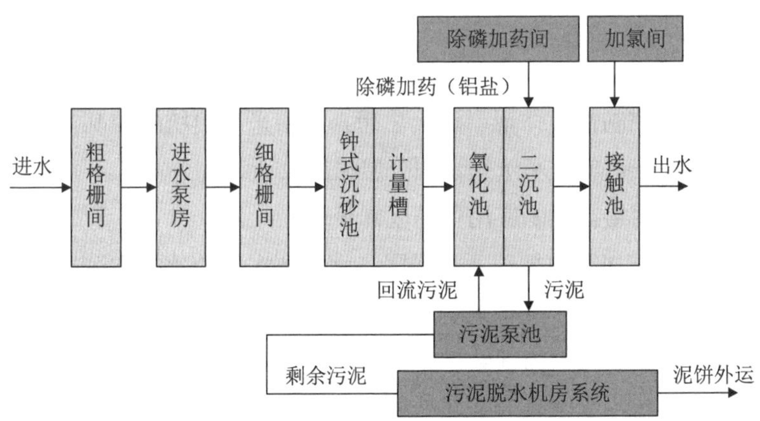


图 1-1-1　某污水处理厂工艺流程

2. 参观污水处理厂中心控制室，了解污水处理厂自动控制系统在生产中的作用；了解某污水处理厂自动控制系统上位机画面的基本运行操作方法（图 1-1-2）。

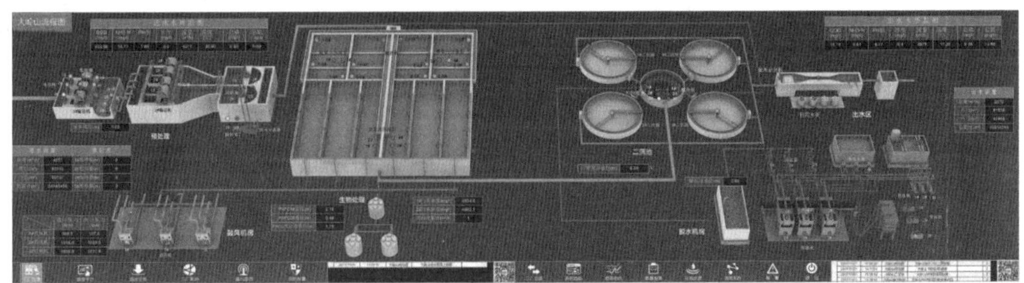

图 1-1-2　某污水处理厂工艺流程画面

3．现场了解某污水处理厂预处理段自动控制系统的构成和控制程序（图 1-1-3）。

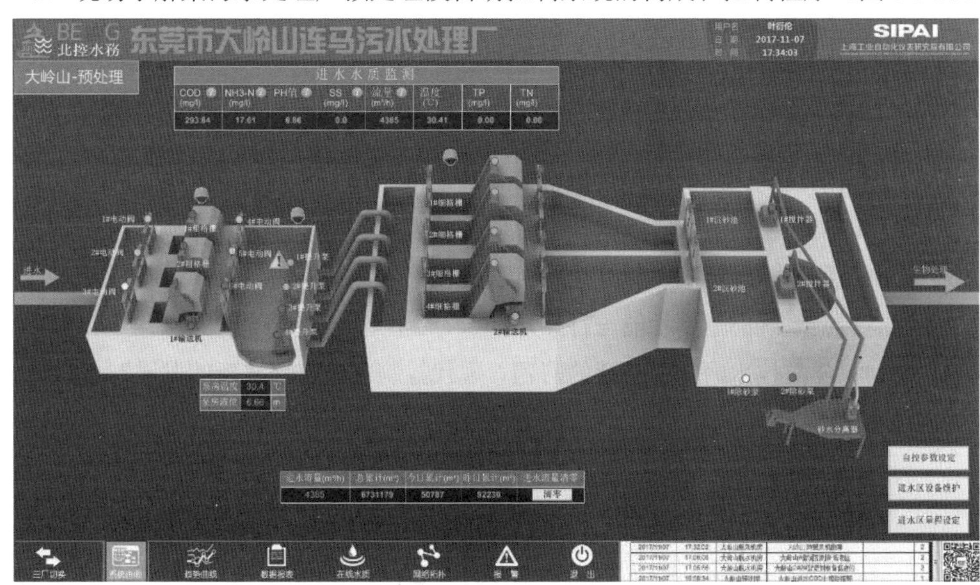


图 1-1-3　某污水处理厂预处理工艺流程画面

（1）每台格栅前后安装一台液位计，PLC 根据液位计检测到的水位差值和时间设定，自动控制格栅除污机的运行。当水位差值或时间达到设定值时，自动控制格栅和螺旋输送机按照预先编制的程序运行。

（2）设在前池的液位计将检测到的水位信号送到控制运算器，PLC 根据检测值与设定值的差值来自动控制污水提升泵运行。当水位升高到预定水位值时，自动控制水泵按照预先编制的程序依次逐台启动；当水位降低到预定水位值以下，则按预先编制的程序依次逐台关闭。同时累积水泵运行时间，自动轮换水泵，保证水泵累计运行时间均等，并处于最佳运行状态；当水位降到设定水位下限时，干运转保护启动，自动控制水泵全部停止运行，以保证水安全。

（3）旋流沉砂池由一套变速及调整系统控制箱就地控制，其转盘的转速和高度均可根据除砂效率和有机物分离效率进行调整。另外，进出水口及池中水位可视需要去除砂粒的粒径而定。沉砂池系统各设备的运行状态及故障信号送至中控室显示监控。

【模块小结】

通过本模块学习，掌握自动控制系统的构成、分类、特点等基本知识，了解自动控制系统的常用控制方式和控制指标作用，以及计算机控制系统的基本构成和典型应用，为后续学习污水处理厂自动控制系统相关技能做铺垫。

【模块练习】

1．自动控制系统的作用是什么？自动控制系统与人工控制系统有什么共同点？有什么差别？

2．自动控制系统有哪些基本组成部分？各部分的作用是什么？

3．自动控制系统有哪些形式？

4．方框图和传递函数各有什么作用？

5．评价自动控制系统的过渡过程有哪些基本指标？

6．常用的自动控制方式有哪些？各有什么特点？

7．比例控制、积分控制、微分控制有哪些作用？如何应用？

8．智能控制系统的基本功能与特点是什么？

9．控制科学与技术面临哪些新的问题？现代控制理论有哪些新的发展？

答案解析

扫码获取
·实操视频
·教学课件
·程序文件
·答案解析

# 模块 2　可编程控制器基础

【学习目标】

通过电气控制知识和电气控制逻辑的学习，理解 PLC 的控制原理、软硬件构成、编程指令、编程方法以及人机界面的监视操作，满足自动控制系统运行操作岗和维护维修岗的基本要求。

1．知识目标

熟练掌握三相异步电动机直接启动、正反转运行电气控制线路的基本原理和控制逻辑；掌握西门子 S7-300PLC 硬件基础和编程基础；熟练掌握 STEP 7 编程软件的使用方法和编程步骤；掌握组态王人机界面组态基础。

2．技能目标

能读懂电气原理图、接线图等电气图纸；能读懂 S7-300PLC 程序，会分析和判断 PLC 控制系统的常见故障；会根据运行要求修改并调试简单程序。

## 任务 2.1　低压电控线路识读及控制逻辑分析

【任务目标】

1．会识读电气控制原理图。

2．掌握常用电控逻辑、电气元件及识读方法。

3．为可编程序控制器编程奠定基础，掌握 PLC 信号采集及电控执行装置安装接线基本技能。

【教学器材】

1．电气元件若干。

2．接线板若干套。

3．电气接线图。

### 子任务 2.1.1　三相异步电动机直接启动电气控制线路识读与分析

三相异步电动机具有结构简单、价格便宜、坚固耐用、维修方便等优点，因而广泛应用于工矿企业、农业、国防军工及民用设施中。据统计，在一般工矿企业中，三相异步电动机的数量占电力拖动设备总台数的 85%左右。实际应用中三相异步电动机的启动常采用直接启动与减压启动两种方式。

电动机的直接启动是一种简便、经济的启动方式。但直接启动时的启动电流为电动机额定电流的 4～7 倍，过大的启动电流会造成电压明显下降，直接影响在同一电网工作的其他负载的正常工作，所以直接启动的电动机的容量受到一定限制。一般可根据电动机启动的频繁程度、供电变压器容量的大小来决定允许直接启动的电动机的容量。对于启动频繁、允许直接启动的电动机，其容量应不大于变压器容量的 20%；对于不经常直接启动的电动机，其容量不大于变压器容量的 30%。

## 一、直接启动连续运行控制线路

图 2.1-1 为电动机全压启动连续运转控制线路，其中（a）为无过载保护的控制线路，一般用于较短时或轻载的设备；（b）为有过载保护的控制线路，用于长时间或易于过载的场合。图中 QS 为电源开关，FU1、FU2 分别为主电路与控制电路熔断器，KM 为接触器，FR 为热继电器，SB1、SB2 分别为停止按钮与启动按钮，M 为三相笼型感应电动机。

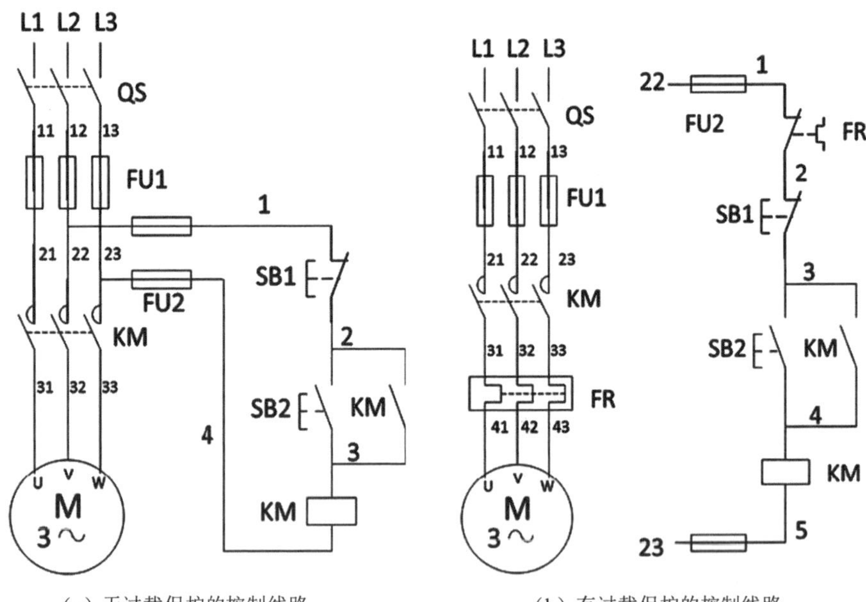


（a）无过载保护的控制线路　　（b）有过载保护的控制线路

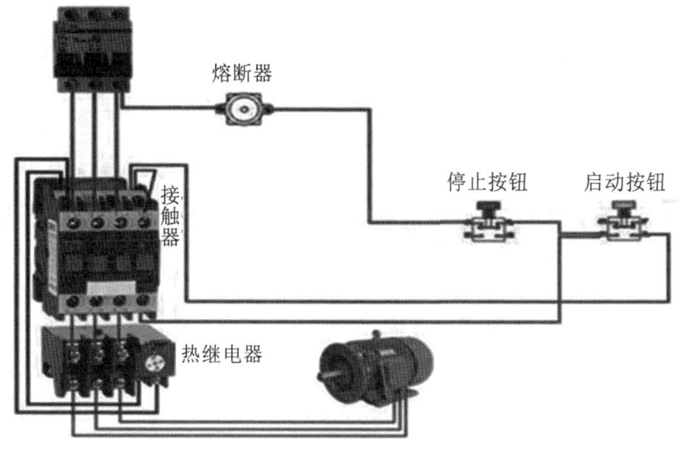


（c）实用控制图

图 2.1-1　直接启动连续运行控制线路

以有过载保护的控制电路为例，首先合上电源开关 QS。

（1）启动时，按下启动按扭 SB2（3，4），接触器 KM 线圈（4，5）通电吸合，其主触点闭合，电动机接通三相电源启动。同时，与启动按钮 SB2 并联的接触器常开辅助触点 KM（3，4）闭合，使 KM 线圈经 SB2 触点与接触器 KM 自身常开辅助触点 KM（3，4）通电，当松开 SB2 时，KM 线圈仍通过自身常开辅助触点继续保持通电，从而使电动机获得连续运转。这种利用接触器自身辅助触点保持线圈通电的电路，称为自锁电路。

（2）停转时，按下停止按钮 SB1（2，3），接触器 KM 线圈断电释放，KM 自身常开主触点与辅助触点均断开，切断电动机主电路及控制电路，电动机停止旋转。

## 二、线路保护

继电器—接触器电路中常用的保护有短路保护、过载保护、欠电压和失电压保护。

### 1. 短路保护

由熔断器 FU1、FU2 分别实现主电路与控制电路的短路保护。大型负载或要求较高的设备常采用断路器实现短路保护。

### 2. 过载保护

由热继电器 FR 实现电动机的长期过载保护。当电动机出现长期过载时，串接在电动机电路中的发热元件使双金属片受热弯曲，热继电器动作，使串接在控制电路中的热继电器的常闭触点断开，切断 KM 线圈电路，KM 主触点断开，使电动机断电，实现电动机过载保护。

### 3. 欠电压和失电压保护

当电源电压严重下降或电压消失时，接触器电磁吸力急剧下降或消失，衔铁释放，各触点复原，断开电动机电源，电动机停止旋转。一旦电源电压恢复时，电动机也不会自行启动，从而避免事故发生。因此，具有自锁电路的继电器—接触器控制线路自身就具有欠电压与失电压保护作用。

## 三、线路常见故障检查及排除

（1）合上开关 QS（未按下 SB2）接触器 KM 立即得电动作；按下 SB1 则 KM 释放，松开 SB1 时，KM 又得电动作。

故障现象表明停止按钮 SB1 的停车功能正常，而启动按钮 SB2 出现问题。由图 2.1-1（b）可知，故障可能是由 SB1（2，3）下端连接线 3 直接接到 SB2（3，4）下端 4 或接触器自锁触点 KM（3，4）的下端 4 引起的。

先检查线路，拆开按钮盒，核对接线，再检查接触器辅助触点接线，找到接错的线，改正，再重新试车。

（2）试车时合上 QS，没有按下启动按钮，接触器剧烈振动（振动频率低，10～20 Hz），主触点严重起弧，电动机时转时停。按下 SB1，则 KM 立即释放；松开 SB1，接触器又剧烈振动。

故障现象表明启动按钮 SB2 出现问题，而停止按钮 SB1 有停车控制作用，接触器剧烈振动且频率低，所以不是电源电压低（噪声约 50 Hz）和短路环损坏（噪声约 100 Hz），而可能是由接触器反复的接通、断开造成的，也可能是自锁触点接错。若把接触器的常闭触点错当自锁触点使用，合上 QS 时，控制回路电流经 FR（1，2）→SB1（2，3）→KM（3，4）的常闭触点→KM 的线圈→电源形成回路，使 KM 线圈立即得电动作，其常闭触点分断，又使 KM 线圈失电，常闭触点又接通而使线圈得电，这样就引起接触器剧烈振动。接触器的衔铁在全过程做往复运动，因此振动频率低。

检查自锁触点，找到错误的接线，将 KM（3，4）常开辅助触点的端子并接在启动按钮 SB2（2，3）的两端，经检查核对后重新试车。

（3）试车时，操作按钮 SB2 时 KM 不动作，而同时按下 SB1 时 KM 动作，松开 SB1 则 KM 释放。

故障现象表明，SB1 是一个常开按钮。打开按钮盒核对接线，将 2 号、3 号线接到停止按钮常闭触点接线端子上。

（4）试车时按下 SB2 后 KM 不动作，检查接线无错接处；检查电源，三相电压均正常，线路无接触不良处。

故障现象表明，问题出在电器元件上，可能是按钮的触点、接触器线圈或热继电器触点有断路点。分别用万用表电阻挡（R×1）（也可以用数字万用表测二极管挡）测量上述元件，表笔跨接辅助线路 SB1 上端子和 SB2 下端子（2 号和 3 号端子），按下 SB2 时测得 R→0，证明按钮完好；测量 KM 线圈阻值正常，测量热继电器常闭触点，测得结果为断路。说明 FR（1，2）没有复位，其常闭触点断开，切断了辅助电路，因此 KM 不能启动。按下 FR 复位按钮，测量 FR（1，2），测得 R→0，重新试车。

## 子任务 2.1.2　三相异步电动机正反转运行电气控制线路识读与分析

生产设备或机械的运动部件往往要求实现正反两个方向的运动，这就要求驱动电动机能做正反向运转。由三相异步电动机的转动原理可知，改变异步电动机三相电源相序即可改变电动机的旋转方向。

### 一、常用的电动机正反转控制线路

#### 1. 电气互锁的正反转控制线路

图 2.1-2（a）为正反转控制主线路，线路中使用两只交流接触器来改变电动机的电源相序。显然，两只接触器不能同时得电动作，否则将造成电源短路，因而必须设置互锁电路。

图 2.1-2（a）中，KM1 闭合时，接通电动机的正序电源，电动机正转；KM2 闭合时，两相电源 21、23 互换，变为反相序，电动机反转。图 2.1-2（b）是接触器辅助触点电气互锁的正反转控制线路的电气原理图。KM1、KM2 使用一副常开触点进行自锁，另外，KM1、KM2 将常闭触点串在对方线圈电路中，形成电气互锁。当 KM1 先接通时，常闭触点 KM1（7，8）断开，KM2 线圈则无法通电；当 KM2 先接通时，其常闭触点 KM2（4，5）断开，KM1 线圈无法接通，这样两只接触器不能同时得电动作，防止了电源短路。要想实现由正转到反转的控制或由反转到正转的控制，都必须先按下停止按钮 SB1，使接触器断电释放，互锁的常闭触点闭合，再按下相反运行方向的启动按钮，这就构成了正转—停止—反转、反转—停止—正转的控制。

线路控制动作如下：

合上刀开关 QS。

（1）正向启动，按下正向启动按钮 SB2，KM1 线圈得电；常闭辅助触点 KM1（7，8）断开，实现互锁；KM1 主触点闭合，电动机 M 正向启动运行；常开辅助触点 KM1（3，4）闭合，实现自锁。

（2）反向启动，先按停止按钮 SB1，KM1 线圈失电；常开辅助触点 KM1（3，4）断开，切除自锁；KM1 主触点断开，电动机断电；KM1（7，8）常闭辅助触点闭合。再按下反转启动按钮 SB3，KM2 线圈得电，KM2（4，5）常闭辅助触点分断，实现互锁，KM2 主触点闭合，电动机 M 反向启动；KM2（3，7）常开辅助触点闭合，实现自锁。

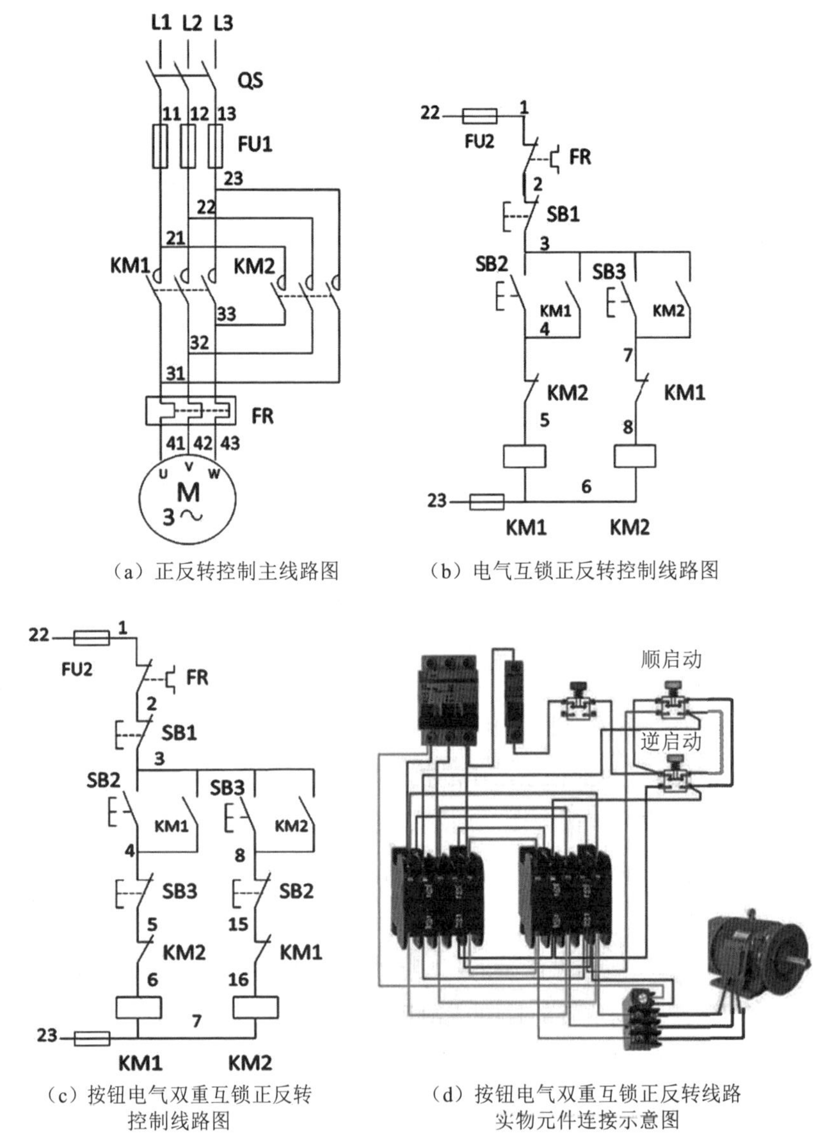


（a）正反转控制主线路图

（b）电气互锁正反转控制线路图

（c）按钮电气双重互锁正反转控制线路图

（d）按钮电气双重互锁正反转线路实物元件连接示意图

图 2.1-2　正反转控制线路

## 2. 双重互锁的正反转控制线路

电气互锁的正反转控制线路能消除由接触器主触点熔焊（粘连）而导致的短路现象；按钮互锁可避免同时按下启动按钮时导致的短路现象；另外电气互锁电路进行电动机换

向时，须先按下停止按钮 SB1 而后再进行换向操作，因此双重互锁是最完善的控制线路。当要求电动机直接换向时，可采用按钮电气双重互锁的正反转控制线路，如图 2.1-2（c）所示，它是在图 2.1-2（b）的基础上，采用了复合按钮，用启动按钮的常闭触点构成按钮互锁，形成具有电气、按钮双重互锁的正反转控制电路。该电路既可实现正转—停止—反转、反转—停止—正转操作，又可实现正转—反转—停止、反转—正转—停止的操作。图 2.1-2（d）为按钮电气双重互锁正反转线路实物元件连接示意图。

## 二、常见的故障分析及处理

（1）将 KM1 的常开辅助触点并接在 SB3 常开按钮上，KM2 的常开辅助触点并接到 SB2 的常开按钮上，使 KM1、KM2 均不能自锁，如图 2.1-3（a）所示。这种故障的现象是：按下 SB2 时，KM1 动作，但松开按钮时接触器释放；按下 SB3 时，KM2 动作，松开按钮时，KM2 释放，自锁触点接线错误，导致无法自锁。

（2）将 KM1 的常闭互锁触点接入 KM1 线圈的回路，将 KM2 的常闭互锁触点接入 KM2 线圈回路，如图 2.1-3（b）所示。这种故障的现象是：按下 SB2，接触器 KM1 剧烈振动（接触器铁芯连续吸合释放的撞击声），主触点严重起弧，电动机时转时停；松开 SB2 则 KM1 释放。按下 SB3 时，KM2 的现象与 KM1 相同。因为当按下按钮时，接触器得电动作后，常闭互锁触点断开，切断自身线圈通路，造成线圈失电，其触点复位，又使线圈得电而动作，接触器将不断地接通、断开，产生振动。

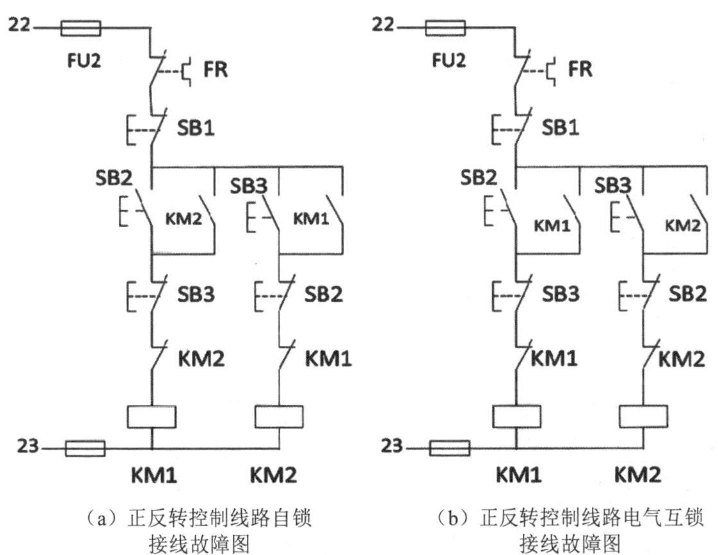


（a）正反转控制线路自锁接线故障图　　（b）正反转控制线路电气互锁接线故障图

图 2.1-3　正反转控制线路常见接线故障

# 任务 2.2 西门子 S7-300PLC 使用入门

【任务目标】

1．掌握西门子 S7-300PLC 硬件构成和安装方法。

2．掌握 CPU 面板指示与操作模式开关含义。

3．掌握 PLC 信号模块使用方法。

【教学器材】

1．西门子 S7-300PLC 硬件模板。

2．导轨及安装接线。

## 子任务 2.2.1 西门子 S7-300PLC 硬件构成

### 一、西门子 S7-300PLC 主要硬件

西门子 S7-300PLC（以下简称 S7-300）是模块化的中小型 PLC，适用于中等性能的控制要求。品种繁多的 CPU 模块、信号模块和功能模块能满足各种领域的自动控制任务，用户可以根据系统的具体情况选择合适的模块，维修时更换模块也很方便。它的外形如图 2.2-1 所示，其部件及功能列于表 2.2-1。

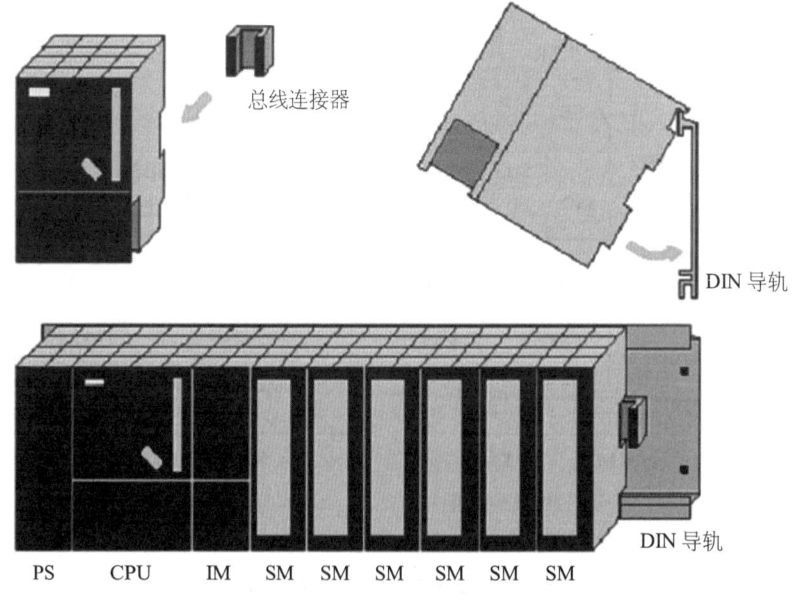


图 2.2-1 S7-300 的硬件构成

表 2.2-1 S7-300 模块化硬件部件

| 部件 | 功能 | 示例 |
|---|---|---|
| CPU 模块 | 执行用户程序，附件包括存储器模块和后备电池 | CPU315-2PN/DP |
| 电源（PS）模块 | 将电网电压变换成 S7-300 所需的直流 24V 工作电压 | PS 307 5A |
| 信号（SM）模块 | 把不同的过程信号与 S7-300 相匹配 | SM321 |
| 功能（FM）模块 | 完成高速计数、定位、称重和闭环控制等功能 | FM350 |
| 通信处理器（CP）模块 | PLC 之间、PLC 与计算机或其他智能设备之间的通信 | CP343 |
| 接口（IM）模块 | 连接两个机架的总线 | ET200M |
| 导轨 | S7-300 的机架，用来固定和安装各种模块 | RACK0、RACK1 |
| 其他附件 | 附件包括总线连接器和前连接器 | DP 总线连接器 |

## 二、西门子 S7-300PLC 硬件安装

S7-300 采用紧凑的、无槽位限制的模块结构，PS 模块、CPU 模块、SM 模块、IM 模块和 CP 模块都安装在导轨上。导轨是一种专用的金属机架，只需将模块钩在 DIN 标准的安装导轨上，然后用螺栓锁紧就可以了。有多种不同长度规格的导轨供用户选择。

PS 模块总是安装在机架的最左边，CPU 模块紧靠 PS 模块。如果有 IM 模块，它放在 CPU 模块的右侧。S7-300 用背板总线将除 PS 模块之外的各个模块连接起来。背板总线集成在模块上，模块通过 U 形总线连接器相连，每个模块都有一个总线连接器，总线连接器插在各模块的背后。安装时先将总线连接器插在 CPU 模块上，并固定在导轨上，然后依次安装各个模块，S7-300 的模块安装布局如图 2.2-2 所示。

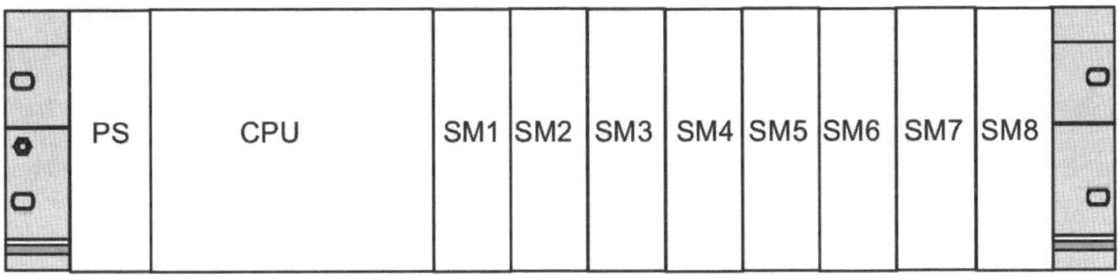

图 2.2-2 S7-300 模块安装布局

外部接线接在 SM 模块和 FM 模块的前连接器的端子上，前连接器用插接的方式安装在模块前门后面的凹槽中，前连接器与模块是分开的。更换模块时只需松开安装螺钉，拔下已经接线的前连接器，然后更换新的模块并锁紧安装螺钉即可。

S7-300 的 PS 模块通过电源连接器或导线与 CPU 模块相连，为 CPU 模块和其他模块提供 DC 24V 电源。

每个机架最多只能安装 8 个 SM 模块、FM 模块或 CP 模块，组态时系统自动分配模

块的地址。如果模块超过 8 块，可以增加扩展机架，低端 CPU 没有扩展功能。

除了带 CPU 的中央机架（CR），最多可以增加 3 个扩展机架（ER），每个机架可以安装 8 个模块（不包括 PS 模块、CPU 模块和 IM 模块），4 个机架最多可以安装 32 个模块。

如图 2.2-3 所示，机架最左边是 1 号槽，最右边是 11 号槽，PS 模块总是在 1 号槽的位置。中央机架（0 号机架）的 2 号槽上是 CPU 模块，3 号槽是 IM 模块。这 3 个槽号被固定占用，SM 模块、FM 模块和 CP 模块使用 4～11 号槽。

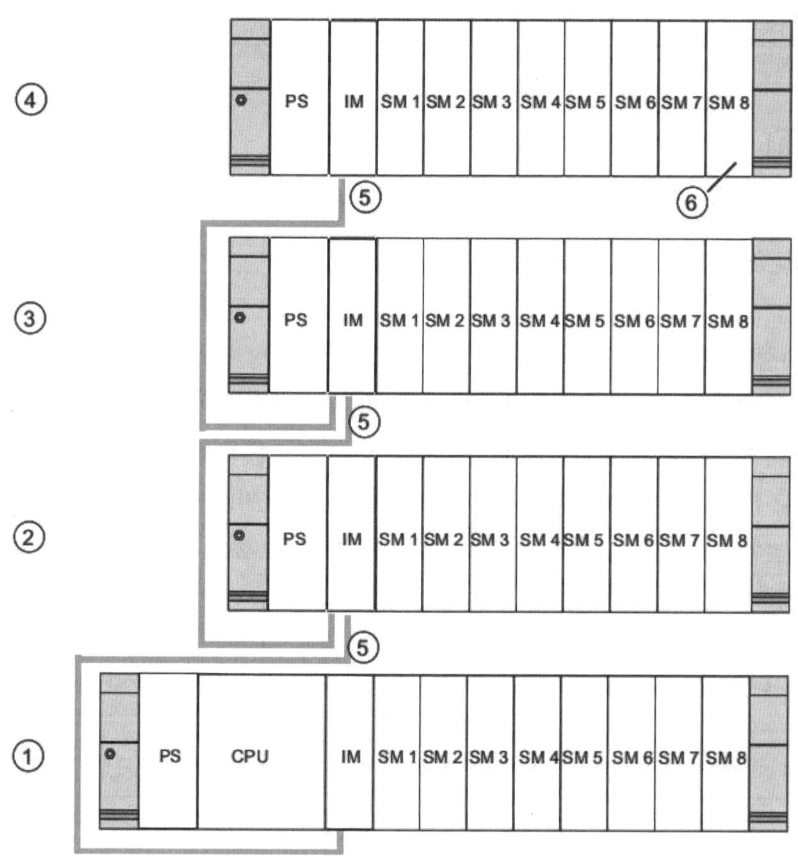


①机架 0（中央机架）；②机架 1（扩展单元）；③机架 2（扩展单元）；④机架 3（扩展单元）；⑤连接线路；⑥由于 CPU31 xC 的限制，使用此 CPU 时，不能将信号模块 8 插入机架 3 中。

图 2.2-3 S7-300 扩展方式

因为模块是用总线连接器连接的，而不是像其他模块式 PLC 那样，用焊在背板上的总线插座来安装，所以槽号是相对的，机架导轨上并不存在物理槽位。例如，在不需要扩展机架时，中央机架上没有接口模块，CPU 模块和 4 号槽的模块是挨在一起的。此时

3 号槽位仍然被实际上并不存在的 IM 模块占用。如果有扩展机架，IM 模块占用 3 号槽位，负责中央机架与扩展机架之间的数据通信。

每个机架上安装的 SM 模块、FM 模块和 CP 模块除了不能超过 8 块外，还受到背板总线 DC 5V 供电电流的限制。0 号机架的 DC 5V 电源由 CPU 模块产生，其额定电流值与 CPU 的型号有关。扩展机架的背板总线的 DC 5V 电源由接口模块 IM 361 产生。各类模块消耗的电流可以查询 S7-300 模块手册。

## 子任务 2.2.2　CPU 模块使用

### 一、西门子 S7-300PLC CPU 模块

CPU 用于存储和处理用户程序，控制集中式 I/O 和分布式 I/O。S7-300 有多种不同型号的 CPU，分别适用于不同等级的控制要求。有的 CPU 集成有数字量和模拟量输入/输出点，有的 CPU 集成有 PROFIBUS-DP 等通信接口。CPU 前面板上有状态故障指示灯、模式选择开关、24V 电源端子和微存储卡插槽。图 2.2-4 是 CPU 315-2 PN/DP 模块面板的功能布局。

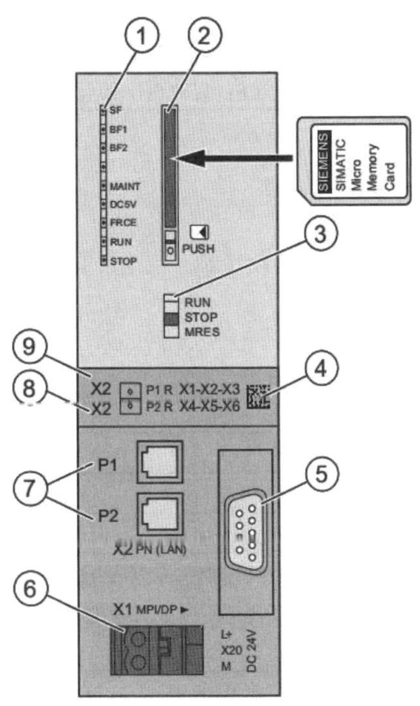


①状态和错误指示灯；②MMC 卡插槽；③模式选择器；④MAC 地址和二维码；⑤接口 X1（MPI/DP）；⑥电源连接；⑦接口 X2（PN），配有两端口交换机；⑧PROFINET 端口 2 状态指示；⑨PROFINET 端口 1 状态指示。

图 2.2-4　CPU 315-2 PN/DP 的模块面板

### 1. CPU 状态与故障显示

CPU 的状态与故障显示（LED）用于向用户指示 CPU 当前的运行状态和故障显示，表 2.2-2 详细列出了 CPU 的 LED 名称、对应颜色和含义。

表 2.2-2　CPU 状态和错误指示灯

| LED 名称 | 颜色 | 含义 |
| --- | --- | --- |
| SF | 红色 | 硬件故障或软件错误 |
| BF1 | 红色 | 第一个接口（X1）处发生总线故障 |
| BF2 | 红色 | 第二个接口（X2）处发生总线故障 |
| LINK/RX/TX | 绿色 | 连接端口处于活动状态 |
| | 黄色 | 在相关端口接收/发送数据 |
| MAINT | 黄色 | 需要维护 |
| DC5V | 绿色 | CPU 和 S7-300 总线使用 5V 电源正常 |
| FRCE | 黄色 | LED 点亮：强制作业激活；<br>LED 以 2Hz 的频率闪烁：节点闪烁测试功能 |
| RUN | 绿色 | RUN 状态下的 CPU 一直显示绿色；<br>在启动期间 LED 以 2Hz 的频率闪烁，在 STOP 模式下以 0.5Hz 的频率闪烁 |
| STOP | 黄色 | CPU 为 STOP、HOLD 或启动模式；<br>请求存储器复位时 LED 以 0.5Hz 的频率闪烁，在复位期间以 2Hz 的频率闪烁 |

### 2. CPU 模式选择开关

可通过操作 CPU 模式选择开关，使 CPU 位于不同的操作模式下，表 2.2-3 列出了 CPU 操作模式的设置、含义及说明。

表 2.2-3　模式选择器设置

| 设置 | 含义 | 说明 |
| --- | --- | --- |
| RUN | RUN 模式 | CPU 执行用户程序 |
| STOP | STOP 模式 | CPU 不执行用户程序 |
| MRES | 存储器复位 | 带有按钮功能的模式选择器设置，用于 CPU 存储器复位；<br>通过模式选择器进行 CPU 存储器复位，要求按照特定操作顺序执行，详细操作顺序见下述具体说明 |

存储器复位操作：通电后从 STOP 位置扳到 MRES 位置，“STOP” LED 熄灭 1 s，亮 1 s，再熄灭 1 s 后保持亮。放开开关，使它回到 STOP 位置，然后又回到 MRES，“STOP” LED 以 2 Hz 的频率至少闪动 3 s，表示正在执行复位，最后“STOP” LED 一直亮。

### 3. 通信接口

所有的 CPU 模块都有一个 MPI（多点接口）通信接口，有的 CPU 模块还有 DP 接口或点对点接口，型号中带 PN 的 CPU 模块有一个 PROFINET 工业以太网接口。

MPI 接口用于与其他西门子 PLC、PG/PC（编程器或个人计算机）、OP（操作员面板）通过 MPI 网络进行通信。

PROFIBUS-DP 可用于与别的西门子 PLC、PG/PC、OP 和其他 DP 主站和从站的通信。

## 二、CPU 模块供电方式

S7-300 系列 CPU 采用 PS 模块供电，也可使用其他开关电源，PS 307 PS 模块将 AC 120/230V 电压转换为 DC 24V 电压，为 S7-300、传感器和执行器供电，额定输出电流有 2A、5A 和 10A，图 2.2-5 为 PS 307 5A PS 模块。

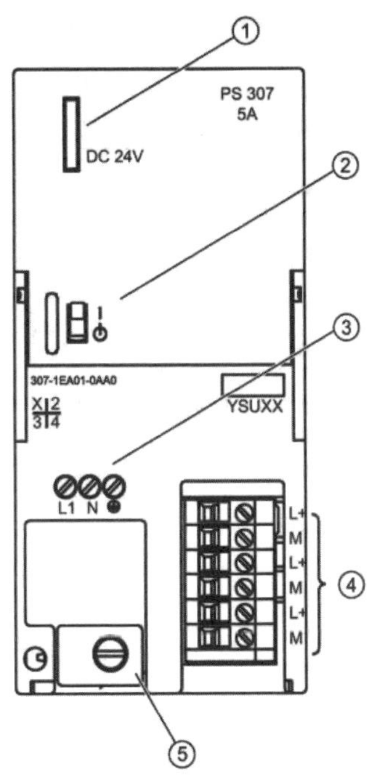


①显示输出电压 DC 24V 存在；②DC 24V 开关；③主回路和保护性导体接线端；
④DC 24V 输出电压端子；⑤电缆固定装置。

图 2.2-5 PS 307 5A PS 模块

PS 模块安装在 DIN 导轨上的插槽 1，紧靠在 CPU 或扩展机架的 IM 361 的左侧，用电源连接器连接到 CPU 或 IM 361 上。

PS 模块的输入和输出之间有可靠的隔离，输出 DC 24V 正常电压时，绿色 LED 亮；

输出过载时 LED 闪烁；对于 PS 307 10A PS 模块，输出电流大于 13 A 时，电源跌落，跌落后自动恢复。输出短路时输出电压消失，短路消失后电压自动恢复。

PS 模块除了给 CPU 模块提供电源，还可以给输入/输出模块提供 DC 24V 电源。

PS 模块的 L1、N 端子接 AC 220V 电源，接地端子和 M 端子一般用短接片短接后接地，机架的导轨也应接地。

## 子任务 2.2.3　S7-300 的信号模块使用

### 一、数字量输入模块

数字量输入（DI）模块用于连接外部的机械触点和电子数字式传感器，如光电开关和接近开关等。DI 模块将来自现场的外部数字量的信号电平转换为 PLC 内部的信号电平。DI 模块有数字滤波功能，以防止由于输入触点抖动或外部干扰脉冲引起错误的输入信号，输入电流一般为数毫安。

DI 模块按照输入电压类型可分为直流和交流两种，以下分别介绍其内部电路和外部接线图，图 2.2-6 是直流输入模块的内部电路和外部接线图，图中只画出了一路输入电路，M 是同一输入组内各内部输入电路的公共点。

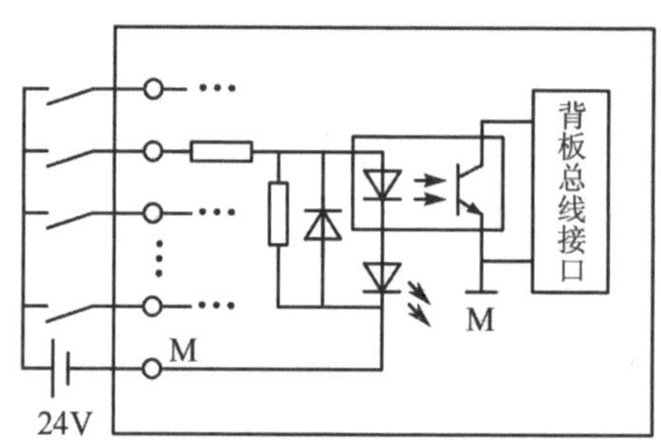


图 2.2-6　直流输入模块的内部电路和外部接线图

当外接触点接通时，光耦合器中的发光二极管点亮，光敏三极管饱和导通；外接触点断开时，光耦合器中的发光二极管熄灭，光敏三极管截止，信号经背板总线接口传送给 CPU 模块。

直流输入模块的延迟时间较短，可以直接与接近开关、光电开关等电子输入装置连接，同时 DC 24V 是一种安全电压。如果信号线不是很长，PLC 所处的物理环境较好，应考虑优先选用 DC 24V 输入模块。

交流输入模块的额定输入电压为 AC 120V 或 230V。图 2.2-7 是交流输入模块的内部电路和外部接线图，电路中用电容隔离输入信号中的直流成分，用电阻限流，交流成分经桥式整流电路转换为直流电流。外接触点接通时，光耦合器中的发光二极管和显示用的发光二极管点亮，光敏三极管饱和导通；外接触点断开时，光耦合器中的发光二极管熄灭，光敏三极管截止，信号经背板总线接口传送给 CPU 模块。

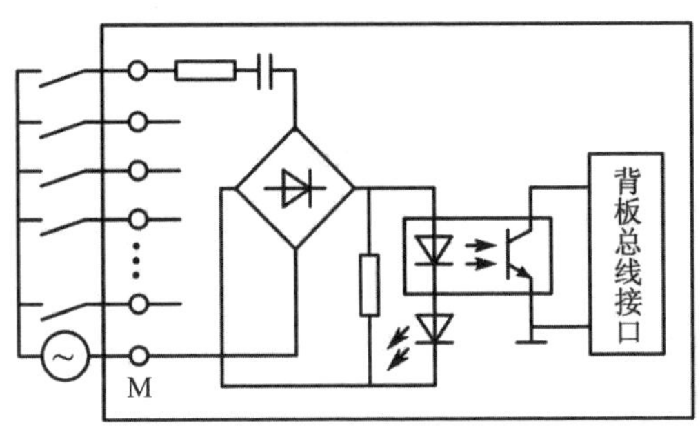


图 2.2-7　交流输入模块的内部电路和外部接线图

根据输入电流的流向，可以将 DI 电路分为漏输入电路（PNP）和源输入电路（NPN）。

漏输入电路的输入回路电流从模块的信号输入端流进来，从模块内部输入电路的公共点 M 流出去。PNP 集电极开路输出的传感器应接到漏输入的 DI 模块。

在源输入电路的输入回路中，电流从模块的信号输入端流出去，从模块内部输入电路的公共点 M 流进来。NPN 集电极开路输出的传感器应接到源输入的 DI 模块。

图 2.2-8 是 DI 模块 SM321 DI 32*DC24V 的接线图，20 号和 40 号端子为 PLC 内部的公共端，接电源负极，漏输入电路应选择 PNP 型传感器。

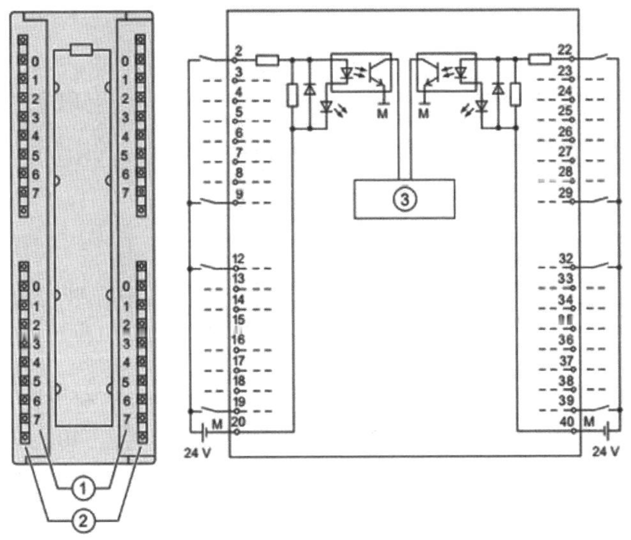


①通道号；②状态显示（绿色）；③背板总线接口。

图 2.2-8　DI 模块 SM321 DI 32*DC24V 接线图

## 二、数字量输出模块

数字量输出（DO）模块用于驱动电磁阀、接触器、小功率电动机、灯和电动机启动器等负载。DO 模块将内部信号电平转化为控制过程所需的外部信号电平，同时有隔离和功率放大的作用。

DO 模块的功率放大元件有驱动直流负载的大功率晶体管、场效应晶体管、驱动交流负载的双向晶闸管、固态继电器，以及既可以驱动交流负载又可以驱动直流负载的小型继电器。输出电流的额定值为 0.5～8 A，负载电源由外部现场提供。

图 2.2-9 是继电器输出电路，程序中某一输出点为 1 状态时，程序中的线圈得电，通过背板总线接口和光耦合器，使模块内部对应的微型继电器线圈通电，其常开触点闭合，使外部负载工作。输出点为 0 状态时，程序中的线圈断电，输出模块对应的微型继电器的线圈也断电，其常开触点断开，外部负载停止工作。

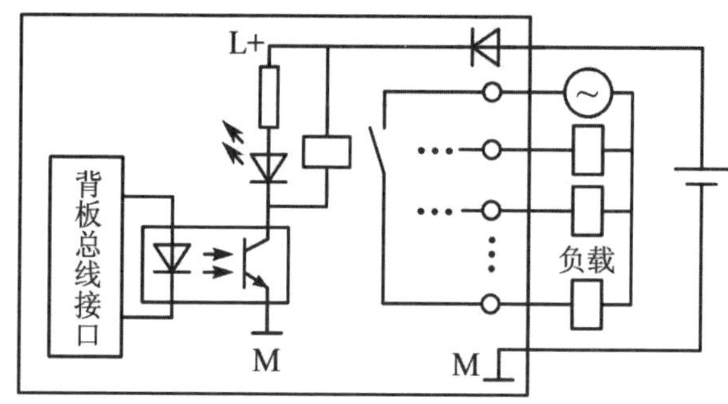


图 2.2-9　继电器输出电路

继电器输出模块的负载电压范围宽，导通电压降小，承受瞬时过电压和瞬时过电流的能力较强，但是动作速度较慢，寿命（动作次数）有一定的限制。如果系统输出量的变化不是很频繁，建议优先选用继电器型的输出模块。

在选择 DO 模块时，应注意负载电压的种类和大小、工作频率和负载的类型（电阻性、电感性负载、机械负载或白炽灯）。除了每一点的输出电流外，还应注意每一组的最大输出电流。

图 2.2-10 是 DO 模块 SM322 DO 32*DC24V 的接线图，1 号、11 号、21 号和 31 号端子为 PLC 内部的公共端，接电源正极，10 号、20 号、30 号和 40 号端子也是 PLC 内部的公共端，接电源负极。应注意，晶体管、场效应管输出电路类型，只能接直流负载。

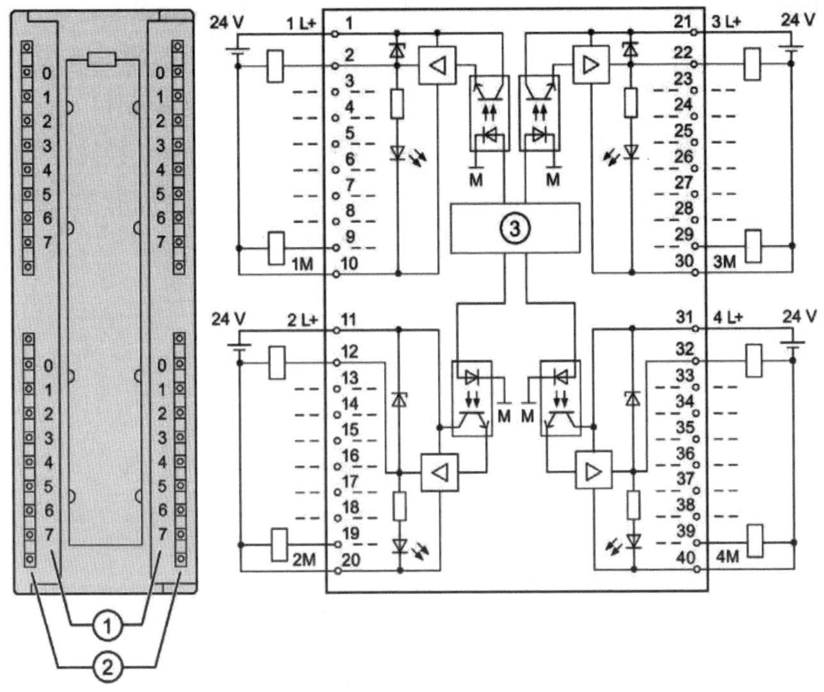


①通道号；②状态显示（绿色）；③背板总线接口。

图 2.2-10 DO 模块 SM322 DO 32*DC24V 接线图

## 三、模拟量输入模块

### 1. 模拟量变送器

生产过程中有大量的连续变化的模拟量需要用 PLC 来测量或控制。有的是非电量，如温度、压力、流量、液位、物体的成分和频率等；有的是强电电量，如发电机组的电流、电压、有功功率、无功功率、功率因数等。变送器用于将传感器提供的电量或非电量转换为标准量程的直流电流或直流电压信号，如 DC 0～10V 和 DC 4～20 mA。

### 2. SM 331 模拟量输入模块的基本结构

模拟量输入（AI）模块用于将模拟量信号转换为 CPU 内部处理用的数字信号，其主要组成部分是 A/D 转换器。AI 模块的输入信号一般是模拟量变送器输出的标准量程的直流电压、直流电流信号。SM331 也可以直接连接不带附加放大器的温度传感器（热电偶或热电阻），这样可以省去温度变送器，不但节约了硬件成本，控制系统的结构也更加紧凑。

一块 SM331 模块中的各个通道可以分别使用电流输入或电压输入，并选用不同的量程。大多数模块的分辨率（转换后的二进制数字的位数）可以在组态时进行设置，转换时间与分辨率有关。

如图 2.2-11 所示，AI 模块由多路开关、A/D 转换器、光隔离元件、内部电源和逻辑电路组成。各模拟量输入通道共用一个 A/D 转换器，用多路开关切换被转换的通道，AI 模块各输入通道的 A/D 转换过程和转换结果的存储与传送是顺序进行的，各个通道的转换结果被保存到各自的存储器中，直到被下一次的转换值覆盖。

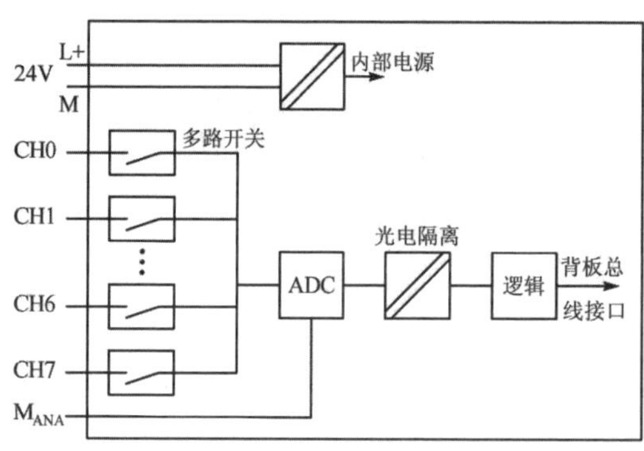


图 2.2-11　AI 模块内部结构框图

### 3. 传感器与 AI 模块的接线和量程卡的设置

为了减少电磁干扰，传送模拟量信号时应使用双绞线屏蔽电缆，模拟信号电缆的屏蔽层应两端接地。如果电缆两端存在电位差，将会在屏蔽层中产生等电位线连接电流，造成对模拟信号的干扰。在这种情况下，应将电缆的屏蔽层一点接地。

AI 模块的输入信号类型用量程卡（也称量程模块）来设置。量程卡安装在 AI 模块的侧面，每两个通道为一组，共用一个量程卡，每个模块有 8 个通道，因此有 4 个量程卡。如图 2.2-12 所示，量程卡插入输入模块后，如果量程卡上的标记 C 与输入模块上的标记相对，则量程卡被设置在 C 位置。

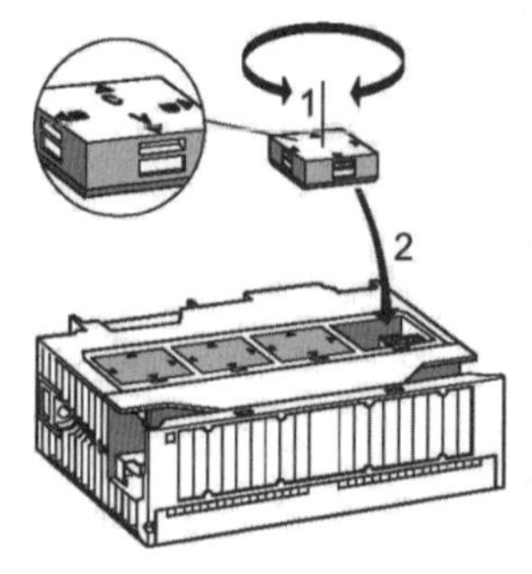


图 2.2-12　量程卡设置方法

以 AI 模块 6ES7 331-7KF02-0AB0 为例，量程卡的 B 位置对应电压输入；C 位置对应于 4 线制变送器电流输入（4DMU）；D 位置对应 2 线制变送器电流输入（2DMU），测量范围只有 4～20 mA。温度测量和电阻测量对应 A 位置，具体量程卡设置见表 2.2-4，可通过对模块的组态，选择测量类型和测量范围。

表 2.2-4 量程卡设置

| 测量范围 | | 量程卡设置 |
|---|---|---|
| 温度、电阻测量 | R-4L 电阻（4 导线端子）<br>RT 电阻（热敏，线性）<br>TC-I 热电偶（内部补偿）<br>TC-E（外部补偿）<br>TC-IL 热电偶（内部补偿线性）<br>TC-EL 热电偶（外部补偿线性） | A |
| 电压 | +/–80 mV<br>+/–250 mV<br>+/–500 mV<br>+/–1V<br>+/–2.5V<br>+/–5V<br>1～5V<br>+/–10V | B |
| 4 线制变送器电流传感器 | +/–3.2 mA<br>+/–10 mA<br>0～20 mA<br>4～20 mA<br>+/–20 mA | C |
| 2 线制变送器电流传感器 | 4～20 mA | D |

供货时模块的量程卡被放置在默认的位置。如果需要，必须重新设置量程卡，以更改测量方法和测量范围。各位置对应的测量方法和测量范围都印在模拟量模块上。设置量程卡时先用螺钉旋具将量程卡从 AI 模块中撬出来，根据组态时设置的量程，确定量程卡的位置，再按新的设置将量程卡插入模拟量输入模块中。

如果没有正确地设置量程卡，将会损坏 AI 模块。将传感器连接至模块之前，应确保量程卡在正确的位置。

## 四、模拟量输出模块

### 1. 模拟量输出模块的基本结构

模拟量输出（AO）模块用于将 CPU 传送给它的数字转换为成比例的电流信号或电压信号，对执行机构进行调节或控制，AO 模块的基本结构如图 2.2-13 所示，其主要组成部分是 D/A 转换器。

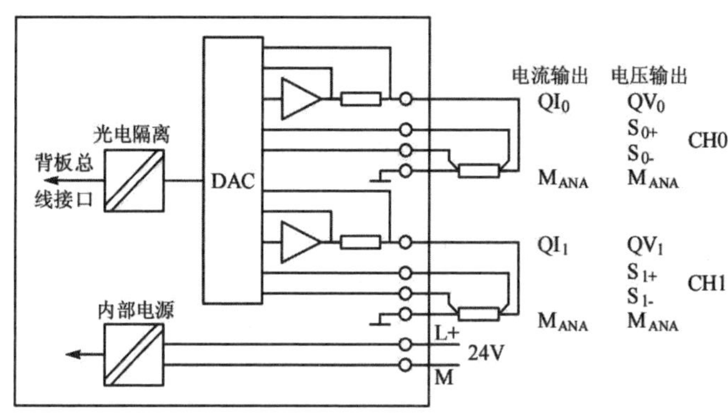


图 2.2-13　AO 模块基本结构

### 2. AO 模块的响应时间

AO 模块未通电时输出一个 0 mA 或 0V 的信号。进入 STOP 模式并且模块有 DC 24V 电源时，可以在组态时选择不输出电流电压、保持最后的输出值或采用替代值。在上、下溢出时模块的输出值均为 0 mA 或 0V。

模拟量输出通道的转换时间由内部存储器传送数字输出值的时间和数字值转换为模拟量的转换时间组成。

循环时间是模块所有被激活的通道的转换时间的总和。应关闭没有使用的模拟量通道，以减小循环时间。

建立时间是指从转换结束到模拟量输出到达指定的值的时间，它与负载的性质（阻性负载、容性负载或感性负载）有关。模块的技术规范给出了 AO 模块的建立时间与负载之间的函数关系。

响应时间是指内部存储器得到数字量输出值到模拟量输出达到指定值的时间，在最坏的情况下，响应时间为循环时间和建立时间之和。

# 任务 2.3　西门子 S7-300 PLC 编程基础

【任务目标】

1．掌握 PLC 常用逻辑指令。

2．掌握 PLC 编程方法。

【教学器材】

1．自控实训台。

2．相关教学资料。

## 子任务 2.3.1　位逻辑指令

位逻辑指令用于二进制数的逻辑运算，位逻辑运算的结果简称为 RLO，位逻辑指令包括触点指令（包括触点与线圈指令、取反触点指令、中线输出指令等）、置位与复位指令（包括 S 和 R 指令、RS 触发器和 SR 触发器）、上升沿与下降沿检测指令（包括边沿触发指令、地址边沿检测指令）等。下文中还涉及电路块的并联和串联的知识。

### 一、触点指令

#### 1．触点与线圈

A（and，与）表示串联的常开触点；

O（or，或）表示并联的常开触点；

AN（and not，与非）表示串联的常闭触点；

ON（or not，或非）表示并联的常闭触点；

输出指令“=”将 RLO 写入地址位，与线圈相对应。

如图 2.3-1 所示，可通过触点（常开和常闭）和输出指令构成较为复杂的逻辑控制功能。

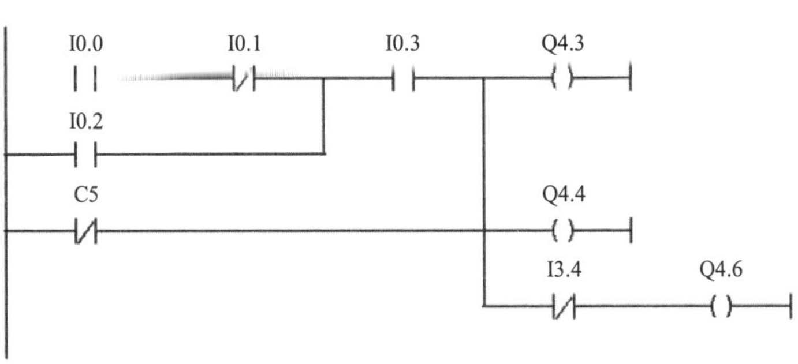

图 2.3-1　触点与输出指令

### 2. 取反触点

取反指令（NOT）是对存储器位的取非操作，用来改变能量流的状态。梯形图指令用触点形式表示，触点左侧为 1 时，右侧为 0，能量流不能到达右侧，输出无效。反之，触点左侧为 0 时，右侧为 1，能量流可以通过触点向右传递。如图 2.3-2 所示，I0.6 的常闭触点串联 I0.3 的常开触点并取反后，将逻辑运算结果传递至 Q4.5。

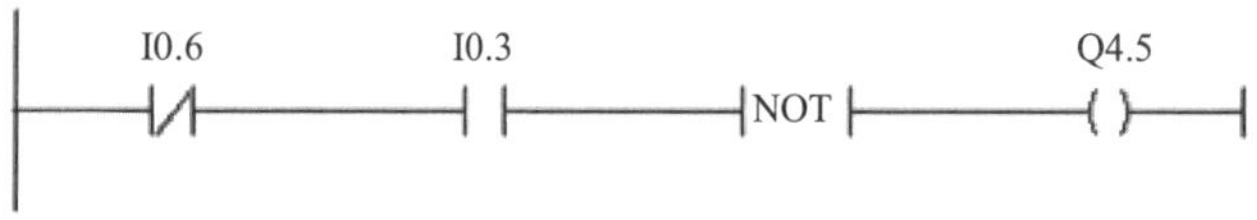

I0.6　I0.3　NOT　Q4.5

图 2.3-2　取反触点

### 3. 中线输出指令

中线输出指令将 RLO 位状态（能流状态）保存到指定的地址，中间输出单元保存前面分支单元的逻辑运算结果。图 2.3-3 和图 2.3-4 梯形图实现功能是相同的，但图 2.3-4 中应用了中线输出指令，M0.1 的值为 I0.0 的常开触点和 I0.1 的常闭触点串联运算的结果。

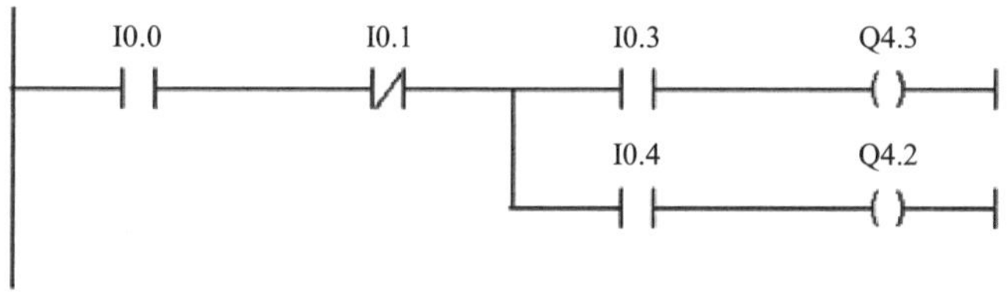

I0.0　I0.1　I0.3　Q4.3
I0.4　Q4.2

图 2.3-3　中线输出指令 1

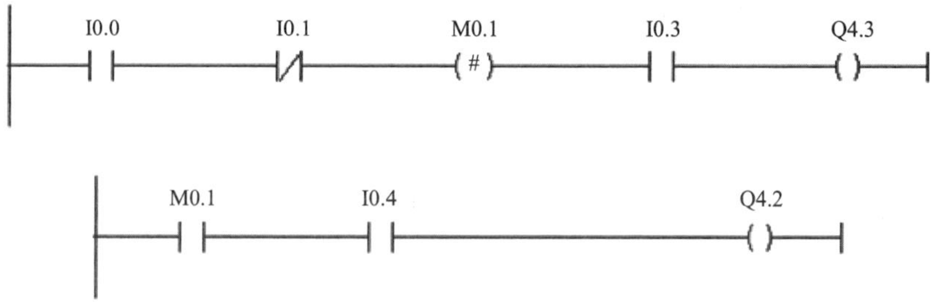

I0.0　I0.1　M0.1　I0.3　Q4.3
M0.1　I0.4　Q4.2

图 2.3-4　中线输出指令 2

## 二、电路块的并联和串联

电路块的并联（块“或”）是将梯形图中以 LD 起始的电路块与另一个以 LD 起始的电路块并联起来。电路块的串联（块“与”）是将梯形图中以 LD 起始的电路块与另一个以 LD 起始的电路块串联起来。图 2.3-5 是将 3 个简单的电路块并联后，将逻辑运算结果赋值给 Q4.3；图 2.3-6 是将 2 个简单的电路块串联后，将逻辑运算结果赋值给 Q4.4。

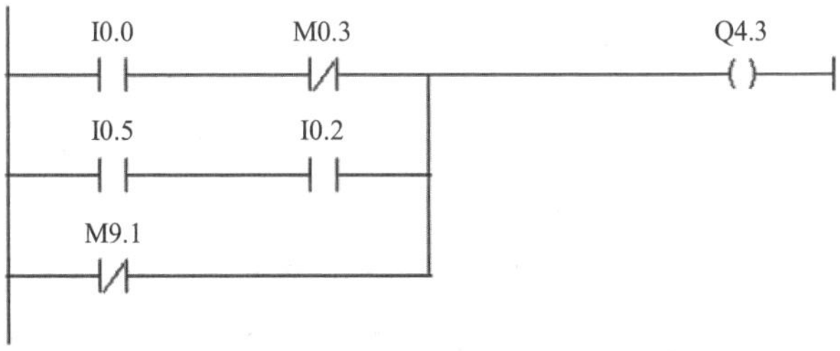

图 2.3-5　电路块的并联

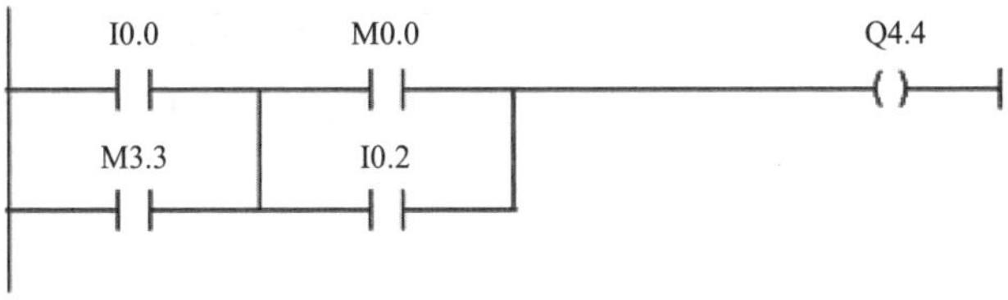

图 2.3-6　电路块的串联

## 三、置位与复位

### 1. 置位与复位指令

普通线圈获得能量流时，线圈通电（存储器位置 1）；能量流不能到达时，线圈断电（存储器位置 0）。梯形图利用线圈通、断电描述存储器位的置位、复位，置位与复位指令将线圈设计成置位线圈和复位线圈两部分，将存储器的置位、复位功能分离开来。

置位线圈受到脉冲前沿触发时，线圈通电锁存（存储器位置 1），同理，复位线圈受到脉冲前沿触发时，线圈断电锁存（存储器位置 0），下次置位、复位操作信号到来前，线圈状态保持不变（自锁功能）。如图 2.3-7 所示，输入端 I0.1 的信号状态为“1”时，Q4.3 被置位为 1，输入端 I0.3 的信号状态为“1”时，Q4.3 被复位为 0，如果 RLO 为“0”，输出端 Q4.3 的信号状态将保持不变。

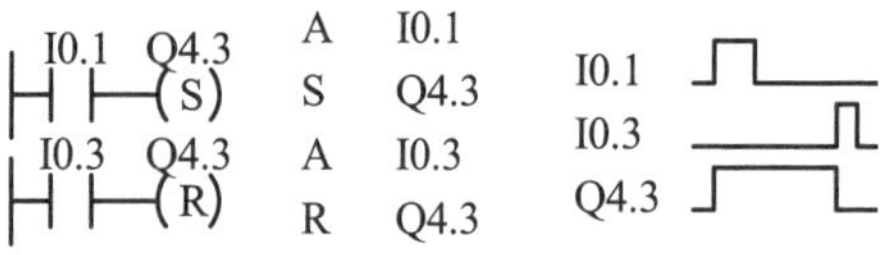

```
A  I0.1
S  Q4.3
A  I0.3
R  Q4.3
```

图 2.3-7　置位与复位指令

### 2. RS 触发器与 SR 触发器

RS 触发器（置位优先型 RS 双稳态触发器）：如果 R 输入端的信号状态为“1”，S 输入端的信号状态为“0”，则复位触发器。否则，如果 R 输入端的信号状态为“0”，S 输入端的信号状态为“1”，则置位触发器。如果两个输入端的 RLO 状态均为“1”，则 RS 触发器先在指定地址执行复位指令，然后执行置位指令，以使该地址在执行余下的程序扫描过程中保持置位状态。

SR 触发器（复位优先型 SR 双稳态触发器）：如果 S 输入端的信号状态为“1”，R 输入端的信号状态为“0”，则置位 SR 触发器。否则，如果 S 输入端的信号状态为“0”，R 输入端的信号状态为“1”，则复位触发器。如果两个输入端的 RLO 状态均为“1”，则 SR 触发器先在指定地址执行置位指令，然后执行复位指令，以使该地址在执行余下的程序扫描过程中保持复位状态。

如图 2.3-8 所示，左侧为 RS 触发器，当 I0.4 和 I0.6 的 RLO 状态均为“1”时，Q4.1 先执行复位指令，再执行置位指令，Q4.1 在执行下面的程序扫描过程中保持为 1。右侧为 SR 触发器，当 I0.2 和 I0.5 的 RLO 状态均为“1”时，Q4.3 先执行置位指令，再执行复位指令，Q4.3 在执行下面的程序扫描过程中保持为 0。

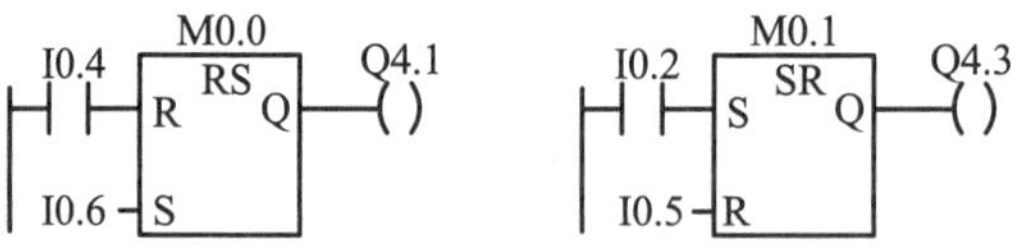

图 2.3-8　RS 触发器与 SR 触发器

## 四、边沿触发指令与地址边沿检测指令

### 1. 边沿触发指令

边沿触发是指用边沿触发信号产生一个扫描周期的脉冲信号。边沿触发指令分为正

跳变（上升沿）和负跳变（下降沿）两大类。正跳变边沿触发指令指输入脉冲的上升沿，使触点 ON 一个扫描周期。负跳变边沿触发指令指输入脉冲的下降沿，使触点 ON 一个扫描周期。如图 2.3-9 所示，当 I0.3 的常开触点与 I0.0 的常开触点串联后的 RLO 信号状态由 0 变为 1 时，Q4.5 在该指令后的一个扫描周期内为 1；当 I0.3 的常开触点与 I0.0 的常开触点串联后的 RLO 信号状态由 1 变为 0 时，Q4.3 在该指令后的一个扫描周期内为 1。

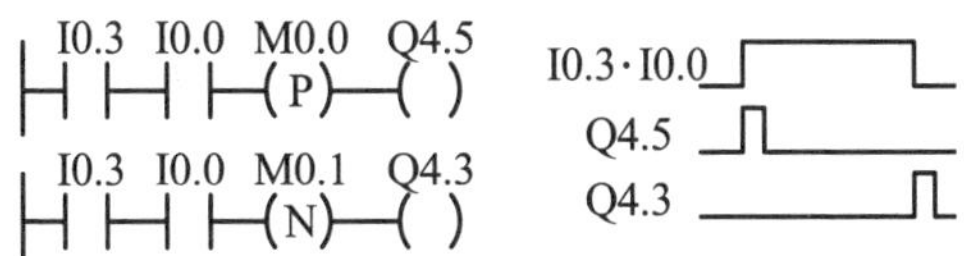


图 2.3-9 上升沿与下降沿检测

### 2. 地址边沿检测指令

POS（地址上升沿检测）用于比较地址 1 的信号状态与前一次扫描的信号状态（存储在地址 2 中）。如果当前 RLO 状态为“1”且其前一状态为“0”（检测到上升沿），执行此指令后 RLO 位将是“1”，且只持续一个扫描周期。

NEG（地址下降沿检测）用于比较地址 1 的信号状态与前一次扫描的信号状态（存储在地址 2 中）。如果当前 RLO 状态为“0”且其前一状态为“1”（检测到下降沿），执行此指令后 RLO 位将是“1”，且只持续一个扫描周期。

如图 2.3-10 所示，左图中当 I0.1 触点接通时，I0.2 的信号状态由 0 变为 1（上升沿）时，Q4.3 ON 一个扫描周期，右图中当 I0.3 触点接通时，I0.4 的信号状态由 1 变为 0（下降沿）时，Q4.5 ON 一个扫描周期。

图 2.3-10 地址上升沿检测与地址下降沿检测

## 五、故障显示程序示例

设计故障信息显示电路，故障信号 I0.0 为 1 使 Q4.0 控制的指示灯以 1 Hz 的频率闪烁。操作人员按复位按钮 I0.1 后，如果故障已经消失，指示灯熄灭。如果没有消失，指示灯转为常亮，直至故障消失。如图 2.3-11 所示，在该程序中通过设置 CPU 的属性，在“cycle/clock memory”标签页设置 M1 为时钟存储器字节，应用 M1.5 提供周期为 1 s

的时钟脉冲。

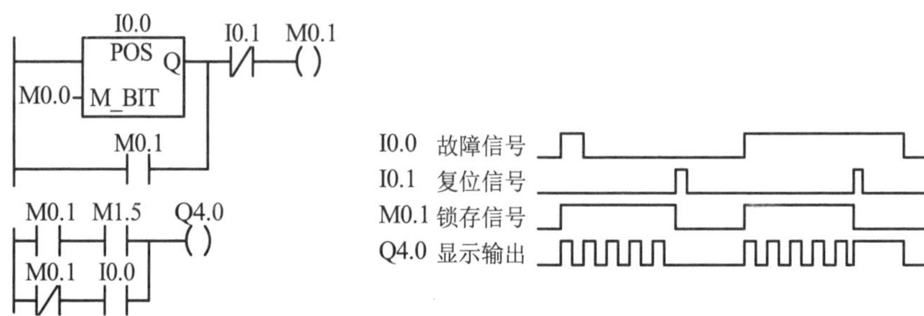


图 2.3-11 故障信息显示程序

## 子任务 2.3.2 定时器指令

定时器在程序中产生时间序列，相当于继电器电路中的时间继电器。定时器的基本功能是在程序中设定响应时间或者响应顺序。S7 定时器的主要种类有脉冲定时器、扩展脉冲定时器、延时接通定时器、保持型延时接通定时器和延时断开定时器。

定时器在程序中可以完成以下功能中的一个或者多个：延时启动、延时断开、时间限制、重复循环、触发操作、多重延时启动、多重延时关闭、设置一个循环的时间间隔等。

### 一、定时器指令基础

#### 1. 定时器分类

S7 定时器指令包括以下 5 种类型：

（1）SD 延时接通定时器（SD/S_ODT）；

（2）SE 扩展脉冲定时器（SE/S_PEXT）；

（3）SF 延时断开定时器（SF/S_OFFDT）；

（4）SP 脉冲定时器（SP/S_PULSE）；

（5）SS 保持型延时接通定时器（SS/S_ODTS）。

#### 2. 定时器字

在 CPU 的存储器中为定时器保留有存储区。该存储区为每一定时器地址保留一个 16 位的字，如图 2.3-12 所示，其中定时器字的 0～11 位代表以 BCD 码表示的时间值，12～13 位代表定时器的定时时基，时基代码为二进制数 00、01、10 和 11 时，对应的时基分别为 10 ms、100 ms、1 s 和 10 s，14～15 位保留未用。

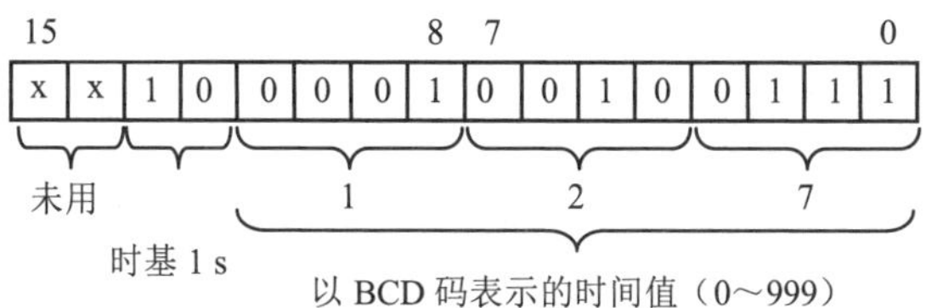


图 2.3-12 定时器字

### 3. 时间值

时间刷新按时基规定的时间间隔对时间值递减一个时间单位，时间值逐渐连续减少，直至等于“0”。时间值可以以二进制、十六进制和 BCD 格式输入累加器 1 的低位字。

可以使用下列格式预装一个时间值：

（1）W#16#txyz

其中：t=时基（时间间隔或分辨率），xyz=BCD 码形式的时间值。

（2）S5t#ah_bm_cs_dms，通常采用该格式设置定时器的定时时间。

其中：h=小时，m=分钟，s=秒，ms=毫秒；用户定义变量：a、b、c、d。

可输入的最大时间值是 9 990s，或 2h_46m_30s（2 小时 46 分 30 秒）。一般使用直接时间格式，如 S5t#150ms，直观地反映出设定时间为 150ms。

### 4. 定时器的功能

表 2.3-1 分别列出了脉冲定时器、扩展脉冲定时器、延时接通定时器、保持型延时接通定时器、延时断开定时器 5 种定时器的功能说明。

表 2.3-1 定时器的功能

| 定时器 | 说明 |
|---|---|
| S_PULSE<br>脉冲定时器 | 输出信号为“1”的最长时间等于编程设定的时间值 t。如果输入信号变为“0”，则输出为“0” |
| S_PEXT<br>扩展脉冲定时器 | 不管输入信号为“1”的时间有多长，输出信号为“1”的时间长度等于编程设定的时间值 |
| S_ODT<br>延时接通定时器 | 只有当编程设定的时间已经结束并且输入信号仍为“1”时，输出信号才从“0”变为“1” |
| S_ODTS<br>保持型延时接通定时器 | 只有当编程设定的时间已经结束时，输出信号才从“0”变为“1”，而与输入信号为“1”的时间长短无关 |
| S_OFFDT<br>延时断开定时器 | 当输入信号变为“1”或定时器在运行时，输出信号变为“1”；<br>当输入信号从“1”变为“0”时，定时器启动 |

## 二、延时接通定时器

本节重点介绍延时接通定器的指令（SD/S_ODT）相关应用，在延时接通定时器指令中，如果逻辑运算结果 RLO 状态有一个上升沿——延时接通定时器线圈（SD），将以该时间值启动指定的定时器。如果达到该时间值而没有出错，且 RLO 仍为“1”，则定时器的信号状态为“1”。如果在定时器运行期间 RLO 从“1”变为“0”，则定时器复位。

如图 2.3-13 和图 2.3-14 所示，如果输入端 I0.4 的信号状态从“0”变为“1”（RLO 位的上升沿），则定时器 T2 启动。如果指定时间结束而输入端 I0.4 的信号状态仍为“1”，则输出端 Q4.2 的信号状态将为“1”。

如果输入端 I0.4 的信号状态从“1”变为“0”，则定时器保持空闲，并且输出端 Q4.2 的信号状态将为“0”。如果输入端 I0.5 的信号状态从“0”变为“1”，定时器 T2 将复位，定时器停止，并将时间值的剩余部分清为“0”。

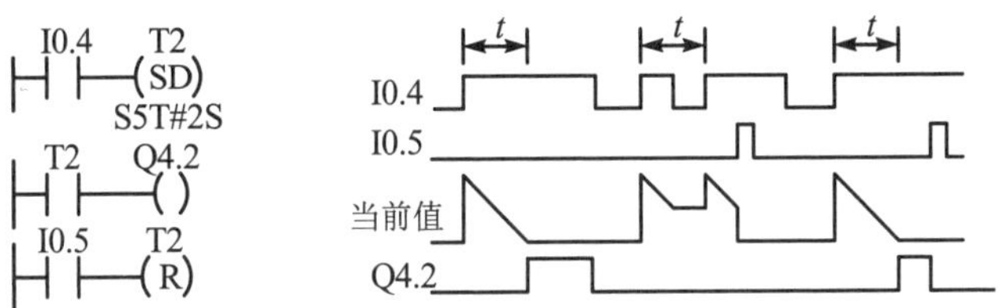


图 2.3-13　延时接通定时器 1

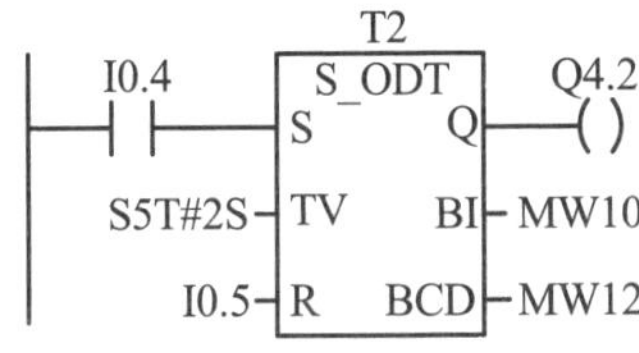


图 2.3-14　延时接通定时器 2

## 子任务 2.3.3　计数器指令

PLC 使用计数器完成计数功能，计数的范围是 0～999。在 S7-300 中计数器可以是加法计数也可以是减法计数，实际上在 S7-300 中有三类计数器：加法计数器、减法计数器和加/减计数器。

计数器的设置上与定时器相似，在 PLC 的 CPU 中计数器也有一个存储区，该存储区为每一计数器保留一个 16 位的字，用来存放计数器的计数数值。

如图 2.3-15 所示，计数器字的 0～11 位用来存放计数器当前计数值的 BCD 码，计数值的范围为 0～999。在访问计数器字的时候使用 C#后面跟数字的格式即可。计数数值也可以使用二进制格式进行存储，使用二进制时，二进制格式的计数值只占用计数器字的 0～9 位。

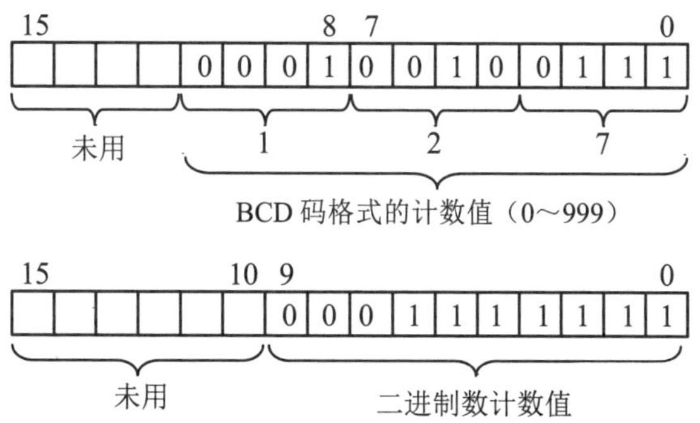


图 2.3-15　S5 计数器字

## 一、加法计数器（CU）

如图 2.3-16 所示，程序段 1 是给计数器（C10）赋值，在 I0.0 由 0 变到 1 时，将预设值 C#100 送到 C10；程序段 2 是计数器递加指令，当 I0.1 从 0 跳变到 1 时，计数器 C10 自动加 1；注意：CU 指令是上升沿动作，也就是说在 I0.1 维持在 1 或 0 不变时，C10 的值也不变；程序段 3 是计数器复位程序，当 I0.2 为 1 时，计数器 C10 将复位为 0。

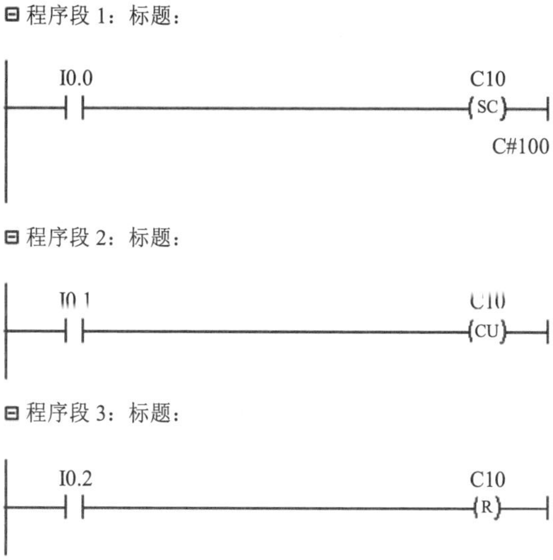

程序段 1：标题：

I0.0　C10 (SC) C#100

程序段 2：标题：

I0.1　C10 (CU)

程序段 3：标题：

I0.2　C10 (R)

图 2.3-16　加法计数器指令

## 二、减法计数器（CD）

用法与加计数器类似，只不过计数器是递减的，在此不再赘述。

## 三、加/减计数器（S_CUD）

加/减计数器同时具备加法计数器和减法计数器的功能。如图 2.3-17 所示，CU 为加 1 输入端，CD 为减 1 输入端，这两端的输入信号（I0.0 和 I0.1）从 0 跳变到 1 时，计数器 C10 的数值自动加/减 1；S 为设定值使能端，PV 为设定值输入端，当 S 端信号（I0.2）从 0 到 1 跳变时，MW10 中的数值自动送到 PV 端，作为计数器的设定值。

R 为计数器复位端，当 R 端的输入信号（I0.3）为 1 时，计数器 C10 的值被复位为 0；Q 为输出端，当 C10 的值不等于 0 时，输出端信号（Q4.0）为 1。

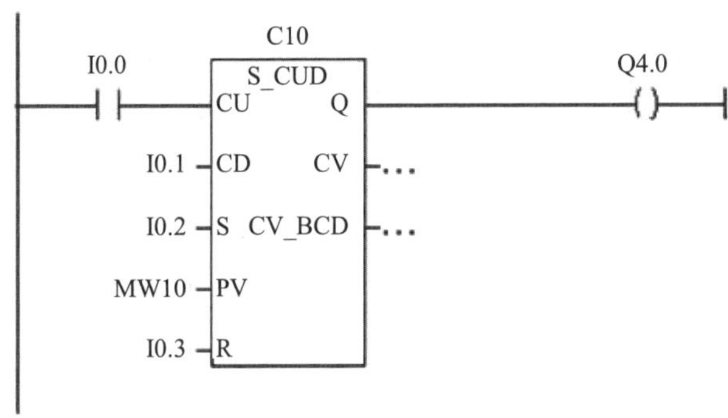


图 2.3-17　加/减计数器指令

CV（counter value）为计数器当前值的 16 进制数，CV_BCD 为计数器当前值的 BCD 码数值。这两个数值都可以在程序中读取使用（只需要在 CV 或 CV_BCD 端填入相应的地址就可以）。

如图 2.3-18 所示，该程序可实现利用计数器完成定时范围的扩展功能，在该程序中，程序段 1 和程序段 2 完成周期为 2×7 200s 方波输出；程序段 3 中，当 I0.0 信号状态由 0 变为 1（上升沿）时，对计数器 C0 预置值 C#999；程序段 4 中当 T11 由 1 变为 0（下降沿）时，计数器 C0 减计数；程序段 5 中当 I0.0 为 0 时，复位计数器 C0；程序段 6 中定时 3 996 h 后，Q5.4 输出为 1。

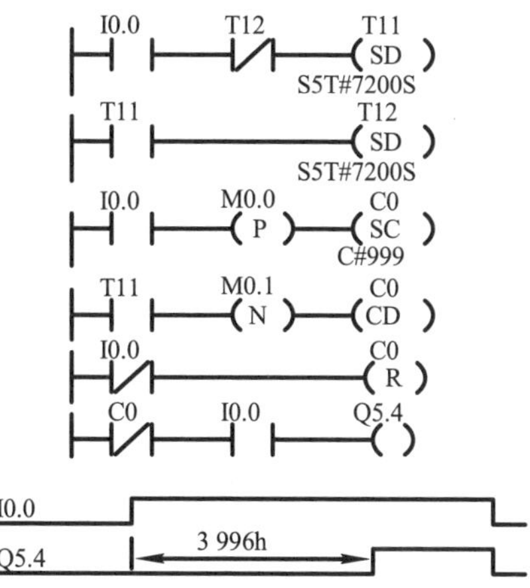


图 2.3-18　S5 定时范围的扩展

# 子任务 2.3.4　比较指令和数据转换指令

## 一、比较指令

比较指令用于比较累加器 1 与累加器 2 中的数据大小，被比较的两个数的数据类型应该相同。如果比较的条件满足，则 RLO 为 1，否则为 0。具体比较指令如表 2.3-2 所示。

表 2.3-2　比较指令

| 语句表指令 | 梯形图中的符号 | 说明 |
|---|---|---|
| ? I | CMP ? I | 比较累加器 2 和累加器 1 低字中的整数，如果条件满足，RLO=1 |
| ? D | CMP ? D | 比较累加器 2 和累加器 1 中的双整数，如果条件满足，RLO=1 |
| ? R | CMP ? R | 比较累加器 2 和累加器 1 中的浮点数，如果条件满足，RLO=1 |

注：表中 ? 可以表示 “=（等于）”“<>（不等于）”“>（大于）”“<（小于）”“≥（大于等于）”“≤（小于等于）”。

下面是比较两个浮点数的例子：

```
L    MD4          //MD4 中的浮点数装入累加器 1
L    2.345E+02    //累加器 1 数值装入累加器 2，浮点数常数装入累加器 1
＞R               //比较累加器 1 和累加器 2 的值
=    Q4.2         //如果 MD4＞2.345E+02，则 Q4.2 为 1
```

梯形图中的方框比较指令可以比较整数（I）、双整数（D）和浮点数（R）。方框比较指令在梯形图中相当于一个常开触点，可以与其他触点串联和并联，如图 2.3-19 所示。

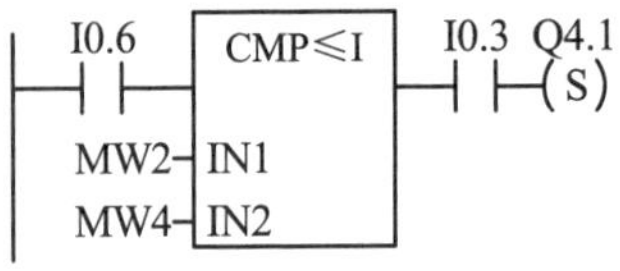

图 2.3-19　比较指令

## 二、数据转换指令

数据转换指令的功能是对源操作数的数据格式进行类型转换，转换后的数据存入目标存储区中。转换操作主要有以下几种类型：BCD 码和整数及长整数之间的转换，浮点数和长整数之间的转换，数据的取反、取负操作等。表 2.3-3 列出了常用的数据转换指令。

表 2.3-3　数据转换指令

| 语句表 | 梯形图 | 说明 |
|---|---|---|
| BTI | BCD_I | 将累加器 1 中的 3 位 BCD 码转换成整数 |
| ITB | I_BCD | 将累加器 1 中的整数转换成 3 位 BCD 码 |
| BTD | BCD_DI | 将累加器 1 中的 7 位 BCD 码转换成双整数 |
| DTB | DI_BCD | 将累加器 1 中的双整数转换成 7 位 BCD 码 |
| DTR | DI_R | 将累加器 1 中的双整数转换成浮点数 |
| ITD | I_DI | 将累加器 1 中的整数转换成双整数 |
| RND | ROUND | 将浮点数转换为四舍五入的双整数 |
| RND＋ | CEIL | 将浮点数转换为大于等于它的最小双整数 |
| RND－ | FLOOR | 将浮点数转换为小于等于它的最大双整数 |
| TRUNC | TRUNC | 将浮点数转换为截位取整的双整数 |
| CAW | — | 交换累加器 1 低字中两个字节的位置 |
| CAD | — | 交换累加器 1 中 4 个字节的顺序 |

下面是双整数转换为 BCD 码的例子：

```
A    I0.2        //如果 I0.2 为 1
L    MD10        //将 MD10 中的双整数装入累加器 1
DTB              //将累加器 1 中的数据转换为 BCD 码，结果仍在累加器 1 中
JO   OVER        //运算结果超出允许范围（OV＝1）则跳转到标号 OVER 处
T    MD20        //将转换结果传送到 MD20
A    M4.0        //如果 M4.0 为 1
```

```
        R    M4.0        //复位溢出标志
        JU   NEXT        //无条件跳转到标号 NEXT 处
OVER：  AN   M4.0        //如果 M4.0 为 0
        S    M4.0        //置位溢出标志
NEXT：  ……
```

除上述指令外，S7-300 指令系统还包括跳转指令、移动指令、程序控制指令、移位/循环指令、字逻辑指令等，在此不再详述，实际上，任何复杂的系统都不必要使用所有的指令，几乎所有的指令都可以用类似的指令代替，所以只要掌握程序的基本结构及常用指令就可以编程了，更为合理的办法是使用 STEP7 的在线帮助系统。编程时，只要用鼠标点中待查的指令按“F1”即可，可以看到详细的指令描述和示例程序。这是实际工作中最有效也是最常用的方法。

# 任务 2.4　STEP 7 编程软件的使用方法

**【任务目标】**

1．掌握 STEP 7 编程软件功能。

2．掌握 PLC 编程方法。

**【教学器材】**

1．西门子 STEP7 编程软件。

2．计算机。

## 子任务 2.4.1　用户程序的基本结构

在学习 STEP 7 程序调试之前，应首先了解 S7-300 PLC 用户程序中的块结构，以便更好地编程和调试。

### 一、用户程序中的块

用户程序用于完成操作系统处理启动、刷新过程映像表、调用用户程序、处理中断和错误、管理存储区和处理通信等任务。用户程序包含处理用户特定的自动化任务所需要的所有功能。

用户程序和所需的数据放置在块中，使程序部件标准化，用户程序结构化，可以简化程序组织，使程序易于修改、查错和调试。块结构显著地增加了 PLC 程序的组织透明性、可理解性和易维护性。表 2.4-1 列出了 S7-300 PLC 用户程序包含的块类型。

表 2.4-1 用户程序中的块

| 块 | 简要描述 |
|---|---|
| 组织块（OB） | 操作系统与用户程序的接口，决定用户程序的结构 |
| 系统功能块（SFB） | 集成在 CPU 模块中，通过 SFB 调用一些重要的系统功能，有存储区 |
| 系统功能（SFC） | 集成在 CPU 模块中，通过 SFC 调用一些重要的系统功能，无存储区 |
| 功能块（FB） | 用户编写的包含经常使用的功能的子程序，有存储区 |
| 功能（FC） | 用户编写的包含经常使用的功能的子程序，无存储区 |
| 背景数据块（DI） | 调用 FB 和 SFB 时用于传递参数的数据块，在编译过程中自动生成数据 |
| 共享数据块（DB） | 存储用户数据的数据区域，供所有的块共享 |

## 二、程序中的块类型简述

### 1. 组织块

OB 用于实现控制扫描循环和中断程序的执行、PLC 的启动和错误处理等功能。在使用组织块时，应注意以下几点：

（1）OB 用于循环处理用户程序中的主程序；

（2）事件中断处理，需要时才被及时地处理；

（3）中断的优先级，高优先级的 OB 可以中断低优先级的 OB。

### 2. 临时局域数据

生成逻辑块（OB、FC、FB）时可以声明临时局域数据。这些数据是临时的，局域（local）数据只能在生成它们的逻辑块内使用，与临时局域数据不同，所有的逻辑块都可以使用共享数据块中的共享数据。

### 3. 功能

没有固定的存储区的块，其临时变量存储在局域数据堆栈中，功能执行结束后，这些数据就会丢失，因此，应用共享数据区来存储那些在功能执行结束后需要保存的数据。

调用 FC 和 FB 时用实参（实际参数）代替形参（形式参数）。形参是实参在逻辑块中的名称，FC 不需要背景数据块。FC 和 FB 用 IN、OUT 和 IN_OUT 参数做指针，指向调用它的逻辑块提供的实参。功能可以为调用它的块提供数据类型为 RETURN 的返回值。

### 4．功能块

FB 是用户编写的有自己的存储区（背景数据块）的块，每次调用功能块时需要提供各种类型的数据给功能块，功能块也要返回变量给调用它的块。这些数据以静态变量（STAT）的形式存放在指定的背景数据块（DI）中，临时变量 TEMP 存储在局域数据堆栈中。

调用 FB 或 SFB 时，必须指定 DI 的编号。在编译 FB 或 SFB 时自动生成背景数据块中的数据。一个功能块可以有多个背景数据块，用于不同的被控对象。

可以在 FB 的变量声明表中给形参赋初值。如果调用块时没有提供实参，将使用上一次存储在 DI 中的参数。

### 5．数据块

数据块中没有 STEP 7 的指令，STEP 7 按数据生成的顺序自动地为数据块中的变量分配地址。数据块分为共享数据块和背景数据块。

应首先生成功能块，然后生成它的背景数据块。在生成背景数据块时指明它的类型为背景数据块和它的功能块的编号。如图 2.4-1 所示，功能块（FB22）有 3 个背景数据块 DB201、DB202 和 DB203，分别用于实现电机 1、电机 2 和电机 3 的控制功能。

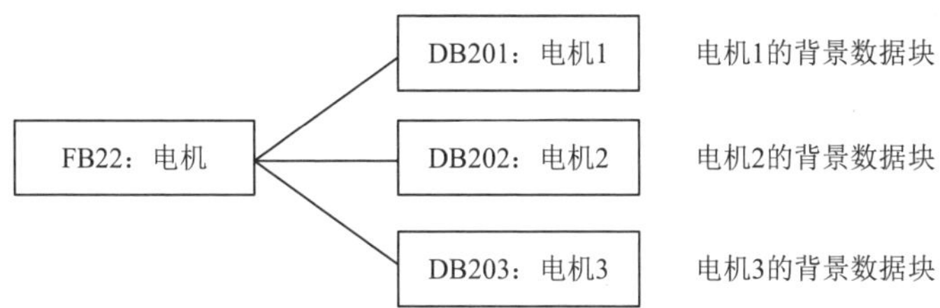


图 2.4-1　用于不同对象的背景数据块

### 6．系统功能块和系统功能

SFB 和 SFC 是为用户提供的已经编好程序的块，可以调用不能修改。是操作系统的一部分，不占用用户程序空间。SFB 有存储功能，其变量保存在指定给它的背景数据块中。

### 7．系统数据块

SDB 包含系统组态数据，如硬件模块参数和通信连接参数等。

## 子任务 2.4.2　STEP 7 的硬件组态

STEP 7 软件中的硬件组态就是模拟真实的 PLC 硬件系统，将电源、CPU 和信号模块等设备安装到相应的机架上，并对 PLC 硬件模块的参数进行设置和修改的过程。

当用户需要修改模块的参数或地址，需要设置网络通信，或者需要将分布式外设连接到主站的时候，都要进行硬件组态。

### 一、STEP 7 硬件组态窗口的结构

硬件组态窗口如图 2.4-2 所示，硬件组态窗口由以下 4 部分视图组成：

（1）左上方视图显示了当前 PLC 站中的机架 UR，用一个可移动的表格形象地代表机架，表中的每一行代表机架中的一个插槽。

（2）左下方视图显示了机架中插入模块的详细信息，包括订货号、版本、地址分配等，在这里用户可以修改网络地址和 I/O 地址等。

（3）右上方视图显示硬件目录，用户可以选择相应的硬件模块插入机架中。在 SIMATIC 300 目录下，包含了用于组态 S7-300 系统的所有硬件。例如，PS-300 文件夹下包括 300 系列所有的电源模块，RACK-300 文件夹包括 300 系统所有的机架，SM-300 文件夹下包括 300 系统所有的信号模块等。

（4）右下方视图显示硬件目录中选中的模块的详细信息，包括模块的功能、接口特性、订货号和对特殊功能的支持等。

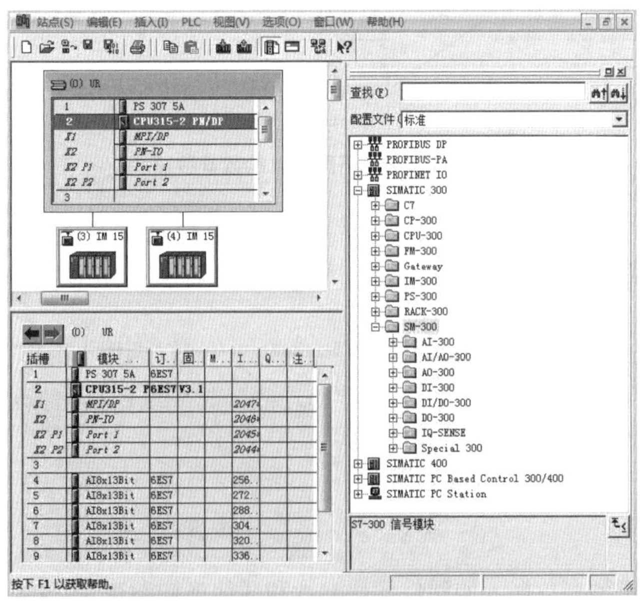


图 2.4-2　S7-300 的硬件组态窗口

## 二、CPU 模块的参数设置

通过双击硬件组态窗口中的 CPU 模块，可以打开 CPU 属性设置窗口，如图 2.4-3 所示，CPU 属性设置包括常规、启动、等时周期中断、周期/时钟存储器、保持存储器、中断、时间中断、循环中断、诊断/时钟、保护、通信、Web 等属性设置，图 2.4-3 下方为时钟存储器属性设置，图中设置存储器字节为 MB500，表 2.4-2 列出了时钟存储器各位对应的时钟脉冲周期与频率。

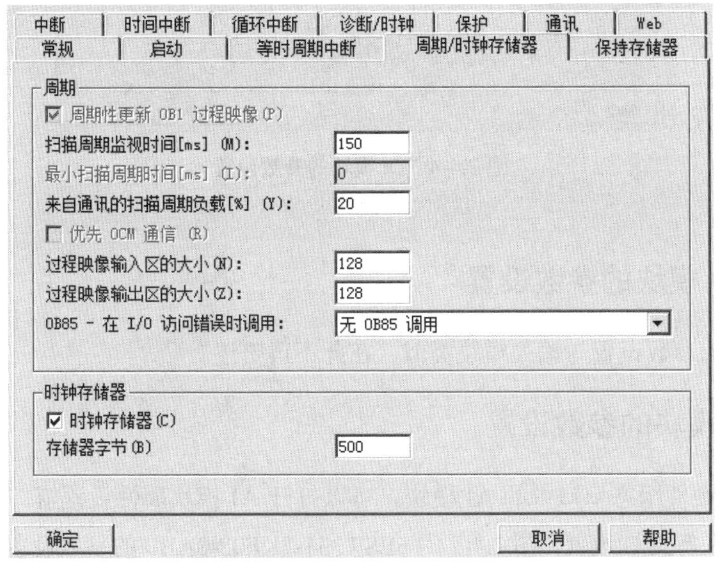


图 2.4-3　CPU 属性设置对话框

表 2.4-2　时钟存储器各位对应的时钟脉冲周期与频率

| 位 | 7 | 6 | 5 | 4 | 3 | 2 | 1 | 0 |
|---|---|---|---|---|---|---|---|---|
| 周期/s | 2 | 1.6 | 1 | 0.8 | 0.5 | 0.4 | 0.2 | 0.1 |
| 频率/Hz | 0.5 | 0.625 | 1 | 1.25 | 2 | 2.5 | 5 | 10 |

## 三、DI 模块的参数设置

与 CPU 模块的属性设置相同，通过双击硬件组态窗口中的 DI 模块，即可打开 DI 模块的参数设置窗口。

如图 2.4-4 所示，该窗口为 DI 模块 6ES7 321-1BL00-0AA0 的参数设置界面，通过设置输入地址的“开始”属性，可以修改该输入模块对应的地址范围，图中该 DI 模块的地址范围为 IB0～IB3，共 32 个数字量输入地址。

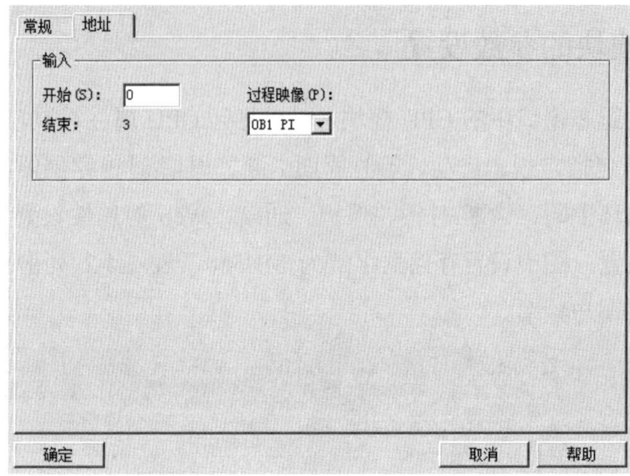


图 2.4-4　DI 模块的参数设置

## 四、DO 模块的参数设置

DO 模块的参数设置与输入模块类似，在此不再赘述。

## 五、AI 模块的参数设置

通过双击硬件组态窗口中的 AI 模块，可以打开 AI 模块属性设置窗口，通常包括常规、地址、输入等属性设置，图 2.4-5 为 6ES7 331-7KF02-0AB0 的参数设置，通过设置地址属性可定义 AI 模块的起始地址，图中定义了 AI 模块的地址范围为 PIW304 到 PIW318，共 8 个模拟量输入通道。

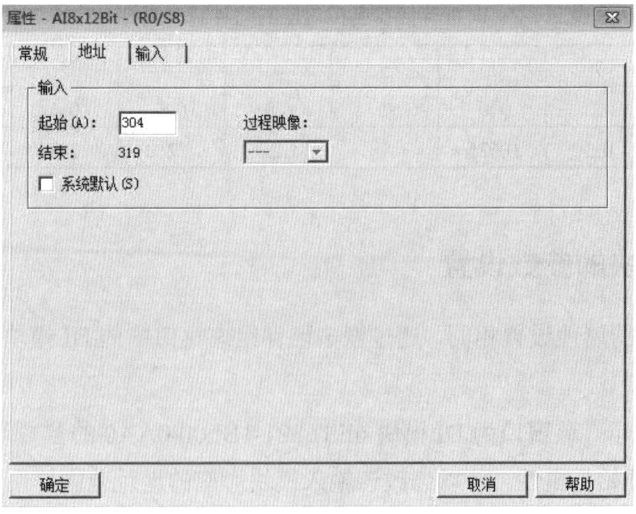

图 2.4-5　AI 模块的地址设置

如图 2.4-6 所示，图中定义了 AI 模块各通道的测量种类和测量范围，其中第 0-1 通道定义为未激活，第 2-3 通道为 4DMU 4～20 mA 电流信号，第 4-5 通道为+/-10V 电压信号，第 6-7 通道为热电偶 TC-I（内部补偿）信号。

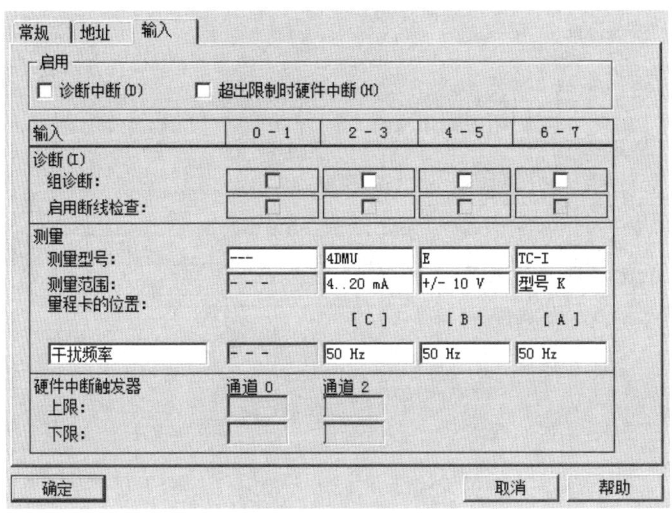


图 2.4-6　AI 模块的输入参数

SM 331 模块采用积分式 A/D 转换器，积分时间直接影响到 A/D 转换时间、转换精度和干扰抑制频率等。为了抑制工频频率，一般选用 20 ms 的积分时间。表 2.4-3 列出了 AI 模块各参数之间的对应关系。

表 2.4-3　AI 模块的参数关系

| 积分时间（ms） | 2.5 | 16.7 | 20 | 100 |
|---|---|---|---|---|
| 基本转换时间（ms，包括积分时间） | 3 | 17 | 22 | 102 |
| 附加测量电阻转换时间（ms） | 1 | 1 | 1 | 1 |
| 附加开路监控转换时间（ms） | 10 | 10 | 10 | 10 |
| 附加测量电阻和开路监控转换时间（ms） | 16 | 16 | 16 | 16 |
| 精度（位，包括符号位） | 9 | 12 | 12 | 14 |
| 干扰抑制频率（Hz） | 400 | 60 | 50 | 10 |
| 模块的基本响应时间（ms） | 24 | 136 | 176 | 816 |

## 六、AO 模块的参数设置

AO 模块的参数设置包括常规、地址、输出等，其中地址选项规定了 AO 模块的地址范围，输出选项规定了各个通道的输出类型和范围、对 CPU STOP 模式的响应、是否激活诊断中断等。如图 2.4-7 所示，图中定义了 AO 模块的输出类型和范围均为 4～20 mA 电流信号，对 CPU STOP 模式的响应为 0CV（不输出电流电压），未激活诊断中断和组诊断。

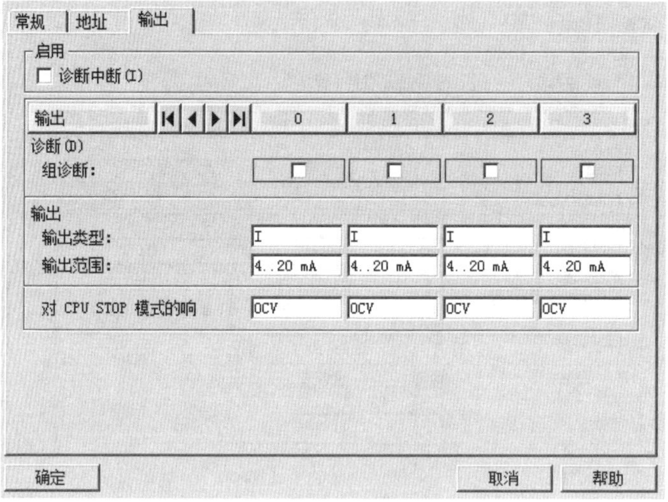

图 2.4-7　AO 模块的参数

CPU 进入 STOP 时的响应包括：不输出电流电压（0CV）、保持最后的输出值（KLV）和采用替代值（SV）等。

## 子任务 2.4.3　程序设计

用户程序设计是指将程序设计者的控制思想转换为 PLC 程序语言，用于实现设备监视和控制的过程，它包括符号表的定义、程序结构的设计、主程序及子程序的设计等。

### 一、符号表

在硬件组态中，所有的外部输入/输出地址信号都已经定义好了，在软件程序设计时，必须严格地按照这些地址编程，这些地址我们称之为绝对地址。

为方便软件的编写和调试，提高软件的可读性，一般在写程序前要编写符号表，用于定义程序块、数据块和变量的符号地址，这样在程序中就可以详细地显示出每一点的地址、变量名、说明等。如图 2.4-8 所示，在 S7 程序下，双击符号图标，可以打开符号表编辑器。

图 2.4-8　符号表编辑器

打开后的符号表编辑器如图 2.4-9 所示，该符号表定义了 1#除砂系统、1#粗格栅、1#提升泵、1#提升泵 AO、1#细格栅等设备对应的 DB 块的符号地址。

符号编辑器 - [S7 程序(1) (符号) -- TEST\PLC11\CPU 315-2 DP]

符号表(S) 编辑(E) 插入(I) 视图(V) 选项(O) 窗口(W) 帮助(H)

全部符号

| | 状态 | 符号 | 地址 | | 数据类型 | | 注释 |
|---|---|---|---|---|---|---|---|
| 1 | | 1#除砂系统 | DB | 30 | FB | 5 | |
| 2 | | 1#粗格栅 | DB | 13 | FB | 5 | |
| 3 | | 1#提升泵 | DB | 16 | FB | 5 | |
| 4 | | 1#提升泵AO | DB | 50 | FB | 2 | |
| 5 | | 1#细格栅 | DB | 20 | FB | 5 | |
| 6 | | 1#细格栅自动 | DB | 51 | FB | 101 | |
| 7 | | 2#除砂系统 | DB | 31 | FB | 5 | |
| 8 | | 2#粗格栅 | DB | 14 | FB | 5 | |
| 9 | | 2#提升泵 | DB | 17 | FB | 5 | |
| 1 | | 2#细格栅 | DB | 21 | FB | 5 | |
| 1 | | 2#细格栅自动 | DB | 52 | FB | 101 | |
| 1 | | 3#提升泵 | DB | 18 | FB | 5 | |
| 1 | | 4#提升泵 | DB | 19 | FB | 5 | |
| 1 | | I/O_FLT1 | OB | 82 | OB | 82 | I/O Point Fault 1 |
| 1 | | M01_AIT | FB | 1 | FB | 1 | |
| 1 | | M02_AOT | FB | 2 | FB | 2 | |
| 1 | | M03_Instrument | FB | 3 | FB | 3 | 普通仪表转换计算 |
| 1 | | M04_Flowmeter | FB | 4 | FB | 4 | |
| 1 | | M10_Motor | FB | 5 | FB | 5 | 正转电机控制逻辑 |
| 2 | | M20_Valve_M | FB | 6 | FB | 6 | 电动阀门控制逻辑 |
| 2 | | M21_Valve_P | FB | 7 | FB | 7 | 气动/电磁阀门控制逻辑 |
| 2 | | MOD_ERR | OB | 122 | OB | 122 | Module Access Error |
| 2 | | PROG_ERR | OB | 121 | OB | 121 | Programming Error |
| 2 | | RACK_FLT | OB | 86 | OB | 86 | Loss of Rack Fault |
| 2 | | READ_CLK | SFC | 1 | SFC | 1 | Read System Clock |
| 2 | | SET_CLK | SFC | 0 | SFC | 0 | Set System Clock |
| 2 | | SSP | FB | 8 | FB | 8 | 吸砂桥 |
| 2 | | TYPE_时间控制 | FB | 101 | FB | 101 | |
| 2 | | 粗格栅螺旋输送机 | DB | 15 | FB | 5 | |
| 3 | | 格栅 | FB | 9 | FB | 9 | |

按下 F1 获取帮助。

图 2.4-9　符号表编辑器

## 二、编程基础

### 1. STEP 7 程序结构

STEP 7 是模块化的程序结构，用户所编写的所有程序块都放在项目的块内，从功能上可分为以下几大类：

（1）OB

STEP 7 中的组织块很多，各有不同的功能，不是所有的 CPU 都支持所有的组织块，具体使用情况要视实际需要和 CPU 的硬件功能而定，这里只介绍常用的组织块。

1）OB1 循环扫描组织块

从 CPU 上电初始化开始，CPU 自动扫描执行 OB1 中的程序，结束后立刻执行下一轮扫描，周而复始，它扫描的周期由 CPU 的处理速度和执行的指令数即程序长短有关。所以它一般被当作主程序使用，所有的其他子程序（FC、FB 等）都由 OB1 调用。

2）OB35 时间中断组织块

OB35 内的所有程序都在固定的时间周期里执行一次，它与 CPU 的性能无关，与程序的长短也没有关系，只要时间到，CPU 就会中断其他程序，运行 OB35 内的程序指令，这一功能经常被用在时间触发事件的处理上。

OB35 的执行周期是在硬件组态中定义的。如图 2.4-10 所示，在硬件组态中，点击 CPU 模块图标，打开 CPU 的硬件组态窗口，在 OB35 的执行周期选项中写入 1 000，就表示 OB35 中的程序将每 1 000 ms 执行一次。

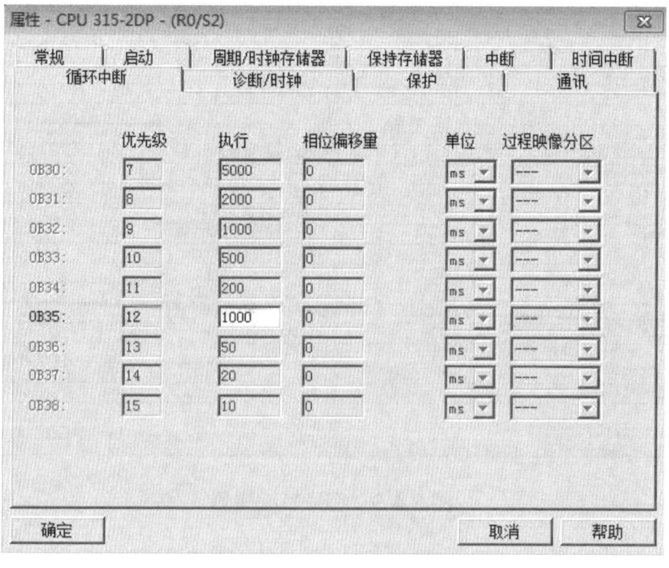

属性 - CPU 315-2DP - (R0/S2)

常规 | 启动 | 周期/时钟存储器 | 保持存储器 | 中断 | 时间中断 | 循环中断 | 诊断/时钟 | 保护 | 通讯

| | 优先级 | 执行 | 相位偏移量 | 单位 | 过程映像分区 |
|---|---|---|---|---|---|
| OB30: | 7 | 5000 | 0 | ms | --- |
| OB31: | 8 | 2000 | 0 | ms | --- |
| OB32: | 9 | 1000 | 0 | ms | --- |
| OB33: | 10 | 500 | 0 | ms | --- |
| OB34: | 11 | 200 | 0 | ms | --- |
| OB35: | 12 | 1000 | 0 | ms | --- |
| OB36: | 13 | 50 | 0 | ms | --- |
| OB37: | 14 | 20 | 0 | ms | --- |
| OB38: | 15 | 10 | 0 | ms | --- |

确定 取消 帮助

图 2.4-10 循环中断组织块

3）OB100 初始化组织块

在 CPU 上电后，立即执行 OB100 内的程序，但扫描执行一次后，将不再执行。OB100 一般用来编写初始化程序，设定某些默认值，如在生产过程中停电后，有些状态还保留在 PLC 内，如手/自动切换标志等，上电后，系统状态不明，应该无条件回到手动，在操作人员检查确定条件满足后，才允许切换到自动，在这种情况下，可以在 OB100 内将自动标志位清零，所有的输出信号也关闭，由于 OB100 内的程序只在 PLC 重新上电时执行一次，因此不会影响系统后续的正常运行。

（2）FC

FC 相当于子程序，在程序设计中，为了方便阅读和理解，一般把那些功能相对独立的控制算法放在不同的 FC 中，这也是模块化设计的需要。

FC 功能要用 OB 或其他 FC 块调用，格式为 CALL FC n，FC 可以是无参数调用，也可以是带参数调用，这要根据需要而定，如果某个 FC 块内含一个固定的算法，而且系统要在多处用到该算法，那就需要在 FC 定义一些参数，相当于“形参”，是 FC 的接口参数，这些参数只是 CPU 内存中的虚拟变量，程序扫描执行后便释放，不属于 CPU 内的任何实际地址，但在调用这些参数时，要给 FC 的这些接口参数赋值，这些值都存放在实际地址中（实参）。带参数的 FC 大都用在数值计算功能上。

（3）DB

S7-300PLC 中的 DB 是指断电保持的数据块，相当于计算机硬盘上的数据，主要用来存放用户数据，支持位、字、双字及结构型的数据。一般来说，DB 中的数据，要在编程过程中逐步添加，因为预先很难估计将会用到哪些数据、哪些中间计算结果，所以往往到编程序结束时，DB 的数量和长度才能确定。一般把这类数据块叫“共享”数据块。

除了用户自定义的数据块以外，在调用某些 FB 时会自动生成某些 DB 块，这些 DB 块因为服务于特殊功能块，所以它的结构是特定的，不能改变的，所以叫结构数据块，又称之为背景数据块。

（4）FB

从 FB 实际应用来说，与 FC 非常相似。不同之处在于，FC 的接口参数或内部的中间计算结果都是虚拟的，没有实际地址，也不保存，而对于有些控制逻辑，要求把中间的计算结果保存下来（如 PID 程序块），这就要求为之建立一个数据块，保留这些数据，以便在下次再次调用时，还能找到上次调用时的一些信息，可以简单地理解为 FB 就是 FC+DB。

## 2. 地址类型

S7-300PLC 的地址类型分为以下几大类：

（1）开关量输入

位表示方法为Im.n，其中m是字节地址，n是位地址，如I4.0，I类地址支持字节操作、字操作、双字操作，字节操作表示方式为IBm，包含了Im.0～Im.7共8个开关量输入信号；字操作的表示方法为IWm，包含了IBm和IBm+1两个字节，双字的表示方式为IDm，包含了IWm和IWm+1两个字。

（2）开关量输出

位表示方法为Qm.n，其中m是字节地址，n是位地址，如Q4.0，Q类地址支持字节操作、字操作、双字操作，字节操作表示方式为QBm，包含了Qm.0～Qm.7共8个开关量输出信号；字操作的表示方法为QWm，包含了QBm和QBm+1两个字节；双字的表示方式为QDm，包含了QWm和QWm+1两个字。

（3）模拟量输入

表示方式为PIWn，如PIW256，是一个16位的字。

（4）模拟量输出

表示方式为PQWn，如PQW256，同模拟量输入地址相同，也是一个16位的字。

对于每个开关量或模拟量地址，在硬件组态中实际上已经定义了，使用中必须对照硬件中实际的接线位置，确定其地址。

（5）DB类地址

存储在该地址空间的数据都是断电保持的，DB地址包含有DB块号、块内偏移地址等，如DB1.DBW0表示DB1中第0个字，包含DB1.DBB0和DB1.DBB1两个字节；DB块数据也支持双字，如DB1.DBD10，包含DB1内DBW10、DBW12；支持位操作，如DB1.DBX1.0表示DB1的第1个字节的第0位（最低位）。

（6）M（memory）类地址

该类地址是指CPU的内存地址，一般断电后就会复位到0，M位表示方式为M字节/位的方式，如M220.3、M5.7等；支持字节操作、字操作、双字操作，如MB20、MW12、MD80等。一般把程序中用到的中间状态存放在M地址中，但在较大的系统中，可能M地址就会出现不够用的情况（如CPU315-2DP只提供MW0～MW255共256个字节的内存地址），所以要用DB块来代替，DB数据量要大的多，不同档次的PLC大小不同，但都不少于几十个字节。DB和M除了断电保持上的不同外，在使用上也略有不同，M可以直接使用，DB的数据要在使用前定义，如DB1.DBW50，如果PLC中没有DB1或DB1的长度不够都会出错。

（7）T（timer）

定时器地址，一般表示为TN（不同CPU支持的定时器数量不等），如T1、T16等。

（8）C（counter）

计数器地址，表示为 CN（不同 CPU 支持的计数器数量不等），如 C1、C35 等。

### 3．STEP 7 基本编程方式

STEP 7 软件基本编程方式有三种：LAD（梯形图）、STL（语句表）、FBD（功能图）。

对于常开/常闭触点、线圈，PLC 中沿用的是电气控制的继电器的概念，名称也与继电器的用法完全一样，实际上这三个元素在程序中，就形成了“软”继电器回路。

在图 2.4-11 中，当 M500.0 为 ON、而 M500.1 为 OFF 时，M500.2 为 ON，否则 M500.2 为 OFF，以触点的通断来控制线圈 M500.2 的通断，而 M500.2 的线圈接通后，它的常开点闭合，Q0.0 接通，输出到外部执行机构，这也是梯形图的表示方法，它模拟的是电气回路的原理图。

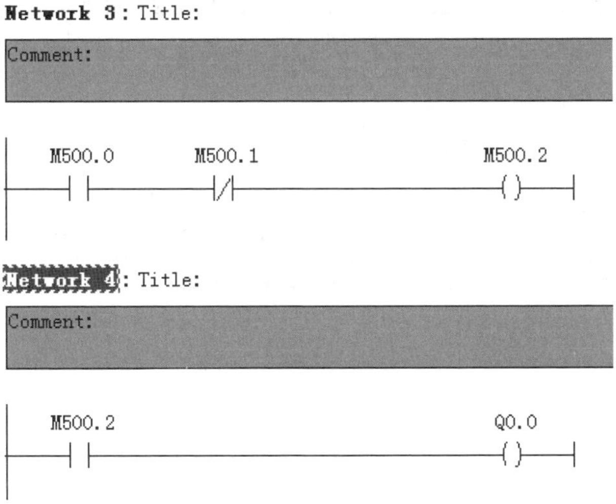

Network 3 : Title:

Comment:

M500.0　M500.1　M500.2

Network 4 : Title:

Comment:

M500.2　Q0.0

图 2.4-11　梯形图编程方式

如图 2.4-12 所示，在编程窗口中，可以在三种编程工具中来回切换。要注意的是，复杂的 STL 格式有时可能无法变成 LAD 格式，而 LAD 格式在任何情况下都可以变成 STL 和 FBD 格式。

图 2.4-12 编程语言转换

如果选择 FBD，则图 2.4-11 中的梯形图程序自动变成图 2.4-13 所示的 FBD 程序格式。

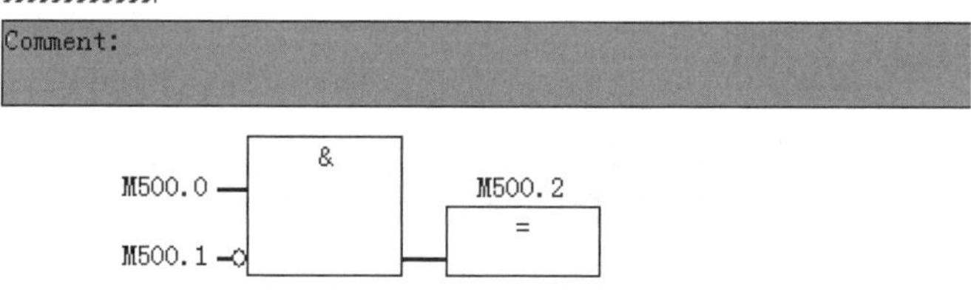


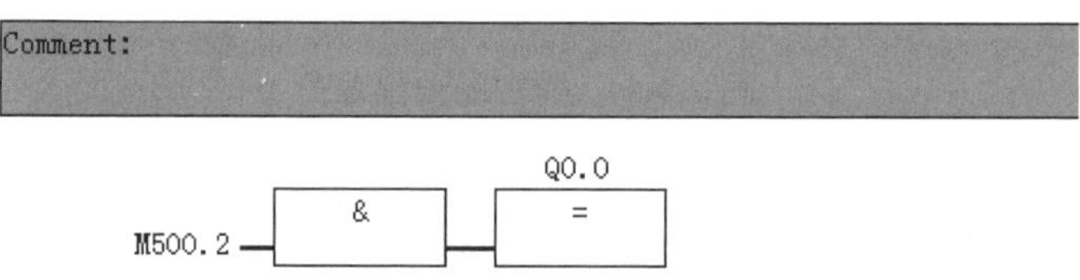


图 2.4-13 FBD 编程语言

从图 2.4-13 可以看到，FBD 模式是符号化的逻辑运算表达方式，如果说 LAD 是模拟电气控制回路的话，那么 FBD 模拟的是数字逻辑中的门电路。

图 2.4-14 是程序转换后的 STL 编程语言，STL 实际上就是单片机的编程语言，即汇编语言，当然它仅是 S7-300 系列 PLC 专用的指令系统，不具备通用性。

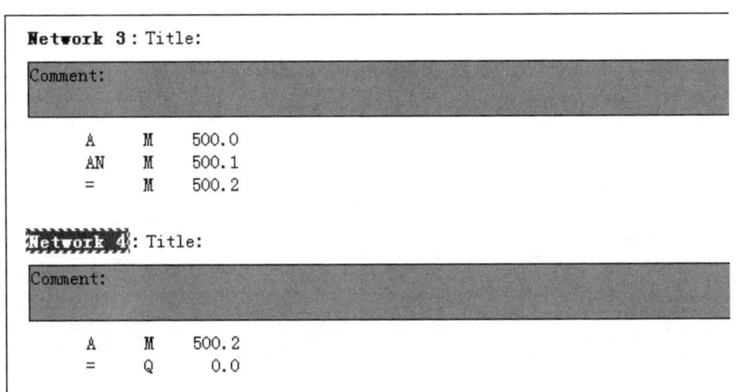


图 2.4-14　STL 编程语言

从直观程度上说，STL 编程语言不如 LAD 和 FBD，但它的功能要强大一些，编程效率高、节约 CPU 系统资源，所以，熟练的编程人员也经常使用语句表编程。

## 子任务 2.4.4　PLC 的程序调试

### 一、程序的上载和下载

上载是指将 PLC 中的程序传送到编程器上（装有 STEP 7 软件的 PC 机、手提电脑或 SIEMENS 专用的编程器）的文件中，下载是指将编程器上的用户程序传送至 PLC 中，本节重点介绍程序下载的方法。

#### 1. 通信设置

无论是上载还是下载，都需要在编程器和 PLC 之间建立起通信。所有的通信参数的设置必须是可行的，而且必须与实际的硬件连接方式一致。在控制面板的 PC/PG 设置中，确定的就是计算机和 PLC 之间的通信参数，如果在上载和下载中出现通信问题，首先就要检查该处的设置是否正确。

#### 2. 下载方法

如图 2.4-15 所示，通过单击图中所示的下载按钮，即可实现程序下载。选择项目下载时，所有的硬件组态和用户程序都将下载到 PLC 中，PLC 中的任何信息和数据都将被覆盖，这是最为简单、直接的下载方式，但一般在系统调试期间不常用，因为这种方法有明显的不足：

（1）CPU 中 DB 的数据将全部被覆盖，在实际调试中，可能有很多数据，如工艺设定值、报警参数、PID 参数等是经过反复调试得到的，这部分数据需要保存在 CPU 中，以免影响系统运行。

（2）项目重新下载过程中，要求CPU模块进入停机模式，在实际生产中就会造成停产。

（3）如果在改动很多处程序后，若选择全部项目下载，下载后可能已记不清要监控哪一部分的程序，因而达不到修改和调试的目的。

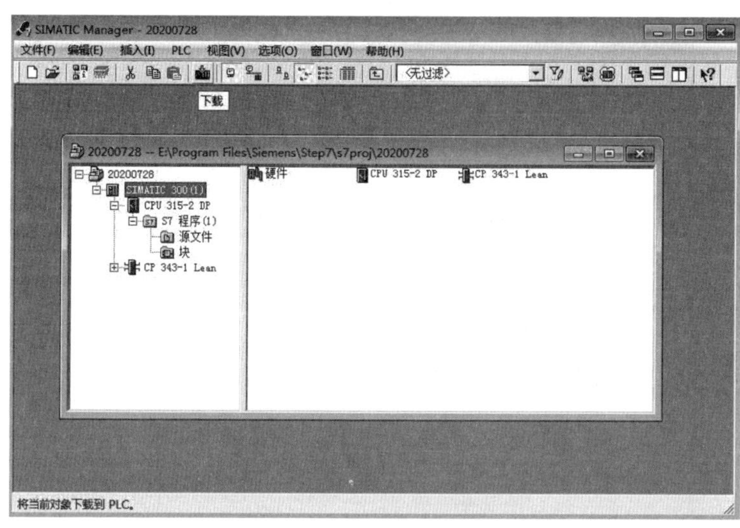

图 2.4-15　程序下载

一般情况下，应当选择当前程序块下载，如图 2.4-16 所示，即在打开的程序块下，点击下载指令。这样就只将该程序块下载到PLC中，既不影响其他程序块也不需要停止CPU 的运行，而且立即就可以观察到程序改动的效果，即使下载出了问题，也只需要在该段程序块中查找问题就可以了。

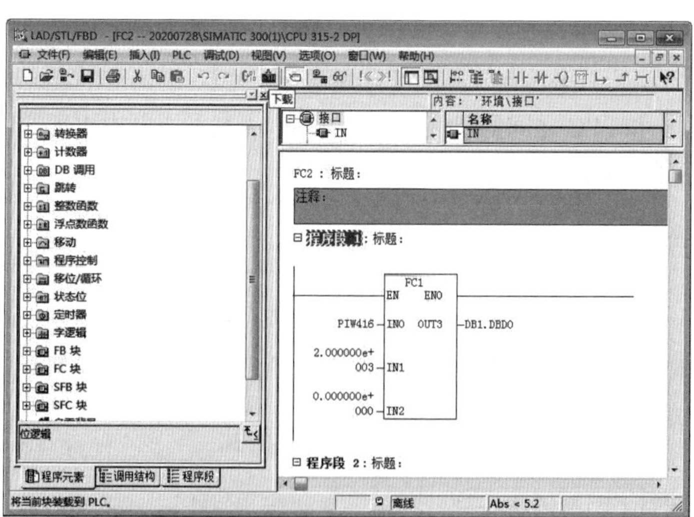

图 2.4-16　当前程序块下载

## 二、PLC 状态监控

### 1. 硬件监控

在硬件组态中按“在线”（online）图标，打开 PLC 中的硬件状态栏，从中可以看到 CPU 的状态（运行、停止、错误等），双击任何模块都可以看到该模块的当前状态，在 CPU 中还存有硬件诊断信息，从中可以看到 CPU 启/停记录，各种错误、故障及其原因。在系统调试初期，硬件监控会经常使用。

如图 2.4-17 所示，通过点击“在线”按钮，即可完成对硬件的监控操作。

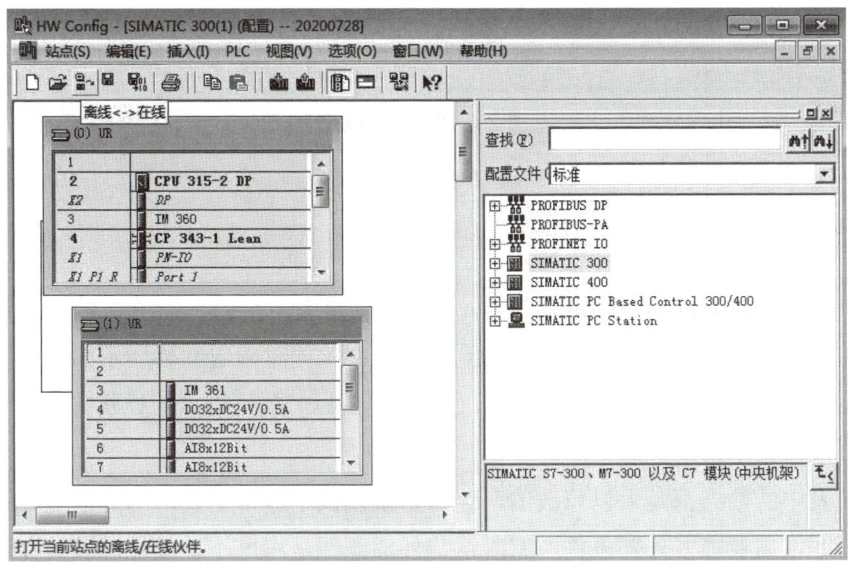


图 2.4-17 硬件监控

### 2. 程序监控

如图 2.4-18 所示，在程序窗口按下监控（眼镜图标），自动进入程序监控画面，以变色的方式显示开关量的状态（黑色为 OFF，绿色为 ON），同时可以直接看到监控变量的当前值。

系统调试时，监控程序可以很直观地看到程序的执行过程和效果，很容易发现问题的所在，这是任何 PLC 系统都必不可少的调试工具。

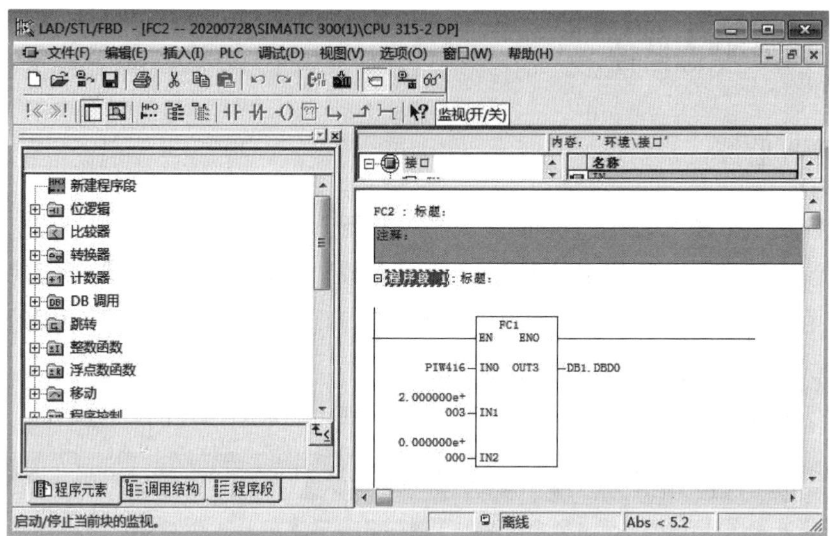


图 2.4-18　程序监控

## 3. 变量表监控

变量表监控是常用的程序调试工具，开始时变量表是空的，如图 2.4-19 所示，可以把要监控的变量按其地址或变量名添加到变量表中，同时确定其要显示的数据类型（整型、实型、布尔型等），然后点击监控指令（眼镜图标）就可进入监控状态，表中所有变量的当前值都显示出来。

变量表中的数据都是可以修改的，这在系统调试中非常重要，因为很多时候，要调试一段程序，需要很多外部条件，有时这些外部条件是满足不了或是调试具有一定的危险性，就要虚拟一些变量的值，如连锁逻辑中用到某台电机的过流信号，实际根本无法模拟，这样在模拟程序中可以用一个内部变量代替，在变量表中我们可以修改该内部变量，设定它为 1，看看该段程序是否能正确处理电机过流时的保护逻辑。

这种方法对于模拟量也同样有效，比如风机流量 PID 控制中，如果要实际调试它的闭环控制效果，风机、流量计、阀门、变频器等必须处于正常工作状态，也就是说，只能在工业现场才能调试。为提高效率，实际上很多初步调试工作可以在实验室完成，对于 PLC 程序而言，就是用变量监控的办法，人为模拟控制对象的各种数据，包括 PID 参数、设定值、反馈值，初步调试 PID 算法的程序。当然模拟终归是模拟，最终的调试工作必须根据实际控制对象完成。

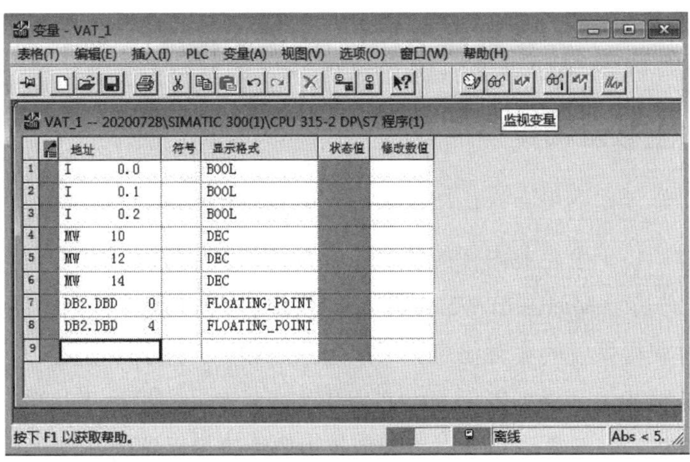


图 2.4-19　变量表监控

在图 2.4-19 中，状态值栏目中就是 PLC 内的当前值，修改数值栏目中写入要修改的值，按下确认命令，修改值便发送到 PLC 中。在修改变量值的时候，要注意以下几点：

（1）表中的变量修改后，PLC 会根据新的数值，产生相应的动作，所以在修改任何数值时，对修改的结果一定要有清醒的认识，有时会有一定的危险性（设备或人身伤害），一定要谨慎。

（2）有时按下修改确认命令，数值并没有发生相应的改变，这可能是因为程序中有某个地方在对该变量赋值。

（3）每次按确认命令时，修改不是针对表中某一行数值，表中所有变量的当前值都会被后面的修改值取代，如果修改值一栏是空的，则当前值保持不变。

# 任务 2.5　组态王人机界面编程基础

**【任务目标】**

1. 了解组态王编程软件功能。
2. 掌握上位机画面基本制作方法。
3. 掌握上位机画面类型及用途。

**【教学器材】**

1. 组态王安装软件。
2. 安装组态软件的电脑。

# 子任务 2.5.1　组态王构成

## 一、组态王基本构成

组态王是一种通用的工业监控组态软件，它将过程控制设计、现场操作以及工厂资源管理融于一体，将一个企业内部的各种生产系统和应用以及信息交流汇集在一起，实现最优化管理。它基于 Microsoft Windows 操作系统，在企业网络的所有层次各个位置上，用户都可以及时获得系统的实时信息。采用组态王软件开发工业监控工程，可以极大地增强用户生产控制能力、提高工厂的生产力和生产效率。它适用于从单一设备的生产运营管理和故障诊断，到网络结构分布式大型集中监控管理系统的开发。

组态王软件结构由工程管理器、工程浏览器、运行系统和信息窗口四部分构成。

（1）工程管理器：工程管理器用于新工程的创建和已有工程的管理，具有对已有工程进行搜索、添加、备份、恢复以及实现数据词典的导入和导出等功能。

（2）工程浏览器：工程浏览器是一个工程开发设计工具，用于创建监控画面、配置监控设备及相关变量、动画链接、命令语言以及设定运行系统等的系统组态配置工具。

（3）运行系统：是工程运行的界面，从采集设备中获得通信数据，依据工程浏览器的动画设计显示动态画面，并实现人与控制设备的交互操作。

（4）信息窗口：用来显示和记录组态王开发和运行系统在使用期间的主要日志信息。

## 二、数据通信

组态王的数据通信包括组态王与现场 PLC 等下位机通信和其他程序（如 VB、WinCC）的通信。组态王软件作为一个开放型的通用工业监控软件，支持与国内外常见的 PLC、智能模块、智能仪表、变频器、数据采集板卡（如西门子 PLC、施耐德 PLC、欧姆龙 PLC、三菱 PLC、研华模块等），通过常规通信接口（如串口方式、USB 接口方式、以太网、总线、GPRS 等）进行数据通信。

## 三、数据库、数据词典、变量类型

（1）数据库。是“组态王软件”核心的部分，是联系上位机和下位机的桥梁。

（2）数据词典。数据库中变量的集合形象地称为“数据词典”，它记录了所有用户可使用的数据变量的详细信息，其中包括应用工程中用户定义的变量以及系统变量。

（3）变量类型。变量可以分为基本类型和特殊类型两大类，基本类型的变量又分为内存变量和 I/O 变量两种。

## 四、组态王建立应用工程的一般过程

通常情况下，建立一个应用工程大致可分为以下几个步骤：

（1）创建新工程

为工程创建一个目录用来存放与工程相关的文件。

（2）定义硬件设备并添加工程变量

添加工程中需要的硬件设备和工程中使用的变量，包括内存变量和 I/O 变量。

（3）制作图形画面并定义动画连接

按照实际工程的要求绘制监控画面，并使静态画面随着过程控制对象产生动态效果。

（4）编写命令语言

通过脚本程序的编写以完成较复杂的操作上位控制。

（5）进行运行系统的配置

对运行系统、报警、历史数据记录、网络、用户等进行设置，是系统完成用于现场前的必备工作。

（6）保存工程并运行

完成以上步骤后，一个可以拿到现场运行的工程就基本制作完成了。下面我们来详细的学习这些过程。

# 子任务 2.5.2　建立应用工程

## 一、工程的含义

在组态王中，每一个应用系统称为一个工程，每个工程的文件必须保存在一个独立的目录中，不同的工程不能共用一个目录。在每个工程路径下，组态王为此工程生成了一些重要的数据文件，这些数据文件一般是不允许修改的。

## 二、使用工程浏览器

工程浏览器是组态王的集成开发环境，包括画面、数据库、外部设备、系统配置等，以树形结构表示。工程浏览器的使用和 Windows 的资源管理器类似，见图 2.5-1。上部为菜单栏，最左侧是功能页签，往右依次为目录显示区、内容显示区。

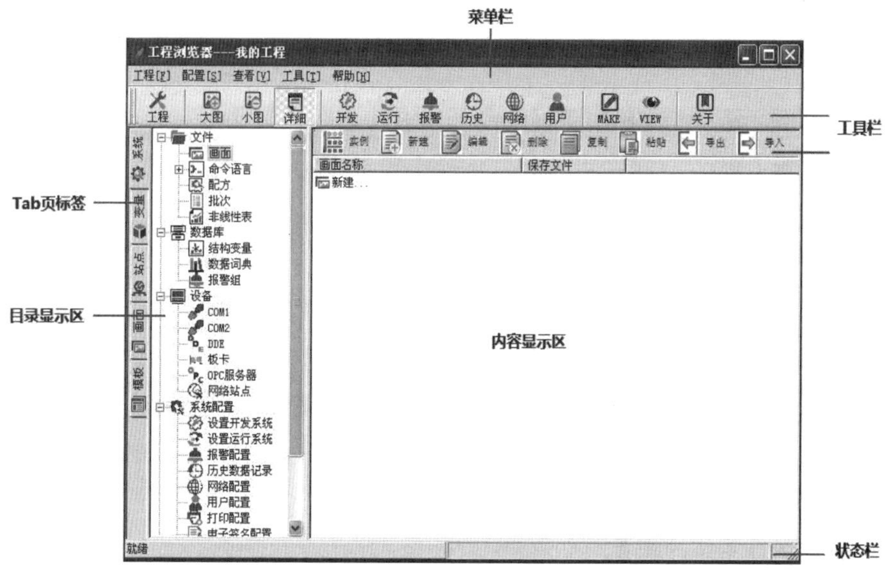


图 2.5-1　工程浏览器

## 三、建立新工程

启动组态王工程浏览器，工程浏览器运行后，将默认打开上一次工作的工程。如果是第一次使用工程浏览器，默认的是组态王示例程序所在的目录。

为建立一个新工程，请执行以下操作：在工程浏览器中选择菜单“工程/新建”，出现“新建工程”对话框。在对话框中输入工程名称“myproj”，在工程描述中输入“我的工程”，工程路径自动指定为当前目录下以工程名称命名的子目录。如果你需要更改工程路径，请单击“浏览”按钮，选择好目标路径后，单击“确定”。组态王将在工程路径下生成初始数据文件。可以在一个项目下建立数目不限的画面。

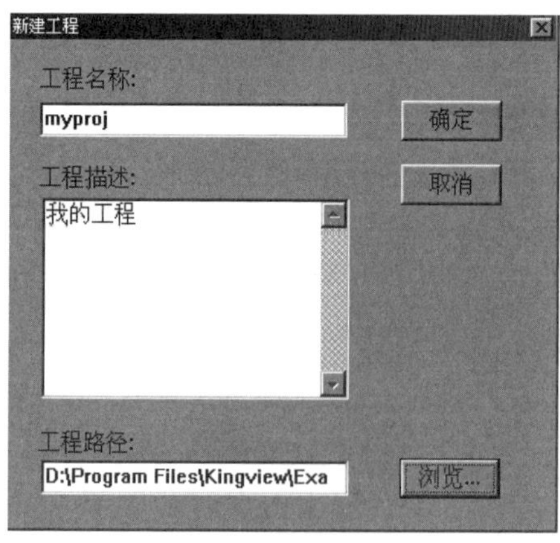


图 2.5-2　新建工程

## 四、定义外部设备和数据库

### 1. 定义外部设备

组态王把那些需要与之交换数据的设备或程序都作为外部设备。外部设备包括下位机和其他 Windows 程序等，下位机包括 PLC、仪表、板卡等，它们一般通过串行口和上位机交换数据；其他 Windows 应用程序一般通过 DDE 交换数据；外部设备还包括网络上的其他计算机。只有在定义了外部设备之后，组态王才能通过 I/O 变量和它们交换数据。

为方便定义外部设备，组态王设计了“设备配置向导”引导你一步步完成设备的连接。如图 2.5-3 所示。本教程中使用仿真 PLC 和组态王通信。仿真 PLC 可以模拟 PLC 为组态王提供数据。假设仿真 PLC 连接在计算机的 COM1 口。

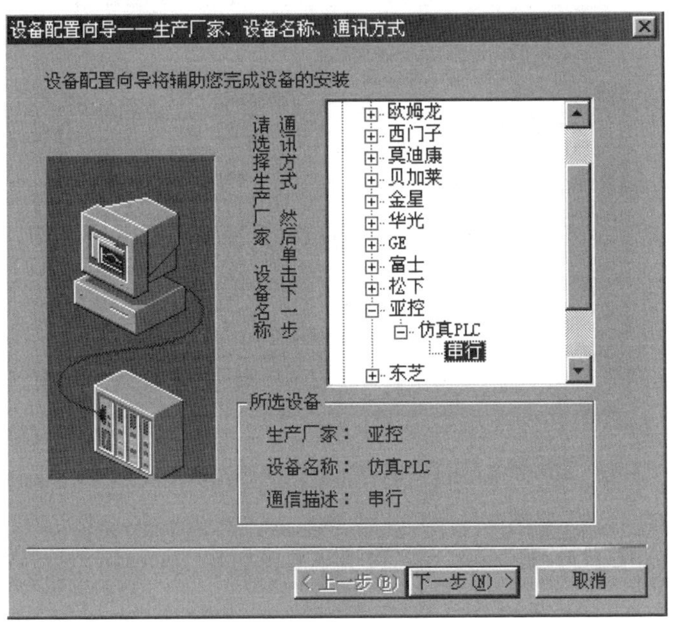


图 2.5-3　设备配置向导

在组态王工程浏览器的左侧目录显示区选中“ COM1”，双击内容显示区的“新建”，运行“设备配置向导”。选择“亚控”子目录下的“仿真 PLC”的“串行”项，单击“下一步”；为外部设备取一个名称，输入“PLC1”，单击“下一步”；为设备选择连接串口，假设为 COM1，单击“下一步”；填写设备地址，假设为 1，单击“下一步”；请检查各项设置是否正确，确认无误后，单击“完成”。设备定义完成后，你可以在工程浏览器的右侧看到新建的外部设备“PLC1”。在定义数据库变量时，你只要把 IO 变量连接到这台设备上，它就可以和组态王交换数据了。

### 2. 定义变量的方法

“监控中心”需要从下位机采集两个原料罐的液位和一个反应罐的液位，所以需要在数据库中定义这三个变量。

因为这些数据是通过驱动程序采集到的模拟量，所以三个变量的类型都是 I/O 实型变量。这三个变量分别命名为“原料罐 1 液位”“原料罐 2 液位”“反应罐液位”。定义方法如下：在工程浏览器的左侧选择“数据词典”，在右侧双击“新建”，弹出“变量属性”对话框；对话框设置为如图 2.5-4 所示，设置完成后，单击“确定”。

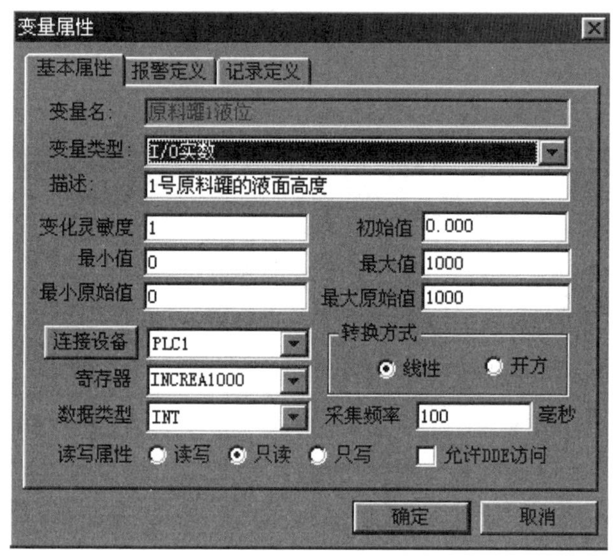


图 2.5-4 变量定义

用类似的方法建立另两个变量“原料罐 2 液位”和“反应罐液位”。

## 子任务 2.5.3 监控画面制作与组态

### 一、建立新画面

在工程浏览器中左侧的树形视图中选择“画面”页签，在右侧内容显示区视图中双击“新建”。工程浏览器将运行组态王开发环境 TOUCHMAK，弹出新建画面对话框，如图 2.5-5 设置好名称和注释，在对话框中单击“确定”。TOUCHMAK 将按照你指定的风格生成一幅名为“监控中心”的画面。

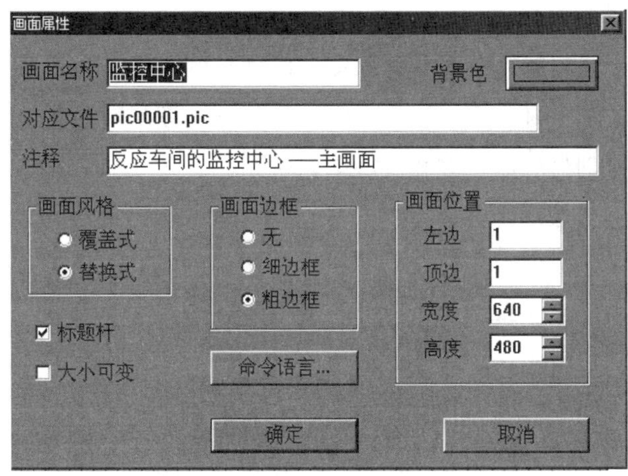


图 2.5-5　画面属性

## 二、使用图形工具箱

接下来在此画面中绘制各图素。绘制图素的主要工具放置在图形编辑工具箱内。当画面打开时，工具箱会自动显示，如果工具箱没有出现，选择菜单“工具/显示工具箱”或按 F10 键打开它。工具箱中各种基本工具的使用方法和 WINDOWS 中“画笔”很类似。

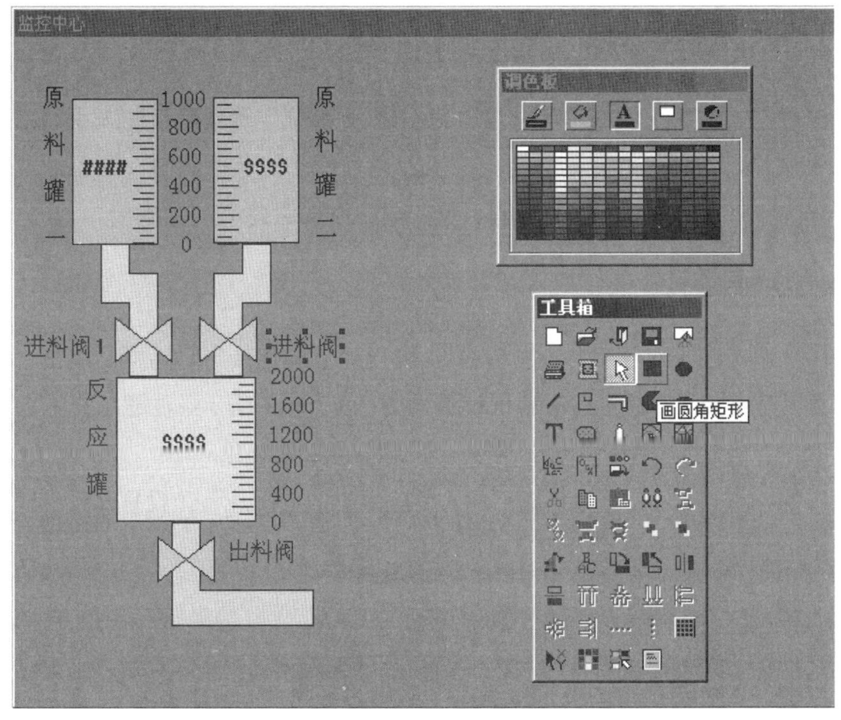


图 2.5-6　监控画面绘制

首先绘制监控对象原料罐和反应罐：在工具箱内单击圆角矩形工具，在画面上绘制一个矩形作为第一个原料罐；在矩形框上单击鼠标左键，在矩形框周围出现 8 个小矩形，当鼠标落在任一小矩形上时，按下鼠标左键，可以移动图形对象的位置。

用同样的方法绘制另一原料罐和反应罐。

在工具箱内单击多边形工具，绘制三条管道。如果要改变管道的填充颜色，请选中此对象，然后单击调色板窗口的第二个按钮，再从调色板中选择任一种颜色。

在工具箱内单击文本工具，输入文字。如果要改变文字的字体、字号，请先选中文本对象，然后在工具箱内选择“改变字体”。

选择菜单“图库/刻度”，在图库窗口中双击一种竖向的刻度。在画面上单击鼠标左键，刻度将出现在画面上。你可以缩放、移动它，如同普通图素一样。

在调整图形对象的相对位置时，可能经常会用到几种对齐工具，首先选中所有需要对齐的图形对象，然后在工具箱中单击所需的对齐工具即可。

最后，绘制完成的画面如图 2.5-6 所示。选择菜单“文件/全部存”。

## 三、让画面运动起来

### 1. 动画连接的作用

所谓“动画连接”就是建立画面的图素与数据变量的对应关系，使之跟随数据变量值的变化而改变图素的属性。对于即将建立的“监控中心”，如果画面上的原料罐、反应罐（矩形框对象）的大小能够随着变量“原料罐 1 液位”等变量值的大小而改变，那么对于操作者来说，他就能够看到一个反应工业现场状态的监控画面，这正是本课程的目标。接下来为 1 号原料罐、2 号原料罐、反应罐三个图素建立动画连接。

### 2. 建立动画连接

在画面上双击图形对象“1 号原料罐”，弹出“动画连接”对话框。单击“填充”按钮，弹出“填充连接”对话框，对话框设置如图 2.5-7（a）所示。注意填充方向和填充色的选择。单击“确定”。单击“动画连接”对话框的“确定”。

用同样的方法设置“2 号原料罐”和“反应罐”的动画连接，设置“反应罐”的动画连接时需要将“最大填充高度”的“对应数值”设为 2 000，将原料罐和反应罐的动画连接设置完毕。

作为一个实际上可用的监控程序，可能操作者仍需要知道液面的准确高度，而不仅仅是设置刻度。这个功能由“模拟值输出”动画来实现。在工具箱中选用文本工具，在“1 号原料罐”矩形框的中部输入字符串“####”。这个字符串的内容是任意的，比如你可以输入“原料罐 1 液位”当画面程序实际运行时，字符串的内容将被你需要输出的模拟值所取代。

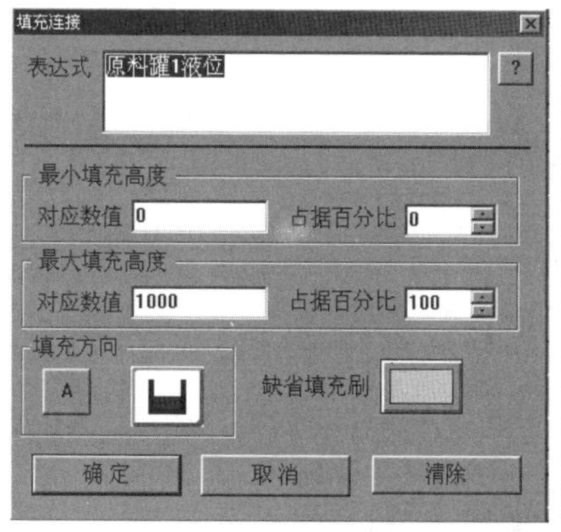


(a)“填充连接”对话框

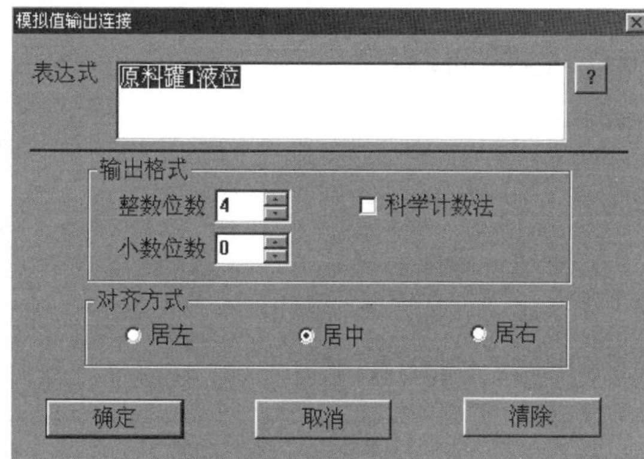


(b)“模拟值输出连接”对话框

图 2.5-7　监控画面组态

用同样的方法，在另两个矩形框的中部输入字符串。双击文本对象“####”，弹出“动画连接”对话框。单击“模拟值输出”，弹出“模拟值输出连接”对话框，对话框设置如图 2.5-7（b）所示。在此处，“表达式”是要输出的变量的名称，此处可输入复杂的表达式，包括变量名、运算符、函数等。输出格式可以随意更改，它们与字符串“####”的长短无关。单击“确定”。单击“动画连接”对话框的“确定”，完成设置。

同样的方法，为另两个字符串建立“模拟值输出”动画连接，连接的表达式分别为变量“原料罐 2 液位”和“反应罐液位”。

选择 Touchmak 菜单“文件/全部存”。只有保存画面上的改变以后，在 Touchvew 中才能看到你的工作成果。启动画面运行程序 Touchvew。Touchvew 启动后，选择菜单“画面/打开”，在弹出的对话框中选择“监控中心”。运行画面如图 2.5-8 所示。

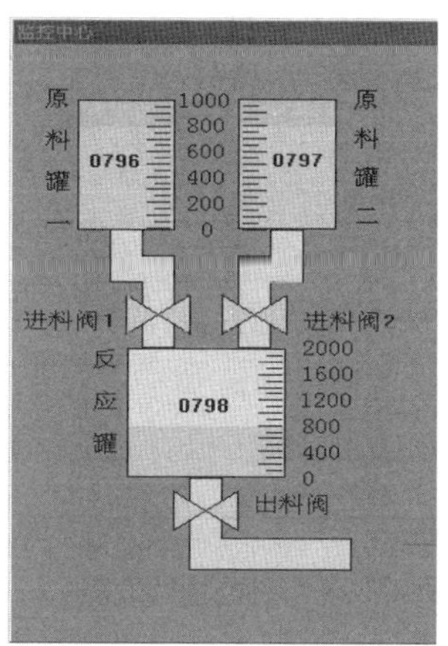


图 2.5-8　监控画面显示

# 子任务 2.5.4　趋势曲线制作与组态

## 一、趋势曲线的作用

趋势曲线用来反映变量随时间的变化情况。趋势曲线有两种：实时趋势曲线和历史趋势曲线。实时趋势曲线定义过程如下：

（1）新建一画面，名称为：实时趋势曲线画面。

（2）选择工具箱中的 T 工具，在画面上输入文字：实时趋势曲线。

（3）选择工具箱中的 工具，在画面上绘制一实时趋势曲线窗口，如图 2.5-9 所示。

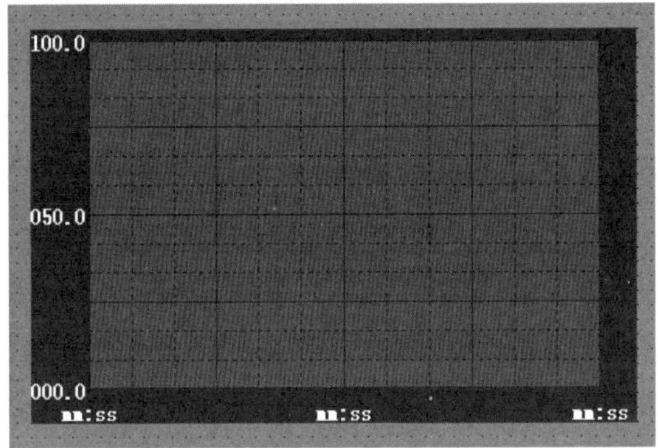


图 2.5-9　实时曲线窗口

（4）鼠标双击“实时趋势曲线”对象，弹出“实时趋势曲线”设置窗口，如图 2.5-10 所示。

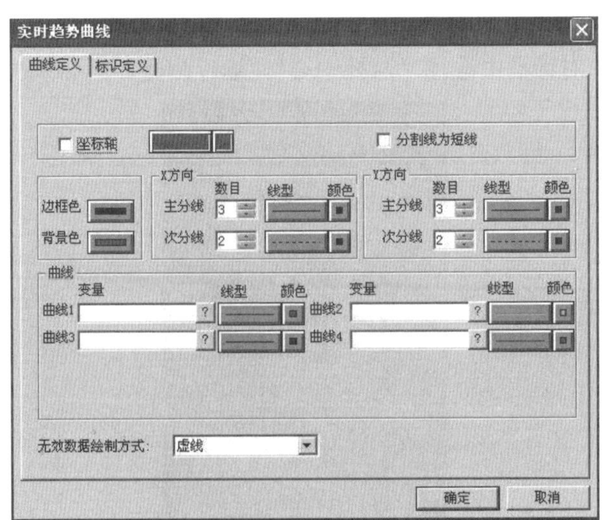


图 2.5-10　实时曲线属性设置

实时趋势曲线设置窗口分为两个属性页：曲线定义属性页、标识定义属性页。

曲线定义属性页：在此属性页中不仅可以设置曲线窗口的显示风格，还可以设置趋势曲线中所要显示的变量。单击“曲线 1”编辑框后的 ? 按钮，在弹出的“选择变量名”对话框中选择变量\\local\原料罐 1 液位，曲线颜色设置为：红色。

标识定义属性页：在此属性页中可以设置数值轴和时间轴的显示风格。如图 2.5-11 所示设置。设置完毕后单击“确定”按钮关闭对话框

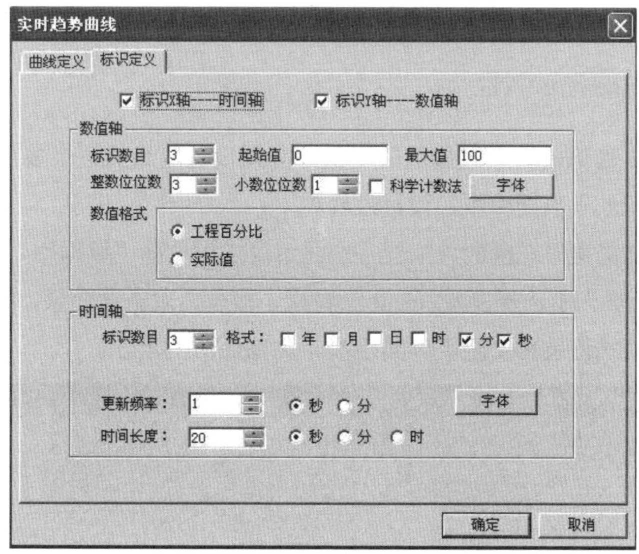


图 2.5-11　实时曲线属性设置

（5）单击“文件”菜单中的“全部存”命令，保存所作的设置。

（6）单击“文件”菜单中的“切换到 VIEW”命令，进入运行系统，通过运行界面中“画面”菜单中的“打开”命令将“实时趋势曲线画面”打开后可看到连接变量的实时趋势曲线，如图 2.5-12 所示。

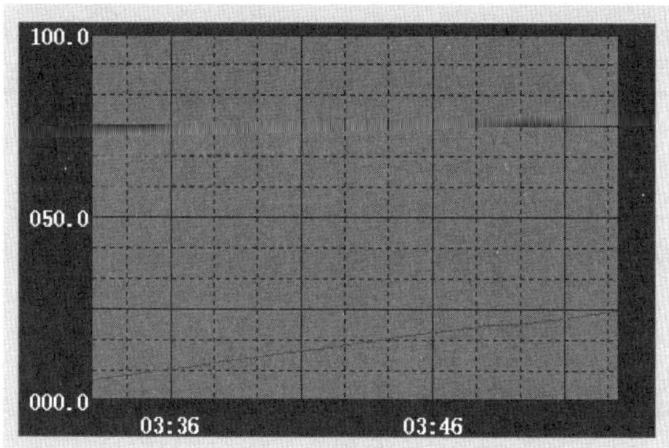


图 2.5-12　实时趋势曲线显示

## 二、历史趋势曲线

组态王的历史趋势曲线以 Active X 控件形式提供，它通过调取组态王数据库中的历史数据绘制历史曲线，也可以通过调取 ODBC 数据库中的数据绘制曲线。通过该控件，不但可以实现历史曲线的绘制，还可以实现 ODBC 数据库中数据记录的曲线绘制，而且在运行状态下，可以实现在线动态增加/删除/隐藏曲线等功能，还可以实现曲线图表的无级缩放、曲线的动态比较、曲线的打印等。该曲线控件最多可以绘制 16 条曲线。

### 1. 设置变量的记录属性

对于要以历史趋势曲线形式显示的变量，必须设置变量的记录属性，也就是要将该变量的历史数据记录到数据库中，设置过程如下：

（1）在工程浏览窗口左侧的“工程目录显示区”中选择“数据库”中的“数据词典”选项，在“数据词典”中选择变量\\local\原料罐 1 液位，双击此变量，在弹出的“定义变量”对话框中单击“记录和安全区”属性页，如图 2.5-13 所示。

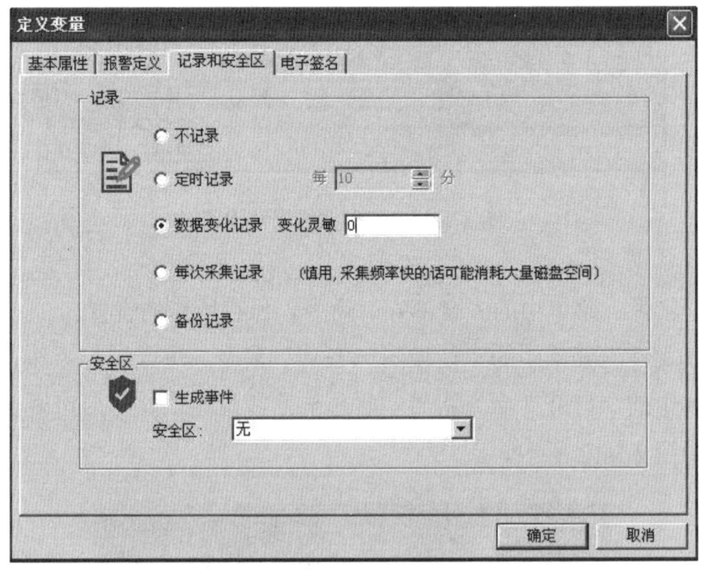


图 2.5-13　定义变量

设置变量\\local\原料罐 1 液位的记录类型为数据变化记录，变化灵敏为 0。

（2）完毕后单击“确定”按钮关闭对话框。

### 2. 定义历史数据文件的存储目录

（1）在工程浏览器窗口左侧的“工程目录显示区”中双击“系统配置”中的“历史

数据记录”选项，弹出“历史库配置”对话框，如图 2.5-14（a）所示，单击“配置”按钮，弹出如图 2.5-14（b）所示对话框，设置需要的保存日期和磁盘报警空间以及存储路径。

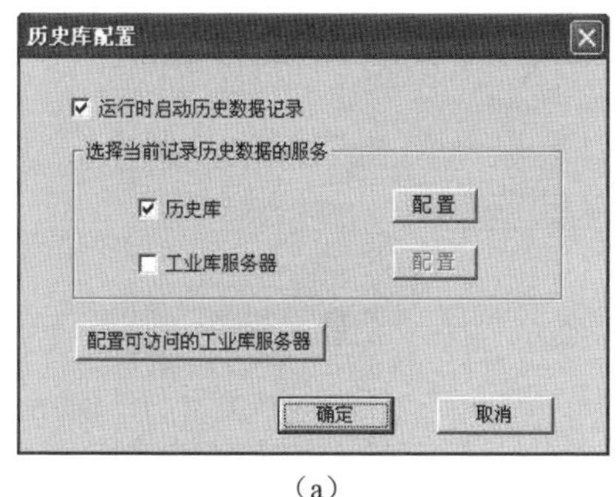


（a）

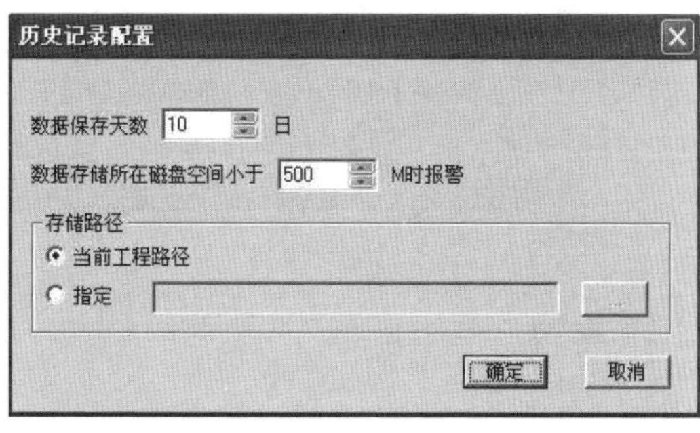


（b）

图 2.5-14　历史库配置

（2）完毕后单击“确定”按钮关闭图 2.5-14（b）对话框。再单击“确定”按钮关闭图 2.5-14（a）对话框。

当系统进入运行环境时“历史记录服务器”自动启动，将变量的历史数据以文件的形式存储到当前工程路径下。这些文件将在当前工程路径下保存 10 天。

### 3. 创建历史曲线控件

历史趋势曲线创建过程如下：

（1）新建一画面，名称为历时趋势曲线画面。

（2）选择工具箱中的 T 工具，在画面上输入文字：历史趋势曲线。

（3）选择工具箱中的工具并选择 KvHTrend ActiveX Control 控件，在画面中插入通用控件窗口中的“历史趋势曲线”控件，如图 2.5-15 所示。

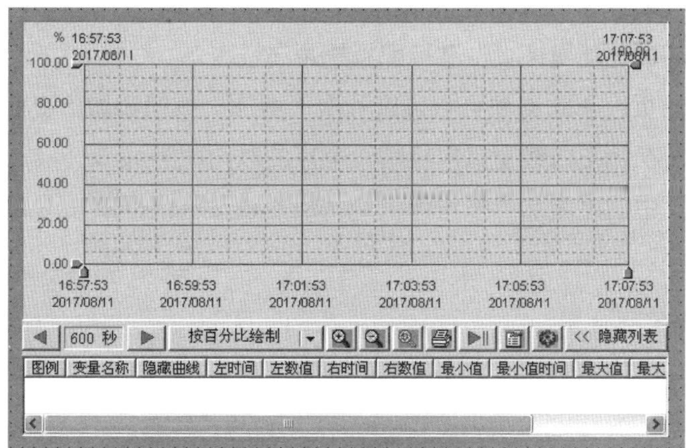


注：如果想显示历史趋势曲线窗口下方的“工具条”和“列表框”必须将窗口拉伸到足够大。

图 2.5-15　历史趋势曲线

选中此控件，单击鼠标右键在弹出的下拉菜单中执行“控件属性”命令，弹出控件属性对话框，如图 2.5-16 所示。

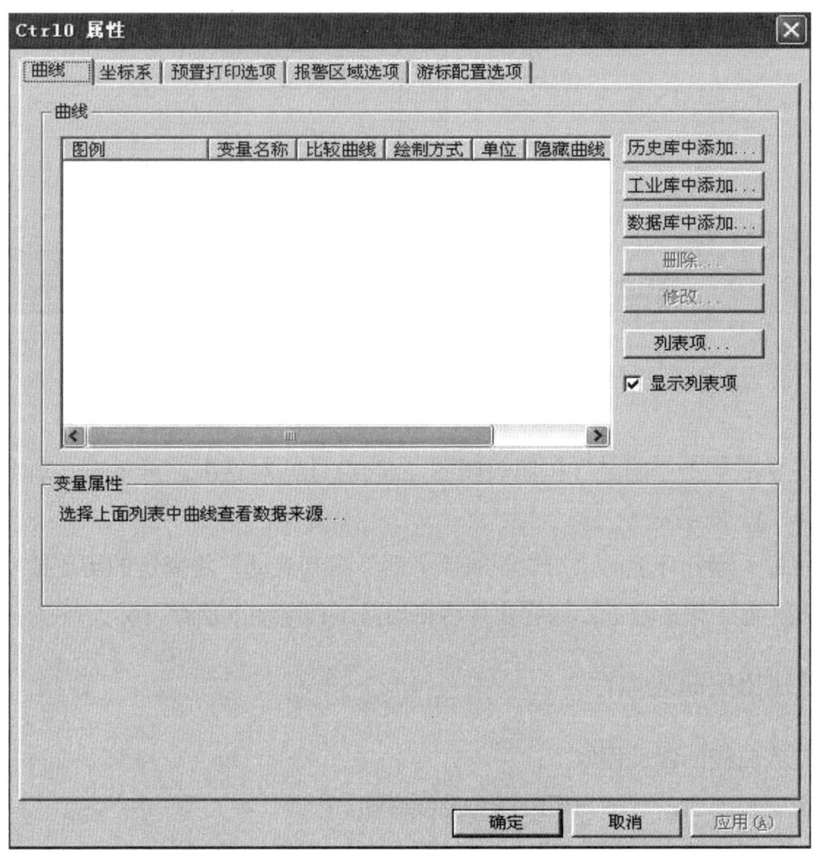


图 2.5-16　历史趋势控件属性

历史趋势曲线属性窗口分为五个属性页：曲线属性页、坐标系属性页、预置打印选项属性页、报警区域选项属性页、游标配置选项属性页。

（1）曲线属性页：在此属性页中可以利用“增加”按钮添加历史曲线变量，并设置曲线的采样间隔（在历史曲线窗口中绘制一个点的时间间隔）。

单击此属性页中的“增加”按钮弹出“增加曲线”对话框，如图 2.5-17 所示。

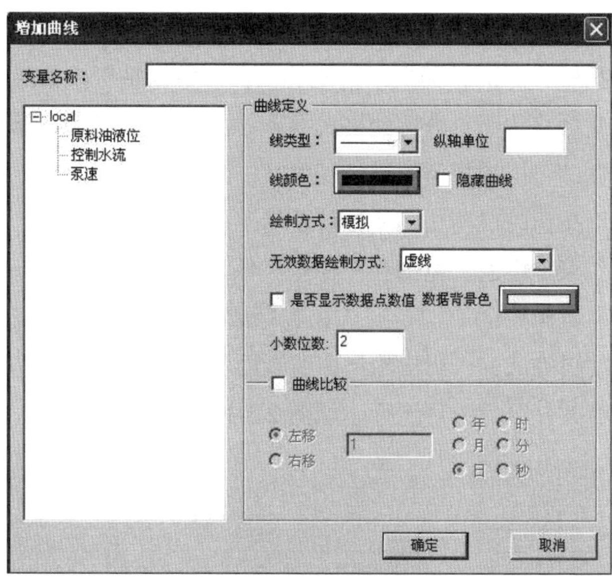


图 2.5-17　增加曲线配置

单击“local”左侧的“+”符号，系统将工程中所有设置了记录属性的变量显示出来，选择“原料油液位”变量后，此变量自动显示在“变量名称”后面的编辑框中。

单击“确定”按钮后关闭此窗口。

（2）坐标系属性页：历史曲线控件中的“坐标系属性页”对话框，如图 2.5-18 所示。

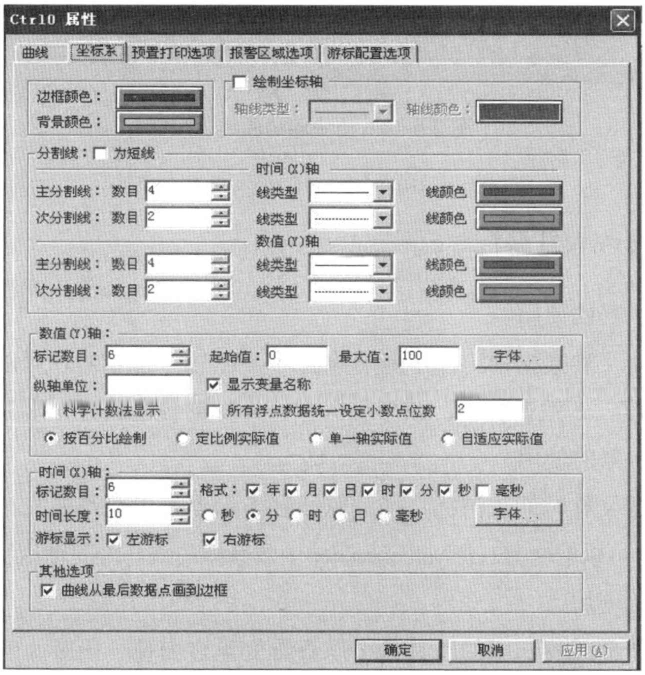

图 2.5-18　坐标系属性

在此属性页中可以设置历史曲线控件的显示风格，如历史曲线控件背景颜色、坐标轴的显示风格、数据轴、时间轴的显示格式等。在“数据轴”中如果“按百分比显示”被选中后历史曲线变量将按照百分比的格式显示，否则按照实际数值显示历史曲线变量。

（3）其他属性页：可以根据需要进行配置。

①单击“确定”按钮完成历史曲线控件编辑工作。

②单击“文件”菜单中的“全部存”命令，保存所作的设置。

③单击“文件”菜单中的“切换到 VIEW”命令，进入运行系统。系统默认运行的画面可能不是刚刚编辑完成的“历史趋势曲线画面”，可以通过运行界面中“画面”菜单中的“打开”命令将其打开后方可运行，如图 2.5-19 所示。

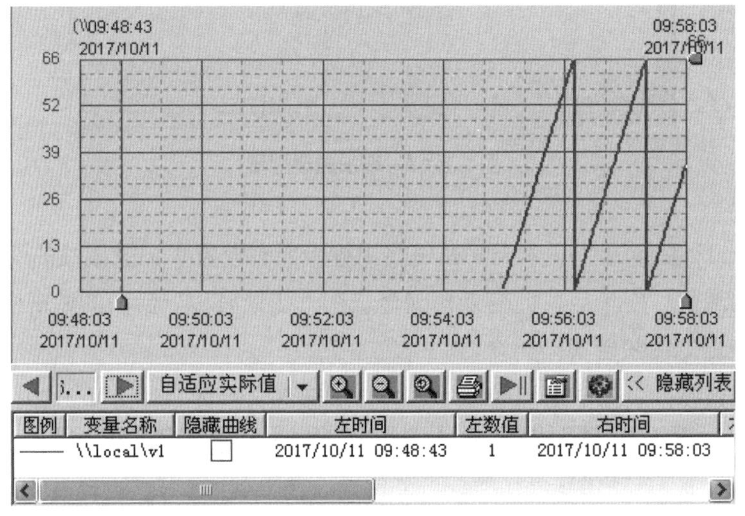


图 2.5-19　历史趋势曲线显示

## 4. 运行时修改控件属性

（1）Y 轴指示器的使用

数据轴指示器又称数据轴游标，拖动数值轴（Y 轴）指示器，可以放大或缩小曲线在 Y 轴方向的长度，一般情况下，该指示器标记为变量量程的百分比。

（2）X 轴指示器的使用

时间轴指示器又称时间轴游标，拖动时间轴指示器可以获得曲线与时间轴指示器焦点的具体时间，与可以配合 HTGetValueScooter 函数获得曲线与时间轴指示器焦点的数值。

（3）工具条的使用

利用历史趋势曲线窗口中的工具条可以查看变量过去任一段时间的变化趋势以及对曲线进行放大、缩小、打印等操作。工具条如图 2.5-20 所示。

图 2.5-20　历史趋势工具条

## 子任务 2.5.5　报警画面制作与组态

### 一、报警和事件窗口的作用

为保证工业现场安全生产，报警和事件的记录是必不可少的，“组态王”提供了强有力的报警和事件系统。

组态王中的报警和事件主要包括变量报警事件、操作事件、用户登录事件和工作站事件。通过这些报警和事件用户可以方便地记录和查看系统的报警和各个工作站的运行情况。当报警和事件发生时，在报警窗中会按照设置的过滤条件实时地显示出来。

为了分类显示产生的报警和事件，可以把报警和事件划分到不同的报警组中，在指定的报警窗口中显示报警和事件信息。

### 二、建立报警和事件窗口

#### 1. 定义报警组

（1）在工程浏览器窗口左侧“工程目录显示区”中选择“数据库”中的“报警组”选项，在右侧“目录内容显示区”中双击“进入报警组”图标弹出“报警组定义”对话框，如图 2.5-21 所示。

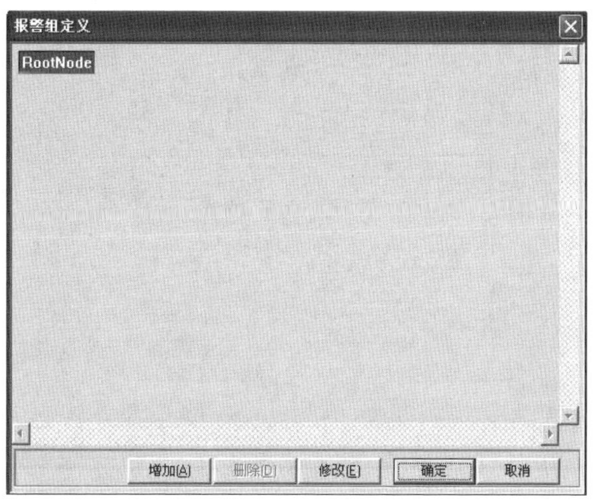


图 2.5-21　报警组定义对话框

（2）单击“修改”按钮，将名称为“RootNode”报警组改名为“化工厂”。

（3）选中“化工厂”报警组，单击“增加”按钮增加此报警组的子报警组，名称为：反应车间。

（4）单击“确认”按钮关闭对话框，结束对报警组的设置，如图 2.5-22 所示。

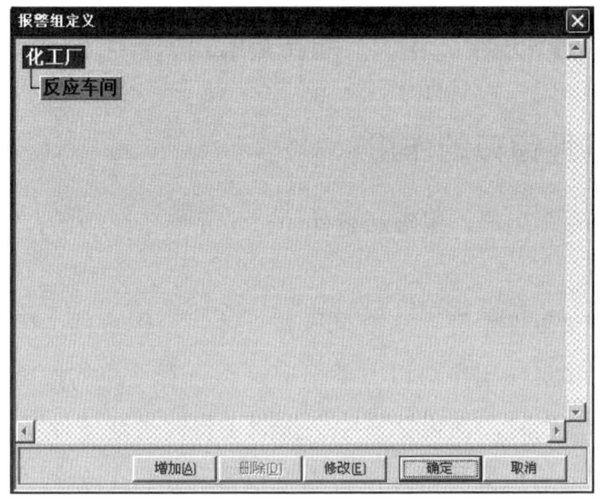


注：报警组的划分以及报警组名称的设置是由用户根据实际情况指定。

图 2.5-22　设置完毕的报警组窗口

## 2．设置变量的报警属性

（1）在数据词典中选择“原料油液位”变量，双击此变量，在弹出的“定义变量”对话框中单击“报警定义”选项卡，按照图 2.5-23 所示设置。

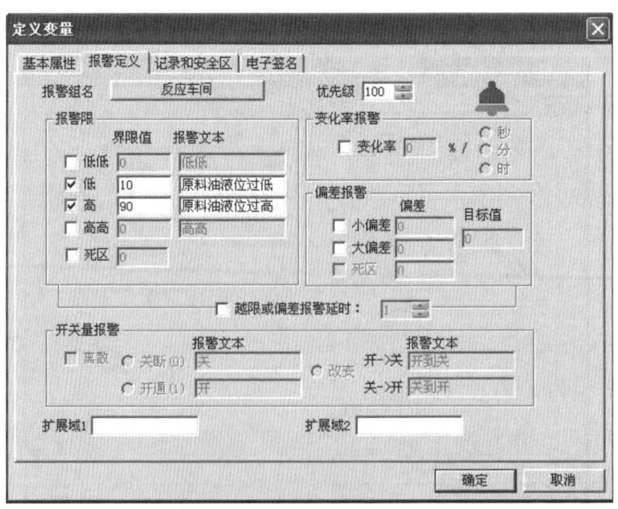


图 2.5-23　报警属性定义窗口

（2）设置完毕后单击“确定”按钮，系统进入运行状态时，当“原料油液位”的高度低于 10 或高于 90 时系统将产生报警，报警信息将显示在“反应车间”报警组中。

### 3. 建立报警窗口

报警窗口是用来显示“组态王”系统中发生的报警和事件信息，报警窗口分：实时报警窗口和历史报警窗口。实时报警窗口主要显示当前系统中发生的实时报警信息和报警确认信息，一旦报警恢复后将从窗口中消失。历史报警窗口中显示系统发生的所有报警和事件信息，主要用于对报警和事件信息进行查询。

报警窗口建立过程如下：

（1）新建一画面，名称为报警和事件画面，类型为覆盖式。

（2）选择工具箱中的 T 工具，在画面上输入文字：报警和事件。

（3）选择工具箱中的  工具，在画面中绘制一报警窗口，如图 2.5-24 所示。

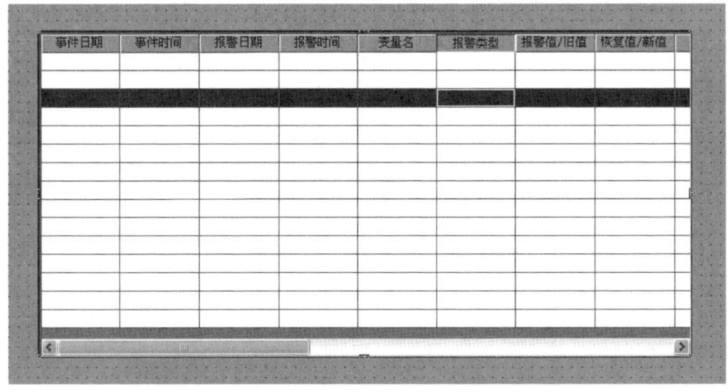


图 2.5-24　报警窗口

（4）双击“报警窗口”对象，弹出报警窗口配置对话框，如图 2.5-25 所示。

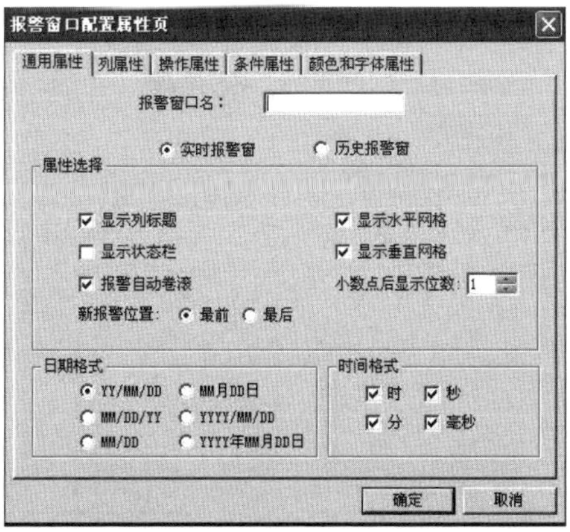

图 2.5-25　报警窗口配置对话框

报警窗口包括五个属性页：通用属性页、列属性页、操作属性页、条件属性页、颜色和字体属性页。

通用属性页：在此属性页中可以设置窗口的名称、窗口的类型（实时报警窗口或历史报警窗口）、窗口显示属性以及日期和时间显示格式等。

列属性页：报警窗口中的“列属性页”对话框，如图 2.5-26 所示。

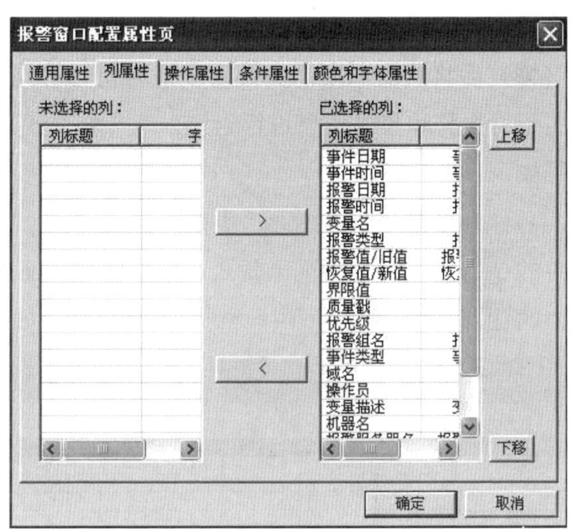


图 2.5-26　列属性页窗口

在此属性页中可以设置报警窗中显示的内容，包括报警日期时间显示与否、报警变量名称显示与否、报警限值显示与否、报警类型显示与否等。

操作属性页：报警窗口中的“操作属性页”对话框，如图 2.5-27 所示。

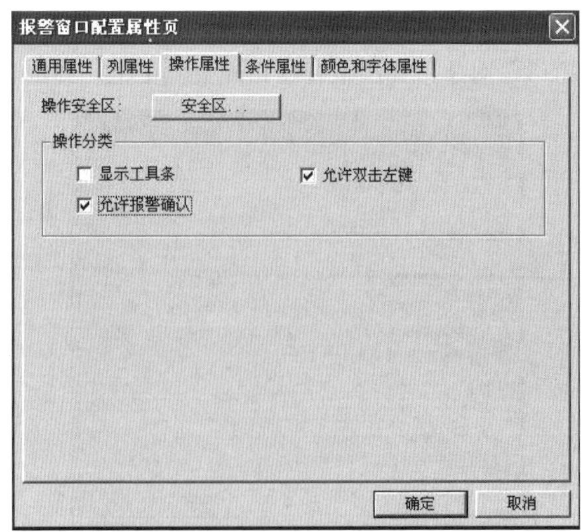


图 2.5-27　操作属性页窗口

在此属性页中可以对操作者的操作权限进行设置。单击“安全区”按钮，在弹出的“选择安全区”对话框中选择报警窗口所在的安全区，只有登录用户的安全区包含报警窗口的操作安全区时，才可执行如下设置的操作，如双击左键操作、工具条的操作和报警确认的操作。

条件属性页：报警窗口中的“条件属性页”对话框，如图 2.5-28 所示。

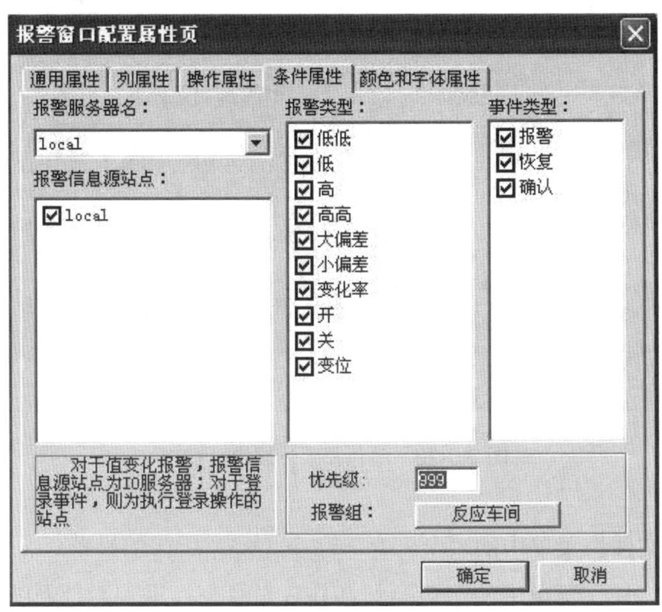


图 2.5-28　条件属性页窗口

在此属性页中可以设置哪些类型的报警或事件发生时才在此报警窗口中显示，并设置其优先级和报警组。

优先级：999

报警组：反应车间

这样设置完后，满足如下条件的报警点信息会显示在此报警窗口中：

①在变量报警属性中设置的优先级高于 999。

②在变量报警属性中设置的报警组名为反应车间。

颜色和字体属性页：报警窗口中的“颜色和字体属性页”对话框，如图 2.5-29 所示。

在此属性页中可以设置报警窗口的各种颜色以及信息的显示颜色。报警窗口的上述属性可由用户根据实际情况进行设置。

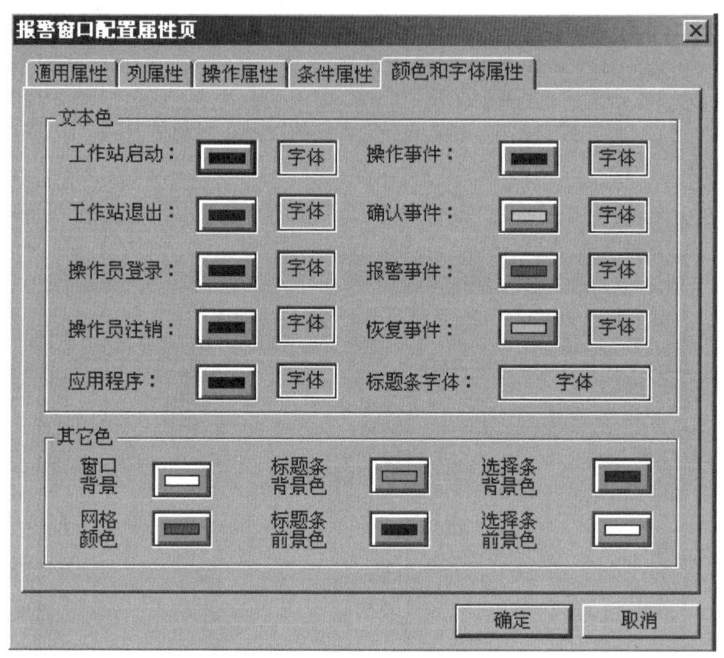


图 2.5-29　颜色和字体属性页窗口

（5）单击“文件”菜单中的“全部存”命令，保存所作的设置。

（6）单击“文件”菜单中的“切换到 VIEW”命令，进入运行系统。系统默认运行的画面可能不是刚刚编辑完成的“报警和事件画面”，可以通过运行界面中“画面”菜单中的“打开”命令将其打开后方可运行，如图 2.5-30 所示。

图 2.5-30　运行中的报警窗口

# 子任务 2.5.6　报表画面制作与组态

## 一、数据报表的用途

数据报表是反映生产过程中的数据、运行状态等信息，并对数据进行记录、统计的一种重要工具，是生产过程必不可少的一个重要环节。它既能反应系统实时的生产情况又能对长期的生产过程数据进行统计、分析，使管理人员能够掌握和分析生产过程情况。

组态王提供内嵌式报表系统，工程人员可以任意设置报表格式，对报表进行组态。组态王为工程人员提供了丰富的报表函数，实现各种运算、数据转换、统计分析、报表打印等。既可以制作实时报表又可以制作历史报表。另外，工程人员还可以制作各种报表模板，实现多次使用，以免重复工作。

组态王 7.5 SP1 的报表向导工具可以以组态王的历史库或 KingHistorian 为数据源，快速建立所需的班报表、日报表、周报表、月报表、季报表和年报表。此外，还可以实现值的行列统计功能，大大减少了工程人员制作报表时的命令语言的编写。

## 二、实时数据报表

### 1. 创建实时数据报表

实时数据报表创建过程如下：

（1）新建一画面，名称为实时数据报表画面。

（2） 选择工具箱中的 T 工具，在画面上输入文字：实时数据报表。

（3）选择工具箱中的 工具，在画面上绘制一实时数据报表窗口，如图 2.5-31（a）所示。

（a）　　　　　　　　　　（b）

图 2.5-31　实时报表窗口

单击报表窗口，“报表工具箱”会自动显示出来。双击窗口的灰色部分，弹出“报表设计”对话框，如图 2.5-31（b）所示，按图中参数设置完毕，单击确定。

（4）输入静态文字：选中 A1 到 J1 的单元格区域，执行“报表工具箱”中的“合并单元格”命令并在合并完成的单元格中输入：实时数据报表演示。

利用同样方法输入其他静态文字，如图 2.5-32 所示。

| | A | B | C | D | E | F | G |
|---|---|---|---|---|---|---|---|
| 1 | 实时数据报表演示 | | | | | | |
| 2 | 日期： | | 时间： | | | | |
| 3 | 原料油液位： | | 米 | | | | |
| 4 | | | | | | | |
| 5 | 成品油液位： | | 米 | | | | |
| 6 | | | | | 值班人： | | |

图 2.5-32　输入静态文字

（5）插入动态变量：在 B2 单元格中输入：=\\local\$Date。（变量的输入可以利用“报表工具箱”中的“插入变量”按钮实现）。

利用同样方法输入其他动态变量，如图 2.5-33 所示。

| | A | B | C | D | E |
|---|---|---|---|---|---|
| 1 | 实时报表演示 | | | | |
| 2 | 日期： | =\\local\$Date | 时间： | =\\loc | |
| 3 | 原料油液位： | =\\local\原料油液位 | 米 | | |
| 4 | | | | | |
| 5 | 成品油液位： | =\\local\成品油液位 | 米 | | |
| 6 | | | | 值班 | =\\local\$ |

注：如果变量名前没有添加“=”符号的话此变量被当作静态文字来处理。

图 2.5-33　插入动态变量

（6）单击“文件”菜单中的“全部存”命令，保存所作的设置。

（7）单击“文件”菜单中的“切换到 VIEW”命令，进入运行系统。系统默认运行的画面可能不是刚刚编辑完成的“实时数据报表画面”，可以通过运行界面中“画面”菜单中的“打开”命令将其打开后方可运行，如图 2.5-34 所示。

| | | | 实时报表演示 | | |
|---|---|---|---|---|---|
| 日期： | 2017-8-14 | 时间： | 14:44:45 | | |
| 原料油液位： | 88.00 | 米 | | | |
| | | | | | |
| 成品油液位： | 9.0 | 米 | | | |
| | | | 值班人： | 无 | |

图 2.5-34　实时数据报表显示

## 2. 实时数据报表的存储

实现以当前时间作为文件名，将实时数据报表保存到指定文件夹下的操作过程如下：

（1）在当前工程路径下建立一文件夹：实时数据文件夹。

（2）在“实时数据报表画面”中添加一按钮，按钮文本为保存实时数据报表。

（3）在按钮的弹起事件中输入如下命令语言，如图 2.5-35 所示。

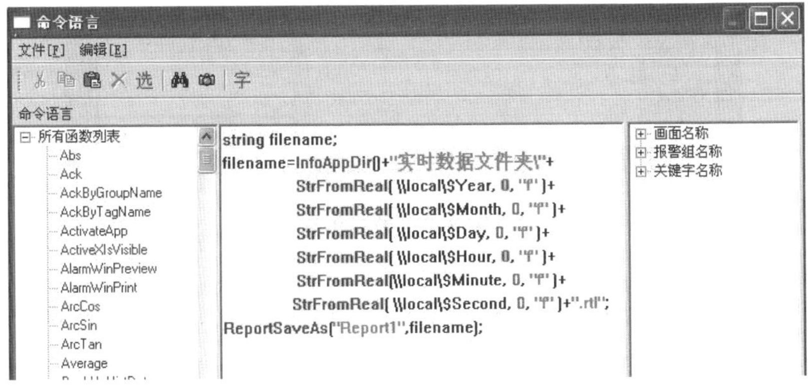


图 2.5-35　命令语言

命令语言如下所示：

```
string filename;
filename=InfoAppDir( )+"实时数据文件夹\"+
        StrFromReal( \\local\$Year, 0, "f" )+
        StrFromReal( \\local\$Month, 0, "f" )+
        StrFromReal( \\local\$Day, 0, "f" )+
        StrFromReal( \\local\$Hour, 0, "f" )+
        StrFromReal(\\local\$Minute, 0, "f" )+
        StrFromReal( \\local\$Second, 0, "f" )+".rtl";
ReportSaveAs("Report1",filename);
```

（4）单击“确认”按钮关闭命令语言编辑框。当系统处于运行状态时，单击此按钮数据报表将以当前时间作为文件名保存实时数据报表。

## 三、历史数据报表

### 1．创建历史数据报表

历史数据报表创建过程如下：

（1）新建一画面，名称为历史数据报表画面。

（2）选择工具箱中的 T 工具，在画面上输入文字：历史数据报表。

（3）选择工具箱中的 工具，在画面上绘制一历史数据报表窗口，控件名称为：Report3，并设计表格，如图 2.5-36 所示。

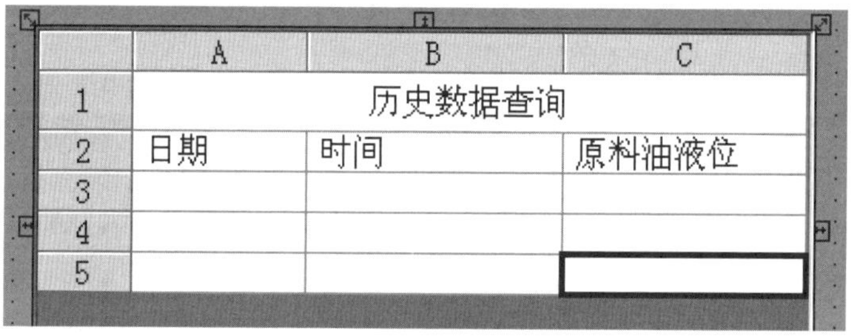

| | A | B | C |
|---|---|---|---|
| 1 | 历史数据查询 | | |
| 2 | 日期 | 时间 | 原料油液位 |
| 3 | | | |
| 4 | | | |
| 5 | | | |

图 2.5-36　数据报表

### 2．历史数据报表查询

利用组态王提供的 ReportSetHistData2 函数可从组态王记录的历史库中按指定的起始时间和时间间隔查询指定变量的数据，设置过程如下：

（1）在画面中添加一按钮，按钮文本为：历史数据报表查询。

（2）在按钮的弹起事件中输入命令语言：ReportSetHistData2（2，1）。

（3）设置完毕后单击“文件”菜单中的“全部存”命令，保存所作的设置。

（4）单击“文件”菜单中的“切换到 VIEW”命令，运行此画面。单击“历史数据报表查询”按钮，弹出报表历史查询对话框。

报表历史查询对话框分三个属性页：报表属性页、时间属性页、变量属性页。

报表属性页：在报表属性页中可以设置报表查询的显示格式。

时间属性页：在时间属性页中可以设置查询的起止时间以及查询的时间间隔。

变量属性页：在变量属性页中可以选择欲查询历史数据的变量，如图 2.5-37 所示。

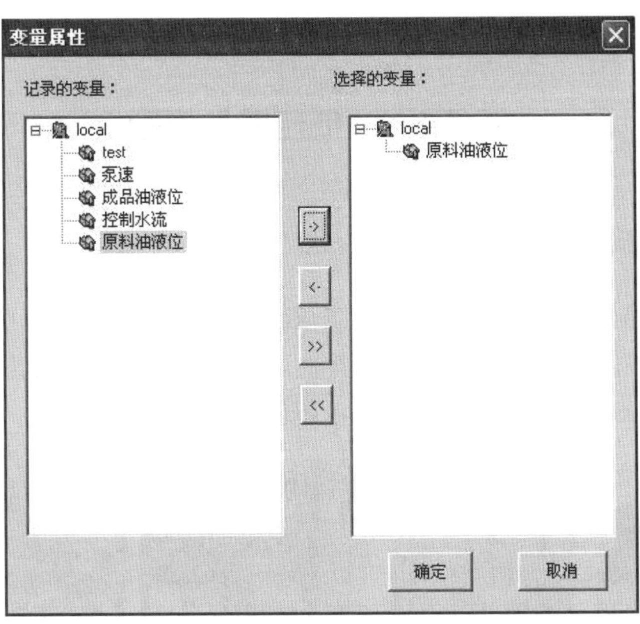


图 2.5-37　变量属性

（5）设置完毕后单击“确定”按钮，原料油液位变量的历史数据即可显示在历史数据报表控件中，从而达到了历史数据查询的目的，如图 2.5-38 所示。

| 历史数据查询 | | |
|---|---|---|
| 日期 | 时间 | 原料油液位 |
| 15/05/11 | 17:08:06 | 50.00 |
| 15/05/11 | 17:09:06 | 94.00 |
| 15/05/11 | 17:10:06 | 38.00 |
| 15/05/11 | 17:11:06 | 83.00 |
| 15/05/11 | 17:12:06 | 26.00 |
| 15/05/11 | 17:13:06 | 71.00 |
| 15/05/11 | 17:14:06 | 14.00 |
| 15/05/11 | 17:15:06 | 59.00 |
| 15/05/11 | 17:16:06 | 2.00 |
| 15/05/11 | 17:17:06 | 47.00 |
| 15/05/11 | 17:18:06 | 91.00 |
| 15/05/11 | 17:19:06 | 35.00 |
| 15/05/11 | 17:20:06 | 70.00 |
| 15/05/11 | 17:21:06 | 23.00 |
| 15/05/11 | 17:22:06 | 67.00 |

图 2.5-38　历史数据查询

【拓展任务】

# 任务 2.6　低压器件识别

## 一、低压断路器

低压空气断路器俗称低压自动开关或低压断路器，它用于不频繁接通和断开电路，而且当电路发生短路、过载或失电压等故障时，能自动断开电路。低压断路器的文字符号为 QF，实物外形图及图形符号如图 2.6-1 所示。

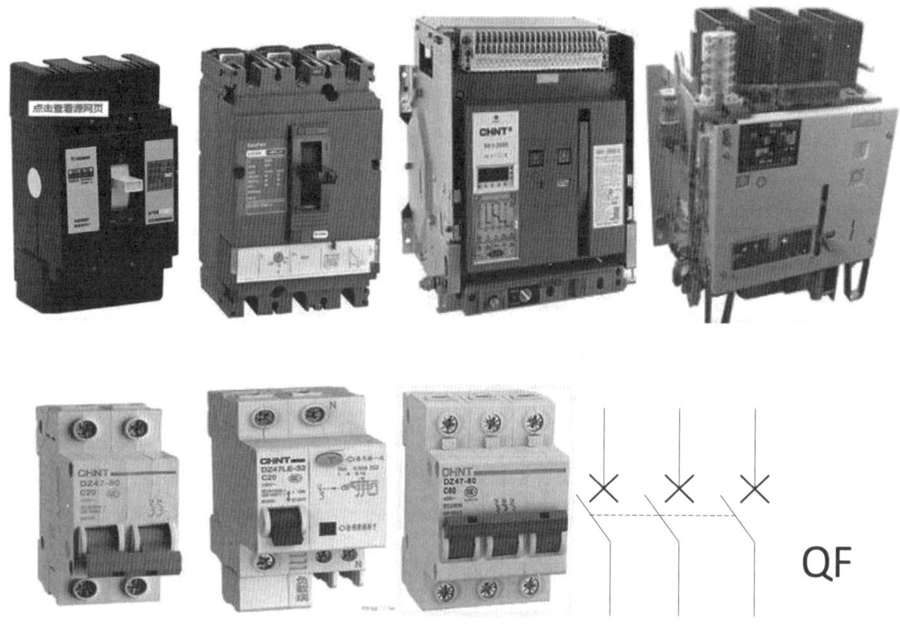


图 2.6-1　几种低压断路器的实物图及低压断路器图形、文字符号

## 二、熔断器

熔断器是一种结构简单、使用方便、价格低廉的保护电器，广泛用于供电线路和电气设备的短路保护。熔断器串入电路，当电路发生短路或过载时，通过熔断器的电流超过限定的数值后，由于电流的热效应，使熔体的温度急剧上升，超过熔体的熔点，熔断器中的熔体熔断而分断电路，从而保护了电路和设备。熔断器的实物图和图形文字符号如图 2.6-2 所示。

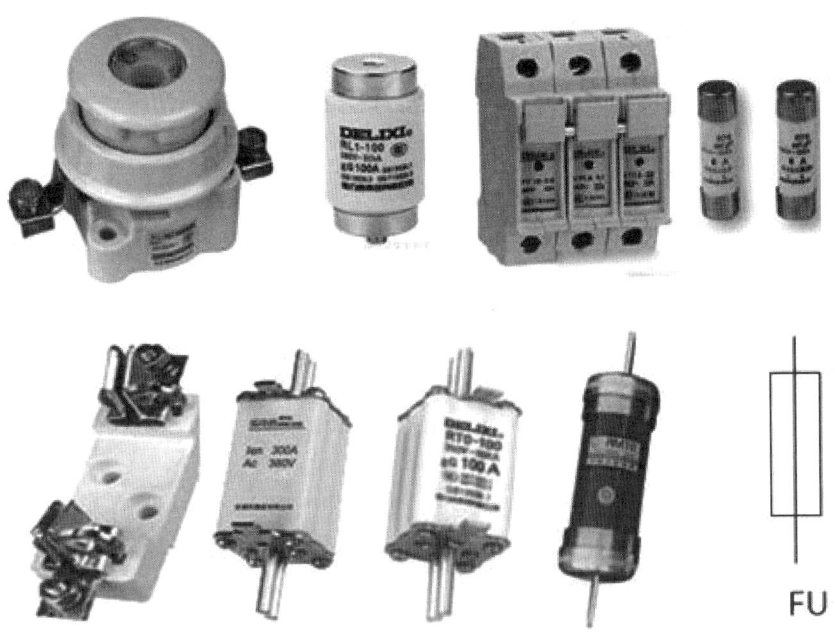


图 2.6-2　几种熔断器外形，图形、文字符号

## 三、接触器

接触器是一种通用性很强的电磁式电器，它可以频繁地接通和分断交、直流大电流（大于 5A）电路，并可实现远距离控制，主要用来控制电动机，也可控制电容器、电阻炉和照明器具等电力负载。

接触器的文字符号是 KM，图形符号如图 2.6-3 所示，a 是电磁线圈，b 是主触点，c 是常开辅助触点，d 是常闭辅助触点。

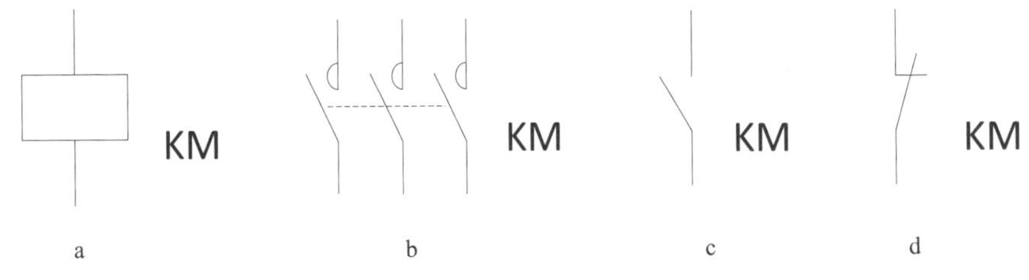


图 2.6-3　接触器的图形、文字符号

## 四、继电器

继电器是一种根据电或非电信号的变化来接通或断开小电流（一般小于 5A）控制电

路的自动控制电器。继电器的输入量（如电流、电压、时间、温度、速度、压力等）变化到某一定值时继电器动作，其触点便接通或断开控制回路。由于继电器的触点用于控制电路中，通断的电流小，所以继电器的触点结构简单，不安装灭弧装置。

## 1. 热继电器

热继电器是专门用来对连续运行的电动机进行过载及缺相保护，以防止电动机过热而烧毁的保护电器。三相交流异步电动机长期欠电压带负荷运行或长期过载运行及缺相运行等都会导致电动机绕组过热而烧毁。但是电动机又有一定的过载能力，为了既发挥电动机的过载能力，又避免电动机长时间过载运行，就要用热继电器作为电动机的过载保护。

热继电器的文字符号为FR，图形符号如图2.6-4所示。

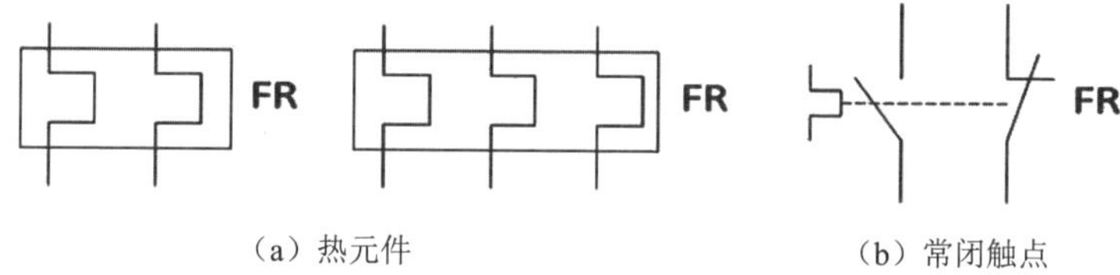


（a）热元件　　（b）常闭触点

图2.6-4　热继电器的图形和文字符号

## 2. 时间继电器

从得到输入信号（线圈通电或断电）开始，经过一定的延时后才输出信号（触点闭合或断开）的继电器，称为时间继电器。时间继电器的文字符号为KT，图形符号如图2.6-5所示。（a）是通电吸合继电器的线圈，（b）是断电释放继电器的线圈，（c）是瞬动常开触点，（d）是瞬动常闭触点，（e）是延时闭合常开触点，（f）是延时断开常闭触点，（g）是延时断开常开触点，（h）是延时闭合常闭触点。

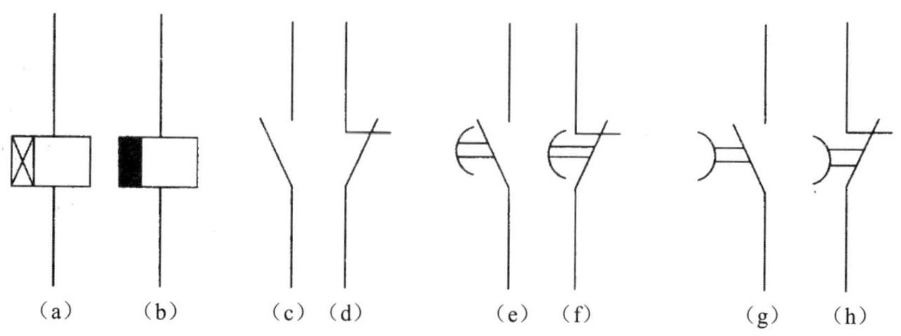


图2.6-5　时间继电器的图形符号

### 3. 中间继电器

中间继电器的主要结构有电磁机构和触点系统。中间继电器的工作原理和接触器相似。不同之处在于，中间继电器是其触点用于切换小电流的控制电路。而接触器是其吸引线圈的电压信号达到一定值，触点动作，主触点用于通断大电流的主电路，主触点上装有灭弧装置，辅助触点用于通断小电流的控制电路。

中间继电器的文字符号是 KA，图形符号和外形如图 2.6-6 所示。

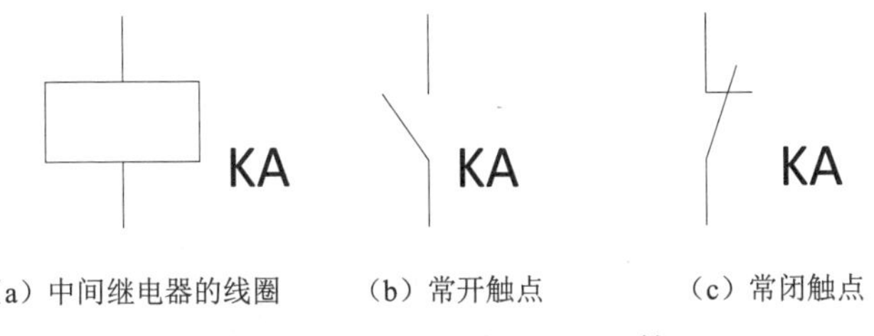


（a）中间继电器的线圈　（b）常开触点　（c）常闭触点

图 2.6-6　中间继电器的图形符号

### 4. 液位继电器

液位继电器的作用是根据液位的高低变化来发出控制信号。根据工作原理不同有浮球液位继电器、光电液位继电器、激光液位继电器、音叉液位继电器等。液位继电器的文字符号为 SL，部分常用液位继电器和图形符号如图 2.6-7 所示。

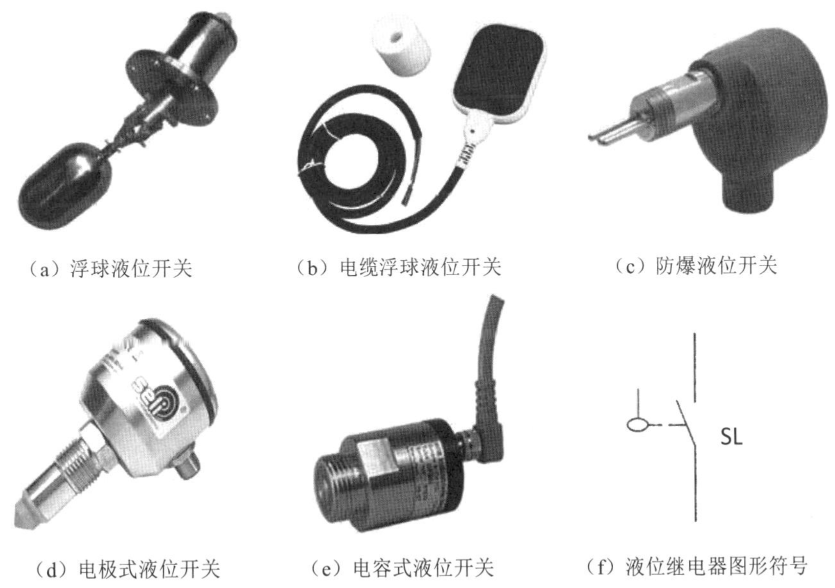


（a）浮球液位开关　（b）电缆浮球液位开关　（c）防爆液位开关

（d）电极式液位开关　（e）电容式液位开关　（f）液位继电器图形符号

图 2.6-7　液位继电器的实物图及图形符号

## 五、主令电器

### 1. 控制按钮

控制按钮是发出短时操作信号的主令电器。一般由按钮帽、复位弹簧、桥式动触点和静触点以及外壳等组成。图 2.6-8 所示为复合按钮的实物和结构图。控制按钮的文字符号为 SB，图形符号如图 2.6-9 所示。

图 2.6-8　复合按钮实物图及结构图

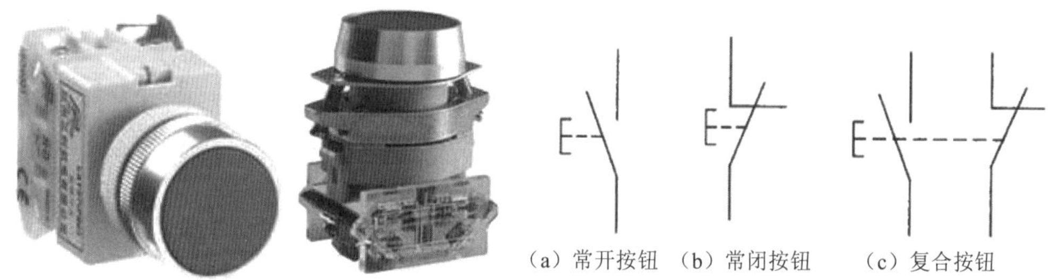


图 2.6-9　按钮的实物图和图形符号

### 2. 行程开关

行程开关又叫限位开关或位置开关，其原理和按钮相同，只是靠机械运动部件的挡铁碰压行程开关而使其常开触点闭合，常闭触点断开，从而对控制电路发出接通、断开的转换命令。行程开关主要用于控制生产机械的运动方向、行程的长短和限位保护。行程开关可以分为直动式、滚轮式和微动行程开关。行程开关的文字符号为 SQ，实物图和图形符号如图 2.6-10 所示。

图 2.6-10　行程开关的实物图及图形符号

3．接近开关

接近开关是一种无触点的行程开关，当物体与之接近到一定距离时就发出动作信号。接近开关也可作为检测装置使用，用于高速计数、测速、检测金属等。接近开关的文字和图形符号如图 2.6-11 所示。

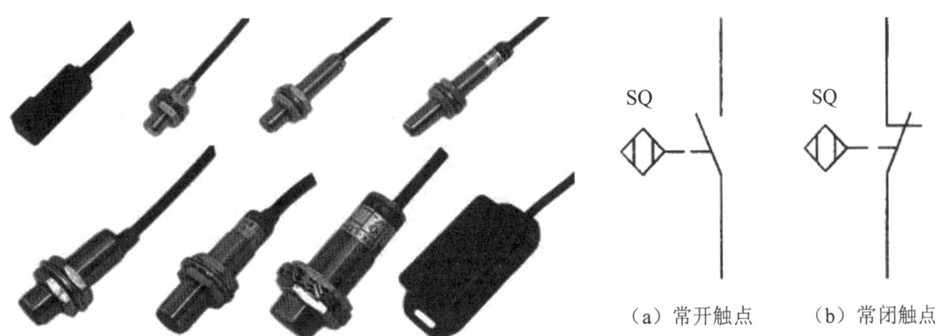


图 2.6-11　接近开关的文字和图形符号

# 任务 2.7　组态软件

组态软件又称组态监控系统软件，是指数据采集与过程控制的专用软件，也是指在自动控制系统监控层一级的软件平台和开发环境。组态软件通过灵活的组态方式，为用户快速构建工业自动控制系统监控功能。

## 一、组态软件功能

组态软件一般都有以下功能：

（1）可以读写不同品牌和类型的 PLC、智能仪表和模块以及板卡，采集工业现场的各种信号，从而实现对工业现场进行监视和控制。

（2）可以以图形和动画等直观形象的方式呈现工业现场状态，以方便对控制流程的监视，也可以直接对控制系统发出指令、设置参数，干预工业现场的控制流程。

（3）可以将控制系统中的紧急工况（如报警等）通过软件界面、电子邮件、手机短信、即时消息软件、声音和计算机自动语音等多种手段及时通知给相关人员，使之及时掌控自动化系统的运行状况。

（4）可以对工业现场的数据进行复杂的逻辑和数字运算等处理，并将结果返回给控制系统。

（5）可以对采集到的数据信息和运算加工的数据进行记录存储。在系统发生故障时，可以利用记录的运行工况和历史数据对系统故障原因进行分析定位，查找原因。

（6）可以将工程运行的采集数据以及运算结果制作成趋势曲线和报表，供运行和管理人员分析决策。

## 二、组态软件特点

（1）功能强大。组态软件提供丰富的编辑和作图工具，提供大量的工业设备图符、仪表图符以及趋势图、历史曲线、数据分析图等；提供十分友好的图形化用户界面（Graphics User Interface，GUI），包括一整套 Windows 风格的窗口、菜单、按钮、信息区、工具栏、滚动条等；画面丰富多彩，为设备的正常运行、操作人员的集中监控提供了极大的方便；具有强大的通信功能和良好的开放性，组态软件向下可以与数据采集硬件通信，向上可与管理网络互联。

（2）简单易学。使用组态软件不需要掌握太多的编程语言技术，甚至不需要编程技术，根据工程实际情况，利用其提供的底层设备（PLC、智能仪表、智能模块、板卡、变频器等）的 I/O 驱动、开放式的数据库和界面制作工具，就能完成一个具有动画效果、实时数据处理、历史数据和曲线并存、具有多媒体功能和网络功能的复杂工程。

（3）扩展性好。组态软件开发的应用程序，当现场条件（包括硬件设备、系统结构等）或用户需求发生改变时，不需要太多的修改就可以方便地完成软件的更新和升级。

（4）实时多任务。组态软件开发的项目中，数据采集与输出、数据处理与算法实现、图形显示及人机对话、实时数据的存储、检索管理、实时通信等多个任务可以在同一台计算机上同时运行。组态控制技术是计算机控制技术发展的结果，采用组态控制技术的计算机控制系统最大的特点是从硬件到软件开发都具有组态性，因此极大地提高了系统的可靠性和开发速率，降低了开发难度，而且其可视化、图形化的管理功能方便了生产管理与维护。

## 三、组态软件发展趋势

随着信息技术的不断发展和控制系统要求的不断提高，组态软件的发展也向着更高层次和更广范围发展，其发展趋势表现在以下三个方面：

（1）集成化、定制化。监控组态软件作为通用软件平台，具有很大的使用灵活性，但实际上很多用户需要“傻瓜”式的应用软件，即只需要很少的定制工作量即可完成工程应用。为了既照顾“通用”又兼顾“专用”，监控组态软件拓展了大量的组件，用于完成特定的功能，如批次管理、事故追忆、温控曲线、协议转发组件、ODBCRouter、ADO 曲线、专家报表、万能报表组件、事件管理、GPRS 透明传输组件等。

（2）功能向上、向下延伸。组态软件处于监控系统的中间位置，向上、向下均具有比较完整的接口，因此对上、下应用系统的渗透也是组态软件的一种发展趋势。向上具体表现为其管理功能日渐强大，在实时数据库及其管理系统的配合下，具有部分 MIS、MES 或调度功能，尤以报警管理与检索、历史数据检索、操作日志管理、复杂报表等功能较为常见。向下具体表现为具备网络管理（或节点管理）功能、软 PLC 与嵌入式控制功能，以及同时具备 OPC Server 和 OPC Client 等功能。

（3）监控、管理范围及应用领域扩大。只要同时涉及实时数据通信（无论是双向还是单向）、实时动态图形界面显示、必要的数据处理、历史数据存储及显示，就存在对组态软件的潜在需求。

组态软件有很多种，组态王是常用的组态软件之一，其他还有 iFIX、Intouch、WinCC、力控等，下面以组态王为例讲述组态软件的基础功能和基本操作。

【实训任务】

# 实训任务 2-1　三相交流异步电动机单向启动运行控制线路的安装调试

## 一、任务用途

1．掌握检查和测试电气元件的方法；

2．掌握电动机单向启动运行控制线路的安装步骤和安装技能；

3．掌握调试和排除故障的方法。

## 二、实训器材

网孔控制盘（或木质板）、三相电源、电源隔离开关或断路器、交流接触器、熔断器、热继电器、按钮、接线端子排、线槽、三相交流异步电动机、万用表、电工常用套装工具、导线及号码管等。

## 三、方法步骤

### 1．训练内容

（1）熟悉图纸

画出三相交流异步电动机单向启动运行控制线路电路图，分析工作原理，并按规定标注线号和元器件编号，标注线号时应做到每段（每一降压元件两端）导线均有线号，并且一线（同一连接点上的线）一号，不得重复。

（2）选型检测

列出元件明细表，并进行检测，将元件的型号、规格、质量检查结果及有关测量值记入表 2-1-1 中（表中元器件可参考选取或另选）。检查的内容有：

1）外观检查：电器元件的外观是否清洁完整；外壳有无碎裂；零部件是否齐全有效；各接线端子及紧固件有无缺失、生锈等现象。

2）接触器检查：检查接触器有无衔铁卡阻，吸合位置不正等现象；检查衔铁复位弹簧是否正常；检查接触器线圈额定电压与控制线路原理图所用电源电压是否相符；用万用表测量接触器线圈的电阻及通断情况并记录。

表 2-1-1　电动机单向启动控制线路元件明细

| 代号 | 名称 | 型号 | 规格 | 数量 | 检测结果 |
|---|---|---|---|---|---|
| QS | 电源开关 | HZ10、HZ5 | | | |
| FU1 | 主电路熔断器 | RL- | | | |
| FU2 | 控制电路熔断器 | RL-、RT18- | 32X | | |
| KM | 交流接触器 | CJ10、CJ20、CJ15、LC1E06 | | | 测量线圈电阻值： |
| FR | 热继电器 | JR16、JR20、JRS1D-25 | | | |
| SB1 | 停止按钮 | LA19 | | | |
| SB2 | 启动按钮 | LA19、LA20、LA25、LA38 | | | |
| XT | 接线端子排 | | | | |
| M | 三相笼型异步电动机 | | | | 测量电动机线圈电阻： |

3）其他器件的检查：检查热继电器的整定值，按下热继电器测试按钮检查动作情况，检查热继电器复位按钮设置及动作情况；检查启动按钮和停止按钮的颜色并记录；测量电动机三相绕组的电阻和通断情况并记录，以备检查线路和排除故障时参考。

4）电器元件规格的检查：核对各电器元件的规格和数量与原理图要求是否一致，不符合要求的应更换或者调整。

（3）固定电器元件

在安装底板上布置元件。元件之间的距离要适当，既要节省板面，又要方便走线和投入运行后的检修。固定元件的步骤如下：

1）定位：将电器元件摆放在确定好的位置，用尖锥在安装孔中心做好标记，元件应排列整齐，以保证连接导线做的横平竖直、整齐美观，同时尽量减少弯折；热继电器应安装在其他发热电器的下方，且安装在便于手动操作的位置，以便对热继电器整定动作电流和动作后复位；电动机安装在板外，通过接线端子排 XT 与安装板上的电器连接。电动机必须安放平稳，以防止在启动时产生移动而引起事故。

2）打孔：在做好标记的位置处用钻打孔，孔径应略大于固定螺钉的直径。

3）固定：所有的安装孔打好后，用螺钉将电器元件或卡轨固定在安装底板上。固定元件时，应注意在螺钉上加装平垫圈和弹簧垫圈。紧固螺钉时将弹簧垫圈压平即可，不要过分用力，防止用力过大将元件塑料底板压裂造成损坏。

（4）接线

接线前应做好准备工作，按主线路、控制线路的电流容量选好相应截面积的导线；准备适当的线号管；使用多股线时应准备烫锡工具或压线钳。

接线时，必须按照接线图规定的方位进行。一般从电源端起，按线号顺序做，先做主电路，然后做控制线路。

接线应按照以下步骤进行：

1）选适当截面积的导线，在固定好的电器元件之间测量所需的长度，截取适当长短的导线，剥去两端绝缘外皮。为保证导线与端子接触良好，需要电工刀将芯线表面的氧化物刮掉，必要时应烫锡处理；使用多股芯线时要将线头绞紧，按要求压接线针或接线鼻。

2）走线时应尽量避免导线交叉，先将导线校直，把同一走向的导线汇成一束，依次弯向所需的方向。走线时应做到横平竖直，拐直角弯做线时要将拐角做成 90° 的“慢弯”，导线的弯曲半径为导线直径的 3～4 倍，不要用钳子将导线做成“死弯”，以免损伤绝缘层和线芯。现在机电设备配电盘（箱、柜）内常用的是线槽走线形式，线槽内的走线尽量顺直，减少占槽空间，线槽以外的线要求横平竖直，不允许架空走线。

3）将成型好的导线套上线号管，根据接线端子的情况，将芯线围成圆环或直接压进接线端子。

4）接线端子应紧固好，大截面导线的压线板加装弹簧垫圈紧固，防止电器动作时因振动而松脱。接线过程中注意按照图纸核对，防止接错，必要时用万用表校线。同一接线端子内压接两根导线时，可以只套一只线号管，导线截面积不同时，应将截面积大的放在下层，截面积小的放在上层，一个压线端子下最多压两条线。电动机金属外壳应做可靠接地，外接线束应绑扎。

（5）检查线路

制作好控制线路后，必须经过认真地检查才能通电试车，以防止错接、漏接及电器故障引起线路动作不正常，甚至造成短路事故，检查线路应按以下步骤进行：

1）核对接线：对照图纸，从电源端开始逐段核对端子接线的线号，排除漏接、错接现象。

重点检查控制线路中易接错处的线号，还应核对同一根导线的两端是否错号。

2）检查端子接线是否牢固：检查所有端子上的接线的接触情况，用手一一摇动、拉拨端子上的接线，不允许有松脱现象，避免通电试车时因虚接造成异常，将故障排除在通电之前。

3）电阻测量法检查线路：电阻测量法必须断电进行。电阻测量法可以分为分段测量法和分阶测量法。若用分段测量法，就逐段测量各个触点之间的电阻。若所测线路并联了其他线路，测量时必须将被测电路与其他电路断开。

如图 2-1-1 所示，可以将万用表红黑表笔分别放到控制回路的两端，用手动来模拟电器的操作动作，根据线路的动作来确定检查步骤和内容。若测得控制回路两端点间的电阻很大，说明接线接触不良；若测得电阻为无穷大，则接线脱落，回路不通；若测得电阻接近于零，则控制回路可能短路。

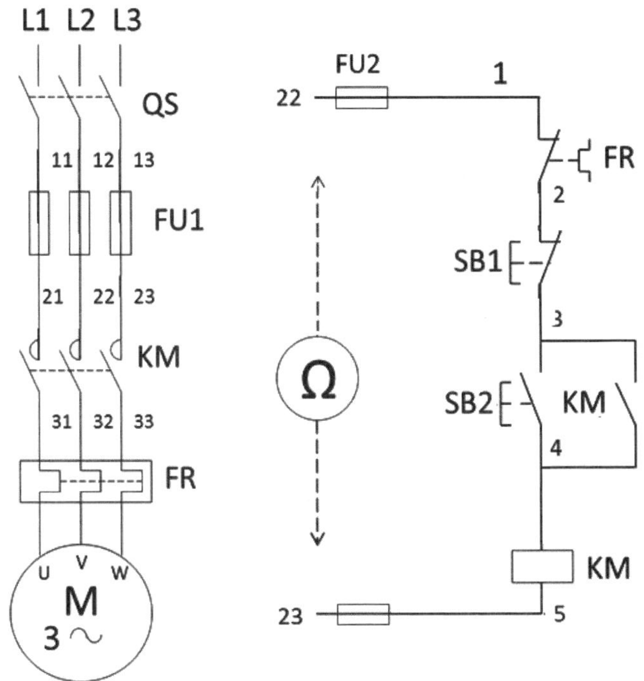


图 2-1-1　电阻测量法检查电路

（6）通电试车与调整

通电试车步骤如下：

1）无负载操作试验。先切除主电路（可断开主电路熔断器），装好控制电路熔断器，接通三相电源，使线路不带负荷（电动机）通电操作，以检查辅助电路工作是否正常。操作各按钮检查它们对接触器的控制作用；检查接触器的自锁控制作用；同时观察各电器操作动作的灵活性，有无过大的噪声，线圈有无过热等现象。

在不带负荷操作试验时，若出现故障，可以采用电压测量法检查故障。

2）带负荷试车。控制线路经过数次空操作试验动作无误，即可切断电源，接通主线路，带负荷试车。如果发现电动机启动困难、发出噪声及线圈过热等异常现象，应立即停车，切断电源后进行检查，检查主电路是否有断线、缺相等现象，直到找出原因排除故障后再次通电试车。

## 2．实训考核及成绩评定

成绩评定见表 2-1-2。

表 2-1-2　成绩评定

| 项目内容及配分 | 要求 | 评分标准（100 分） | 得分 |
| --- | --- | --- | --- |
| 元件检查（10 分） | 检查和测试电气元件的方法正确 | 每错一项扣 1 分 | |
| | 完整地填写元件明细表 | | |
| 安装接线（30 分） | 按图接线，接线正确 | 一处不合格扣 2 分 | |
| | 走线整齐美观 | | |
| | 导线连接可靠，没有虚接 | | |
| | 号码管安装正确、醒目 | | |
| | 电动机外壳安装接地线 | | |
| 线路检查（10 分） | 在断电的情况下会用电阻法检查线路 | 没有测量线路的绝缘电阻扣 10 分 | |
| | 通电前测量线路的绝缘电阻 | | |
| 保护整定（10 分） | 正确整定热继电器的整定值 | 热继电器整定错误扣 5 分 | |
| | 正确地选配熔体 | 选错熔体扣 5 分 | |
| 通电试车（30 分） | 试车一次成功 | 短路跳闸扣 20 分 | |
| 安全文明操作（10 分） | 工具的正确使用 | 每违反一次扣 10 分 | |
| | 执行安全操作规定 | | |
| | 工作结束后环境整理 | | |
| | | 总分 | |

## 3. 故障的检查及排除

在通电试车成功的电路上人为地设置故障，保证安全的前提下通电运行，认真仔细观察故障现象，在表 2-1-3 中记录故障现象并分析原因排除故障。

表 2-1-3　故障的检查及排除

| 故障设置 | 故障现象 | 检查及排除 |
| --- | --- | --- |
| 启动按钮触点接触不良 | | |
| 接触器线圈松脱 | | |
| 接触器自锁触点接触不良 | | |
| 接触器主触点一相接触不良 | | |
| 接触器主触点二相接触不良 | | |
| 主电路一相熔丝熔断 | | |
| 控制电路熔丝熔断 | | |
| 热继电器整定值调的太小 | | |
| 热继电器常闭触点接触不良 | | |

# 实训任务 2-2 S7-300 PLC 的硬件安装与接线

## 一、任务用途

掌握 S7-300 PLC 的硬件安装与接线。

## 二、方法步骤

该部分内容以在机架 RACK 0 上安装电源模块 PS、CPU 模块为例，讲解 S7-300 PLC 的硬件安装与接线。

硬件安装需要的组件：机架 RACK、电源模块 PS、CPU 模块。

### 1. 安装机架 RACK

如图 2-2-1 所示，用螺钉将机架紧固到柜体安装下表面，使用两个 M6 螺钉执行此操作，将安装机架连接到接地线。

保护性导体电缆的规定最小横截面积是 10 $mm^2$，安装机架时，应注意以下几点：

1）确保机架上下至少各留有 40 mm 的间隙，这可以满足热条件（模块的散热和通风）并便于安装、拆卸、接线；

2）如果下表面是接地的金属板或接地的设备面板，请确保机架和下表面之间存在低电阻连接，保证统一的参考电位。

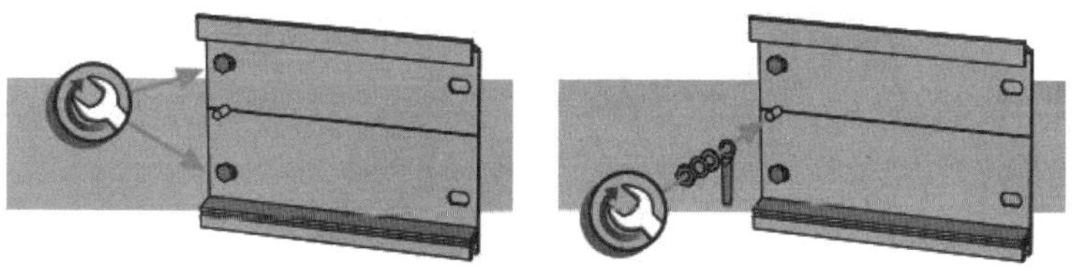

图 2-2-1 安装机架 RACK

### 2. 安装硬件模块

用工具将硬件模块安装固定到机架 RACK 上。

（1）安装电源模块

按照如图 2-2-2 所示的操作步骤，安装电源模块，并用螺丝刀拧紧固定螺钉。

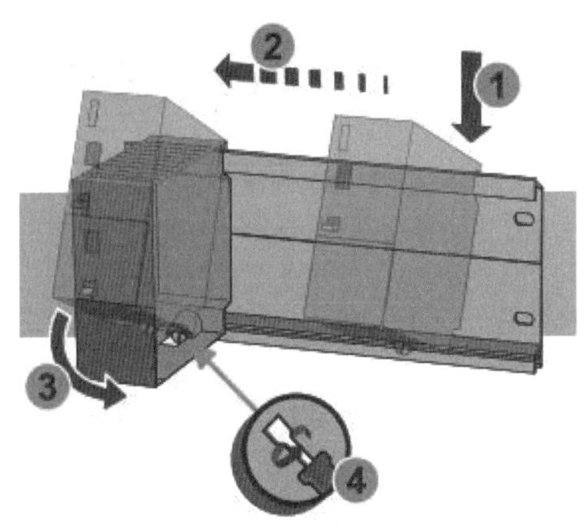


图 2-2-2 电源模块安装

（2）安装 CPU 模块

参照如图 2-2-3 所示的操作步骤，将 CPU（以 CPU312C 为例）模块安装并固定到机架上。

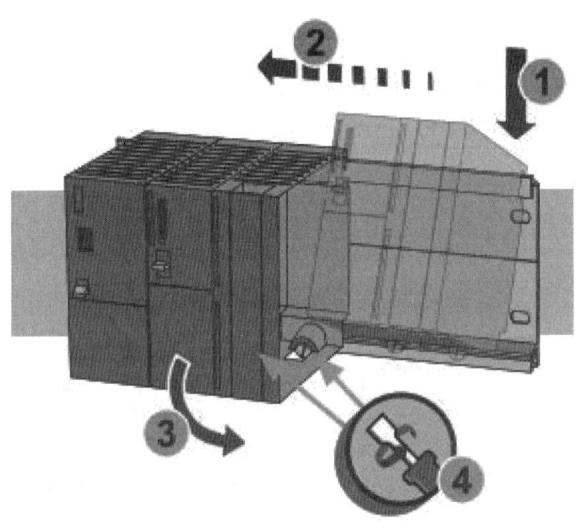


图 2-2-3 CPU 模块安装

（3）安装前面板连接器

同样参照如图 2-2-4 所示的操作步骤，将模块前面板连接器安装到模块上（未拧紧固定螺钉），在此接线位置，前面板连接器仍伸出于模块，并且未连接至该模块，该位置可使接线工作更为简单、方便。

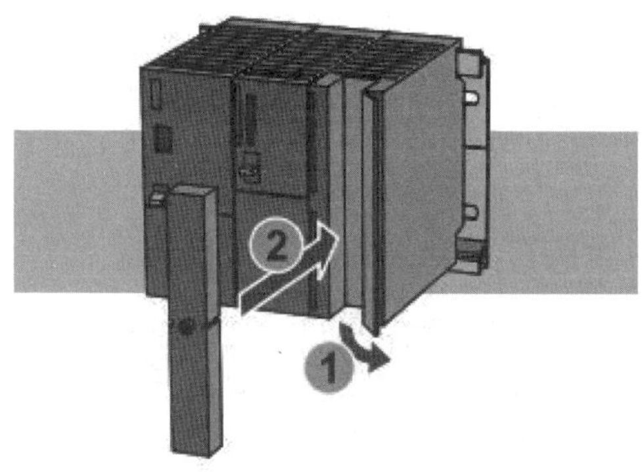

图 2-2-4　前面板连接器安装

## 3．模块接线

（1）准备电缆

1）如图 2-2-5 所示，将电缆剪切为所需的长度。

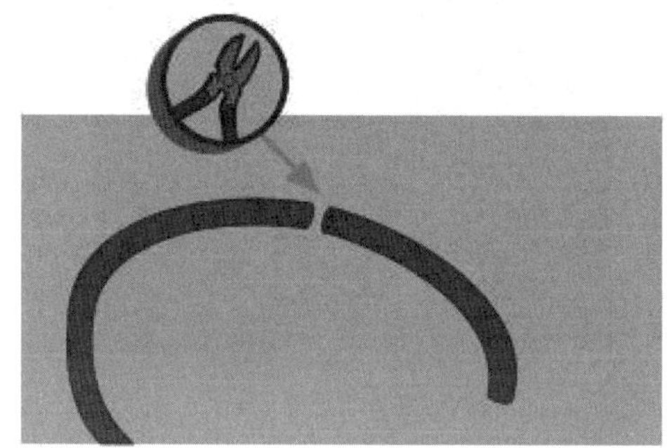

图 2-2-5　电缆剪切

2）如图 2-2-6 所示，除去电缆的绝缘层，并用工具将套管固定到电缆的末端。

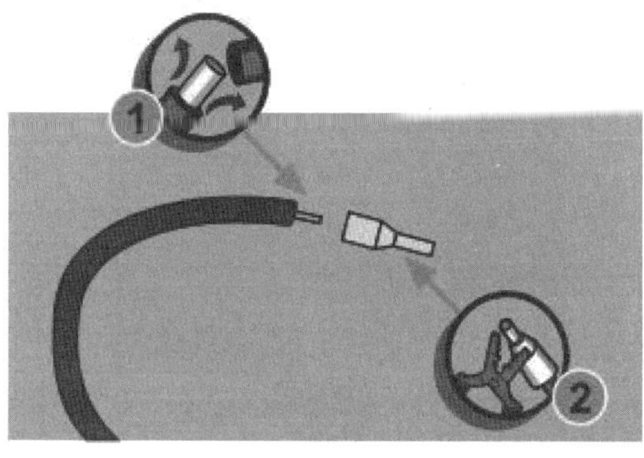

图 2-2-6　电缆接头制作

（2）为 CPU 模块连接电源

1）参照如图 2-2-7 所示的操作步骤，准备 CPU 模块的电源电缆。

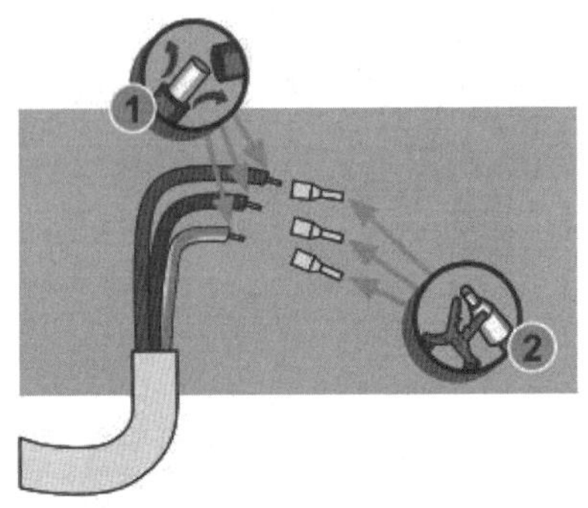


图 2-2-7　CPU 模块电源线制作

2）如图 2-2-8 所示，用螺丝刀将电源电缆连接到 CPU 模块电源的接线端子上。

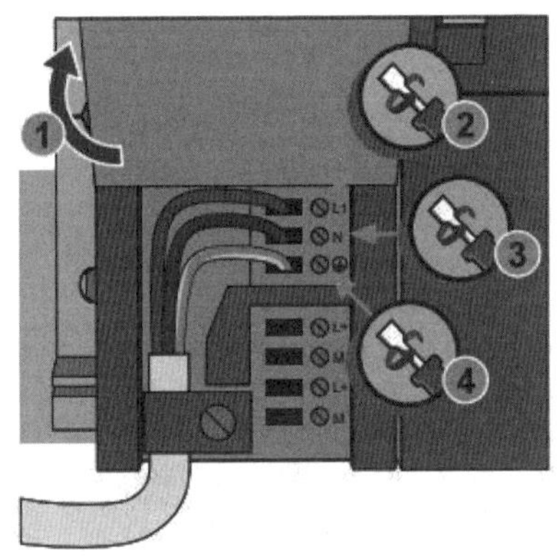


图 2-2-8　电源线接线

3）固定电源电缆。如图 2-2-9 所示，用工具将电源电缆固定至模块指定位置。

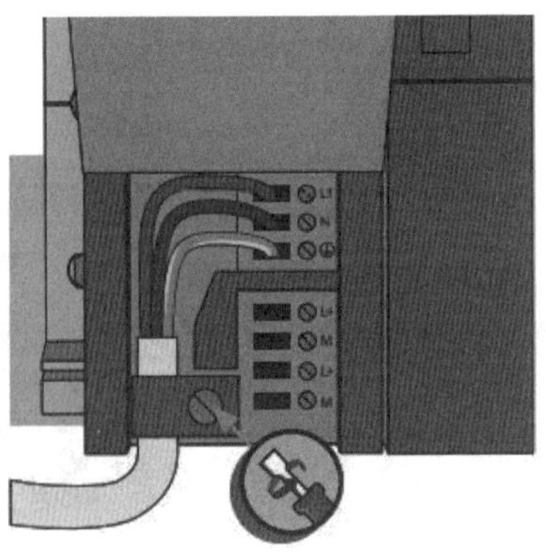

图 2-2-9　电源线固定

4）将电源接线连接到 CPU 模块。如图 2-2-10 所示，将电源线连接至 CPU 模块，为 CPU 模块提供电源。

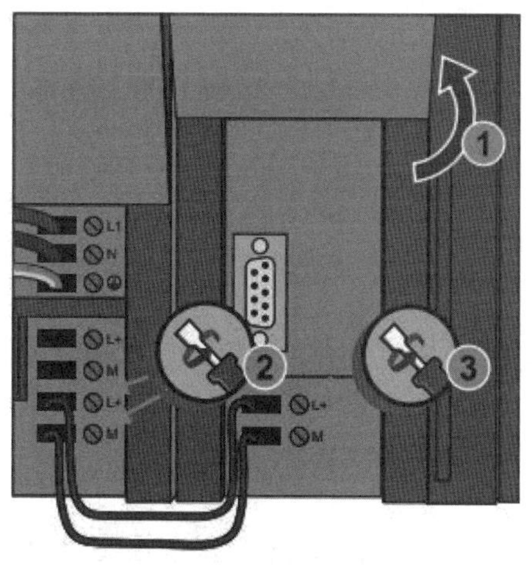

图 2-2-10　CPU 模块电源连接

### 4. 连接前面板连接器

如图 2-2-11 所示，用螺丝刀将前面板连接器在模块相应位置上锁紧，在前面板连接器与 CPU 模块自带通道组的触点之间建立连接，然后关闭前门。

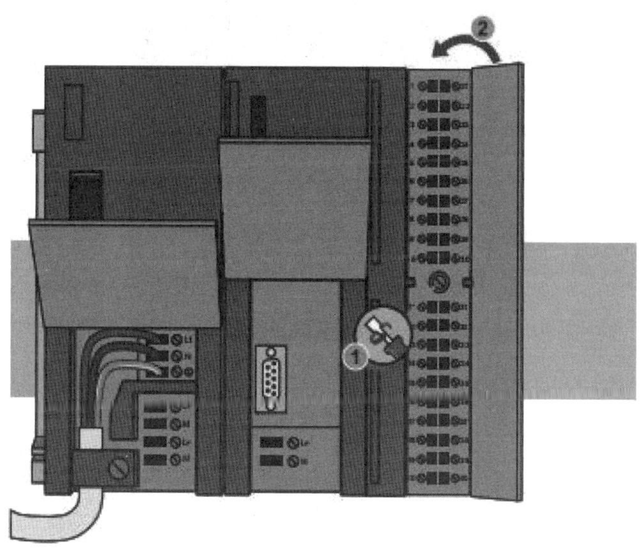

图 2-2-11　前面板连接器锁紧固定

## 5. 检查线路电压设置

1）如图 2-2-12 所示，检查线路电压选择器开关是否已设置为正确的线路电压。

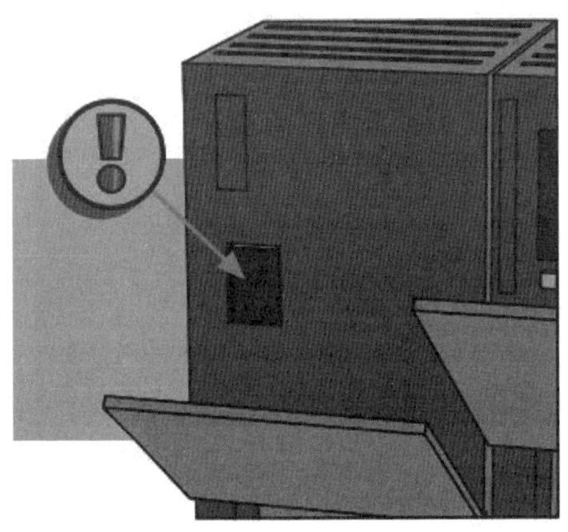

图 2-2-12　检查线路电压选择器

2）如图 2-2-13 所示，如果需要，可更改线路电压的开关位置。

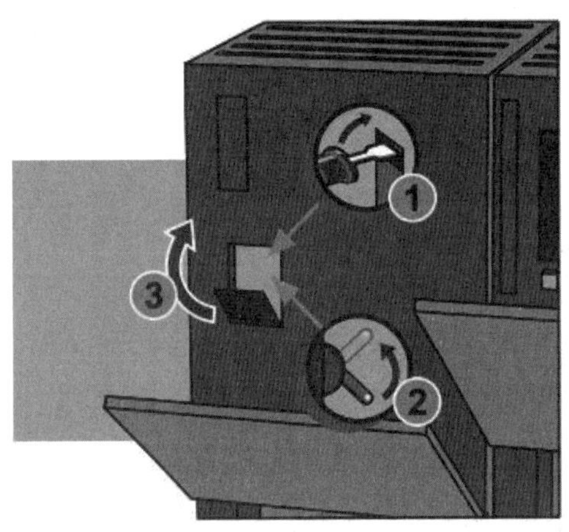


图 2-2-13　更改线路电压开关位置

## 6. 调试硬件

测试硬件时，会在 CPU 和 PC 之间建立通信连接，为已安装的设备提供电源，并测试接线是否正确。

1）如图 2-2-14 所示，用编程电缆将 CPU 和 PC 之间建立连接。

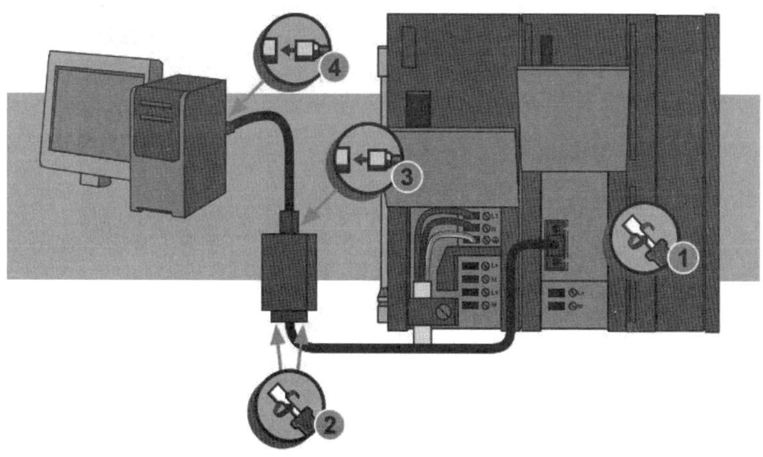

图 2-2-14　编程电缆连接

2）合上前面板，如图 2-2-15 所示，将电源模块、CPU 模块的前面板闭合，为调试硬件做好准备工作。

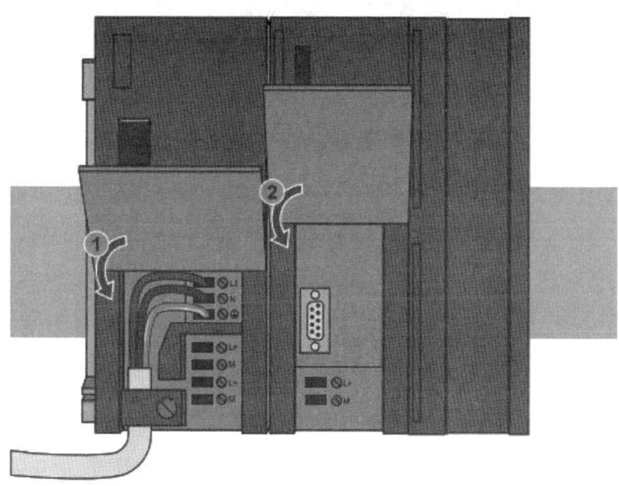

图 2-2-15　前面板闭合

3）将电源电缆连接至电源系统。如图 2-2-16 所示，将电源电缆接入电源系统，为 PLC 控制系统提供电源。

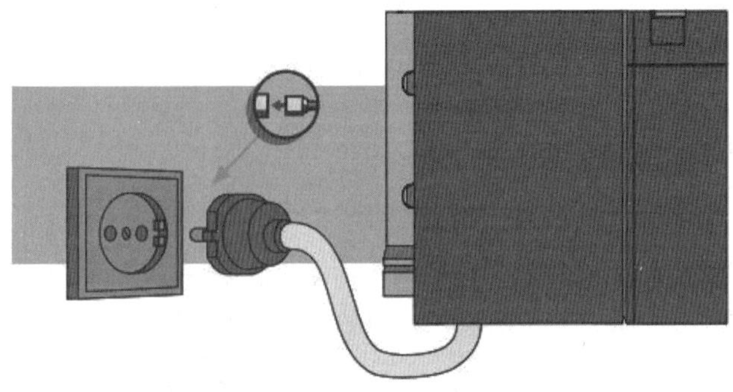

图 2-2-16　电源连接

4）将 SIMATIC 存储卡插入 CPU 前面的插槽中。按照如图 2-2-17 所示的位置指示，将 SIMATIC 存储卡即 MMC 卡插入 CPU 的插槽内。

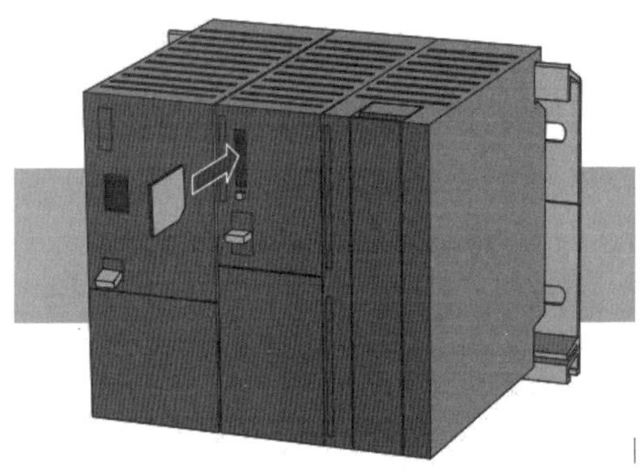

图 2-2-17　存储卡安装

5）将电源主开关设置为“开”（ON）。如图 2-2-18 所示，将电源模块上的电源主开关向上拨至 ON 位置，此时电源上的 DC 24V LED 将亮起，CPU 上的所有 LED 都将暂时亮起，CPU 进入自检初始化状态，之后 DC 5V LED 和 STOP LED 将保持亮起。

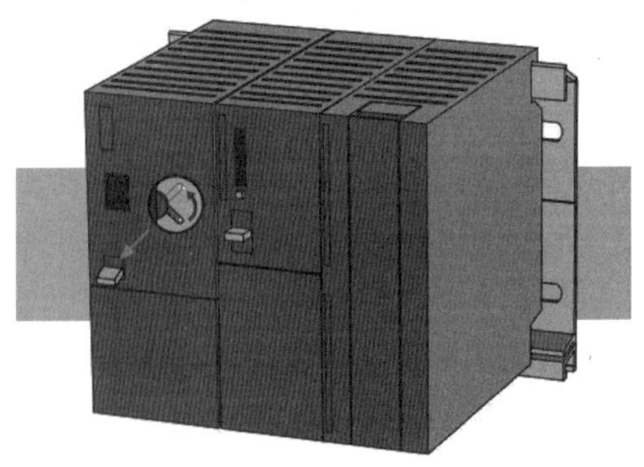

图 2-2-18　电源主开关操作

# 实训任务 2-3　基本控制指令及应用

【任务目标】

1．学会简单逻辑指令的应用方法；

2．学会简单功能指令的应用方法；

3．掌握应用简单逻辑指令和功能指令的组合应用，完成多种控制功能。

【实训设备】

1．计算机 1 台（装有 TIA Portal 编程软件），已安装并激活；

2．西门子 S7-300 PLC 一套；

3．编程电缆或网线 1 根。

## 子任务 2-3-1　抢答器控制

### 一、任务用途

1．掌握抢答器控制原理；

2．掌握 PLC 定时器指令的应用。

程序文件

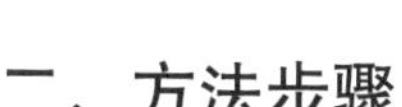

### 二、方法步骤

#### 1．程序设计要求

抢答器为四人抢答器，每个抢答器前都有一个指示灯，当最先按到抢答器，其相应的指示灯点亮，并且蜂鸣器报警 2 s 提示，在 12 s 后再进行下一轮抢答。

#### 2．符号表

抢答器控制符号表见表 2-3-1。

表 2-3-1　抢答器控制符号表

| 符号 | 地址 | 数据类型 | 备注 |
| --- | --- | --- | --- |
| 按钮 S1 | I0.1 | BOOL | 甲 |
| 按钮 S2 | I0.2 | BOOL | 乙 |
| 按钮 S3 | I0.3 | BOOL | 丙 |
| 按钮 S4 | I0.4 | BOOL | 丁 |

| 符号 | 地址 | 数据类型 | 备注 |
| --- | --- | --- | --- |
| 蜂鸣器 | Q0.0 | BOOL | |
| 指示灯 1 | Q0.1 | BOOL | |
| 指示灯 2 | Q0.2 | BOOL | |
| 指示灯 3 | Q0.3 | BOOL | |
| 指示灯 4 | Q0.4 | BOOL | |

### 3. 程序编制与调试

在 OB1（主组织块）中创建如下程序：

（1）编制程序段 1：指示灯（Q0.1～Q0.4）点亮后，蜂鸣器（Q0.0）报警 2 s 提示功能，该程序段中应用到了小于等于（≤）比较指令；

（2）编制程序段 2：甲（I0.1）按下抢答器后，甲对应的指示灯（Q0.1）点亮，该程序段中需要注意自锁功能的应用；

（3）编制程序段 3：乙（I0.2）按下抢答器后，乙对应的指示灯（Q0.2）点亮；

（4）编制程序段 4：丙（I0.3）按下抢答器后，丙（Q0.3）对应的指示灯点亮；

（5）编制程序段 5：丁（I0.4）按下抢答器后，丁（Q0.4）对应的指示灯点亮；

（6）编制程序段 6：在 12 s 后再进行下一轮抢答，该程序段中应用到了 TON 接通延时定时器功能，设定的定时时间为 12 s。

# 子任务 2-3-2　交通灯控制

## 一、任务用途

1. 熟悉交通灯控制的原理和方法；
2. 掌握 PLC 比较指令的使用方法。

## 二、方法步骤

### 1. 控制要求

信号灯受一个启动开关控制，当启动开关接通时，信号灯系统开始工作，且先南北红灯亮，东西绿灯亮。当启动开关断开时，所有信号灯都熄灭。控制开始从南北红灯，东西绿灯点亮开始控制，循环控制。

### 2. 工作过程

按下启动按钮，输入开关 I0.0 触点接通，Q0.3 得电，南北红灯亮；同时 Q0.1 得电，东西绿灯亮。东西绿灯维持 20 s 后，东西绿灯闪烁 3 s 后熄灭；Q0.2 得电，东西黄灯亮，再过 2 s 后，Q0.2 失电，东西黄灯灭；在此 25 s 期间，Q1.0 得电，模拟东西向行驶车的灯亮。

此时启动累计时间为 25 s，之后，Q0.3 失电，南北红灯灭，Q0.0 得电，东西红灯亮，Q0.4 得电，南北绿灯亮。南北绿灯维持 20 s 后，南北绿灯闪烁 3 s 后熄灭；Q0.5 得电，南北黄灯亮，再过 2 s 后，Q0.5 失电，南北黄灯灭。在此 25 s 期间，Q1.1 得电，模拟南北向行驶车的灯亮。一个循环完毕,然后再周而复始地进行。

### 3. 符号表

交通灯控制符号表如表 2-3-2 所示。

表 2-3-2 交通灯控制符号表

| 符号 | 地址 | 数据类型 | 备注 |
|---|---|---|---|
| 启停 | I0.0 | BOOL | |
| 东西红 | Q0.0 | BOOL | |
| 东西绿 | Q0.1 | BOOL | |
| 东西黄 | Q0.2 | BOOL | |
| 南北红 | Q0.3 | BOOL | |
| 南北绿 | Q0.4 | BOOL | |
| 南北黄 | Q0.5 | BOOL | |
| 东西行驶 | Q1.0 | BOOL | |
| 南北行驶 | Q1.1 | BOOL | |

### 4. 程序编制与调试

在 OB1（主组织块）中创建如下程序：

（1）编制程序段 1：按下启停按钮（I0.0）后，启动 50 s 循环定时，该程序段中同样应用到了 TON 延时接通定时器指令；

（2）编制程序段 2：循环定时的前 25 s 时间，南北红灯亮；

（3）编制程序段 3：在循环定时的 25 s 到 45 s 时间内，南北绿灯亮；在循环定时的 45 s 到 48 s 时间内，南北绿灯闪烁；

（4）编制程序段 4：在循环定时的 48 s 之后，南北黄灯点亮；

（5）编制程序段 5：在循环定时的 25 s 之后，东西红灯点亮；

（6）编制程序段 6：在循环定时前 20 s 之前，东西绿灯点亮；在循环定时的 20 s 到

23 s 时间内，东西绿灯闪烁；

（7）编制程序段 7：在循环定时的 23 s 到 25 s 时间内，东西黄灯亮；

（8）编制程序段 8：在循环定时的前 25 s 之前，东西行驶指示灯点亮；

（9）编制程序段 9：在循环定时的后 25 s，南北行驶指示灯点亮。

## 子任务 2-3-3　音乐喷泉模拟控制

### 一、任务用途

掌握闪光灯构成喷泉的模拟系统的控制原理；

掌握 PLC 计数器指令的应用方法。

### 二、方法步骤

#### 1. 程序控制要求

合上启动按钮后，按以下规律显示：1—2—3—4—5—6—7—8……如此循环，周而复始。

#### 2. 程序控制实验面板

程序控制实验面板示意如图 2-3-1 所示。

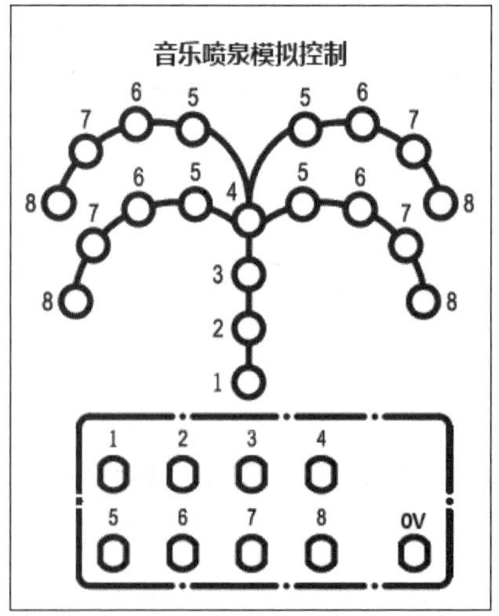


图 2-3-1　音乐喷泉模拟实验面板

### 3. 符号表

音乐喷泉模拟控制符号表见表 2-3-3。

表 2-3-3　音乐喷泉模拟控制符号表

| 符号 | 地址 | 数据类型 | 备注 |
| --- | --- | --- | --- |
| 启停 | I0.0 | BOOL | |
| LED1 | Q0.0 | BOOL | |
| LED2 | Q0.1 | BOOL | |
| LED3 | Q0.2 | BOOL | |
| LED4 | Q0.3 | BOOL | |
| LED5 | Q0.4 | BOOL | |
| LED6 | Q0.5 | BOOL | |
| LED7 | Q0.6 | BOOL | |
| LED8 | Q0.7 | BOOL | |

### 4. 程序编制与调试

在 OB1（主组织块）中创建如下程序：

（1）编制程序段 1：该程序段实现为程序段 2 提供周期为 1 s 的脉冲信号；

（2）编制程序段 2：应用计数器指令，加法计数器 CTU 每间隔 1 s 计数值加 1，并且计数值不断在 0～7 间循环计数；

（3）编制程序段 3：当计数值等于 0 时，1 指示灯点亮 1 s；

（4）编制程序段 4：当计数值等于 1 时，2 指示灯点亮 1 s；

（5）编制程序段 5 到程序段 10：当计数值等于 2 到 7 时，3～8 指示灯点亮 1 s。

### 5. 程序思考

如何修改程序，使喷泉的“水流速度”加快、“水量”加大，运行并验证可行性。

# 子任务 2-3-4　天塔之光

## 一、任务用途

1. 了解天塔之光的控制原理；
2. 掌握 PLC TBL_WRD（从表格中复制值）指令的使用方法。

## 二、方法步骤

### 1. 程序控制要求

合上启动按钮后，按以下规律显示：L1→L1、L2→L1、L3→L1、L4→L1、L5→L1、L2、L4→L1、L3、L5→L1→L2、L3、L4、L5→L6、L7→L1、L6→L1、L7→L1→L1、L2、L3、L4、L5→L1、L2、L3、L4、L5、L6、L7→L1……如此循环，周而复始。

### 2. 程序控制实验面板

程序控制实验面板示意如图 2-3-2 所示。

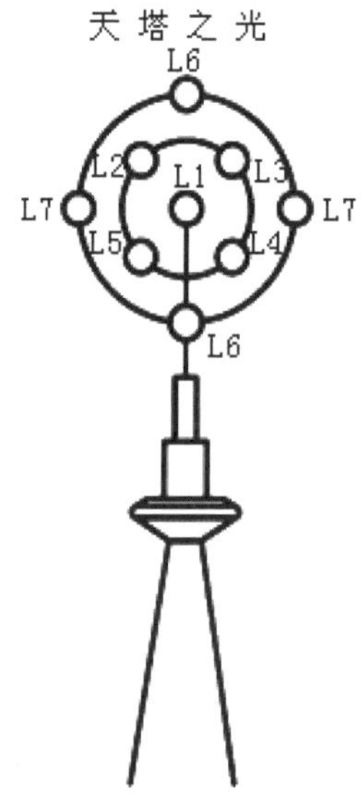


图 2-3-2 天塔之光实验面板

### 3. 符号表

天塔之光符号表见表 2-3-4。

表 2-3-4 天塔之光符号表

| 符号 | 地址 | 数据类型 | 备注 |
|---|---|---|---|
| 开始 | I0.0 | BOOL | |
| 停止 | I0.1 | BOOL | |
| L1 | Q0.0 | BOOL | |
| L2 | Q0.1 | BOOL | |

| 符号 | 地址 | 数据类型 | 备注 |
| --- | --- | --- | --- |
| L3 | Q0.2 | BOOL | |
| L4 | Q0.3 | BOOL | |
| L5 | Q0.4 | BOOL | |
| L6 | Q0.5 | BOOL | |
| L7 | Q0.6 | BOOL | |

## 4．程序编制与调试

（1）在数据块 DB1 中建立如表 2-3-5 所示的表格数据：

表 2-3-5 数据块 DB1

| 名称 | 数据类型 | 偏移量 | 起始值 |
| --- | --- | --- | --- |
| Static_0 | Word | 0.0 | 16#0F |
| Static_1 | Word | 2.0 | 2#00000001 |
| Static_2 | Word | 4.0 | 2#00000011 |
| Static_3 | Word | 6.0 | 2#00000101 |
| Static_4 | Word | 8.0 | 2#00001001 |
| Static_5 | Word | 10.0 | 2#00010001 |
| Static_6 | Word | 12.0 | 2#00001011 |
| Static_7 | Word | 14.0 | 2#00010101 |
| Static_8 | Word | 16.0 | 2#00000001 |
| Static_9 | Word | 18.0 | 2#00011110 |
| Static_10 | Word | 20.0 | 2#01100000 |
| Static_11 | Word | 22.0 | 2#00100001 |
| Static_12 | Word | 24.0 | 2#01000001 |
| Static_13 | Word | 26.0 | 2#00000001 |
| Static_14 | Word | 28.0 | 2#00011111 |
| Static_15 | Word | 30.0 | 2#01111111 |

（2）在 OB1（主组织块）中创建如下程序：

1）编制程序段 1：该程序段为典型的启停控制电路，用于实现“天塔之光”功能的启动和停止功能，启动标志为 M0.0；

2）编制程序段 2：应用 1 s 时钟脉冲 M100.5（设置 CPU 属性中的时钟存储器字节为 MB100），为 CTU 加法计数器提供计数脉冲；当计数值等于 16 或者按下“停止”按钮时，计数值清零；

3）编制程序段 3：当按下“停止”按钮时，相关中间过程值存储字（MW12、MW14、MW16）和输出字节（QB0）清零；

4）编制程序段 4：用于将计数器赋值给表格条目编号（MW12）；

5）编制程序段 5：应用 TBL_WRD（从表格中复制值）指令实现每间隔 1 s 将表格条目对应的数据值赋值给 DEST 输出（MW10）；

6）编制程序段 6：将 DEST 输出（MW10）中低字节（MB11）赋值给输出字节（QB0）。

## 子任务 2-3-5　LED 数码管控制

### 一、任务用途

1．掌握八段 LED 数码管显示原理；

2．掌握 PLC SEG（创建 7 段显示的位模式）指令应用。

### 二、方法步骤

#### 1．程序控制要求

设计一个数码管循环显示程序。显示值数字 0～9 和字母 A～F。数码管为共阴极型。a、b、c、d、e、f、g 为数码管段码，COM 为数码管公共端（位码），当段码输入高电平，位码输入低电平时，相应的段点亮。

#### 2．程序控制实验面板

程序控制实验面板示意如图 2-3-3 所示。

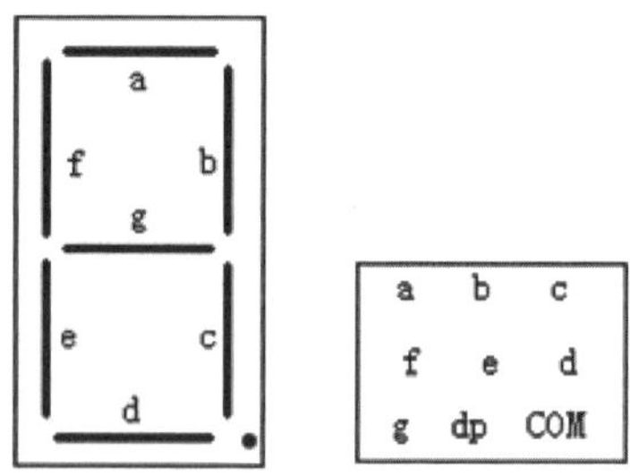


图 2-3-3　数码管实验面板

#### 3．符号表

LED 数码管控制符号表见表 2-3-6。

表 2-3-6　LED 数码管控制符号表

| 符号 | 地址 | 数据类型 | 备注 |
| --- | --- | --- | --- |
| 启停 | I0.0 | BOOL | |
| 段码 a | Q0.0 | BOOL | |
| 段码 b | Q0.1 | BOOL | |
| 段码 c | Q0.2 | BOOL | |
| 段码 d | Q0.3 | BOOL | |
| 段码 e | Q0.4 | BOOL | |
| 段码 f | Q0.5 | BOOL | |
| 段码 g | Q0.6 | BOOL | |

## 4．程序编制与调试

在 OB1（主组织块）中创建如下程序：

（1）编制程序段 1：应用 TON 定时器指令，实现周期为 2 s 的脉冲，可通过设置 TON 定时器指令的 PT 参数，改变定时时间，从而改变周期时间，该程序中设置为 2 s，方便观察数码管循环显示的变化；

（2）编制程序段 2：应用 CTU 加法计数器实现脉冲计数，其中 DB1.DBX6.0 为计数器提供计数脉冲，DB2.DBW6 用于存储当前计数值；

（3）编制程序段 3：应用 SEG（创建 7 段显示的位模式）指令，将所指定源字（IN）的四个十六进制数都转换成 7 段显示的等价位模式。表 2-3-7 中详细列出了 7 段显示位模式的段分配表。

表 2-3-7　7 段显示位模式段分配表

| 输入数字（二进制） | 段分配（-gfedcba） | 显示（十六进制） | 7 段显示 |
| --- | --- | --- | --- |
| 0000 | 00111111 | 0 | |
| 0001 | 00000110 | 1 | |
| 0010 | 01011011 | 2 | |
| 0011 | 01001111 | 3 | |
| 0100 | 01100110 | 4 | |
| 0101 | 01101101 | 5 | |
| 0110 | 01111101 | 6 | |
| 0111 | 00000111 | 7 | |
| 1000 | 01111111 | 8 | |
| 1001 | 01100111 | 9 | |
| 1010 | 01110111 | A | |
| 1011 | 01111100 | B | |
| 1100 | 00111001 | C | |
| 1101 | 01011110 | D | |
| 1110 | 01111001 | E | |
| 1111 | 01110001 | F | |

# 子任务 2-3-6　液体混合装置的模拟控制

## 一、任务用途

1．掌握液体混合装置控制程序的设计方法；

2．掌握顺序控制的方法。

## 二、方法步骤

### 1．程序控制要求

如图 2-3-4 所示，本装置为两种液体混合模拟装置，SL1、SL2、SL3 为液面传感器，两种液体阀门与混合液阀门由电磁阀 V1、V2、V3 控制，DJ 为搅匀电机，控制要求如下：

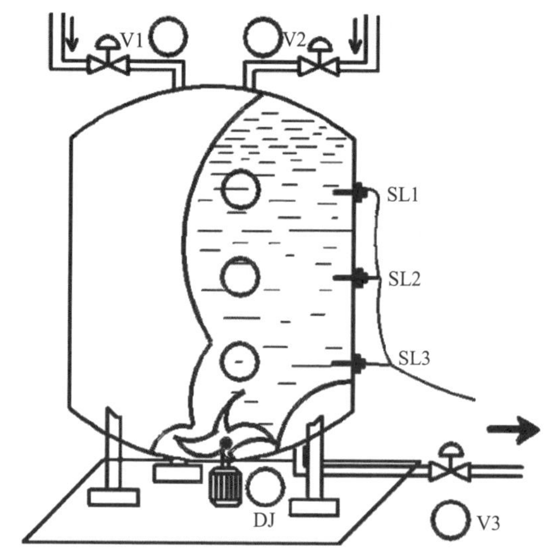


图 2-3-4　液体混合示意图

启动操作，按下启动按钮 SB1，装置就开始按下列规定的顺序操作：

液体阀门 V1 打开，液体 A 流入容器。当液面到达 SL2 时，SL2 接通（SL3 也要处于接通状态），关闭液体阀门 V1，打开液体阀门 V2。液面到达 SL1 时，关闭液体阀门 V2，搅匀电机开始搅匀。搅匀电机工作 6 s 后停止搅动，混合液体阀门 V3 打开，开始放出混合液体。当液面下降到 SL3 时，SL3 由接通变为断开，再过 2 s 后，容器放空，混合液阀门关闭，开始下一周期。

停止操作：按下停止按钮 SB2 后，在当前的混合液操作处理完毕后，才停止操作（停在初始状态上）。

## 2. 符号表

液体混合装置的模拟控制符号表见表 2-3-8。

表 2-3-8　液体混合装置的模拟控制符号表

| 符号 | 地址 | 数据类型 | 备注 |
|---|---|---|---|
| 启动按钮 | I0.0 | BOOL | |
| 停止按钮 | I0.1 | BOOL | |
| 液位传感器 1 | I0.2 | BOOL | SL1 |
| 液位传感器 2 | I0.3 | BOOL | SL2 |
| 液位传感器 3 | I0.4 | BOOL | SL3 |
| 搅匀电动机 | Q0.0 | BOOL | |
| A 液体阀门 | Q0.1 | BOOL | |
| B 液体阀门 | Q0.2 | BOOL | |
| 混合液体阀门 | Q0.3 | BOOL | |

## 3. 程序编制与调试

（1）在 OB100（启动组织块）创建程序：

启动时，置位初始步 S0（M0.0）。

（2）在 OB1（主组织块）中创建程序：

1）编制程序段 1：启动（I0.0）时，置位启动标志 M10.0；

2）编制程序段 2：启动（I0.0）时，置位顺序步 S1（M0.1），同时复位初始步 S0（M0.0）；

3）编制程序段 3：液位传感器 2 和 3 条件满足时，置位顺序步 S2（M0.2），同时复位顺序步 S1（M0.1）；

4）编制程序段 4：液位传感器 1、2、3 条件同时满足时，置位顺序步 S3（M0.3），同时复位顺序步 S2（M0.2）；

5）编制程序段 5：搅拌定时时间 6 s 后，置位顺序步 S4（M0.4），同时复位顺序步 S3（M0.3）；

6）编制程序段 6：混合液体全部流出，即液位传感器 1、2、3 液位信号都不触发时，置位顺序步 S5（M0.5），同时复位顺序步 S4（M0.4）；

7）编制程序段 7：混合液体全部流出计时 2 s 后，如果启动标志为 1，置位顺序步 S1 即 M0.1，同时复位顺序步 S5（M0.5）；

8）编制程序段 8：混合液体全部流出计时 2 s 后，如果启动标志为 0，置位初始顺序步 S0（M0.0），同时复位顺序步 S5（M0.5）；

9）编制程序段 9～13：设计每个顺序步需执行的功能输出，如程序段 9 中，顺序步 S1 激活时，A 液体阀门（Q0.1）打开。

# 实训任务 2-4　STEP 7 编程软件的使用

【任务目标】

1. 学会安装 STEP 7 编程软件；
2. 会使用编程软件生成一个项目；
3. 会根据现场实际硬件在 STEP 7 软件上进行硬件组态；
4. 应用 STEP 7 软件进行简单程序设计。

【实训设备】

1. 计算机 1 台（装有 STEP 7 编程软件），已安装并激活；
2. 西门子 S7-300 PLC 一套；
3. 编程电缆或网线 1 根。

## 实训子任务 2-4-1　STEP 7 编程软件的安装

### 一、任务用途

实操视频

在计算机上安装 S7-300 系列编程软件 STEP 7 V5.5。

### 二、方法步骤

#### 1. 安装 STEP 7

打开安装文件夹，双击其中的安装文件 Setup.exe（其图标为 Setup），开始安装。在第一页确认安装使用的语言为默认的简体中文（图 2-4-1）。

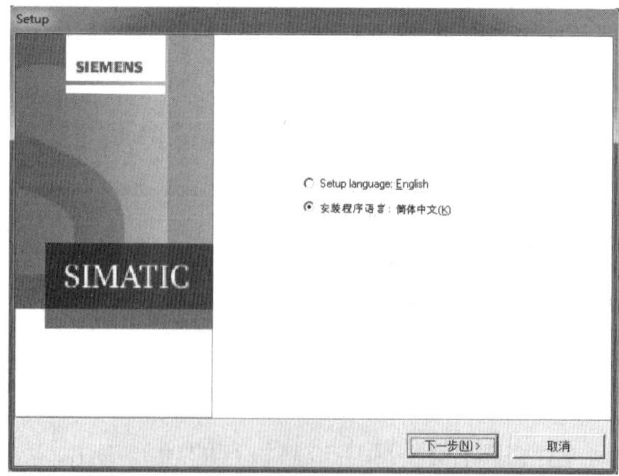

图 2-4-1　选择简体中文安装程序语言

单击“下一步”后出现“查找程序”界面，如图 2-4-2 所示。

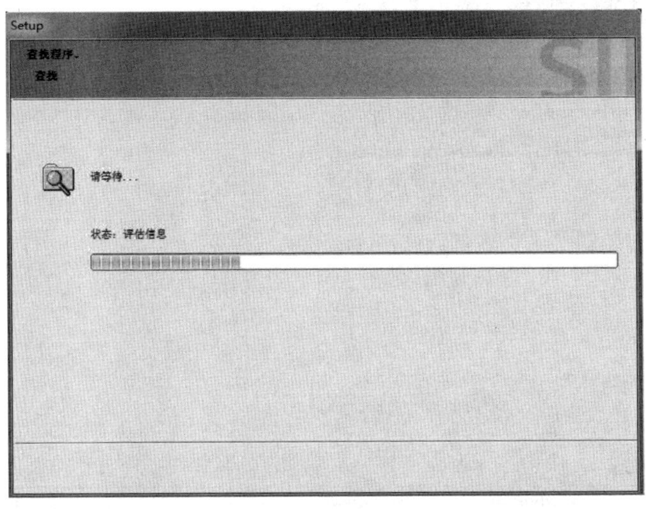


图 2-4-2　查找程序界面

接下来，在“许可证协议”对话框（图 2-4-3），应选中“接受许可协议的条款”。

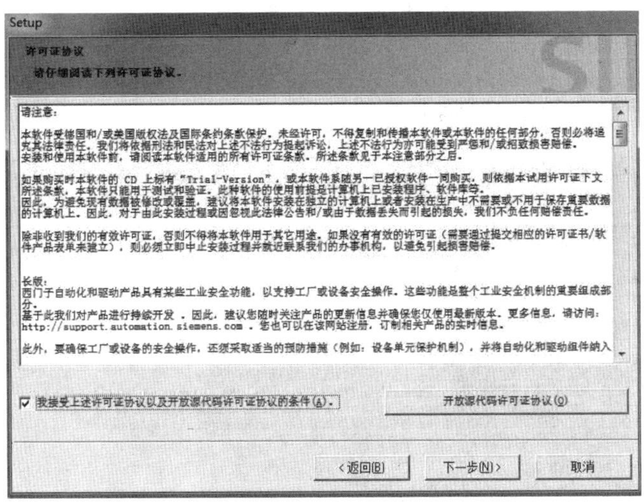


图 2-4-3　许可证协议

单击“下一步”后，出现“要安装的程序”对话框，如图 2-4-4 所示。

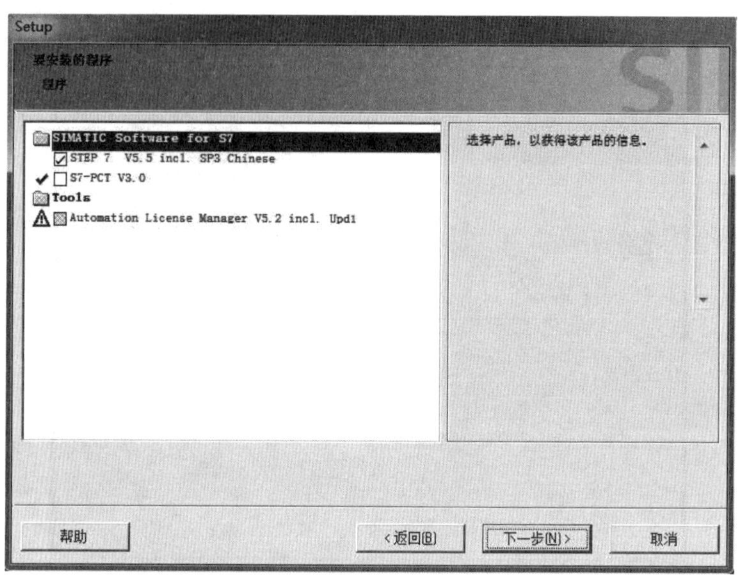


图 2-4-4 选择要安装的程序

设置要安装的软件时，默认的选择是安装图 2-4-4 中的 3 个软件，必须安装 STEP 7 和 Automation License Manager（自动化许可证管理器）。

单击“下一步”，出现“此计算机中的以下系统设置将被更改”对话框，选中“我接受对系统设置的更改”，如图 2-4-5 所示。

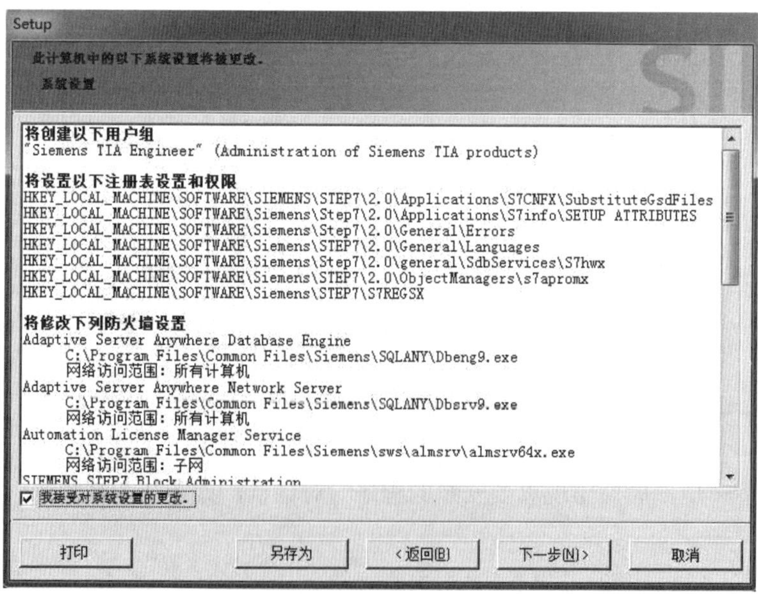


图 2-4-5 接受对系统设置的更改

单击“下一步”后，出现如图 2-4-6 所示的界面，显示出需要安装的软件，正在安装的软件用加粗的字体表示，此前已经安装好的软件不会在该对话框中出现。

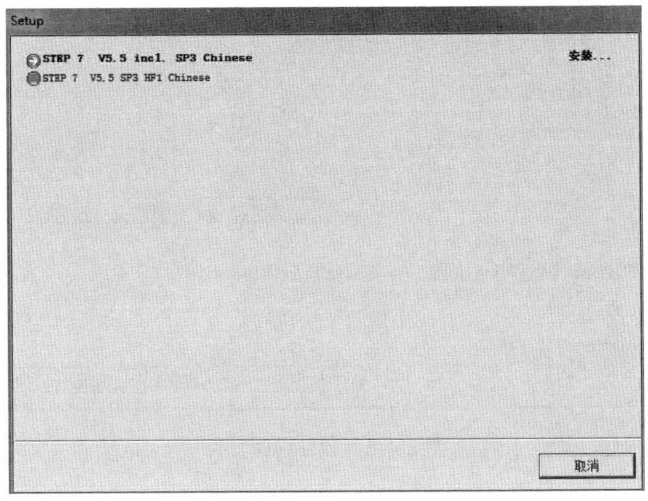


图 2-4-6　软件正在安装界面

单击“下一步”，如图 2-4-7 所示，出现“说明文件”界面，如图 2-4-8 所示，单击“说明文件”对话框中的“我要阅读注意事项”按钮，将打开软件的说明文件。

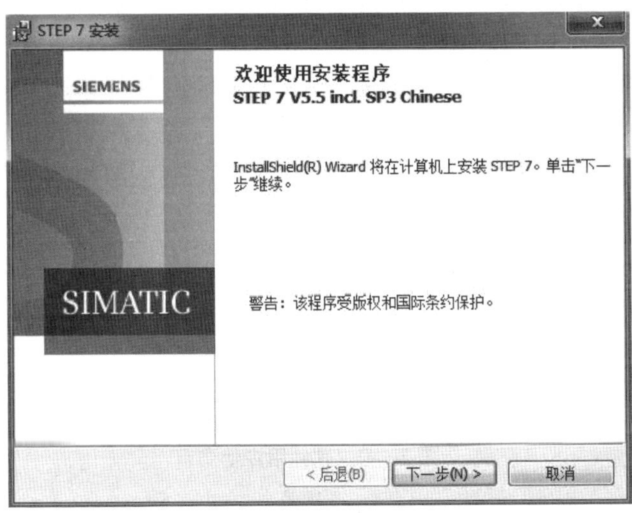


图 2-4-7　安装

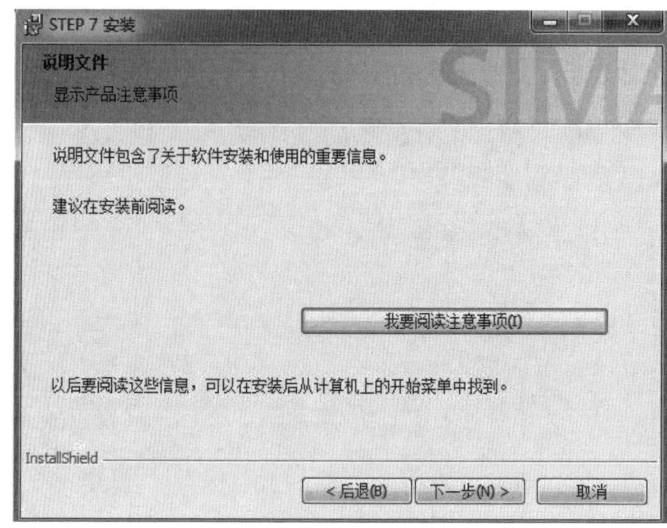


图 2-4-8　软件说明文件

单击“下一步”，在“用户信息”对话框（图 2-4-9）可以输入用户信息，或采用默认的设置。

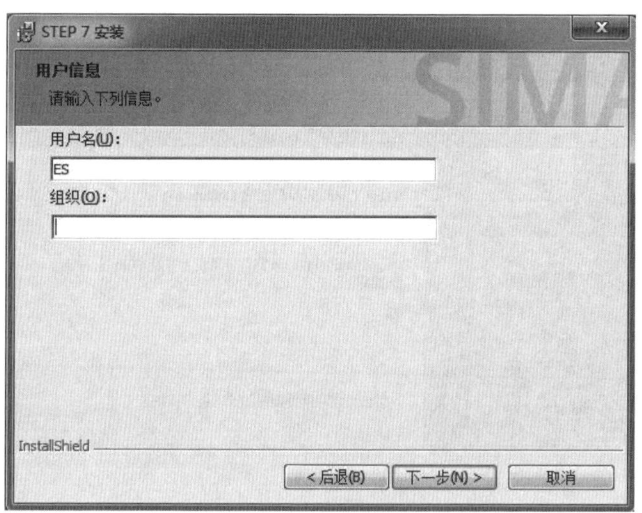


图 2-4-9　软件用户信息

单击“下一步”，在“安装类型”对话框（图 2-4-10），建议采用默认的安装类型（典型的）和默认的安装路径。单击“更改”按钮，可以改变安装 STEP 7 的文件夹。修改后单击“确定”按钮，返回“安装类型”对话框。

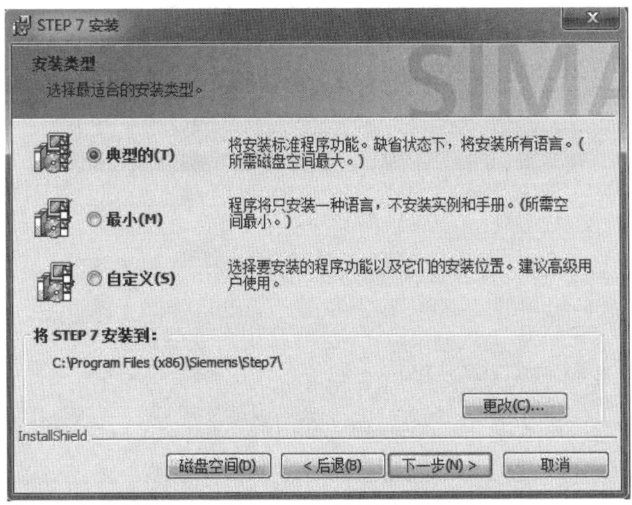


图 2-4-10 软件安装类型

单击“下一步”，在“产品语言”对话框（图 2-4-11），英语是默认的语言，此外选中“简体中文”复选框，因此将安装两种语言。

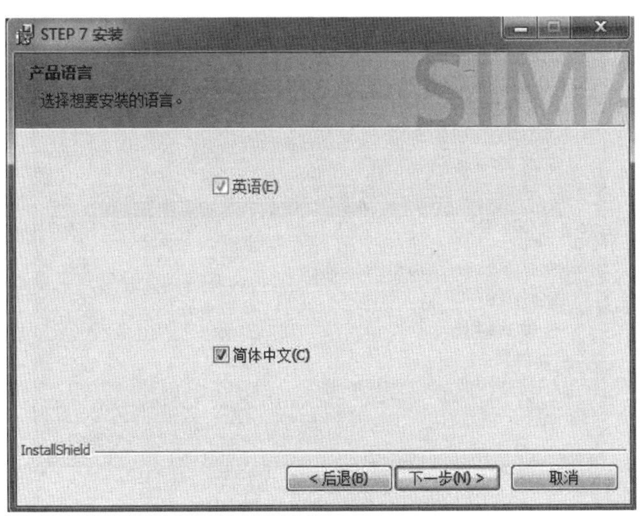


图 2-4-11 软件产品语言

单击“下一步”，在“传送许可证密钥”对话框（图 2-4-12）选中“否，以后再传送许可证密钥”，以后可以用许可证管理器安装许可证密钥。如果没有许可证密钥，可以在首次打开安装好的软件时，激活 14 天期限的试用许可证密钥。

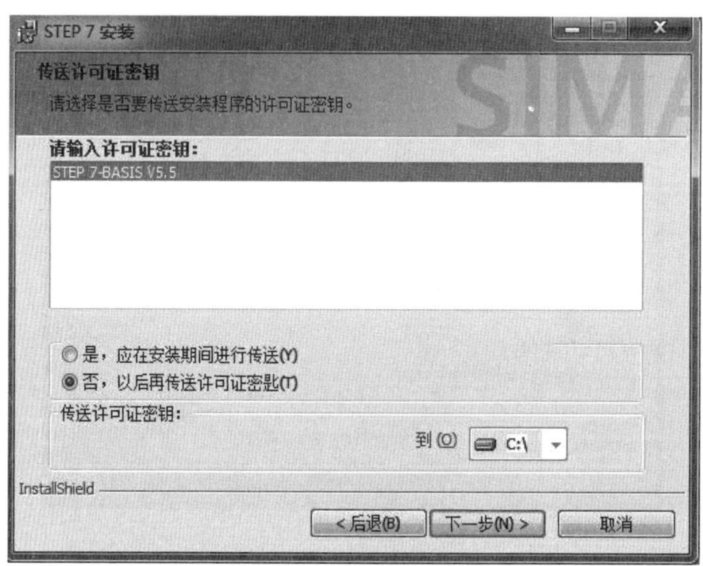


图 2-4-12　传送许可证密钥

单击“下一步”，出现“准备安装程序”对话框，如图 2-4-13 所示。

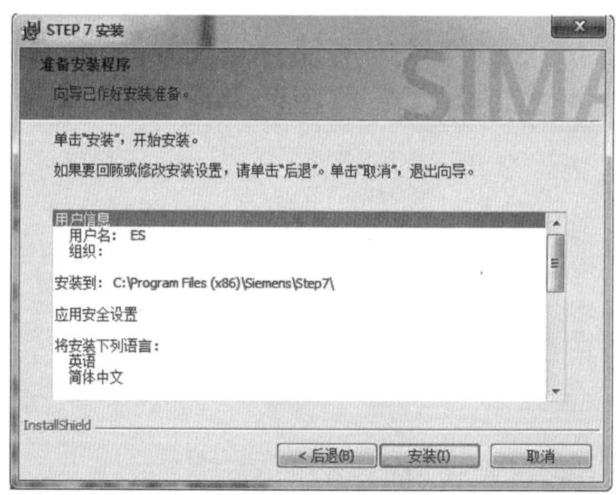


图 2-4-13　准备安装程序

单击图 2-4-13 中的“安装”按钮，开始安装 STEP 7。

安装好软件后，出现“安装/删除接口”对话框（图 2-4-14），可以安装或卸载编程计算机与 PLC 通信的硬件的驱动程序。

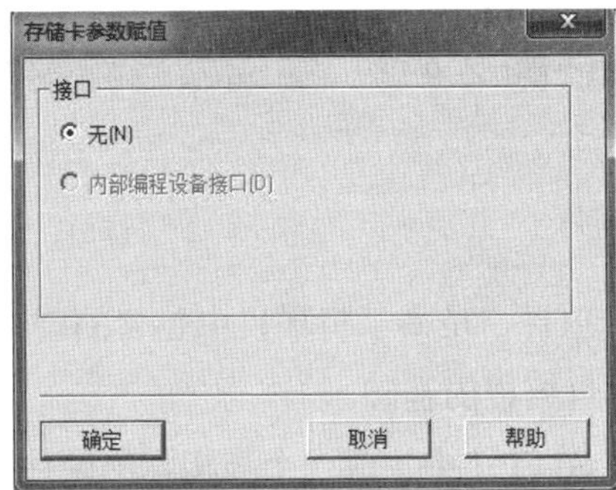


图 2-4-14　安装/删除接口

单击“确定”按钮，出现“重启计算机”对话框，如图 2-4-15 所示。

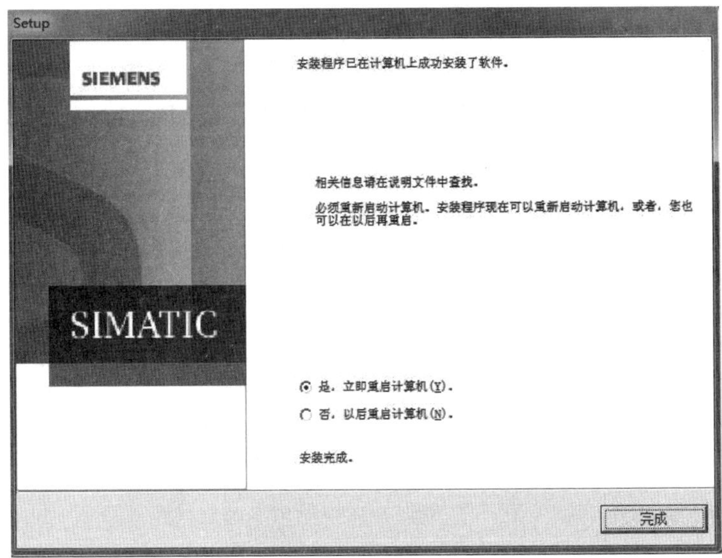


图 2-4-15　重启计算机

安装完成后，在出现的对话框中，采用默认的选项“是，立即重启计算机”。单击“完成”按钮结束安装过程。

## 2．安装 STEP 7 的注意事项

（1）保存 STEP 7 安装文件的文件夹不能使用中文，否则在安装时可能会出现“ssf 文件错误”的信息。

（2）注意西门子自动化软件的安装顺序。必须先安装 STEP 7，再安装上位机组态软件 WinCC 和人机界面的组态软件 WinCC flexible。

# 实训子任务 2-4-2 生成项目和硬件组态

## 一、任务用途

在编程软件中生成一个项目，是为了将项目中包含的硬件、软件和网络关联起来，建立硬件和软件架构，是项目编程的基础。

硬件组态的任务就是在 STEP 7 中生成一个与实际的硬件系统完全相同的系统，例如生成网络和网络中的各个站；生成 PLC 的机架，在机架中插入模块，以及设置各站点或模块的参数，即给参数赋值。

硬件组态确定了 PLC 输入/输出变量的地址，为设计用户程序打下了基础。

## 二、方法步骤

双击计算机桌面上的 STEP 7 图标，打开 SIMATIC Manager（SIMATIC 管理器）。

### 1. 用新建项目向导创建项目

（1）打开 SIMATIC 管理器的“文件”菜单（图 2-4-16），选中“新建项目向导”命令。打开“STEP 7 向导：‘新建项目’”对话框。

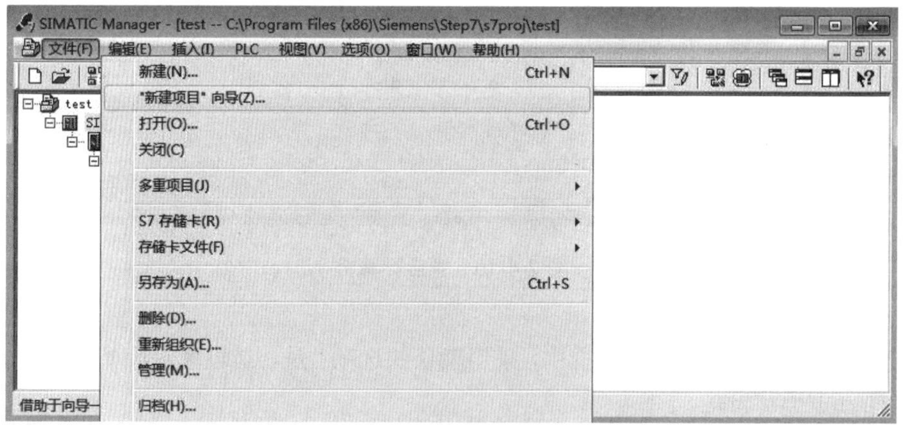


图 2-4-16 执行新建项目向导菜单命令

（2）单击“下一个>”按钮，选择 CPU 模块的型号。组态实际的系统时，CPU 的型号与订货号应与实际的硬件相同，CPU 列表框的下面是所选 CPU 的基本特性，如图 2-4-17 所示。

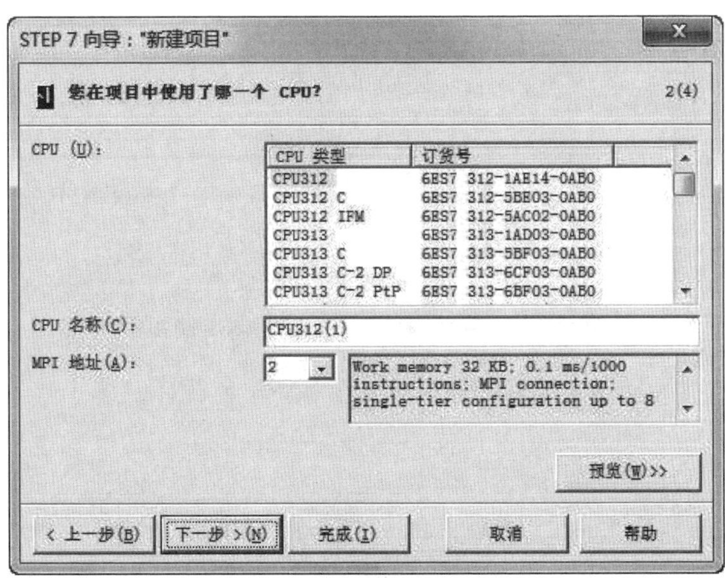


图 2-4-17 选择 CPU 类型

（3）单击“下一个>”按钮，在下一对话框中选择需要生成的组织块 OB，如图 2-4-18 所示。一般采用默认的设置，只生成主程序 OB1，编程语言设置为梯形图（LAD）。

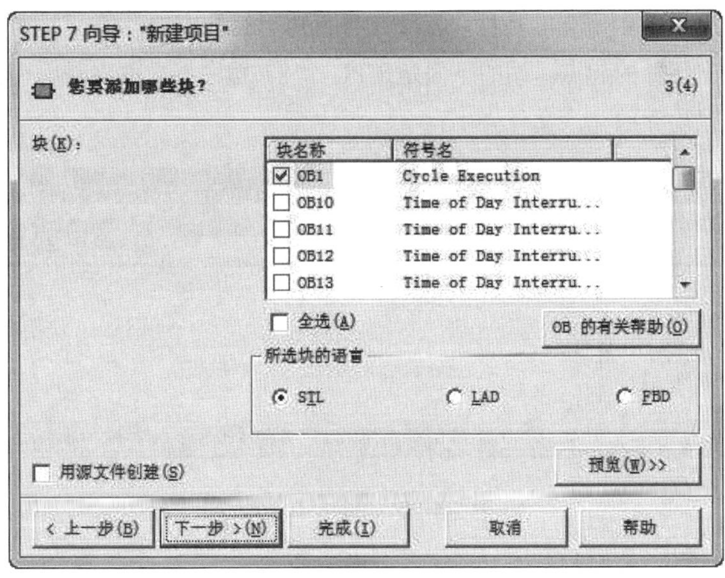


图 2-4-18 添加组织块

（4）单击“下一个>”按钮，可以在“项目名称”文本框修改默认的项目名称。单击“完成”按钮，开始创建项目，如图 2-4-19 所示。

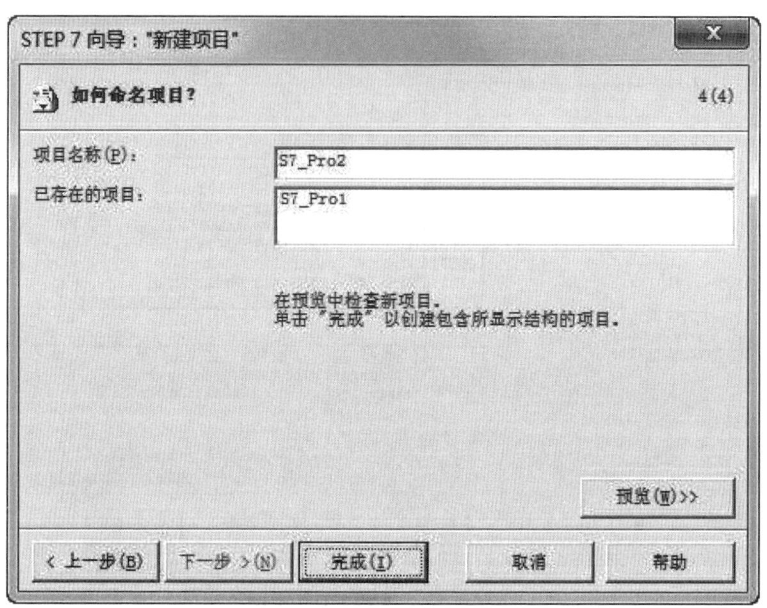


图 2-4-19　修改项目名称

（5）项目创建完成，如图 2-4-20 所示，项目是以分层结构保存对象数据的文件夹，包含了自动控制系统中所有的数据，左边是项目树形结构窗口。第一层为项目，第二层为站，站是组态硬件的起点。站的下面是 CPU，"S7 程序"文件夹是编写程序的起点，所有的用户程序均存放在该文件夹中。

图 2-4-20　项目整体界面

## 2．利用硬件组态工具进行硬件组态

（1）打开硬件组态工具 HW Config

选中 SIMATIC 管理器左边的站对象，双击右边窗口的"硬件"图标，打开硬件组态工具 HW Config（图 2-4-21）。

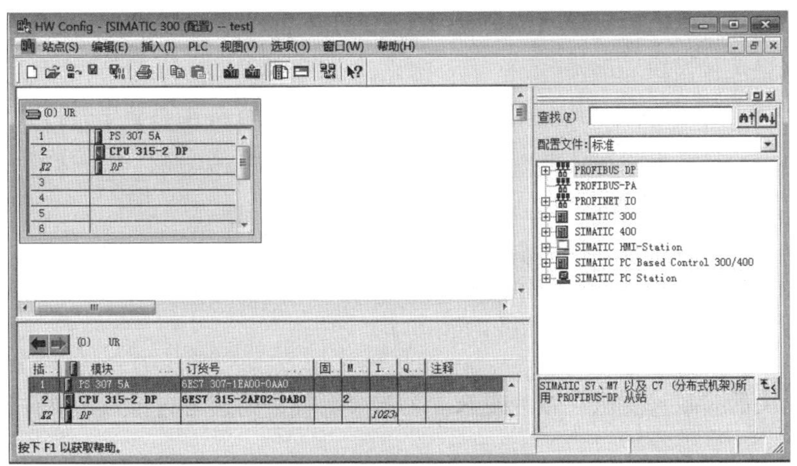

图 2-4-21　硬件组态工具

刚打开 HW Config 时，左上方的硬件组态窗口中只有“新建项目”向导自动生成的机架和 2 号槽中的 CPU 模块。右边是硬件目录窗口，可以用工具栏上的目录按钮 打开或关闭它。选中硬件目录中的某个硬件对象，硬件目录下面的小窗口是它的订货号和简要的信息。

S7-300 的电源模块必须放在 1 号槽，2 号槽是 CPU 模块，3 号糟是接口模块，4～11 号槽放置其他模块。如果只有一个机架，3 号槽空着，但是实际的 CPU 模块和 4 号槽的模块紧挨着。

单击项目窗口中“SIMATIC 300”文件夹左边的⊞，打开该文件夹，其中的 CP 是通信处理器，FM 是功能模块，IM 是接口模块，PS 是电源模块，RACK 是机架，SM 是信号模块。单击某文件夹左边的⊟，将关闭该文件夹。

（2）放置电源模块

组态时用组态表来表示机架或导轨，可以用鼠标将右边硬件目录窗口中的模块放置到组态表的某一行，以下详细介绍硬件对象的放置方法。

1）用“拖放”的方法放置硬件对象

用鼠标打开硬件目录中的文件夹“SIMATIC 300/PS-300”，单击其中的电源模块“PS 307 5A”，该模块被选中，其背景变为深色。此时硬件组态窗口的机架中允许放置该模块的 1 号槽变为绿色，其他插槽为灰色。用鼠标左键按住该模块不放，移动鼠标，将选中的模块拖到机架的 1 号槽，此时松开鼠标左键，电源模块被放置到 1 号槽。

2）用双击的方法放置硬件对象

放置模块还有另一个简便的方法，首先用鼠标左键单击机架中需要放置模块的插槽，使它的背景色变为深色。用鼠标左键双击硬件目录中允许放置在该插槽的模块，该模块便出现在选中的插槽，同时自动选中下一个槽。

（3）放置信号模块

打开文件夹“SIMATIC 300/SM-300”，其中的 DI、DO 分别是数字量输入模块和数字量输出模块，AI、AO 分别是模拟量输入模块和模拟量输出模块。用上述的方法，将 16 点的 DI 模块和 8 点的 DO 模块分别放置在 4 号槽和 5 号槽。

硬件信息显示窗口显示 S7-300 站点中各模块的详细信息，例如模块的订货号、I/O 模块的字节地址和注释等。

（4）信号模块的参数设置

信号模块的参数设置叙述较为复杂，为减少篇幅，请读者自行参考硬件组态实训操作视频学习。

（5）编译和保存组态信息

组态结束后，单击工具栏上的按钮（编译并保存）。编译成功后，选中 SIMATIC 管理器左边窗口最下面的“块”，右边窗口可以看到编译后生成的保存硬件组态信息和网络组态信息的“系统数据”图标。单击 SIMATIC 管理器工具栏的下载按钮，可以将它下载到 CPU，也可以在 HW Config 中将硬件组态信息下载到 CPU。

## 实训子任务 2-4-3　异步电动机的单向连续运转控制程序

### 一、任务用途

本实训任务以实现异步电动机的单向连续运转控制功能为例，让学生学会程序设计和编写的方法与步骤，包括符号表编写、梯形图程序的输入等，为程序设计打下基础。

### 二、方法步骤

#### 1. 生成用户项目

用“新建项目”向导生成一个名为“电机单向运转控制”的项目，CPU 可以选任意的型号。如果只是用于仿真实验，可以不对 S7-300 的硬件组态，机架中只有 CPU 模块也能仿真。

#### 2. 定义符号地址

在程序中可以用绝对地址（如 I0.1）访问变量，但是符号地址（如“停止按钮”）使程序更容易阅读和理解。用符号表定义的符号可供所有的逻辑块使用。

选中 SIMATIC 管理器左边窗口的“S7 程序”，双击右边窗口出现的“符号”，打开符号编辑器（图 2-4-22），在下面的空白行输入符号“启动按钮”和地址 I0.0，其数据类型 BOOL（二进制的位）是自动添加的，可以为符号输入注释，其他符号和地址按照上述方法添加即可。

S7 程序 (符号) -- 电机正向运转控制\SIMATIC 300\CPU 315-...

|  | 状态 | 符号 | 地址 | 数据类型 | 注释 |
|---|---|---|---|---|---|
| 1 |  | 启动按钮 | I 0.0 | BOOL |  |
| 2 |  | 停止按钮 | I 0.1 | BOOL |  |
| 3 |  | 过载 | I 0.2 | BOOL |  |
| 4 |  | 电机驱动 | Q 0.0 | BOOL |  |
| 5 |  |  |  |  |  |

图 2-4-22　符号表编辑器

单击某一列的表头，可以改变排序的方法。例如单击“地址”所在的单元，该单元出现向上的三角形，表中各行按地址升序排列（按地址的第 1 个字母从 A 到 Z 的顺序排列）。再单击一次“地址”所在的单元，该单元出现向下的三角形，表中的各行按地址降序排列。

### 3. 生成梯形图程序

选中 SIMATIC 管理器左边窗口中的“块”，双击右边窗口中的 OB1，打开程序编辑器，如图 2-4-23 所示。

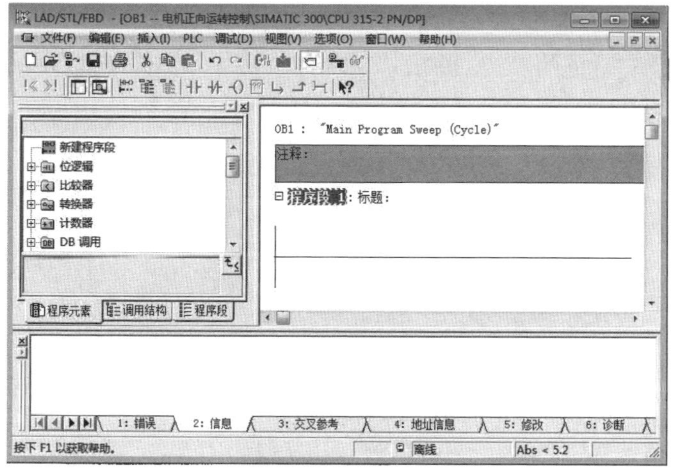


图 2-4-23　程序编辑器

第一次打开程序编辑器时，程序块和每个程序段均有灰色背景的注释区。注释区比较占地方，可以执行菜单命令“视图”→“显示方法”→“注释”关闭所有的注释区。下一次打开该程序块后，需要做同样的操作来关闭注释。

执行下面的操作，可以在打开程序块时不显示注释区。在程序编辑器中执行菜单命令“选项”→“自定义”，在打开的“自定义”对话框的“视图”选项卡中（图 2-4-24），取消“块打开后的视图”区中对“块/程序段注释”的激活，即用鼠标单击它左边的复选框，使其中的“√”消失。

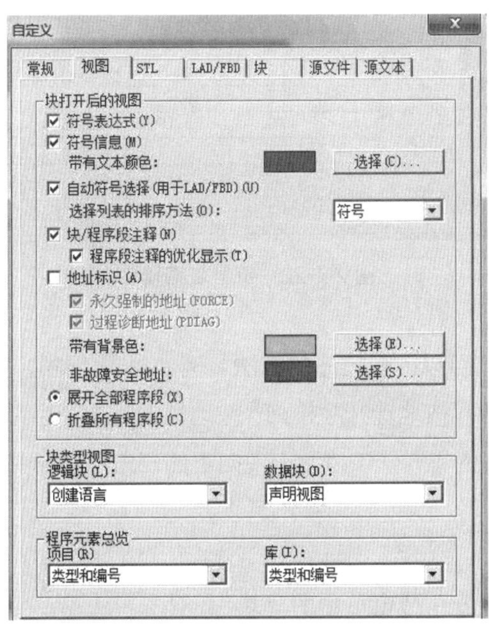


图 2-4-24　显示方法修改

在“自定义”对话框的“LAD/FBD”选项卡（图 2-4-25），可以设置“地址域宽度”，即梯形图中触点和线圈的宽度（以字符个数为单位）。

图 2-4-25　地址域宽度

关闭程序段的注释后，可以将程序段的简要注释放在程序段的“标题”行。

如果在新建项目时，选中的是默认的“STL”（语句表），打开程序编辑器只能输入语句表。此时需要执行菜单命令“视图”→“LAD”，将编程语言切换为梯形图。

单击程序段 1 梯形图的水平线，它变为深色的加粗线（图 2-4-26）。

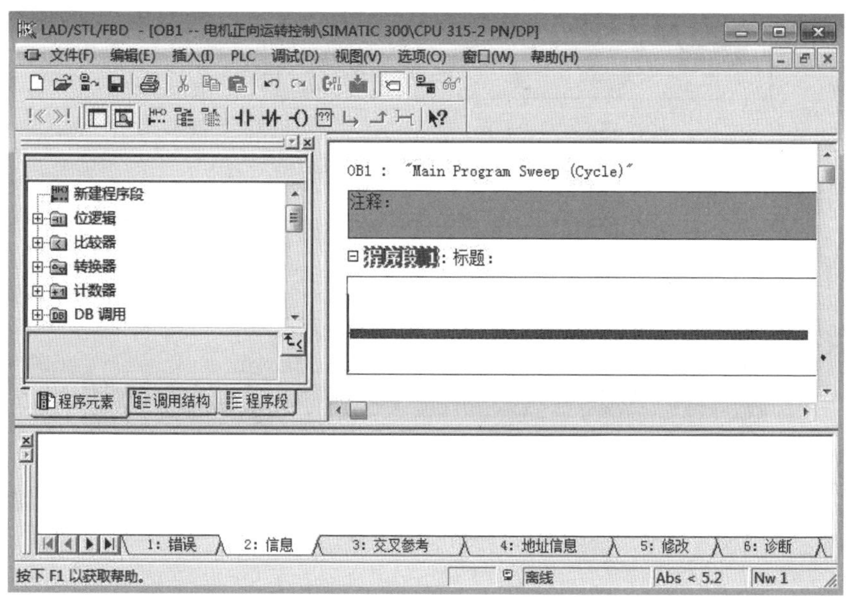


图 2-4-26　选中程序段 1

单击 1 次工具栏上的常开触点按钮，单击 2 次常闭触点按钮，单击一次线圈按钮生成的触点和线圈，如图 2-4-27 所示。

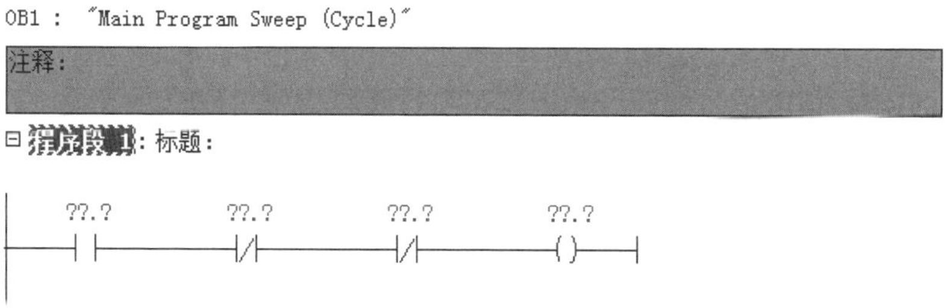

OB1 : "Main Program Sweep (Cycle)"

注释:

程序段 1: 标题:

??.?　??.?　??.?　??.?

图 2-4-27　输入触点和线圈指令

为了生成并联的触点，首先单击最左边的垂直短线来选中它，然后单击工具栏上的按钮，生成一个常开触点，如图 2-4-28 所示。

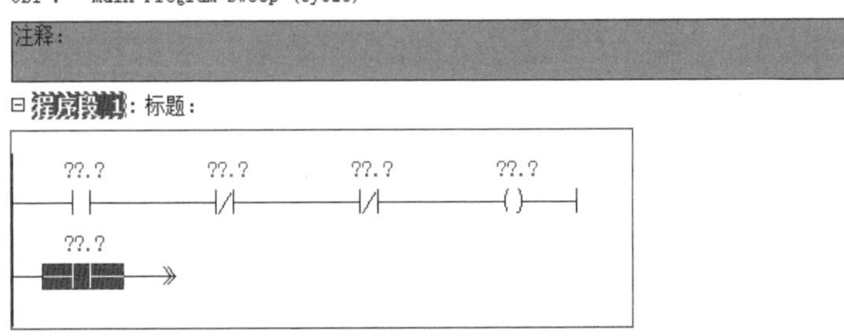


图 2-4-28　生成并联触点

单击工具栏上的 按钮，该触点被并联到上面一行的第一个触点上，如图 2-4-29 所示。

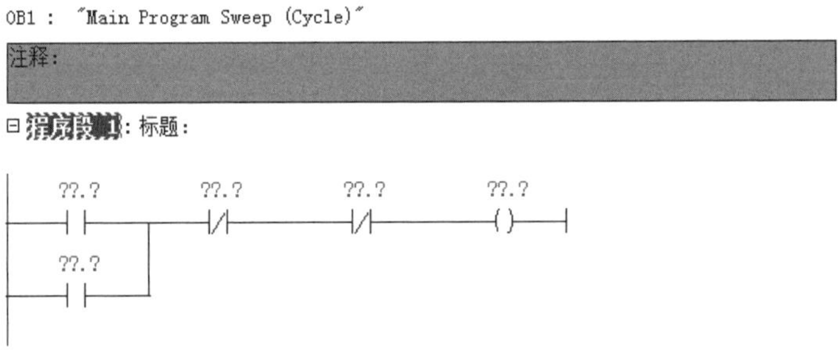

图 2-4-29　生成并联梯形图

用鼠标右键单击触点上的“??.?”，执行弹出的快捷菜单中的“插入符号”命令，如图 2-4-30 所示。

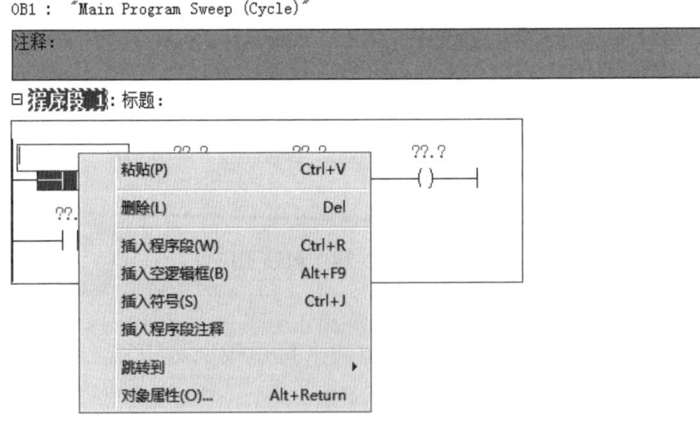


图 2-4-30　插入符号

打开下拉式符号表，如图 2-4-31 所示，双击其中的变量“启动按钮”，该符号地址出现在触点上。用同样的方法输入其他符号地址。

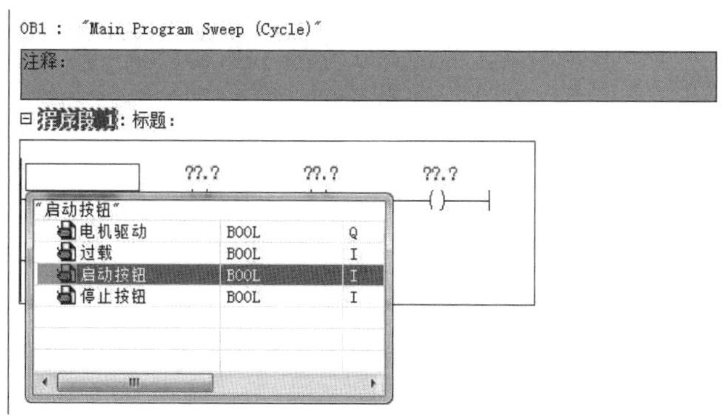


图 2-4-31　插入“启动按钮”符号

图 2-4-32 是输入结束后的梯形图，STEP 7 自动地为程序中的全局符号加双引号。

OB1 : "Main Program Sweep (Cycle)"

注释:

标题:

I0.0 "启动按钮"　I0.1 "停止按钮"　I0.2 "过载"　Q0.0 "电机驱动"

Q0.0 "电机驱动"

图 2-4-32　带符号地址的梯形图

STEP 7 的鼠标右键功能也经常被使用，用右键单击窗口中的某一对象，在弹出的快捷菜单中将会出现与该对象有关的最常用的命令。单击某一菜单项，可以执行相应的操作，建议在使用软件的过程中逐渐熟悉和使用右键功能。

## 实训任务 2-5　组态王编程软件的使用

实操视频

【任务目标】

1. 掌握上位机编程软件组态王安装；
2. 掌握上位机基本画面制作与组态。

**【实训器材】**

用于安装组态软件的计算机 1 台。

## 实训子任务 2-5-1　组态王软件安装

### 一、安装组态王

安装时插入组态王安装光盘，光盘中的安装程序 Install.exe 会自动运行，此时出现“组态王安装过程向导”。以 Win7 操作系统下的安装为例，介绍具体的安装步骤。

在光盘驱动器中插入“组态王”软件安装盘，系统自动启动 Install.exe 安装程序，首先弹出选择安装语言界面，如图 2-5-1 所示（用户也可通过盘中的 Install.exe 启动安装程序）。

运行于 WinXP / Win7/ Win10

图 2-5-1　启动组态王安装程序

#### 1. 主程序安装

（1）开始安装主程序

在“安装组态王”界面点击“安装组态王程序”项，弹出“向导 1”界面，如图 2-5-2 所示。

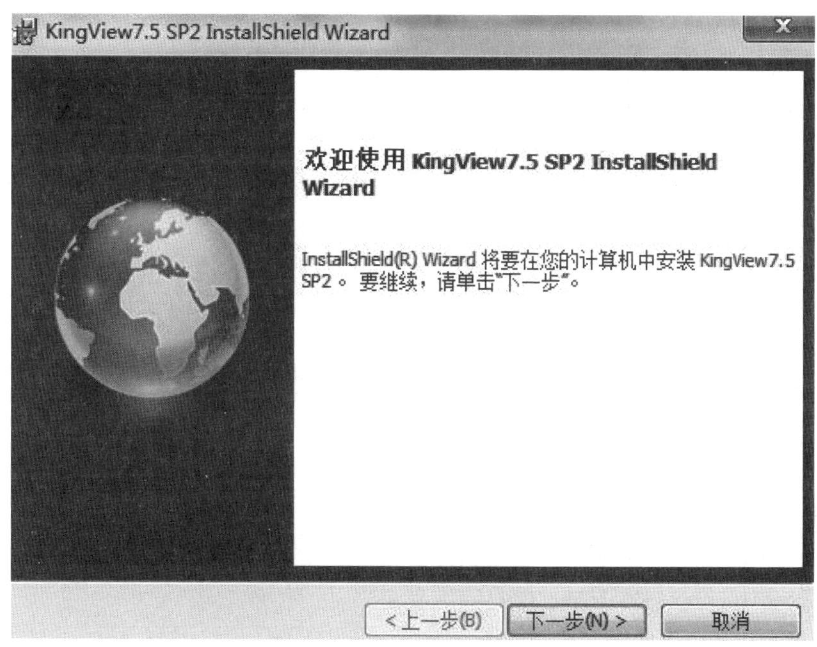


图 2-5-2　开始安装组态王

该界面为组态王主程序的开始安装界面，通过该界面用户可以查看组态王的版本信息。

（2）许可证协议浏览

继续安装，点击“下一步”按钮，弹出“向导 2”界面，如图 2-5-3 所示。

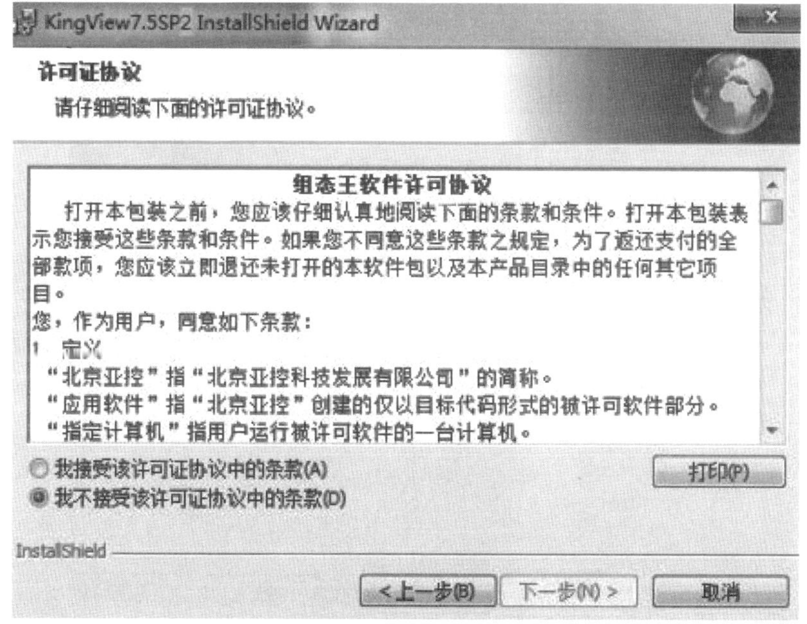


图 2-5-3　软件许可证协议

接受协议并点击下一步按钮。

（3）填写注册信息

当点击“下一步”按钮，弹出“向导 3”界面，如图 2-5-4 所示。

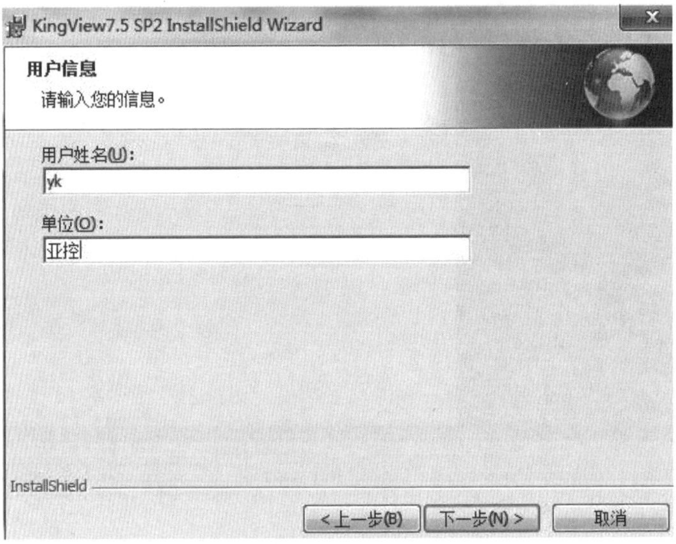

图 2-5-4　填入用户信息

通过该界面输入“用户名”和“公司名称”信息。

（4）选择安装路径

用户信息填写完成后，点击“下一步”按钮，弹出“向导 4”界面，通过该界面选择程序的安装路径，如图 2-5-5 所示。

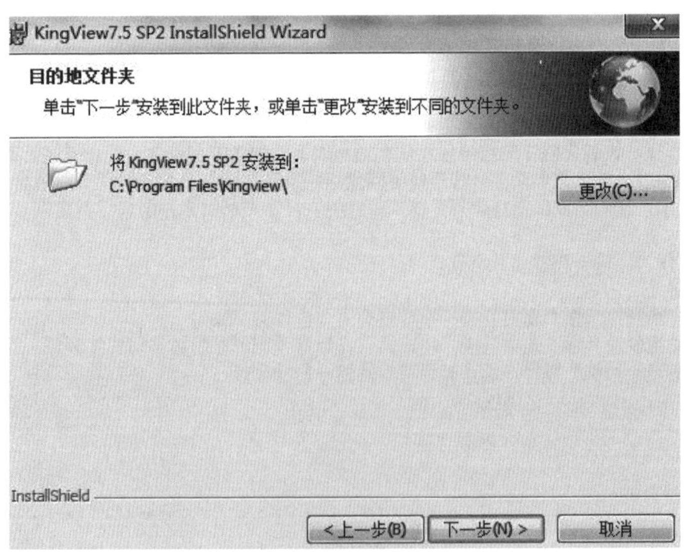


图 2-5-5　选择组态王系统安装路径

设置“组态王”软件的安装目录。默认目录为 c:\ProgramFiles\kingview，若希望安装到其他目录，请单击“更改”按钮，弹出对话框如图 2-5-6 所示。

图 2-5-6　选择文件夹

在该对话框的“路径”文本框中输入或选择新的安装目录。单击“确定”按钮。返回向导 4 界面。

（5）自定义安装

单击“下一步”按钮。出现如图 2-5-7 所示的对话框。

图 2-5-7　自定义安装

自定义安装将按用户要求安装组件。

（6）准备安装

继续安装，点击“下一步”，弹出“向导 6”界面，如图 2-5-8 所示。

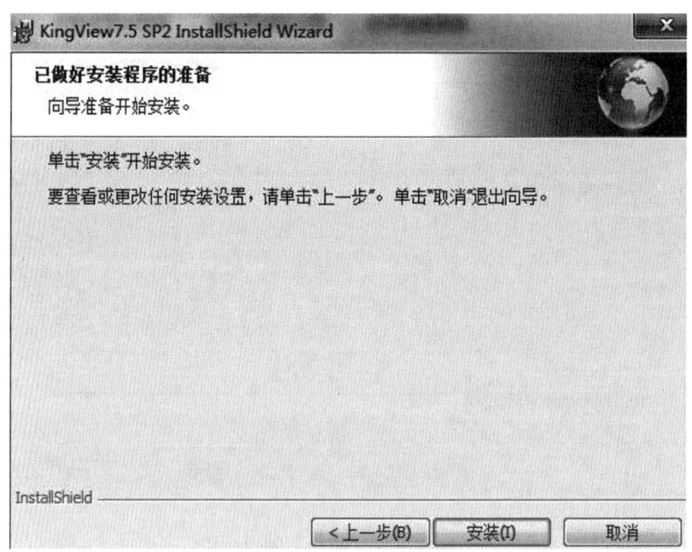


图 2-5-8 准备安装

（7）执行安装

安装程序过程中有显示进度提示，如图 2-5-9 所示。

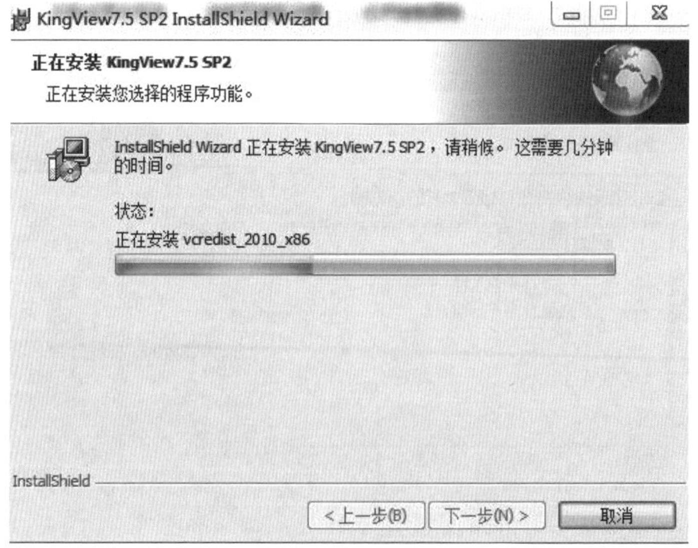


图 2-5-9 执行安装

（8）完成主程序安装

安装结束，弹出“向导8”界面，如图2-5-10所示。

图2-5-10　安装结束

## 2．设备驱动程序安装

（1）开始安装设备驱动

在“安装组态王”界面点击“安装组态王驱动程序”项，首先弹出“向导1”界面，如图2-5-11所示。

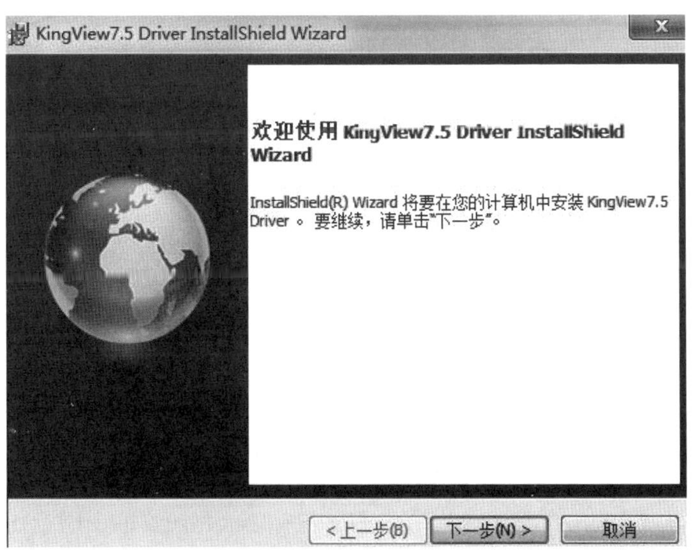


图2-5-11　驱动程序开始安装

该界面为组态王驱动程序的开始安装界面。

（2）许可证协议浏览

继续安装，点击“下一步”按钮，弹出“向导 2”界面，如图 2-5-12 所示。

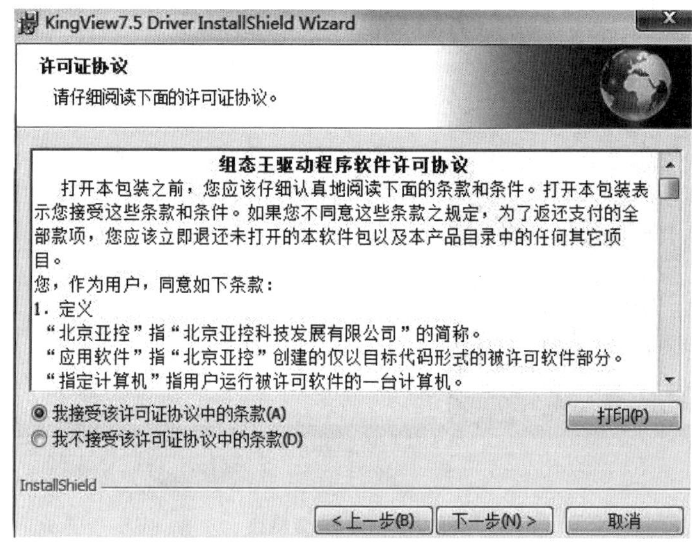


图 2-5-12　驱动程序软件许可证协议

该界面的内容为“北京亚控科技发展有限公司”与“组态王”软件用户之间的法律约定，请用户认真阅读。

（3）填写注册信息

当点击“下一步”按钮，弹出“向导 3”界面，如图 2-5-13 所示。

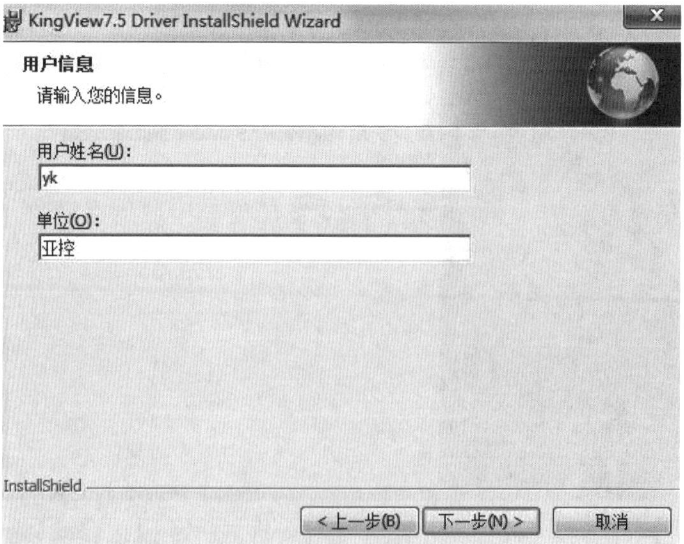

图 2-5-13　填写用户信息

通过该界面输入“用户名”和“公司名称”信息。

（4）选择安装路径

单击“下一步”，将出现“向导 4”界面，如图 2-5-14 所示。

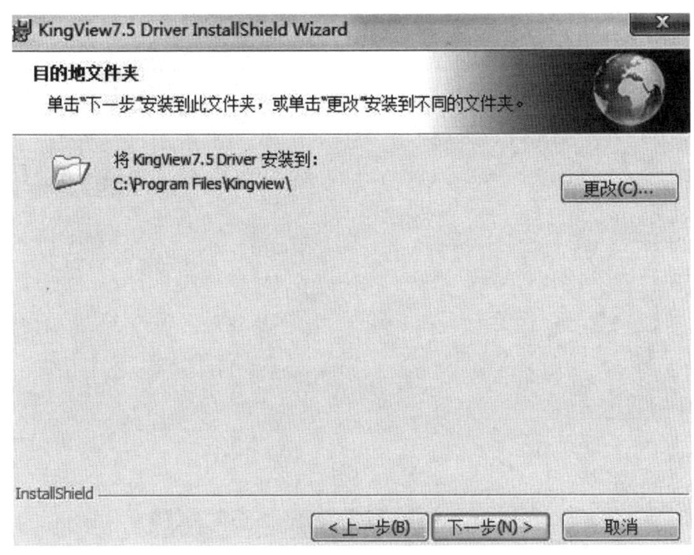


图 2-5-14 创建路径

通过该界面，确认“组态王”系统的安装目录。系统会自动按照组态王的安装路径列出设备驱动程序需要安装的路径。一般情况下，用户无须更改该路径。若希望更改路径，请单击“更改”，弹出对话框，如图 2-5-15 所示。

图 2-5-15 更改路径

在对话框的“路径”中输入新的安装目录。例如，c:\Program Files\Kingview 输入正确后，单击“确定”按钮。返回“向导 4”界面，此时安装目录为用户输入或者选择的新目录，如图 2-5-16 所示。

KingView7.5 Driver InstallShield Wizard
目的地文件夹
单击"下一步"安装到此文件夹，或单击"更改"安装到不同的文件夹。
将 KingView7.5 Driver 安装到：
C:\Program Files\Kingview\
更改(C)...
InstallShield
< 上一步(B)
下一步(N) >
取消

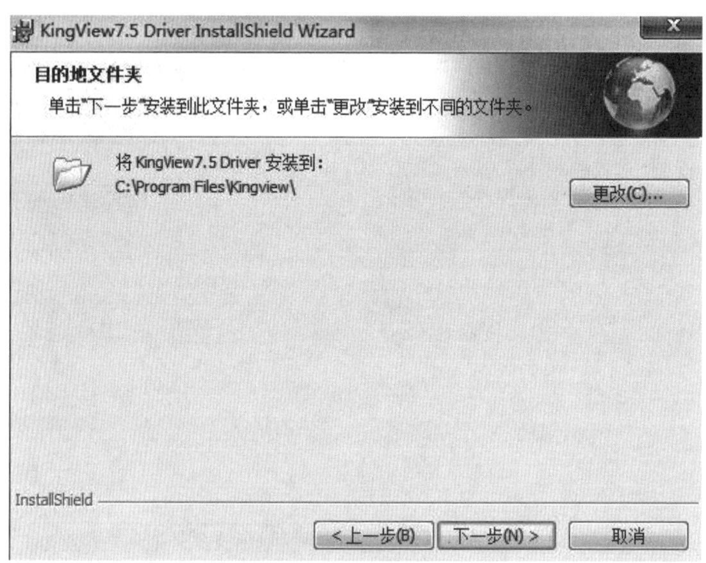

图 2-5-16　确定路径

（5）自定义安装

继续安装点击“下一步”按钮。弹出如图 2-5-17 所示的对话框。

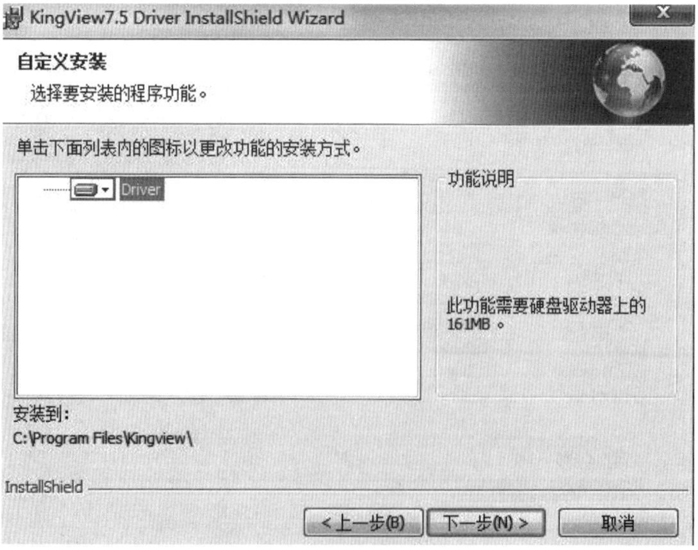

KingView7.5 Driver InstallShield Wizard
自定义安装
选择要安装的程序功能。
单击下面列表内的图标以更改功能的安装方式。
Driver
功能说明
此功能需要硬盘驱动器上的
161MB 。
安装到：
C:\Program Files\Kingview\
InstallShield
< 上一步(B)
下一步(N) >
取消

图 2-5-17　自定义安装

用户可以根据自身的需要，选择安装设备驱动。默认状态下，安装全部驱动程序。

（6）准备安装

点击“下一步”进入准备安装界面，如图 2-5-18 所示。

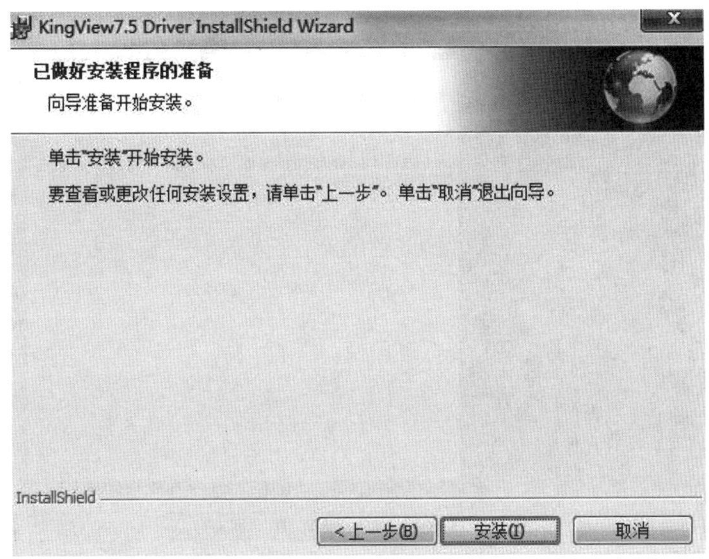


图 2-5-18　准备安装

（7）执行安装

执行安装，点击“安装”按钮，出现如图 2-5-19 所示的对话框。

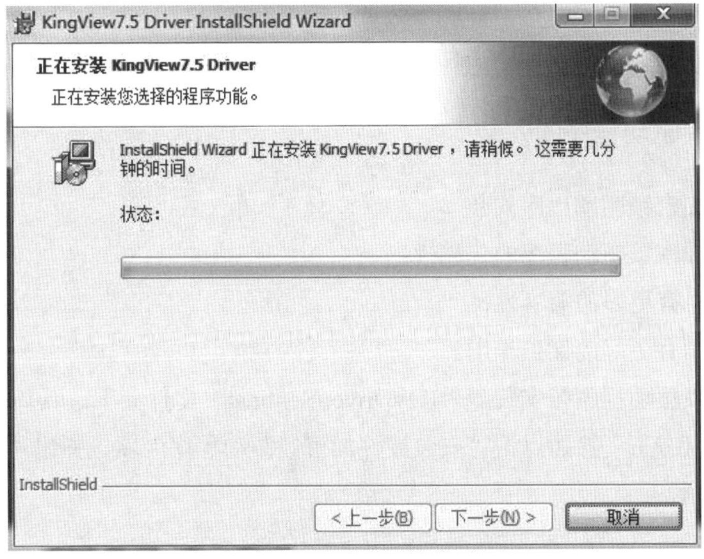


图 2-5-19　驱动程序设置汇总

安装程序过程中有显示进度提示。

（8）完成驱动程序安装

安装结束，出现如图 2-5-20 所示的对话框。

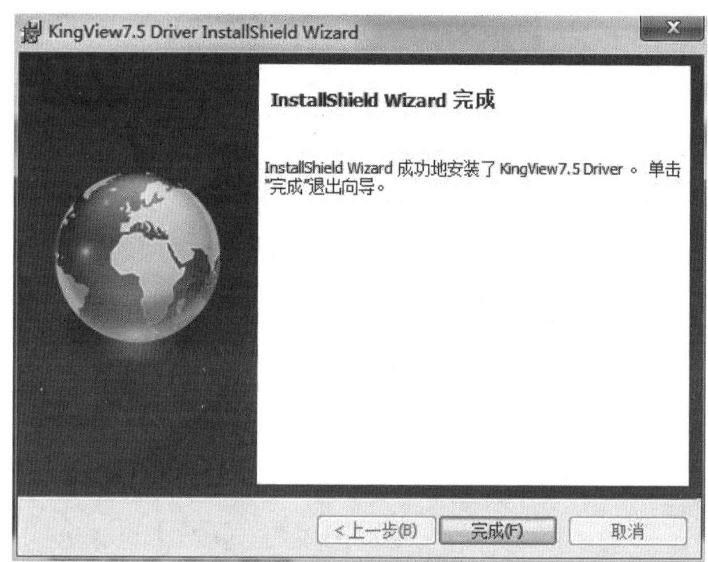


图 2-5-20　完成安装

单击完成按钮，此次设备驱动程序的安装结束。

⚠ 注意：

为了使系统能够更好地正常运行，建议最好选择重新启动计算机。

### 3. 加密锁驱动程序的安装

（1）硬件加密锁驱动程序安装

安装硬件加密锁驱动程序的优越性：

①与打印机有更好的兼容性；

②对加密锁有更好的保护作用。

硬件加密锁驱动程序在安装盘“KeyDriver/Sentinel”文件夹下。具体安装过程如下。

在“安装组态王”界面点击“安装硬件加密锁驱动程序”项，弹出“向导 1”界面，如图 2-5-21 所示。

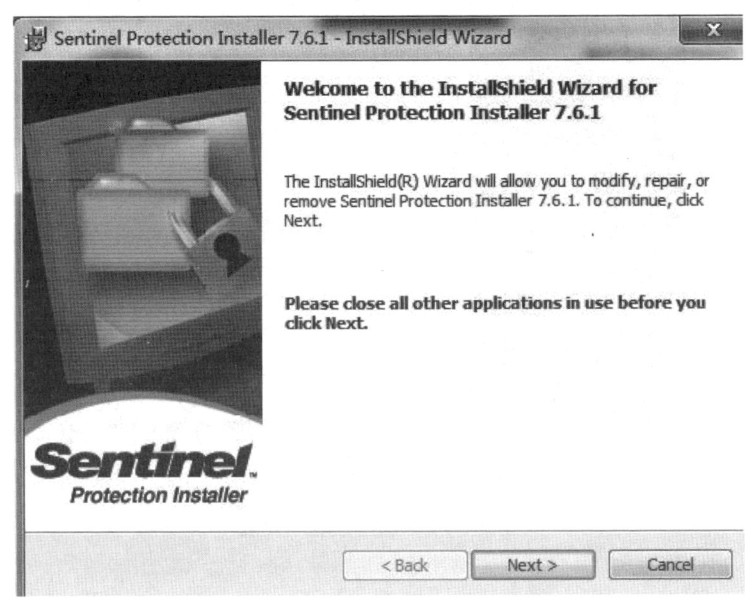


图 2-5-21 硬件加密锁驱动安装

根据硬件加密锁驱动安装向导安装加密锁驱动，方法与普通软件安装方法相同。驱动程序成功安装后，将包装盒中的加密锁取出，插到计算机的并口上，固定好锁上的螺丝。若需要用打印机，只需将打印机电缆接到加密锁上。加密锁的存在，将不会影响打印机的使用，若出现问题，请与亚控公司技术支持部联系。

如果使用的是 USB 接口加密锁，将加密锁直接插入计算机的 USB 接口即可，该型号加密锁支持即插即用。

（2）软授权驱动安装

软授权特性：

①启用软授权，为不方便使用硬件锁的工程应用提供便利；

②实现授权锁可与组态王应用不在同一计算机的方式；

③可远程升级，降低授权成本；

④兼容已有锁。

软授权驱动程序在安装盘“KeyDriver/LicenseDriver”文件夹下，其中包含：

①“授权服务/驱动安装文件 haspdinst_OAIKD.exe”；

②“授权激活升级迁移工具文件 RUS_OAIKD.exe”；

③“授权查看工具文件 LicenceViewer_CN.exe”。

具体安装过程如下：

点击“软授权驱动安装”项，弹出“向导 1”界面，如图 2-5-22 所示。

图 2-5-22　加密锁驱动安装

点击“下一步”按钮，过程略。

## 实训子任务 2-5-2　上位机画面制作与组态

### 一、创建组态王工程

建立新的组态王工程，首先为工程指定“工作目录”(“工程路径”)。

#### 1. 欢迎使用本向导

启动“组态王”工程管理器（ProjManager），点击菜单栏的“文件/新建工程”或者直接单击“新建”按钮，弹出“向导 1”界面，如图 2-5-23 所示。

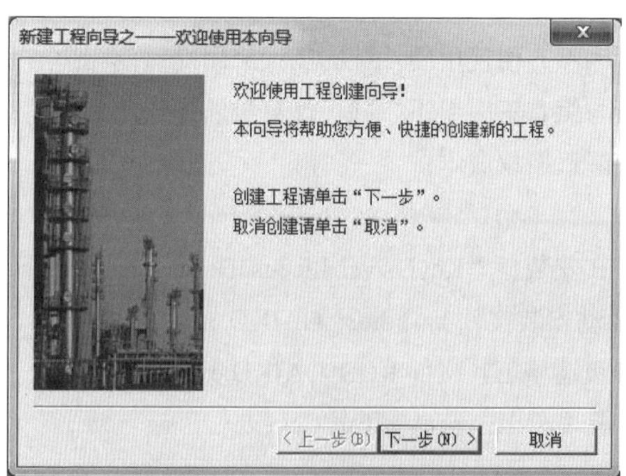


图 2-5-23　新建工程向导 1

## 2. 选择工程路径

单击“下一步”继续。弹出“向导 2”界面，如图 2-5-24 所示。

图 2-5-24　新建工程向导 2

直接在工程路径文本框输入一个有效的工程路径，或单击“浏览…”按钮，在弹出的路径选择对话框中选择一个有效的路径。单击“下一步”继续。弹出“向导 3”，如图 2-5-25 所示。

## 3. 工程名称和描述

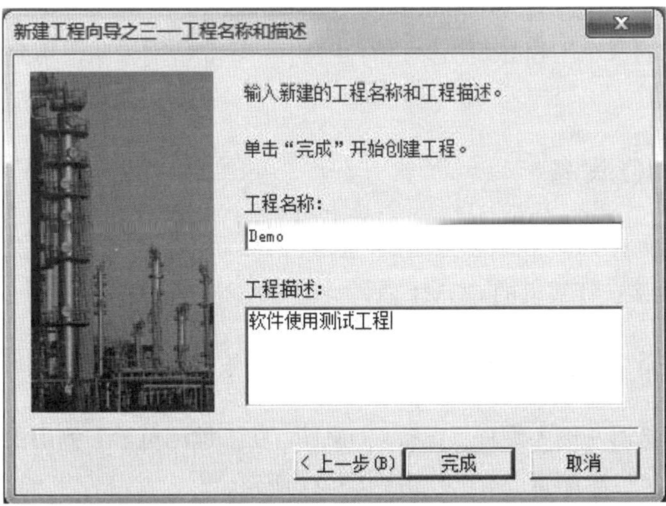


图 2-5-25　新建工程向导 3

工程名称文本框：输入工程的名称（如 Demo），该工程名称同时将被作为当前工程的路径名称，工程名称长度应小于 32 个字符。

工程描述文本框：输入对该工程的描述文字（如软件使用测试工程），工程描述长度应小于 40 个字符。

完成按钮：完成工程的新建。系统会弹出对话框，询问用户是否将新建工程设为当前工程，如图 2-5-26 所示。

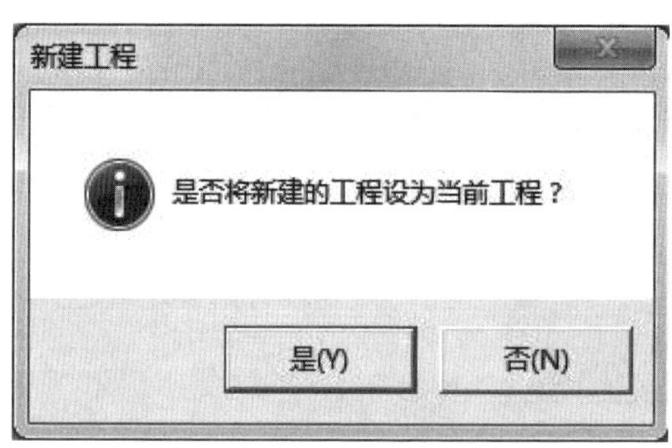


图 2-5-26　是否设为当前工程对话框

- 否按钮：单击该按钮则新建工程不是工程管理器的当前工程，如果要将该工程设为新建工程，还要执行菜单下的“文件/设为当前工程”命令。
- 是按钮：单击该按钮则将新建的工程设为“组态王”的当前工程。定义的工程信息会出现在工程管理器的信息表格中。

双击该信息条或单击“开发”按钮或选择菜单“工具/切换到开发系统”，进入组态王的开发系统。建立的工程路径为：C:\Users\Administrator\Desktop\demo（组态王画面开发系统为此工程建立目录 C:\Users\Administrator\Desktop\demo，并生成必要的初始数据文件。

注意：建立的每个工程必须在单独的目录中。除非特别说明，不允许编辑修改这些初始数据文件。

## 二、定义 IO 设备

本例中使用仿真 PLC 和组态王通信，仿真 PLC 可以模拟 PLC 为组态王提供数据，假设仿真 PLC 连接在计算机的 COM1 口。

### 1．选择设备名称及通信方式

选择工程浏览器左侧大纲项“设备/COM1”，在工程浏览器右侧用鼠标左键双击“新建”图标，运行“设备配置向导”，如图 2-5-27 所示。

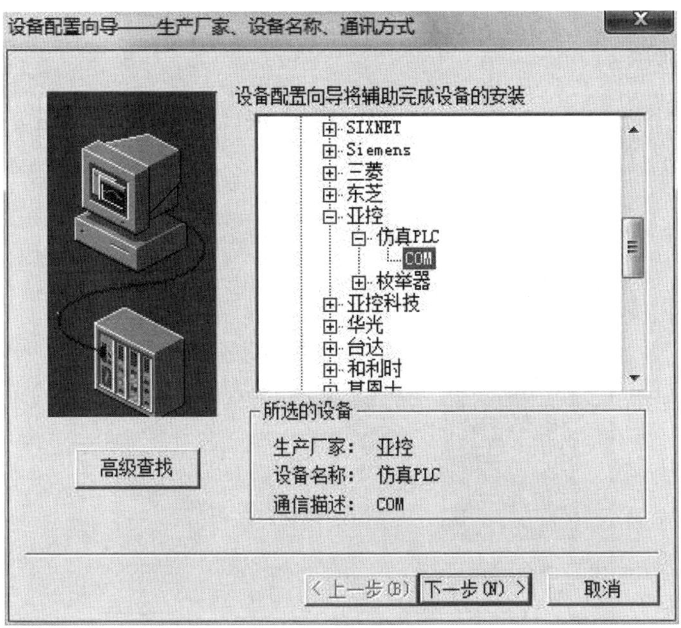


图 2-5-27　设备配置向导 1

## 2．为设备设置逻辑名称

选择“仿真 PLC”的“COM”项，单击“下一步”，弹出“设备配置向导”，如图 2-5-28 所示。

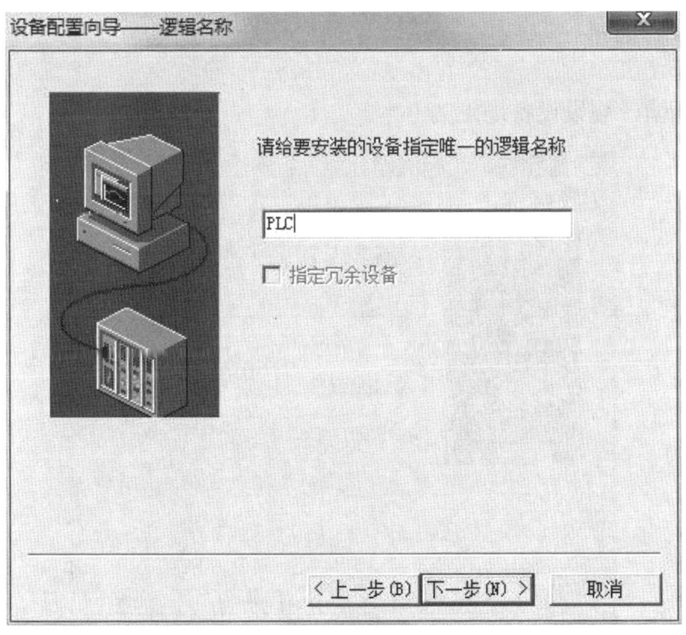


图 2-5-28　设备配置向导 2

### 3. 选择 Com 口

为外部设备取一个名称，输入 PLC，单击“下一步”，弹出“设备配置向导”，如图 2-5-29 所示。

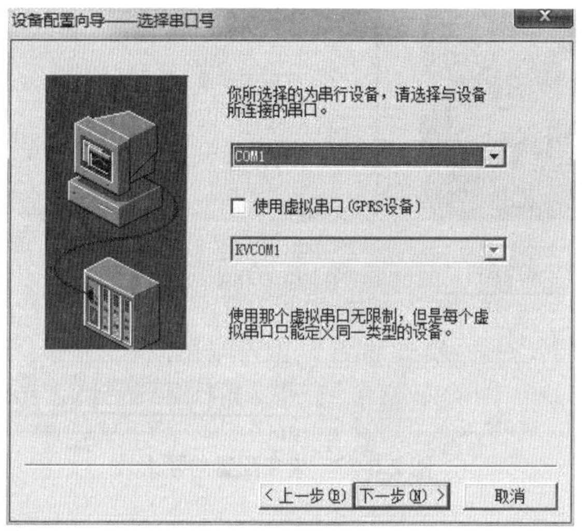


图 2-5-29　设备配置向导 3

为设备选择连接串口，假设为 COM1，单击“下一步”，弹出“设备配置向导”，如图 2-5-30 所示。

### 4. 设置设备地址

填写设备地址，假设设备地址为 0。

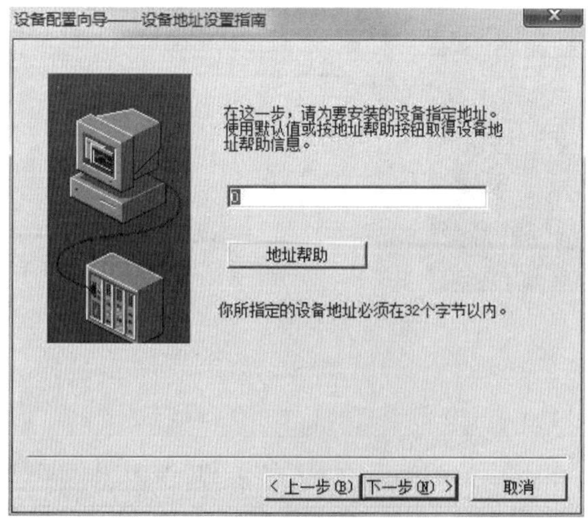


图 2-5-30　设备配置向导 4

### 5. 设置通信故障参数

单击“下一步”，弹出“通信参数”对话框，如图 2-5-31 所示。

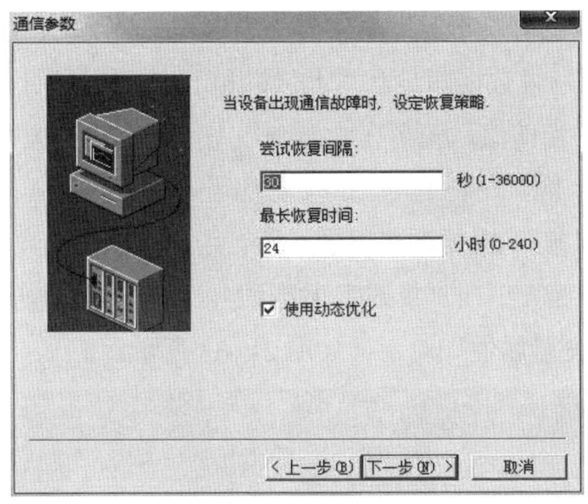


图 2-5-31 设备配置向导 5

设置通信故障恢复参数（一般情况下使用系统默认设置即可），单击“下一步”，弹出“设备配置向导”，如图 2-5-32 所示。

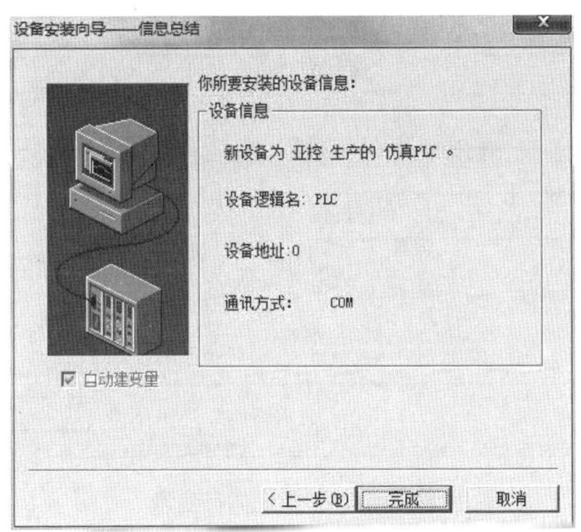


图 2-5-32 设备配置向导 6

### 6. 信息总结

请检查各项设置是否正确，确认无误后，单击“完成”。设备定义完成后，可以在工程浏览器的右侧看到新建的外部设备“PLC”。在定义数据库变量时，只要把 IO 变量连接到这台设备上，它就可以和组态王交换数据了。

## 三、数据库建点

数据库是“组态王”软件的核心部分，工业现场的生产状况要以动画的形式反映在屏幕上，操作者在计算机前发布的指令也要迅速送达生产现场，所有这一切都是以实时数据库为中介环节，所以说数据库是联系上位机和下位机的桥梁。在TouchView运行时，它含有全部数据变量的当前值。变量在画面制作系统组态王画面开发系统中定义，定义时要指定变量名和变量类型，某些类型的变量还需要一些附加信息。数据库中变量的集合形象地称为“数据词典”，数据词典记录了所有用户可使用的数据变量的详细信息。

选择工程浏览器左侧大纲项“数据库/数据词典”，在工程浏览器右侧用鼠标左键双击“新建”图标，弹出“变量属性”对话框如图2-5-33所示。

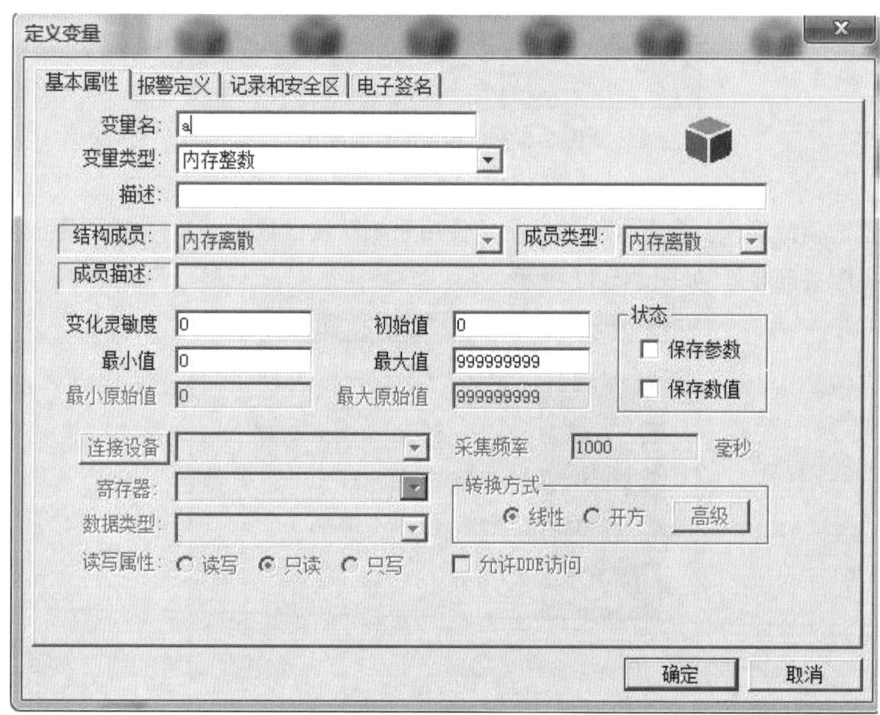


图2-5-33 创建内存变量

### 1. 定义内存变量

（1）变量名：输入变量名，如a。

（2）变量类型：选择变量类型，如内存实数。

（3）其他属性：目前不用更改。

（4）确定按钮：单击“确定”完成属性配置。

## 2. 定义 IO 变量

（1）变量名：输入变量名，如 b。

（2）变量类型：选择变量类型，如 IO 整数。

（3）连接设备：选择先前定义好的 IO 设备：PLC；在“寄存器”中定义为：INCREA100；在“数据类型”中定义为：SHORT 类型。

（4）其他属性：目前不用更改。

（5）确定按钮：单击“确定”完成属性配置。

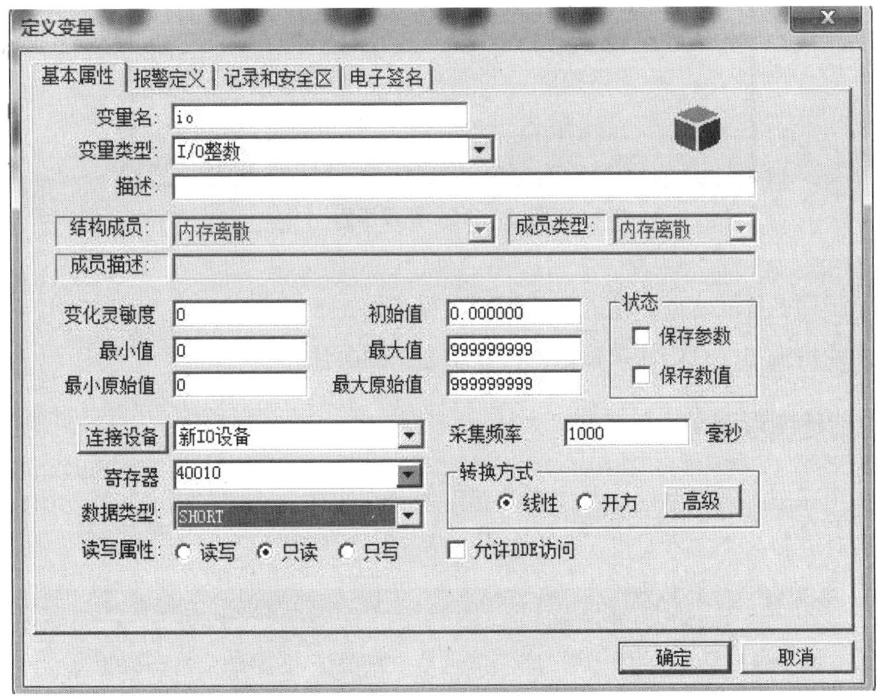


图 2-5-34　创建 IO 变量

# 四、组态画面

“组态王”采用面向对象的编程技术，用户可以像搭积木那样利用“组态王”提供的图形对象完成画面的组态。

## 1. 新建画面

进入新建的组态王工程，选择工程浏览器左侧大纲项“文件/画面”，在工程浏览器右侧用鼠标左键双击“新建”图标，弹出如图 2-5-35 所示的对话框。

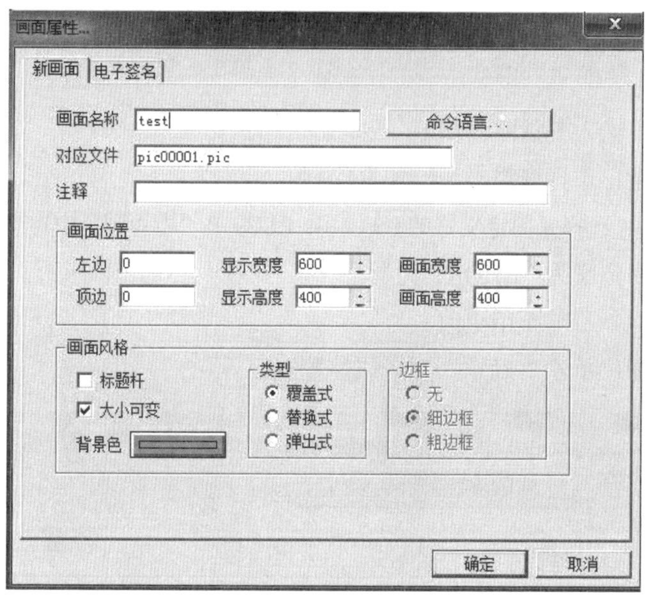


图 2-5-35 新建画面

（1）画面名称文本框：输入新的画面名称，如 test。

（2）确定按钮：点击该按钮进入内嵌组态王画面开发系统。

## 2. 创建图形对象

在“组态王”开发系统中从“工具箱”中分别选择“矩形”和“文本”图标，绘制一个矩形对象和一个文本对象，如图 2-5-36 所示。

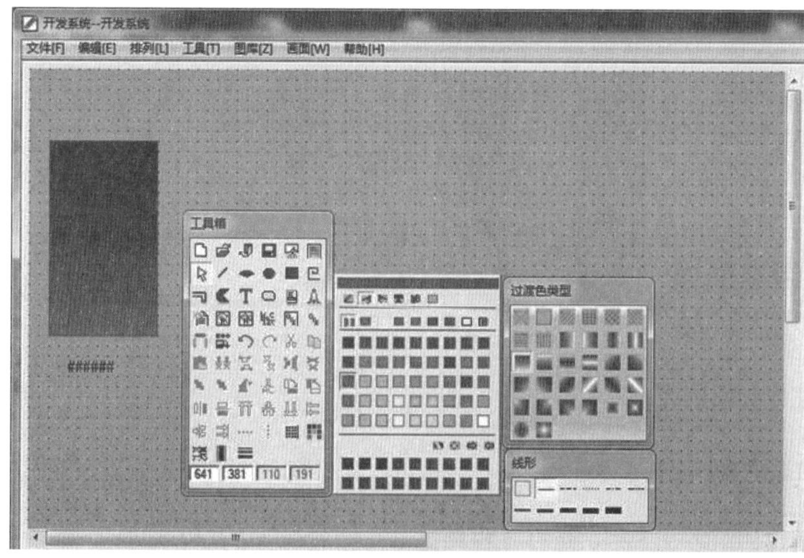


图 2-5-36 创建图形画面

①在工具箱中选中“圆角矩形”，拖动鼠标在画面上画一个矩形，如图 2-5-36 所示。

②用鼠标在工具箱中点击“显示画刷类型”和“显示调色板”。在弹出的“过渡色类型”窗口点击第二行第四个过渡色类型；在“调色板”窗口点击第一行第二个“填充色”按钮，从下面的色块中选取红色作为填充色，然后点击第一行第三个“背景色”按钮，从下面的色块中选取黑色作为背景色。此时就构造好了一个使用过渡色填充的矩形图形对象。

③在工具箱中选中“文本”，此时鼠标变成“I”形状，在画面上单击鼠标左键，输入“####”文字。

④拖动图形对象的边线可修改大小；若需要移动位置，可以把光标定位在图形对象上，拖动鼠标即可。

### 3. 建立动画连接

定义动画连接是指在画面的图形对象与数据库的数据变量之间建立一种关系，当变量的值改变时，在画面上以图形对象的动画效果表示出来；或者由软件使用者通过图形对象改变数据变量的值。“组态王”提供了 24 种动画连接方式：

| 属性变化 | 线属性变化、填充属性变化、文本色变化 |
|---|---|
| 位置与大小变化 | 填充、缩放、旋转、水平移动、垂直移动 |
| 值输出 | 模拟值输出、离散值输出、字符串输出 |
| 值输入 | 模拟值输入、离散值输入、字符串输入 |
| 特殊 | 闪烁、隐含、流动（仅适用于立体管道） |
| 滑动杆输入 | 水平、垂直 |
| 命令语言 | 按下时、弹起时、按住时、鼠标进入、鼠标离开 |

一个图形对象可以同时定义多个连接，组合成复杂的效果，以便满足实际中任意的动画显示需要。

例如：

（1）对矩形关联填充动画：双击图形对象，即矩形，可弹出“动画连接”对话框，如图 2-5-37 所示。

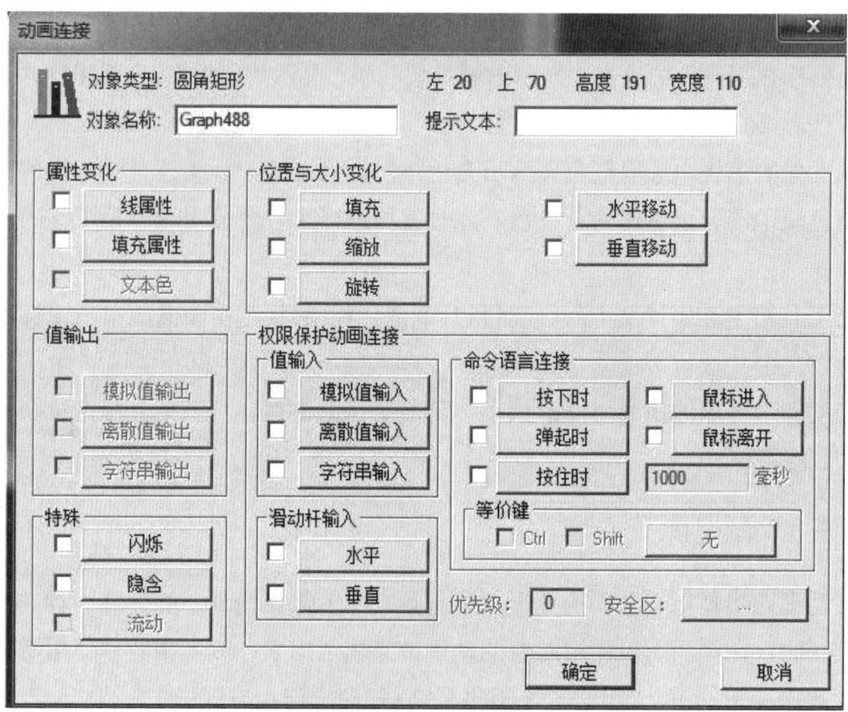


图 2-5-37 动画连接

“动画连接”各属性的设置详细介绍见软件说明书。用鼠标单击“填充”按钮，弹出对话框如图 2-5-38 所示。

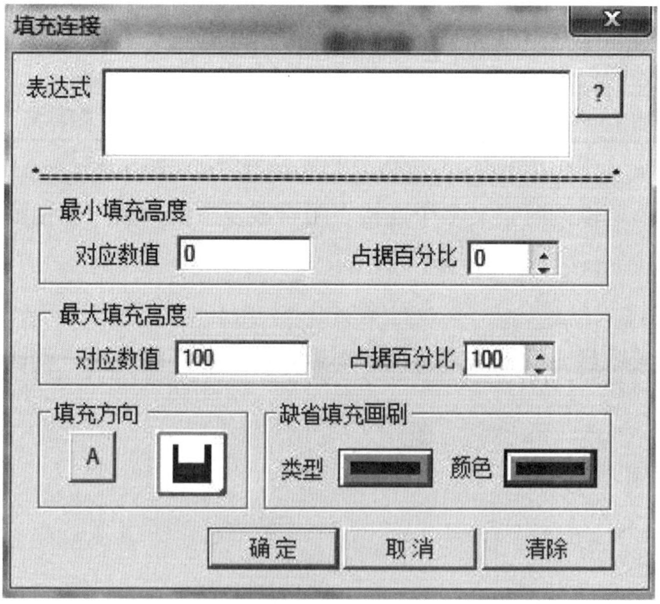

图 2-5-38 填充属性

在“表达式”处输入“a”,“缺省填充刷”的颜色改为黄色，其余属性目前不用更改，如图 2-5-39 所示。

图 2-5-39 更改填充属性

单击“确定”，再单击“确定”返回组态王开发系统。

（2）输入命令语言：为了让矩形动起来，需要使变量即 a 能够动态变化，选择“编辑/画面属性”菜单命令，弹出对话框如图 2-5-40 所示。

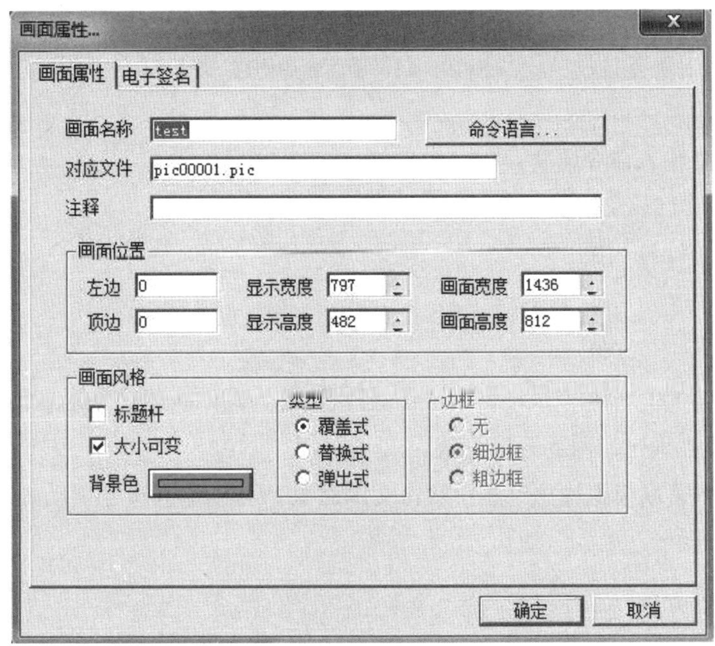


图 2-5-40 画面属性

单击“命令语言…”按钮，弹出画面命令语言对话框，如图 2-5-41 所示。

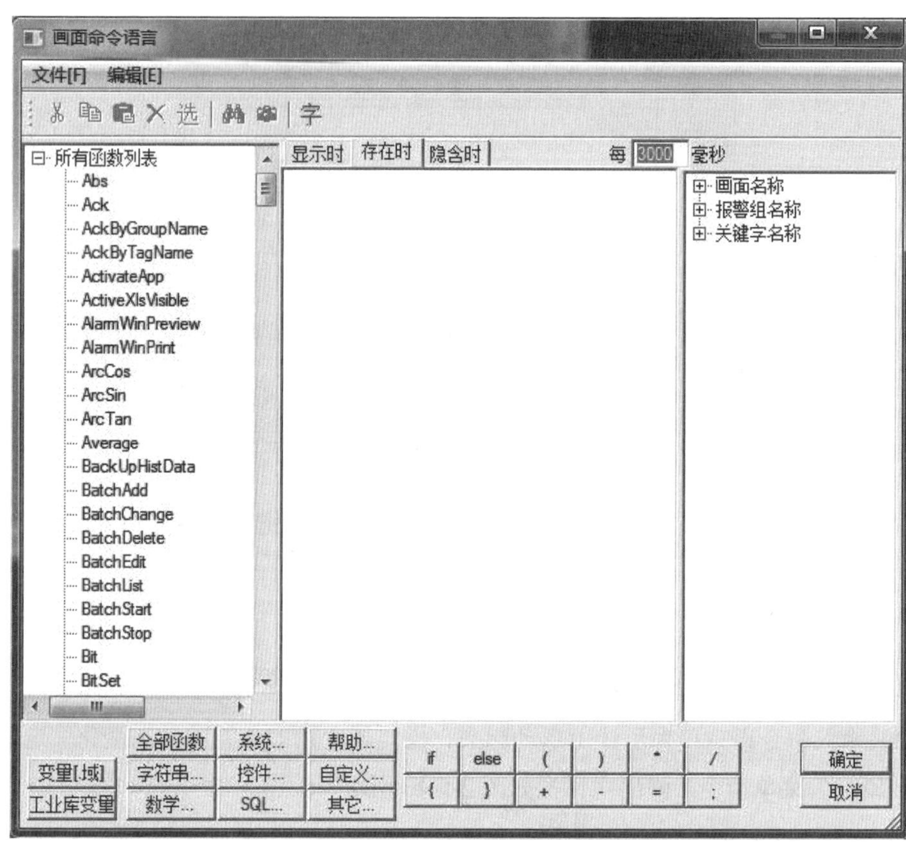


图 2-5-41 画面命令语言

在编辑框处输入命令语言：

```
        if(a<100)
         a=a+10;
    else
             a=0;
```

可将“每 3 000 毫秒”改为“每 500 毫秒”，此为画面执行命令语言的执行周期。单击“确认”，及“确定”回到开发系统。

（3）对文本关联模拟输出动画：双击文本对象“####”，可弹出“动画连接”对话框，如图 2-5-42 所示。

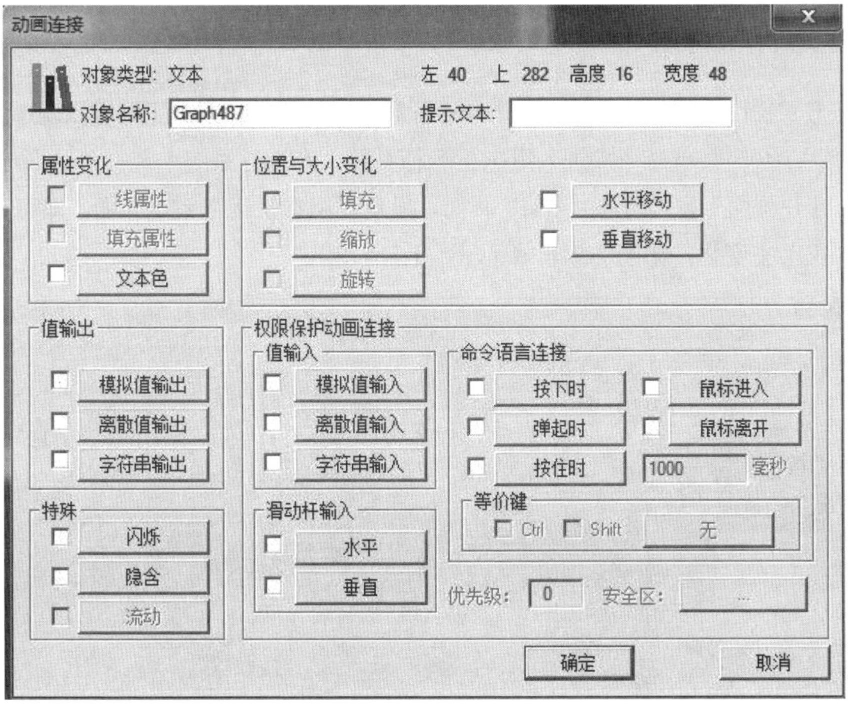

图 2-5-42 动画连接

用鼠标单击“模拟值输出”按钮，弹出如图 2-5-43 所示的对话框。

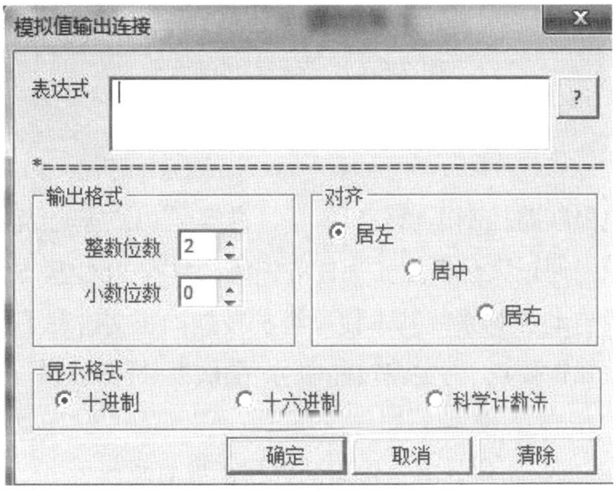

图 2-5-43 模拟值输出连接

在“表达式”处输入“a”，其余属性目前不用更改。单击“确定”，再单击“确定”返回组态王开发系统。

（4）保存：选择“文件/全部存”菜单命令。

## 五、运行和调试

组态王工程已经初步建立起来，进入运行和调试阶段。在组态王开发系统中选择“文件/切换到 View”菜单命令，进入组态王运行系统。在运行系统中选择“画面/打开”命令，从“打开画面”窗口选择“Test”画面。显示出组态王运行系统画面，即可看到矩形框和文本在动态变化。如图 2-5-44 所示。

图 2-5-44　运行系统画面

【模块小结】

本模块从低压电器线路控制逻辑分析入手，讲解了 PLC 基础及扩展应用（PLC 和上位机编程入门）知识；通过大量自控实训任务训练，掌握 PLC 基本编程技能、上位机画面制作组态技能以及自动控制系统基本使用维护技能；正文讲解了自动控制系统构成、编程方法步骤及相关知识要点，为实训技能服务，操作细节可通过软件 demo 或视频呈现。

【模块练习】

1．什么是低压电器？如何分类？常用的低压电器有哪些？

2．什么叫“自锁”？自锁线路是如何构成的？如何用万用表检查？

3．点动控制是否要安装过载保护？为什么？

4．画出双重连锁正反转控制的主电路和控制电路，并分析电路的工作原理。

5．简述 PLC 的定义。

6．PLC 的基本组成部分有哪些？

7．PLC 的输入接口电路有哪几种形式？输出接口电路有哪几种形式？各有何特点？

8．简述 PLC 的工作原理及工作过程。

9．在用户的工程中添加一个实时曲线画面。

10．在用户的工程中添加一个历史曲线画面，熟悉通用历史曲线的的控件的各种使用方法。

11．组态王在线帮助中的历史趋势曲线控件的属性方法是什么？

12．如何对报警组、变量进行相关的配置？

13．如何在画面中得到报警的显示输出？

14．如何制作一个实时报表？

15．如何制作一个历史数据查询？

16．练习报表的保存、打印、查询等功能。

17．如何用报表向导工具制作周报、月报、年报？

答案解析

# 模块 3　污水处理厂常用仪表

【学习目标】

1．知识目标

掌握温度、压力、液位、流量以及水质分析仪表的检测原理；熟悉常用检测仪表的基本结构和工作过程。

2．技能目标

掌握污水处理厂检测仪表的选型、配置、安装调试方法；掌握污水处理厂仪表运行操作和校验维护基本技能。

## 任务 3.1　污水处理厂在线测量仪表概述

### 一、污水处理厂常规检测项目

#### 1．流量与其他相关量

在污水处理厂的检测项目中，可以分为量与质两大类检测。没有量也就谈不上质，从某种意义上说，正确地检测处理设施中的量，不断的掌握它的数值变化比其质的检测更为重要。因为各种量的检测与控制往往决定其质的变化。污水处理厂中流量与其他相关量的主要检测项目如下：

（1）各处理设施的进水流量（$m^3/d$，$m^3/h$）；

（2）沉砂池水位（m）；

（3）沉砂量、筛渣量（0.005～0.02 $m^3$/1 000 $m^3$ 污水）；

（4）初次沉淀池的排泥量（$m^3/d$、$m^3/h$）；

（5）供气量（$m^3/d$）、气水比（$m^3$ 气量/$m^3$ 水量）、单位曝气池容积的供气量［$m^3/(m^3 \cdot h)$］；

（6）回流污泥量（$m^3/d$、$m^3/h$）、回流比（%）；

（7）剩余污泥量（$m^3/d$）；

（8）浓缩污泥量；

（9）消化气产量、循环气量（$m^3$/d、$m^3$/投入污泥干重 kg）；

（10）投药量（混凝剂等）（kg/d、kg/SS、kg）、投药率（%）；

（11）滤饼或脱水污泥重量（kg/d）；

（12）其他杂用水量（$m^3$/d、$m^3$/h）；

（13）各种设施与设备的耗电量（kW·h）

除了以上这些标准检测，一些活性污泥法的新工艺，如 AB、A/O 法、$A^2$/O 法、氧化沟法等，还应增加一些检测项目。在上述检测项目中，第（1）、（4）、（5）、（6）、（7）、（8）、（9）、（13）项是必需的。为了实现处理系统的自动控制，应当通过仪表设备自动连续地测定某些项目。通常在污水处理厂中心监视控制室的流量管理图上，能观察到这些量的变化情况。

## 2. 污水与污泥的质

表 3.1-1 和表 3.1-2 分别给出了污水处理厂中各个单元设施需要检测的项目。

**表 3.1-1　与水质有关的检测项目与取样位置**

| 项目 | 取样口 | | | | | |
|---|---|---|---|---|---|---|
| | 沉砂池入口 | 初次沉池入口 | 初次沉池出口 | 二次沉池入口 | 排放口 | 曝气池中各处或出口 |
| 水温 | ◎ | — | — | — | — | ◎ |
| 外观 | ◎ | ◎ | ◎ | ◎ | ◎ | ◎ |
| 浊度 | ◎ | ◎ | ◎ | ◎ | ◎ | — |
| 臭味 | ◎ | ◎ | ◎ | ◎ | ◎ | ◎ |
| pH | ◎ | ◎ | ◎ | ◎ | ◎△ | ◎ |
| SS | ◎ | — | — | ◎ | ◎△ | ◎ |
| VSS | — | — | — | — | — | ◎ |
| 溶解性物质 | ○ | ◎ | ○ | — | — | — |
| DO | — | ◎ | ◎ | ○ | ○ | ◎ |
| BOD | ◎ | — | ◎ | ◎ | △ | ○* |
| COD | ◎ | — | ○ | ◎ | △ | ○* |
| $NH_4^+$-N | ○ | — | — | ○ | — | — |
| $NO_3^-$-N | ○ | | ○ | ○ | — | — |
| 有机氮 | ○ | — | ○ | ○ | — | — |
| 总磷 | ○ | — | — | — | ○ | — |
| $Cl^-$ | ○ | — | — | — | — | — |
| 各种毒物 | ○ | — | — | — | △ | — |
| 大肠杆菌 | — | — | — | ◎ | ◎△ | — |
| $SV_{30}$ | — | — | — | — | — | ◎ |
| 生物相 | — | — | — | — | — | ◎ |

注：◎通常检测，○适当检测，△法定检测，*过滤后检测。

表 3.1-2　与污泥管理有关的检测项目与取样位置

| 项目 | | 位置 | | | | | | |
|---|---|---|---|---|---|---|---|---|
| | | 浓缩池 | 消化池 | 淘洗池 | 投药池 | 脱水池 | 焚烧 | 处置或回水 |
| 污泥 | 温度 | ◎ | ◎ | — | — | — | ◎ | — |
| | pH | ` | ◎ | — | ◎ | — | — | |
| | 固形物 | ◎ | ◎ | ◎ | ◎ | ◎ | — | ◎△ |
| | 有机物 | ◎ | ◎ | ◎ | — | — | ◎ | ◎△ |
| | 有机酸 | ○ | ○ | — | — | — | — | — |
| | 碱度 | ◎ | ◎ | ◎ | ◎ | — | — | — |
| | 毒物类 | — | ○ | — | — | — | — | ○△ |
| | 过滤性 | — | — | — | — | ○ | — | — |
| | 沉降性 | ○ | ○ | ○ | — | — | — | — |
| | 发热量 | — | — | — | — | — | ○ | — |
| 废液 | pH | ◎ | ◎ | — | — | ◎ | ○ | ◎ |
| | 总固体 | ○ | ○ | ○ | — | | ○ | ◎ |
| | SS | ◎ | ◎ | ◎ | — | — | ○ | ◎ |
| | BOD | ○ | ○ | ○ | — | — | — | ◎ |
| | COD | — | — | — | — | — | — | ◎ |
| | 有机酸 | ○ | ○ | — | — | — | — | — |
| | 气体类 | — | ◎ | — | — | — | ◎ | — |
| | 营养盐 | — | ○ | — | — | — | — | ○ |

注：◎通常检测，○适当检测，△法定检测，*过滤后检测。

为了实现污水处理系统自动控制，必须经常或连续地检测水温、pH、SS、VSS、DO、BOD、COD、有机氮、总磷、污泥沉降比等指标，应用仪表设备连续在线检测某些指标是非常必要的。为了实现污泥处理系统的自动控制，必须经常或连续地检测温度、有机酸、碱度、pH 等指标。

## 二、在线检测仪表的取样

一般来说，在选择检测设备和人工分析测定时，都很注意提高检测的精度。但应当看到，即使分析测定的精度很高，其检测值是正确的，而取样位置或方法有问题，得到的数值不仅不能反映出管理与运行状态，而且会给出错误的结论，进而对控制设备产生误导作用，造成运行事故。因此，检测的取样方法与位置也是绝不能忽视的问题。

### 1. 取样方法

根据检测项目的特点，在取样时应区别对待或做些特殊的处理。例如，进行 DO 和微生物等检测时，应准备特殊的专用容器；对于易变质的项目，要预先在容器内加入防腐剂；而对于易受物理性冲击的活性污泥混合液来说，应静置于容器中，避免强烈的搅拌；对于含有易沉淀物质的试样，应当用采样器取样少许，然后迅速移至试样容器。取样的频率或间隔时间与检测项目种类的管理严格程度有关。

（1）常规定时取样（每日—常规检测）

除星期日和节假日外，在每日的某一时间（13 时为好）选择对运行管理起重要作用的位置取样，测定其浊度、pH、COD（化学需氧量）、MLDO（混合液溶解氧）、SV（污泥沉降比）、MLSS（混合液污泥浓度）、污泥滤饼的含水率等。但是，还有必要了解这些检测值与日平均值之间的关系。不能用这些检测值直接计算去除率。

（2）非常规定时取样（适当日—全面检测）

除了每日常规检测项目外，表 3.1-1 和表 3.1-2 中的某些项目也要在每周或隔周精确地测定一次。取样时选择对运行管理起重要作用的位置。

（3）整日连续取样

一般每月进行一次这样的检测为好，每年至少进行 4 次。

在无降雨的日子，从上午 9 时到次日凌晨 2 时每隔 2～3 h 取样一次，每次取样都分析测定 pH、浊度、COD、BOD（生化需氧量）、SS（悬浮物）、SV、MLSS、回流污泥浓度等项目，得出 1 日的浓度变化。有时除上述项目外，还需要检测大肠杆菌数、滤后的 COD 和 BOD 等项目。

根据处理水量的逐时变化，通过加权平均法将各时刻的水样混合，得到 1 日的混合水样，进行测定分析，或作为精密检测项目的水样。

在操作人员连续工作 24 h 以上有困难时，可以使用自动采水器。目前的自动采水器不仅能每隔一段时间取一定的水样，而且能根据流量的变化自动配制混合样。如果想知道不同时刻的水质，必须将不同时刻的水样测定分析完毕后，再配制成 1 日的混合水样，但是应当将取的水样放在冷藏室或冰箱中保存，以防变质。

通过对应用上述方法得到的水样进行检测，得到的分析数据对准确全面地掌握处理设施的管理状态是非常重要的，也可以用来计算出处理设施的负荷率和处理效率等。

（4）短时间内取混合试样

由于沉淀池和污泥处理设施排放污泥时在很短时间内其污泥浓度会发生剧烈的变化，所以应在短时间内多次取样，然后将这些试样等量混合，尽可能使其具有代表性。

## 2. 取样位置

表 3.1-1 和表 3.1-2 给出了污水处理厂在运行管理与控制上必要的检测项目与取样地点，在此进一步介绍取样位置与注意事项。

（1）沉砂池（进入处理厂的污水）

这是了解进入污水处理厂污染物质总量的最重要场所。由于其他处理设施的排水大都返回到沉砂池，取水时应当避开这些污水。此外，为了避开大块的漂浮物，应当从水面以下 50 cm 左右处取样，并迅速移至试样瓶。

（2）初次沉淀池入口（进入初次沉淀池污水）

因为有时污泥处理设施的排水和二次沉淀池的剩余活性污泥直接进入初次沉淀池，所以它的进口处浓度比沉砂池还要高。显然其浓度变化受其他处理设施排水运行时间的影响，因而应当增加取样频次。当初次沉淀池的数目多于 1 座时，还应当在各沉淀池入口取样后，再混合起来作为检测水样。

（3）初次沉淀池出口（经沉淀的污水）

这是对曝气池的运行管理起重要作用的取样场所。当设有 1 座以上初次沉淀池时，从沉淀池出口流经曝气池进水渠的过程中，沉淀后的污水能够充分混合，所以说曝气池入口是取样的最好位置。

（4）曝气池内（活性污泥混合液）

在曝气池不同位置的水样检测值大不相同，应当依次从其入口至出口几个位置取样；鼓风曝气时，在扩散器释放气泡的位置附近取样；机械搅拌时，在远离搅拌叶片处取样；测定混合液溶解氧时，应预先向 DO 瓶中加入硫酸铜，但最好用 DO 测定仪来检测。

（5）回流污泥泵（回流污泥）

由于回流污泥浓度在短时间可能变化很大，可按短时间内取混样的方法取样。

（6）二次沉淀池出口或排放口

由于每个二次沉淀池出水 SS 浓度不同，应当在汇集各个二次沉淀池出水的渠道或排放的计量槽上取样。当设有加氯消毒设施时可以在消毒之后取样。

（7）初次沉淀池的排泥管或泵（初次沉淀池污泥）

由于初次沉淀池间歇排放污泥，其浓度在排泥期间逐渐减小，应按短时间内取混合试样的方法取样。

（8）浓缩池、消化池、投药池（各设施的排泥、排水和上清液）

污泥在这些反应器中的停留时间比污水处理设施的要长，因此只在白天取样就能得到代表性的试样。而投配或排放污泥也是间歇操作，其取样方法同上。

（9）脱水设备（脱水滤饼、脱水滤液、滤布冲洗水）

在每日连续进行脱水运行时，应当昼夜数次取样，然后充分混合后作为试样。间歇运行时，由于运行初期污泥中固形物浓度高，影响其脱水性能，应当再运行一段时间进入稳定状态后再取样。

无论是对于污水处理厂的人工手动控制，还是对于其自动控制，本节介绍的检测项目以及取样方法和取样位置的基本要求或注意事项都是适用的。当然，对于自动控制而言，很多需要检测的项目必须用在线检测设备和监视控制设备，进行连续在线监视、测定记录与控制。

## 三、污水处理厂常用的检测方法与仪表

检测设备与检测方法是否得当，对检测精度、可靠性与经济性都有不可忽视的影响。检测方法应当与其检测目的、设备的使用条件以及安装位置的环境相适应，并便于维护管理。检测方法应因其检测对象不同而异。因检测仪表的传感器大多在现场安装，所以要对其腐蚀、温度、天气、悬浮物的附着与沉积，以及其他因素等外部条件予以充分注意。在校正仪表设备时，应尽可能对实际使用的信号接收端进行实际联合测试，即使这样做有困难，也希望利用其他可靠的方法进行验证，以确保检测方法可靠。

与给水处理厂相比，污水处理厂的处理方法、工艺流程、污水和污泥的指标等都有很大不同，其检测项目与方法也有很多特殊性。下面主要介绍一些活性污泥法污水处理厂中最常用的检测方法及其仪表设备。

### 1. 流量的检测方法与仪表

流量检测仪表设备主要有：堰板、文丘里管、喷嘴、孔板流量计、转子流量计、靶式流量计、容积式流量计、涡轮式流量计、冲量式流量计、管式流量计、巴氏计量槽、P-B 计量槽、电磁流量计、超声波流量计等。为了减小检测误差，各种流量计都有最合适的安装位置、安装方式和方法。表 3.1-3 给出了污水处理厂中常用的流量计在安装时所需要的最小限度的直线长度。

**表 3.1-3 安装各种流量计所需的直线段长度**

| 流量计种类 | 直线段长度 | 流量计种类 | 直线段长度 |
|---|---|---|---|
| 堰板式 | 上游（4～5）$B$ | 巴氏计量槽 | 上游节流宽度的 10～15 倍 |
| 文丘里管 | 上游（5～10）$D$，<br>下游（3～5）$D$ | P-B 计量槽 | 10$D$ |
| 喷嘴 | 上游（10$D$），下游（5$D$） | 电磁流量计 | 上游（5$D$），下游（2$D$） |
| 孔板 | 上游（10$D$），下游（5$D$） | 超声波流量计 | 上游（10$D$），下游（5$D$） |

注：$B$ 为堰宽，$D$ 为管内径。

在污水处理厂的流量检测中，通常采用堰板、巴式计量槽、电磁流量计和超声波流量计。下面着重介绍在重力流污水处理流程中最常用巴氏计量槽。常用于进水、出水的管渠中，检测总进出水流量。

巴氏计量槽如图 3.1-1 所示。

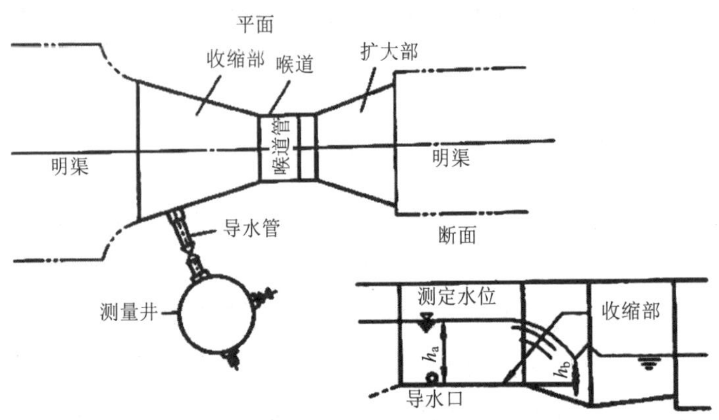


图 3.1-1　巴氏计量槽示意图

巴氏计量槽是有收缩喉道的明渠，根据水渠推算其流量。它具有水头损失小、堵塞可能性小、运行管理简单、费用低等特点。因此，污水处理厂的最终出水经常采用巴氏计量槽来计量其总处理水量。巴氏计量槽的测量测定范围如表 3.1-4 所示。

表 3.1-4　巴氏计量槽的测量测定范围

| 名　称 | 厚道宽度/mm | 最小流量/（$m^3/h$） | 最大流量/（$m^3/h$） | 淹没度（$h_b/h_a$） |
|---|---|---|---|---|
| PF-03 | 76.2 | 3 | 193 | 0.6 以下 |
| PF-06 | 152.4 | 5 | 398 | |
| PF-09 | 228.6 | 9 | 907 | |
| PF-10 | 304.8 | 11 | 1 641 | 0.7 以下 |
| PF-15 | 457.2 | 15 | 2 508 | |
| PF-20 | 609.6 | 43 | 3 374 | |
| PF-30 | 914.4 | 62 | 5 138 | |
| PF-40 | 1 219.2 | 133 | 6 922 | |
| PF-50 | 1 524.0 | 163 | 8 726 | |
| PF-60 | 1 828.8 | 265 | 10 551 | |
| PF-70 | 2 133.6 | 306 | 12 376 | |
| PF-80 | 2 438.4 | 357 | 14 221 | |

## 2. 污泥浓度的检测方法与仪表

由于污水处理过程中污泥产量大、成分复杂，污泥处理与处置是污水处理系统中重要的组成部分，因此污泥检测占有重要地位。

污泥浓度的检测方式有光学式、超声波式和放射线式等，一般对低浓度污泥的检测多采用光学式，对高浊度则多采用超声波式。

（1）MLSS 质量浓度的检测

MLSS 即曝气池中混合液悬浮固体（Mixed Liquor suspended solids），其质量浓度一般在 1 500～4 000 mg/L，属于低浓度污泥，常采用光学式检测仪 MLSS 计（图 3.1-2）来检测。

光学式检测仪又分为透射光式、散射光式和透光散射光式 3 种。如图 3.1-2 所示，透射光式检测仪将装有试样的测定管夹在对置的一对光源和受光器中间，照射在试样上的光被 SS 吸收并散射，到达受光器的透射量发生衰减。根据受光器得到的透光量与 SS 浓度的相关关系检测 MLSS 浓度。试样中的气泡将对检测精度产生影响，因此应当按测定管内气泡无法存在的方向来设置。检视窗口需要定期清洗，或者附设自动清洗装置。散射光式检测仪从光源发射到试样的光因 SS 存在而形成散射，根据受光器接收的散射光量与 SS 浓度的相关关系，检测 MLSS 浓度。气泡的存在与检视窗口的污染都会引起误差。透光散射光式检测仪根据受光器得到的透光量和接收的散射光量两者与 SS 浓度的相关关系来检测 MLSS 浓度。

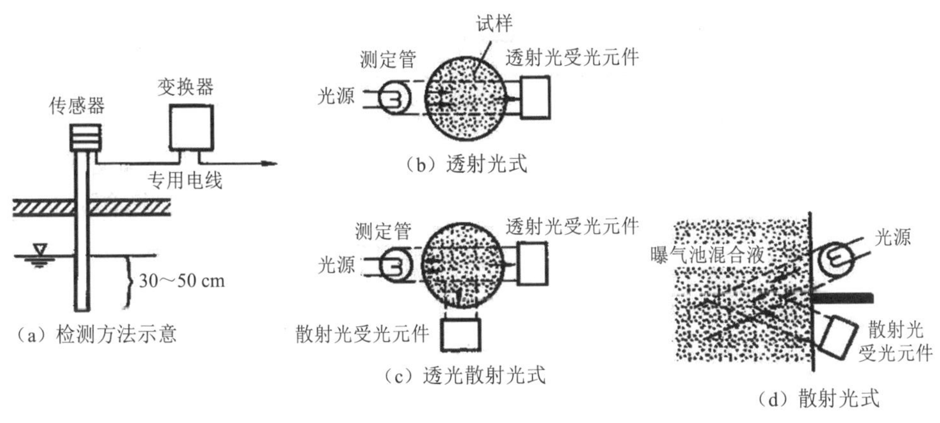


图 3.1-2 MLSS 检测仪

在使用 MLSS 检测仪时应注意以下事项：

①为了避免由于检视窗口的污染引起的检测误差，应当定期清洗。

②为了避免由于来自上方直射日光等强光的射入引起的误差，检测仪的传感器部分常常放置在水面以下 30～50 cm 处。

③由于 MLSS 检测仪是根据光学原理测定 MLSS 质量浓度，当被检测的混合液颜色

变化影响透光率变化时，宜使用受其影响较小的透光散射光式检测仪。

④在对 MLSS 检测仪进行校正时，将 MLSS 的分析值和 MLSS 检测仪的测定值进行比较，并作成表示相关关系的曲线图，用来校正检测仪。分析某一被检测试样后，依次稀释该试样，并求出与 MLSS 检测仪测定值之间的相关关系，来校正 MLSS 检测仪。

（2）污泥浓度检测仪

污泥浓度较高时常采用超波式浓度检测仪，如图 3.1-3 所示。将一对超声波发射器与接收器相对安装在测定管两侧，超声波在传播时被污泥中的固形物吸收和分散而发生衰减，其衰减量与污泥浓度成正比，通过测定超声波的衰减量来检测污泥浓度。试样中的气泡也会引起检测误差。它的优点是受污染的影响较小，缺点是间歇式检测。

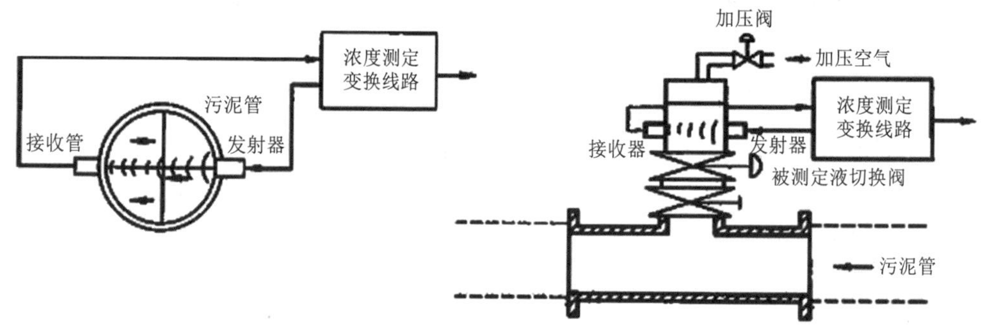


图 3.1-3　超声波式浓度检测仪

使用时应注意的事项如下：

①试样中的气泡将导致超声衰减量异常而引起检测误差。若气泡较多时，应当采用带有加压消泡装置的检测仪，消泡后再检测。另外，也要注意由于污泥的腐败或搅拌后，空气卷入污泥中，使消泡困难，难去除气泡对检测值影响的情况。

②当有加压消泡装置时，应定期检查加压机构，同时排出空气罐中的水。

③当由于季节变化而引起污泥颗粒形状的变化，或者由于污泥混合后不均质的情况，应用正常的污泥检测结果来校正。

④有加压消泡装置时，由于其检测是按更换污泥→加压→检测的程序进行，每检测一次需要 5 min 左右。因此，当泵是间歇运行时，如果随着泵的启动开始检测，能够顺利地更换需要检测的污泥。

## 3. 有机物的检测方法与仪表

在污水处理中，COD 主要用来表示有机物被强氧化剂氧化时消耗的强氧化剂的量，根据当量关系换算成氧的量，用 mg/L 来表示。

如图 3.1-4 所示，COD 自动检测仪是将指定的检测步骤自动化的仪器，每隔 1～2 h 间歇自动检测，根据氧化分解的条件，有酸性法检测仪和碱性法检测仪。通过更换试剂，也有酸性法和碱性法两种方法交替使用的仪表。酸性法适用于水样中含微量氯离子或不含氯离子的检测，而碱性法受氯离子影响不大，因此可用于含有大量氯离子水样的检测。

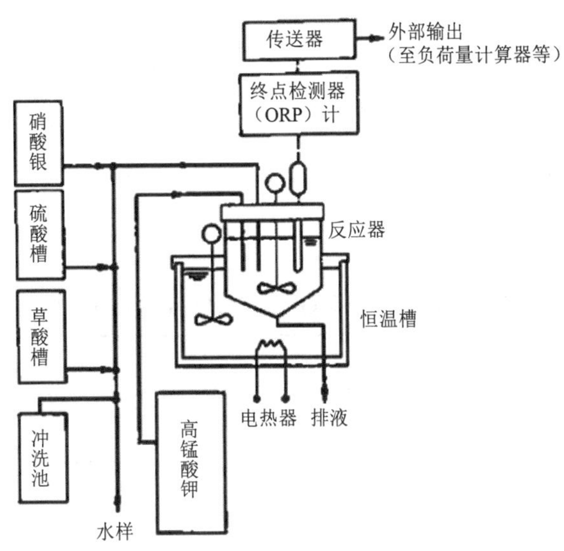


图 3.1-4 酸性法 COD 自动检测仪系统

## 4. 营养物在线传感器

近年来，虽然我国污水处理率不断提高，但是由氮、磷污染引起的水体富营养问题不仅没有解决，而且有日益加重的趋势。我国在 2002 年发布的《城镇污水处理厂污染物排放标准》中增加了总氮、总磷最高允许排放浓度，同时也对出水氨氮提出了更严格的要求。可见，污水处理的主要矛盾已逐渐由有机污染物的去除转变为氮、磷污染物的去除。然而，目前我国污水处理厂脱氮除磷普遍存在能耗高、效率低以及运行不稳定的缺点，提高污水处理厂过程控制水平是提高其运行效率、降低运行费用最有效的方法。因此，对污水处理厂检测水平的要求也大大提高，在过去由于缺乏有效的传感器或传感器不稳定，导致污水处理厂的运行和控制基本上以手动控制为主，目前，大部分污水处理厂安装了监控和数据获取（SCADA）系统，但未实现系统的在线控制和运行优化。仪表已不是污水处理厂控制的“瓶颈”，表 3.1-5 是一些常用的传感器，在一些污水处理的高级控制中它们的应用逐渐增加，从而提高了系统的稳定性并降低了运行费用。

表 3.1-5 污水处理厂常用的测定仪

| 流　　量 | 电导率 | 溶解性营养物浓度（氮和磷） |
| --- | --- | --- |
| 水位、水压 | DO | 总氮和总磷 |
| 温度 | 浊度 | BOD、COD、TOC |
| pH | 污泥浓度 | 呼吸仪 |
| ORP | 污泥层高度 | 气体成分测定 |

氮和磷排放标准的逐渐加严，极大地促进了营养物在线传感器的开发和市场化，测量进出水中总氮和总磷的浓度对在线监测也有重要意义。但是迄今为止，只有很少的厂商生产，并且极其昂贵。而氨氮、硝酸氮和可溶性正磷酸盐在线传感器已在国外城市污水处理厂获得一定的应用（表 3.1-6）。

表 3.1-6 氨氮、硝酸氮和磷酸盐的在线传感器/分析仪的测定方法

| 测定指标 | 比色法 | 替代方法 |
| --- | --- | --- |
| 氨氮 | indophenol blue 靛酚蓝 | 增加 pH，应用 $NH_3$ 气体传感器或离子选择电极 |
| 硝酸氮+亚硝酸氮 | 被还原为亚硝酸氮，应用 *N*-（1-萘基） | 在 205 nm 吸收或离子选择电极 |
| 正磷酸盐 | 钼蓝方法 | 无 |

营养物传感器需要预处理采样液，在仪器箱中安装泵单元、光度计、控制单元、化学药品。因此包括采样系统和分析仪，然而它的缺陷是不能自动测定，仪器在设计时，需要考虑这些因素，减少采样时间以及反应时间，另外还需降低化学药品的消耗量。随着对在线信息的要求，开发出了体积小、可以直接测定的传感器，最有名的当属 Danfoss Evian 系列分析仪制造商基于比色法开发的氨氮、硝酸氮和磷酸盐现场（In-situ）传感器，以 WTW 基于离子选择电极方法的硝酸氮和氨氮在线传感器。这些传感器可以节约采样和预处理系统的费用。在线传感器逐步发展，设计越小、响应时间越快且具有直接测定功能传感器是未来发展的趋势。

下面介绍营养物传感器的设计：

评价和使用营养物传感器需要考虑以下因素：校验、清洗、响应时间、化学药剂品流量、物理尺寸、测定组分的性质以及使用友好性。

校验和清洗可以人工进行也可以自动进行。每次自动清洗和校验时间可能在 160 min 之内，其频率可能是每 5 min 一次，也可以是每天 1 次。很明显，进行清洗和校验的时间越短越好。

对自动控制而言，营养物传感器的响应时间是个很重要的参数。在间歇运行系统中

该参数尤为重要，响应时间在 5～15 min 是可以接受的。一般而言，响应时间在 1～30 min，样品前处理额外需要 1～20 min。因此，在 SBR 法中很多仪器无法使用。

化学药剂消耗量是传感器运行费用的主要组成部分。可以购买配制好的化学药剂，也可以买回药剂在实验室自行配制。购买使用已经配制好的药剂比较昂贵，但是可以保证测量精度，并且不需要对实验室人员进行培训，还节省了很多时间。更换药剂的间隔时间一般是每周 1 次至每 12 周 1 次。

传感器的形状千差万别。一些结构紧凑的传感器一般都设计成壁挂式的，宽×高在 150 mm×300 mm 左右。大一些的传感器悬挂安放在从地板至天花板之间的小柜中，宽×高在 1 m×2 m 左右，重量超过 100 kg。大多数传感器其宽×高在 0.5 m×1 m 左右，设计成壁挂式的。

### 5. 采样系统

任何传感器在进行测定之前需对样品进行前处理，这样才能保证测定的准确性，另外也可延长传感器的使用期限。包含采样系统最典型的传感器是新型的氨氮、硝酸氮和正磷酸盐营养物测定仪。样品前处理的目的是去除悬浮物质，以防止其堵塞、弄碎测量仪器的管道、泵或测量单元，或者防止电极污染。

在线分析测定仪都期望能够尽量减少化学药剂的消耗量，因此，尽量使用断面面积小的管路，尽量使用光学测量组件，而且测定单元的体积尽量也要小。为了防止测量仪器被堵塞，污水样品必须要进行前处理，去掉其中的悬浮物质。

一般用潜水泵将样品（一般在 5～10 $m^3/h$ 范围内）送到测量室，在此按照交叉流动原则，超滤系统将样品定量（0.5～30 L/h）过滤。过滤后得到的样品被送到内嵌传感器。

采样流量的量程一般在 1～2 000 ml/h 的范围内。采样量较小的系统其优点之一就是化学药剂消耗量小，并且可安装较小的超滤膜组件。而采样量较大的系统可以只进行简单的过滤而不必进行超滤，或者对未经过滤的样品进行测量时，可以保持较大的流速而避免堵塞管路、泵和阀。

另一种在生物技术以及水质监测系统中已经得到应用的采样系统是流动性注射分析系统（FIA）。在废水水质分析中 FIA 的应用日渐增多，其优点是化学药剂的消耗量更小，样品作为一个区域以流动载体的形式进入测量系统。当样品区域流经多个管区时，可以进行多种前处理或与投加的化学药剂进行化学反应，然后流经传感器，测量一些指标。在 FIA 系统中经常使用分光光度法、荧光分析法以及电化学法进行指标检测。对于某种废水或难处理废水，采样系统要经常进行清洗。

### 6. 在线仪表安装

在设置仪表设备时，为了充分发挥仪表设备的总体功能，适当照顾到安装、配线和配管方面的工作。即使仪表设备的检测部分、变换部分、操作部分、接收部分等各部分的功能良好，若设置不适当，也会直接影响设备总体的性能、可操作性、安全性及维护性，影响使用寿命，因此在设计与安装检测仪表设备时，应考虑以下问题：

（1）仪表的安装

安装仪表时，在了解各仪表的特性之后，还应当考虑维护性，并对场所的选定、照明和空调布置、振动、环境条件等进行充分考察，按照各种仪表最合适的方法进行安装。

（2）配线及配管

1）配线

无论仪表设备的性能有多好，如果检测部分和接收部分的连接电缆很差，因静电感应、电磁感应而造成噪声干扰、信号紊乱等因素，都不能达到精确检测的目的。应当按照仪表的信号种类、标准、周围条件等，对选择电缆、对配线方法、构筑物（电缆处理室、电缆井、电缆槽等）及穿越墙壁部分的布置做充分考虑。

2）配管

配管大致分为压力管、仪表用空气管及采样管。这些配管对仪表正常运转起到了重要作用，要熟悉其检测对象的状态及环境条件，并要考虑配管的方法及材料。特别在质的检测采样中，关于采样位置、采样装置、预处理装置及采样管等，要分别对其采用的方法和材料进行充分考察选定，并且应做到易于维护及检查。

3）仪表间的协调

设置各种仪表时，按照能提高性能及可操作性，容易监视的要求，在配置仪表时使有关仪表能达到良好平衡。

4）将来的扩建

当污水处理厂按多系列并联运行来设计时，应按照后期工程的施工和维护管理方便来设置仪表设备，仪表配线与配管应留有必要的空间。

## 任务 3.2 温度测量仪表

### 一、温度测量仪表分类

温度测量仪表按测温方式可分为接触式和非接触式两大类。通常来说接触式测温仪表比较简单、可靠，测量精度较高，但因测温元件与被测介质需要进行充分的热交换，故需要一定的时间才能达到热平衡，所以存在测温的延迟现象。同时受耐高温材料的限制，不能应用于很高的温度测量。非接触式仪表测温是通过热辐射原理来测量温度的，测温元件无须与被测介质接触，测温范围广，不受测温上限的限制，也不会破坏被测物体的温度场，反应速度一般也比较快；但受到物体的发射率、测量距离、烟尘和水汽等外界因素的影响，其测量误差较大。

工业上常用的温度检测仪表的分类及优缺点如表 3.2-1 所示。

**表 3.2-1　常用测温仪表种类及优缺点**

| 测温方式 | 温度计种类 | | 常用测量范围/℃ | 优　点 | 缺　点 |
|---|---|---|---|---|---|
| 非接触式测温仪表 | 辐射式 | 辐射式 | 400～2 000 | 测温时不破坏被测温度场 | 低温段测量不准，环境条件会影响测温准确度 |
| | | 光学式 | 700～3 200 | | |
| | | 比色式 | 900～1 700 | | |
| | 红外线 | 热敏探测 | –50～3 200 | 测温时不破坏被测温度场，响应快，测温范围大，适于测温度分布 | 易受外界干扰，标定困难 |
| | | 光电探测 | 0～3 500 | | |
| | | 热电探测 | 200～2 000 | | |
| 接触式测温仪表 | 膨胀式 | 玻璃液体 | –50～600 | 结构简单，使用方便，测量准确，价格低廉 | 测量上限和精度受玻璃质量的限制，易碎，不能记录和远传精度低，量程和使用范围有限 |
| | | 双金属 | –80～600 | 结构紧凑，牢固可靠 | |
| | 压力式 | 液体 | –30～600 | 结构紧凑，牢固可靠 | 精度低，测量距离短，滞后大 |
| | | 气体 | –20～350 | | |
| | | 蒸汽 | 0～250 | | |
| | 热电偶 | 铂铑-铂 | 0～1 600 | 测量范围广，精度高，便于远距离、多点、集中测量和自动控制 | 需冷端温度补偿，在低温段测温精度较低 |
| | | 镍镉-镍铝 | 0～900 | | |
| | | 镍镉-康铜 | 0～600 | | |
| | 热电阻 | 铂 | –200～500 | 测量精度高，便于远距离、多点、集中测量和自动控制 | 不能测高温，需注意环境温度影响 |
| | | 铜 | –50～150 | | |
| | | 热敏 | –50～300 | | |

## 二、热电偶

热电偶是工业上最常用的温度检测元件之一。其优点是：

①测量精度高，因热电偶直接与被测对象接触，不受中间介质的影响；

②测量范围广，常用的热电偶从 –50～1 600℃均可连续测量，某些特殊热电偶最低可测到 –269℃（铁-镍铬），最高可达 2 800℃（如钨-铼）；

③构造简单，使用方便。热电偶通常是由两种不同的金属丝组成，而且不受大小和形状的限制，外有保护套管，使用非常方便。

## 1. 热电偶测温基本原理

两种不同材料的导体或半导体 A 和 B 焊接起来，构成一个闭合回路，如图 3.2-1 所示。当导体 A 和 B 的两个接点 1 和 2 之间存在温差时，两者之间便产生电动势，因而在回路中形成一定大小的电流，这种现象称为热电效应。热电偶就是利用热电效应来工作的。

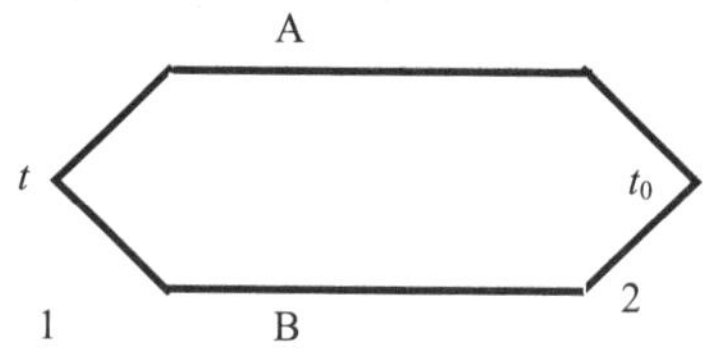


图 3.2-1 热电偶工作原理

如图 3.2-1 所示，热电偶的一端将 A、B 两种导体焊在一起，置于温度为热电偶回路 $t$ 的被测介质中，称为工作端；另一端称为自由端，放在温度为 $t_o$ 的恒定温度下。当工作端的被测介质温度发生变化时，热电势随之发生变化，将热电势送入显示仪表进行指示或记录，或送入微机进行处理，即可获得温度值热电偶两端的热电势差，可以用式（3-1）表示：

$$E = e_{ab}(t) - e_{ab}(t_o) \tag{3-1}$$

式中，$E$ —— 热电偶的热电势；

$e_{ab}(t)$ —— 温度为 $t$ 时工作端的热电势；

$e_{ab}(t_0)$ —— 温度为 $t_0$ 时自由端的热电势。

当自由端温度 $t_o$ 恒定时，热电势只与工作端的温度有关，即 $E$=f($t$)。

当组成热电偶的热电极的材料均匀时，其热电势的大小与热电极本身的长度和直径大小无关，只与热电极材料的成分及两端的温度有关。因此，用各种不同的导体或半导体材料可做成各种用途的热电偶，以满足不同温度对象测量的需要。

## 2. 热电偶的种类及结构形式

（1）热电偶的种类

常用热电偶可分为标准热电偶和非标准热电偶两大类。所谓标准热电偶是指国家标准规定了其热电势与温度的关系、允许误差，并有统一的标准分度表的热电偶，它有与其配套的显示仪表供选用。非标准化热电偶在使用范围或数量上均不及标准化热电偶，一般也没有统一的分度表，主要用于某些特殊场合的测量。

1）标准化热电偶

我国从 1988 年 1 月 1 日起，热电偶和热电阻全部按 IEC 国际标准生产，并指定 S、BE、K、R、J、T 等 7 种标准化热电偶为我国统一设计型热电偶。但其中的 R 型（铂铑$_{13}$-铂）热电偶，因其温度范围与 S 型（铂铑$_{10}$-铂）重合，我国没有生产和使用。

2）非标准化热电偶

常见非标准化热电偶有铱和铱合金热电偶、金铁-镍铬热电偶、钨铼热电偶和钯-铂铱$_{15}$ 热电偶等。

（2）热电偶结构形式

1）普通型热电偶

普通型结构热电偶工业上使用最多，它一般由热电极、绝缘套管、保护管和接线盒组成，其结构如图 3.2-2 所示。普通型热电偶按其安装时的连接形式可分为固定螺纹连接、固定法兰连接、活动法兰连接、无固定装置等多种形式。

2）铠装型热电偶

铠装型热电偶又称套管热电偶。它是由热电偶丝、绝缘材料和金属套管三者经拉伸加工而成的坚实组合体，如图 3.2-3 所示。它可以做得很细、很长，使用中随需要能任意弯曲。铠装型热电偶的主要优点是测温端热容量小，动态响应快，机械强度高，挠性好，可安装在结构复杂的装置上，因此被广泛用于工业部门中。

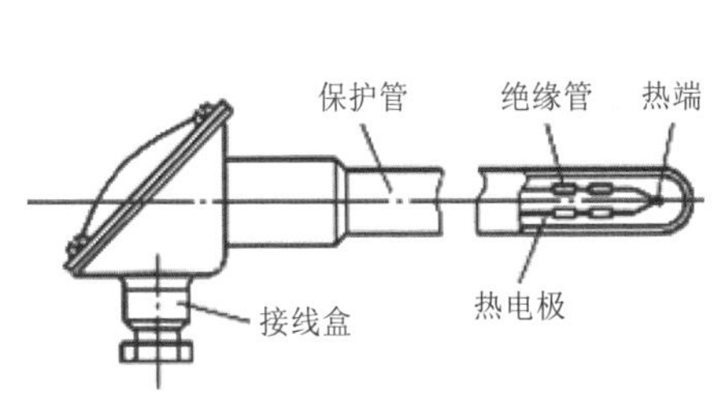


图 3.2-2 普通型热电偶结构

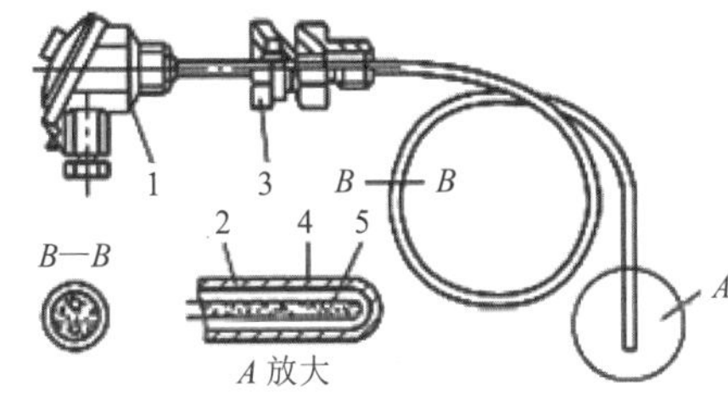


1—接线盒；2—金属套管；3—固定装置；4—绝缘材料；5—热电极。

图 3.2-3 铠装型热电偶结构

3）薄膜热电偶

用真空蒸镀（或真空溅射）、化学涂层等工艺，将热电极材料沉积在绝缘基板上形成的一层金属薄膜。热电偶测量端既小又薄（厚度可达 0.01～0.1 μm），因而热惯性小，反应快，可用于测量瞬变的表面温度和微小面积上的温度。如图 3.2-4 所示。其结构有片状、针状和把热电极材料直接蒸镀在被测表面上 3 种。所用的电极类型有铁-康铜、铁镍、铜-康铜、镍铬-镍硅等。测温范围为 −200～300℃。

1—测量接点；2—铁膜；3—铁丝；4—镍丝；5—接头夹具；6—镍膜；7—衬架。

**图 3.2-4 铁-镍薄膜热电偶结构**

4）表面热电偶

表面热电偶是用来测量各种状态的固体表面温度的，如测量轧辊、金属块、炉壁、橡胶筒和涡轮叶片等表面温度。

此外还有测量气流温度的热电偶、浸入式热电偶等。

## 3. 热电偶的温度补偿

（1）补偿导线

实际测温时，由于热电偶长度有限，自由端温度将直接受到被测物温度和周围环境温度的影响。例如，热电偶安装在电炉壁上，而自由端放在接线盒内，电炉壁周围温度不稳定，波及接线盒内的自由端，造成测量误差。虽然可以将热电偶做得很长，但这将提高测量系统的成本，是很不经济的。工业中一般采用补偿导线来延长热电偶的冷端，使之远离高温区。将热电偶的冷端延长到温度相对稳定的地方。

由于热电偶一般都是较贵重的金属，为了节省材料，采用与相应热电偶的热电特性相近的材料做成的补偿导线连接热电偶，将信号送到控制室，如图 3.2-5 所示（其中 A′、B′为补偿导线）。它通常由两种不同性质的廉价金属导线制成，而且在 0～100℃温度范围内，要求补偿导线和所配热电偶具有相同的热电特性。所谓补偿导线，实际上是一对材料化学成分不同的导线，在 0～150℃温度范围内与配接的热电偶有一致的热电特性，价格相对便宜。由此可知，我们不能用一般的铜导线传送热电偶信号，同时对不同分度号的热电偶其采用的补偿导线也不同。常用热电偶的补偿导线列于表 3.2-2。根据中间温度定律，只要热电偶和补偿导线的两个结点温度一致，是不会影响热电势输出的。

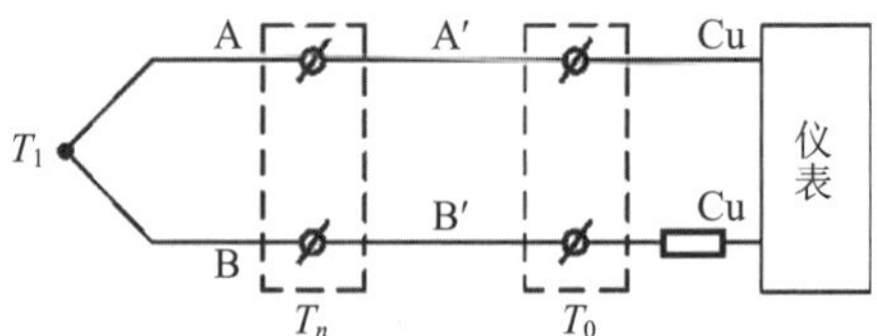


**图 3.2-5 补偿导线连接示意图**

表 3.2-2 常用补偿导线

| 补偿导线型号 | 配用热电偶型号 | 补偿导线 | | 绝缘层颜色 | |
|---|---|---|---|---|---|
| | | 正 极 | 负 极 | 正 极 | 负 极 |
| SC | S | SPC（铜） | SNC（铜镍） | 红 | 绿 |
| KC | K | KPC（铜） | KNC（康铜） | 红 | 蓝 |
| KX | K | KPX（镍铬） | KNX（镍硅） | 红 | 黑 |
| EX | E | EPX（镍铬） | ENX（铜镍） | 红 | 棕 |

使用补偿导线必须注意以下几个问题：

①两根补偿导线与两个热电极的结点必须具有相同的温度。

②只能与相应型号的热电偶配用，而且必须满足工作范围。

③极性切勿接反。

（2）温度补偿

由热电效应的原理可知，热电偶产生的热电势与两端温度有关。只有将冷端的温度恒定，热电势才是热端温度的单值函数。由于热电偶分度表是以冷端温度为0℃时作出的，因此在使用时要正确反映热端温度，最好设法使冷端温度恒为0℃。但实际应用中，热电偶的冷端通常靠近被测对象，且受到周围环境温度的影响，其温度不是恒定不变的。为此，必须采取一些相应的措施进行补偿或修正，常用的方法有以下几种：

1）冷端恒温法

冷端恒温法包括0℃恒温法和其他恒温法。0℃恒温法是在实训室及精密测量中，通常把参考端放入装满冰水混合物的容器中，以便参考端温度保持0℃，这种方法又称冰浴法。其他恒温法是将热电偶的冷端置于各种恒温器内，使之保持恒定温度，避免由于环境温度的波动而引起误差。这类恒温器可以是盛有变压器油的容器，利用变压器油的热惰性恒温，也可以是电加热的恒温器，这类恒温器的温度不为0℃，故最后还需对热电偶进行冷端修正。

2）计算修正法

上述两种方法解决了一个问题，即设法使热电偶的冷端温度恒定。但是，冷端温度并非一定为0℃，所以测出的热电势还是不能正确反映热端的实际温度。为此，必须对温度进行修正。修正公式如式（3-2）所示，在热电偶测温回路中，$t_1$ 为热电极上某一点的温度，热电偶AB在接点温度为 $t$、$t_0$ 时的热电势 $E_{AB}$（$t$，$t_0$）等于热电偶AB在接点温度 $t$、$t_1$ 和 $t_1$、$t_0$ 时的热电势 $E_{AB}$（$t$，$t_1$）和 $E_{AB}$（$t_1$，$t_0$）的代数和。

$$E_{AB}(t, t_0) = E_{AB}(t, t_1) + E_{AB}(t_1, t_0) \tag{3-2}$$

3）电桥补偿法

计算修正法虽然很精确，但不适合连续测温，为此，有些仪表的测温线路中带有补偿电桥，利用不平衡电桥产生的电势补偿热电偶因冷端温度波动引起的热电势的变化，如图 3.2-6 所示。

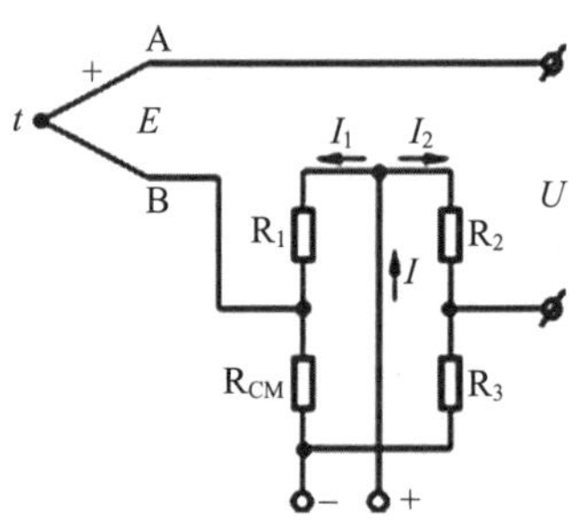


图 3.2-6　电桥补偿电路

4）显示仪表零位调整法

当热电偶通过补偿导线连接显示仪表时，如果热电偶冷端温度已知且恒定时，可预先将有零位调整器的显示仪表的指针从刻度的初始值调至已知的冷端温度值上，这时显示仪表的示值即为被测量的实际值。

## 三、热电阻

热电阻是利用电阻随温度变化的特性而制成的，它在工业上被广泛用于对温度和温度有关参数的检测。按热电阻性质的不同，热电阻传感器可分为金属热电阻和半导体热电阻两大类，前者通常简称为热电阻，后者称为热敏电阻。

### 1. 金属热电阻

常用热电阻材料有铂、铜、铁和镍等，它们的电阻温度系数在（3～6）$\times 10^{-3}$/℃范围内，下面分别介绍它们的使用特性。

（1）铂电阻

铂，银白色贵金属，Ⅷ族，原子序数 78，熔点 1 772℃，沸点 3 827℃，又称白金，是目前公认的制造热电阻的最好材料，它性能稳定，重复性好，测量精度高，其电阻值与温度之间有很近似的线性关系。缺点是电阻温度系数小，价格较高。铂电阻主要用于制成标准电阻温度计，其测量范围一般为 –200～850℃。结构如图 3.2-7 所示，铂热电阻分度见表 3.2-3。

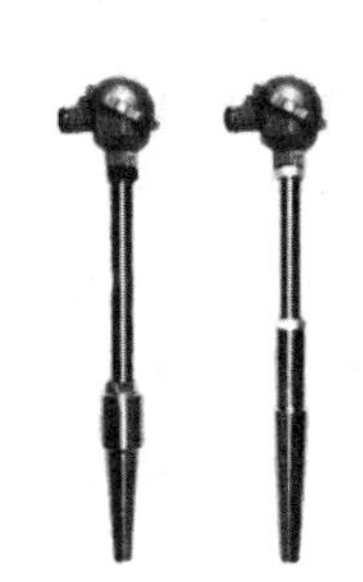

（a）普通型铂热电阻实物图

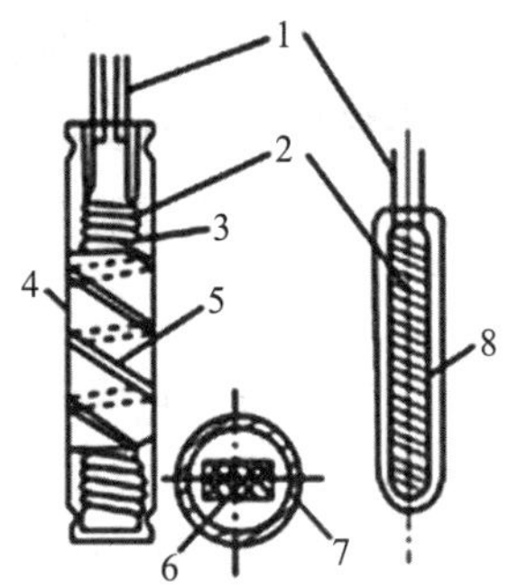


（b）结构图

1—银引出线；2—铂丝；3—锯齿形云母骨架；4—保护用云母片；5—银绑带；6—铂电阻横断面的阻；7—保护套管；8—石英骨架。

**图 3.2-7　铂热电阻的构造**

**表 3.2-3　铂热电阻分度表**

| 工作端温度/℃ | PT100 | 工作端温度/℃ | PT100 | 工作端温度/℃ | PT100 |
|---|---|---|---|---|---|
| –50 | 80.31 | 100 | 138.51 | 250 | 194.1 |
| –40 | 84.27 | 110 | 142.29 | 260 | 197.71 |
| –30 | 88.22 | 120 | 146.07 | 270 | 201.31 |
| –20 | 92.16 | 130 | 149.83 | 280 | 204.9 |
| –10 | 96.09 | 140 | 153.58 | 290 | 208.48 |
| 0 | 100 | 150 | 157.33 | 300 | 212.05 |
| 10 | 103.9 | 160 | 161.05 | 310 | 215.61 |
| 20 | 107.79 | 170 | 164.77 | 320 | 219.15 |
| 30 | 111.67 | 180 | 168.48 | 330 | 222.68 |
| 40 | 115.54 | 190 | 172.17 | 340 | 226.21 |
| 50 | 119.4 | 200 | 175.86 | 350 | 229.72 |
| 60 | 123.24 | 210 | 179.53 | 360 | 233.21 |
| 70 | 127.08 | 220 | 183.19 | 370 | 236.7 |
| 80 | 139.9 | 230 | 186.84 | 380 | 240.18 |
| 90 | 134.71 | 240 | 190.47 | 390 | 243.64 |

（2）铜电阻

铜电阻的特点是价格便宜（而铂是贵重金属），纯度高，重复性好，电阻温度系数大，$\alpha=$（4.25～4.28）$\times10^{-3}$/℃（在 0～100℃铂的电阻温度系数平均值为 $3.9\times10^{-3}$/℃），其测温范围为 –50～150℃，当温度再高时，裸铜就氧化了。

铜热电阻的主要缺点是电阻率小（约为铂的一半），所以制成一定电阻时与铂材料相比，铜电阻要细，造成机械强度不高，或要长则体积较大，而且铜电阻容易氧化，测温范围小。因此，铜电阻常用于介质温度不高、腐蚀性不强、测温元件体积不受限制的场合。铜电阻的 $R0$ 值有 50Ω和 100Ω两种。分度号分别为 Cu50、Cu100。

## 2. 热敏电阻

热敏电阻是用半导体材料制成的热敏器件。相对于一般的金属热电阻而言，它主要具备以下特点：电阻温度系数大，灵敏度高，比一般金属电阻大 10～100 倍；结构简单，体积小，可以测量点温度；电阻率高，热惯性小，适宜动态测量；阻值与温度变化呈非线性关系；稳定性和互换性较差。

（1）热敏电阻结构

大部分半导体热敏电阻是由各种氧化物按一定比例混合，经高温烧结而成，如图 3.2-8 所示。多数热敏电阻具有负温度系数，即当温度升高时，其电阻值下降，同时灵敏度也下降。由于这个原因，限制了它在高温下的使用。

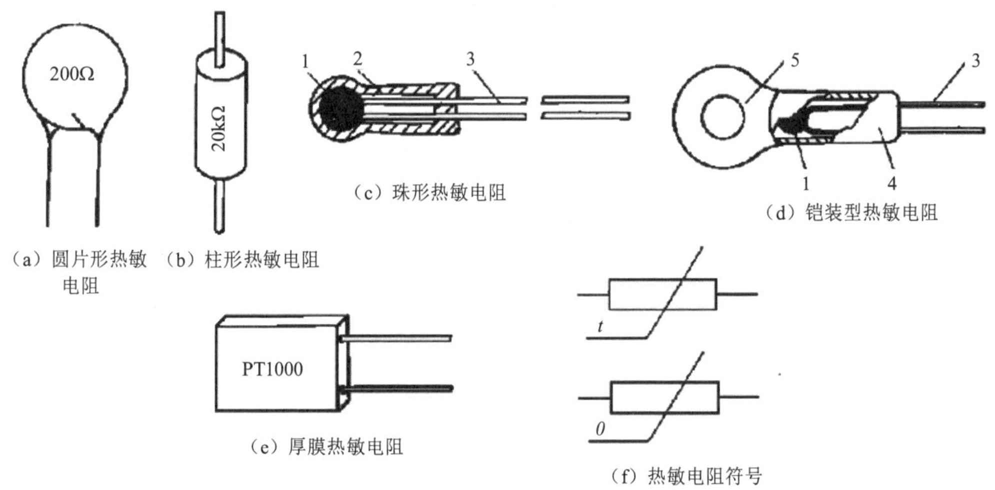


（a）圆片形热敏电阻 （b）柱形热敏电阻 （c）珠形热敏电阻 （d）铠装型热敏电阻 （e）厚膜热敏电阻 （f）热敏电阻符号

1—热敏电阻；2—玻璃外壳；3—引出线；4—紫铜外壳；5—传热安装孔。

**图 3.2-8 热敏电阻的外形、结构及符号**

（2）热敏电阻的热电特性

热敏电阻是一种新型的半导体测温元件，它是利用半导体的电阻随温度变化的特性而制成的测温元件。按温度系数不同可分为正温度系数热敏电阻（PTC）和负温度系数热敏电阻（NTC）两种。NTC 又可分为两大类：第一类电阻值与温度之间呈严格的负指数关系；第二类为突变型（CTR），当温度上升到某临界点时，其电阻值突然下降。PTC 也分为正指数型和突变型（CTR）。其热电特性曲线如图 3.2-9 所示。

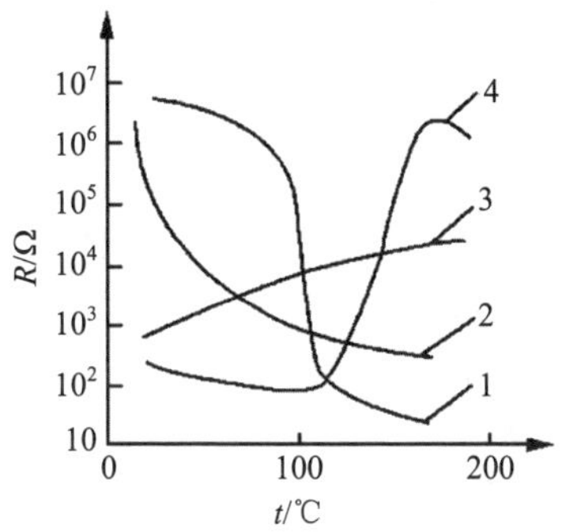


1—突变型 NTC；2—负指数型 NTC；3—正指数型 PTC；4—突变型 PTC。

图 3.2-9　热敏电阻的热电特性曲线

# 任务 3.3　压力测量仪表

## 一、压力检测仪表的原理

在污水处理厂水处理中，压力的监测也是一个重要环节。污水处理厂使用的压力计一般都是弹性式压力计和电气式压力计。弹性式压力计将被测压力转换成弹性元件变形的位移来进行测量。电气式压力计通过机械和电气元件将被测压力转换成电量来测量的仪表。

测量原理：弹性元件在轴向受到外力作用时，就会产生拉伸或压缩位移，即

$$F=C\times S \tag{3-3}$$

式中，$F$ —— 轴向外力；

$S$ —— 位移；

$C$ —— 弹性元件的刚度系数。

$$F=A\times P \tag{3-4}$$

式中，$A$ —— 弹性元件承受压力的有效面积；

$P$ —— 被测压力。

如图 3.3-1、图 3.3-2 所示。

图 3.3-1 是弹性式压力计，在被测压力的作用下，利用各种形式的弹性元件受压后产生弹性变形的原理而制成的测压仪表。

弹性式压力计的特点：结构简单、使用可靠、读数清晰、牢固可靠、价格低廉、测

量范围宽、有足够的精度、应用广泛。

弹性式压力计的测量范围：可用来测量几百帕到数千兆帕范围内的压力。

（a）实物图

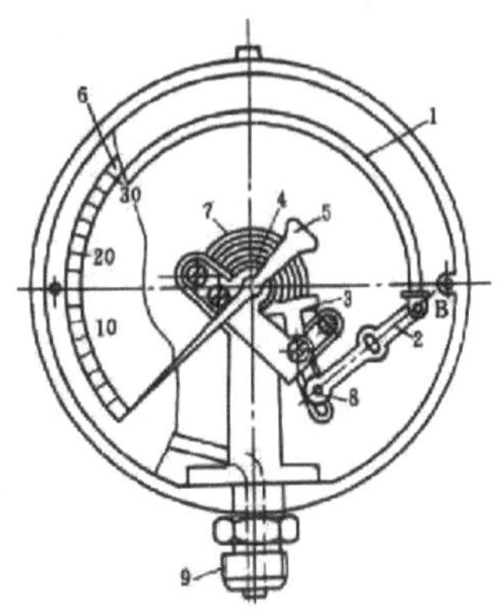

（b）结构示意图

1—弹簧管；2—扇形齿轮；3—拉杆；4—底座；5—中心齿轮；6—游丝；7—表盘；8—指针；9—接头；10—弹簧管横。

图 3.3-1 弹性式压力计

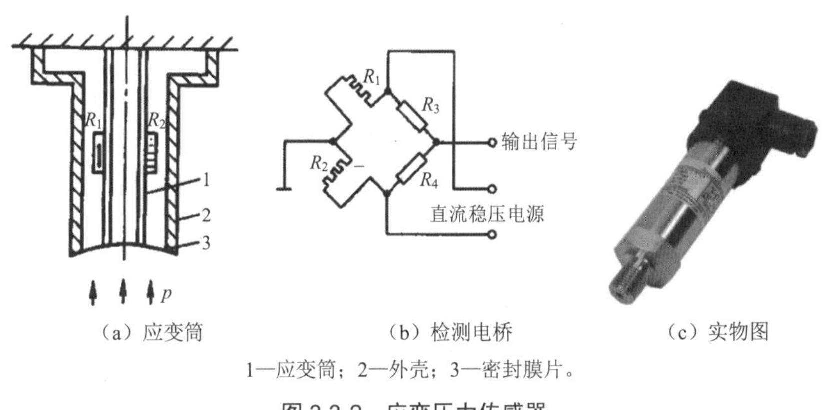


（a）应变筒 （b）检测电桥 （c）实物图

1—应变筒；2—外壳；3—密封膜片。

图 3.3-2 应变压力传感器

## 二、压力检测仪表的性能参数

### 1. 压力单位（SI）

帕斯卡，简称帕（Pa），或牛/米$^2$（N/m$^2$）。

单位换算：1 Pa=1 N/m$^2$，1 kPa=1×10$^3$ Pa，1 MPa=1×10$^6$ Pa。

### 2. 几种压力表示法

在压力测量中，有表压、绝对压力、负压或真空度。

表压：是绝对压力和大气压力之差，即 $P_{表压} = P_{绝对压力} - P_{大气压力}$

真空度（负压）：当被测压力低于大气压力时，大气压力和绝对压力之差，即 $P_{真空度} = P_{大气压力} - P_{绝对压力}$。

几种压力之间的关系如图 3.3-3 所示。

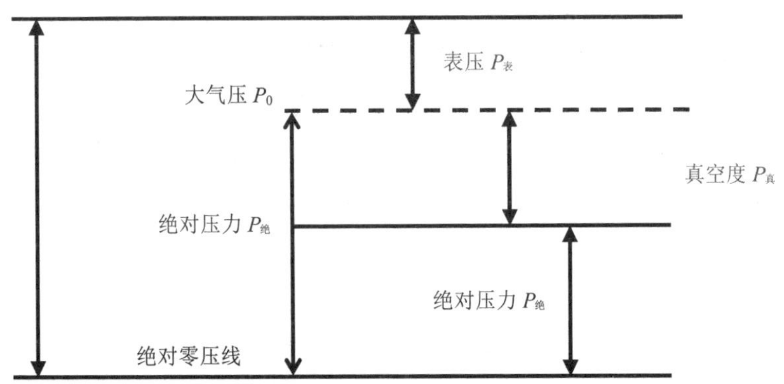


图 3.3-3　几种压力之间的关系

## 三、压力检测仪表的安装方式及要求

压力表安装一般应垂直于水平面安装，并且仪表的朝向应面向便于操作或便于观察的方向。

压力表测量结果的准确度不但与压力表本身的精度有关，还与压力表的安装有很大的关系，因此工艺要为仪表的正确测量创造条件。不管是何种压力表，在安装之前必须使用标准仪表进行校准，再到现场安装。压力表安装要注意以下几点：

1）压力表的测压点要选在被测介质直线流动的管段上，不可选在管路拐弯、分岔、死角或其容易形成旋涡的部分。

2）测量流动介质的压力时，应使取压点与流动方向垂直，并保证管内端面与生产设备连接处的内壁光滑。当管路中有突出物体（如测温元件）时，取压口应取在其前面。

3）测量液体压力时，取压点应选在管道下部，使导压管内不存积气体；测量气体压力时，取压点应在管道上方，使导压管内不积存液体。

4）压力表应垂直安装在易观察和检修的地方，避免震动和高温的影响，安装位置有测压点之间的距离应尽量短，以免指示迟缓。导压管粗细要合适，一般内径为 610 mm。

5）取压口到压力表之间应装有切断阀，以备检修压力表时使用。切断阀的位置应靠近取压口。

6）当被测介质易冷凝或冻结时，必须加设保温伴热管线。测量高压压力时，要选用具有通气孔的压力表，安装时表壳应朝向墙壁或无人通过的地方，以防发生意外。

7）测量蒸汽压力时，应加装回形凝液管，以防止高温蒸汽直接与测压元件接触，对于测量腐蚀、高黏度、有结晶介质的压力时，应加装有中性介质的隔离罐。隔离罐内的隔离液应选择沸点高、凝固点低、化学与物理性质稳定的液体，如甘油、乙醇等。

8）压力表与导压管的连接处应加装合适的密封垫片。一般可用石棉板或铝片；温度及压力较高时可用退火紫铜或铅垫片。另外，要考虑介质的影响。例如，测量氧气压力的仪表不能用带油的垫片、测量乙炔压力时禁用铜垫片等。

9）对于新装的压力表，在安装使用之前，一定要进行校定，以防压力仪表运输途中震动、损坏，影响仪表的精度。

## 四、压力检测仪表的操作

在使用压力仪表时，要根据使用要求正确地选型，准确地安装，在使用过程中要定期进行维护和校验，这样才能让压力仪表发挥其应有的作用，保证工厂的正常生产运行。

## 五、压力检测仪表的标定与检验

弹簧管压力表的校验：

### 1．落零法判断—零位调整

当弹簧管压力表未输入被测压力时，其指针应对准表盘零位刻度线，否则，可用特制的取针器将指针取下对准零位刻度线，重新固定。对有零位限制钉的表，一般要升压在第一个有数字的刻度线处取、装指针，以进行零位调整。

### 2．互换法判断—量程调整

如果压力表的零点已调准，当测量上限值时其示值超差，则应进行量程调整。其做法是调整扇形齿轮与拉杆的连接位置，通过改变 OB 的长短，即可调整量程。通常要结合零位调整反复数次才能达到要求。

仪表的误差可按下列公式计算：

绝对误差=测量值（被校表的示值）– 标准值（标准表的示值）

允许变差=仪表量程×仪表精度

## 六、压力检测仪表的维护保养

要使压力表保持灵敏准确，除了合理选用和正确安装，在运行过程中还应加强对压力表的维护和检查。操作人员对压力表的维护应做好以下几点工作：

1）压力表在投运时应缓慢地升压，不能使指针猛然上升，以免损坏压力表。

2）定时巡查，查看压力表的表体、连接管路、线路、阀门是否有泄漏、损坏、腐蚀；压力表应保持洁净，表盘上的玻璃应明亮清晰，使表盘内指针指示的压力值能清楚易见，表盘玻璃破碎或表盘刻度模糊不清的压力表应停止使用。

3）压力表的取压管要定期吹洗，以免堵塞。特别是用于有油垢、黏性物质或纤维介质的压力表取压管，更应经常吹洗。

4）要经常检查压力表指示是否平稳，是否有跳动或卡住现象，分析其故障原因，当确认不是由工艺操作引起时，应及时维修或更换压力表。更换压力表时注意一定要在无压力的情况下拆除。

5）在无压力时，指针不能回到零位的压力表要及时更换。

6）定期检查取压管上的切断阀是否处于全开位置。

# 任务 3.4　流量测量仪表

污水处理中流量计是非常重要的一类仪表，主要的流量检测仪表有两种：电磁流量计和超声波流量计。

## 一、电磁流量计

### 1. 电磁流量计原理

电磁流量计用于测量导电液体的流量，其测量原理是基于法拉第电磁感应定律，当导电流体通过磁场作切割磁力线运动时就产生感应电势。在被测导管两侧加以外加磁场，在与磁力线及流束垂直的方向上接入两个电极。当被测介质为电介质时管内液体的流动相当于长度为导管直径 $D$ 的导体在切割磁力线，所以在两电极上将产生感应电势，这一感应电势在其他条件不变时，其大小将正比于流体的运动速度而方向则可用右手定则确定，即通过上述电磁感应原理可以得到一个与流速成正比的电势信号。电磁流量计按照安装方式不同有管道式和插入式，为了便于适应现场的不同使用环境，然后根据使用情况不同又分为一体式和分体式，如图 3.4-1 所示。

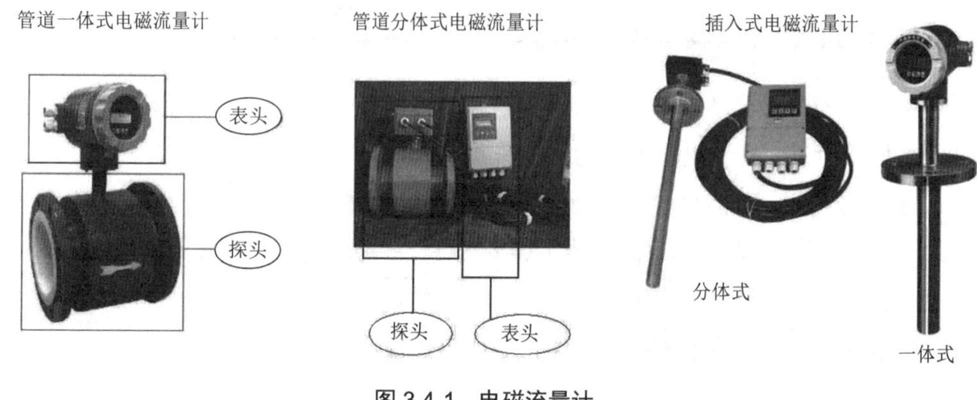


图 3.4-1 电磁流量计

电磁流量计由流量传感器和转换器两大部分组成。测量管上下装有励磁线圈，通励磁电流后产生的磁场穿过测量管，一对电极装在测量管内壁与液体相接触，引出感应电势，送到转换器转换成统一输出信号。

电磁流量计的测量通道是一段光滑直管，不易堵塞，因此特别适用于测量含有固体颗粒或纤维的液固两相流体，如纸浆、水煤浆、矿浆、泥浆和污水等。

与其他大部分流量仪表相比，直管段要求较低，要求电磁流量计之前有 5～10*D* 的直管段长度。电磁流量计的口径范围比其他品种流量仪表宽，从几毫米到 3 m 不等。它可测正反双向流量，也可测脉动流量，只要脉动频率比励磁频率低很多。仪表输出本质上是线性的。

电磁流量计的缺点是不能测量电导率很低的液体，电导率一般要求在（20～50）× $10^{-8}$ S/cm 以上，因此不能测量气体、蒸汽、含有较多较大气泡的液体、石油制品和有机溶剂等的流量。其安装地点要远离磁场和振动源。使用中还应注意，测量的准确度会受到测量导管内壁（特别是电极附近）积垢的影响。

合理选用与正确安装电磁流量计，对保证测量准确度、延长仪表的使用寿命都是很重要的。下面就电磁流量计的选用原则、安装条件与使用注意事项做简单介绍。

## 2. 电磁流量计性能特点

（1）仪表结构简单、可靠，无可动部件，工作寿命长。

（2）无截流阻流部件，不存在压力损失和流体堵塞现象。

（3）无机械惯性，响应快速，稳定性好，可应用于自动检测、调节和程控系统。

（4）测量精度不受被测介质的种类及其温度、黏度、密度、压力等物理量参数的影响。但是应用范围有限，不能用于测量气体、蒸汽和石油制品等非导电流体及含有较多较大气泡的流体的流量。

（5）采用聚四氟乙烯或橡胶材质衬里和 Hc、Hb、316L、Ti 等电极材料的不同组合可适应不同介质的需要。

（6）有管道式、插入式等多种流量计型号。

（7）采用 EEPROM 存储器，测量运算数据存储保护安全可靠。

（8）具备一体化和分离型两种型式。

（9）高清晰度 LCD 背光显示。

### 3．电磁流量计的选用原则

电磁流量计的选用主要是指传感器的正确选用，而转换器只需要与之配套就可以。

传感器口径通常选用与管道系统相同的口径。如果管道系统有待设计，则可根据流量范围和流速来选择口径。对于电磁流量计来说，流速以 2～4 m/s 较为适宜。在特殊情况下，如液体中带有固体颗粒，考虑到磨损的情况，可选常用流速≤3 m/s；对于易附于管里的流体，可选用流速≥2 m/s。流速确定以后，就可以确定传感器口径。传感器的量程可以根据两个原则来选择：一是仪表满量程大于预计的最大流量值；二是正常流量大于仪表满量程的 50%，以保证一定的测量精度。

假设现在有 500 $m^3$ 的一池水要求在 4 h 内用水泵将其排净，怎么来确定要采用多大口径的管道呢？通过上面要求的参数可以确定流量计的流量范围是：500 $m^3$ 除以 4 h 就是 125 $m^3$/h。通过流量可以计算管道口径的大概范围，即：$\pi r^2$×流速（0.5～8 m/s）= 125 $m^3$/h，通过计算可知，要抽完 125 $m^3$/h 的水，其口径范围在 0.075～0.297 5 m，即 DN80～DN300，再考虑到电磁流量计的精度要求，选流速 2～4 m/s 为佳，通过计算其口径在 0.105～0.149 m，即 DN100～DN150，考虑到投资等各方面因素，就可以确定选 DN100 的较适合。

电磁流量计能测量的流体压力与温度是有一定限制的，选用时，使用压力必须低于该流量计规定的工作压力。目前，国内生产的电磁流量计的工作压力规格为：

（1）小于 50 mm 口径，工作压力为 1.6 MPa；

（2）900 mm 口径，工作压力为 1 MPa；

（3）大于 1 000 mm 口径，工作压力为 0.6 MPa；

（4）电磁流量计的工作温度取决于所用的衬里材料，一般为 –20～60℃。如做特殊处理，可以超过上述范围，传感器允许被测介质温度为 –20～160℃。

### 4．电磁流量计的安装方式及要求

电磁流量计主要用来测量流动性较好的导电介质流量，一般用于智能化、自动化工程的好帮手，下面就来看一下电磁流量计的安装方法，用较简单的一张图片就明白电磁流量计是如何安装的，如图 3.4-2 所示。

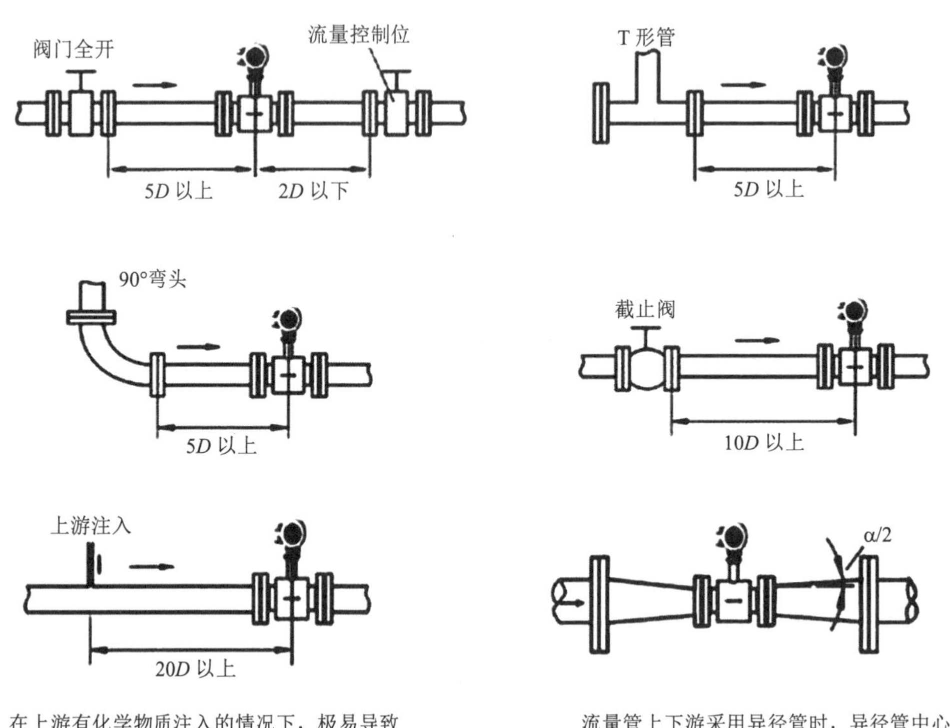


**图 3.4-2 电磁流量计安装**

电磁流量计安装基本知识：

选择充满液体的直管段，如管路的垂直段（流向由下向上为宜）或充满液体的水平管道（整个管路中最低处为宜），在安装与测量过程中，不得出现非满管情况。

测量位置应选在上游大于 5*D* 和下游有 3*D* 直管段处。

测量点选择应尽可能远离泵、阀门等设备，避免其对测量的干扰。

测量点选择应尽可能远离大功率电台、强磁场干扰源等。

电磁流量计安装及环境要求：如图 3.4-3 所示。

环境条件：流量计，特别是带智能液晶显示屏幕的流量计，安装位置应该尽量避免阳光直射，环境温度要在 5～55℃。

避开强干扰源：要选择无强电磁场辐射的场所安装流量计，避开如电动机、变压器、变频器等一些容易引致电磁干扰的设备。流量计的测量原理基于法拉第电磁感应定律，它产生的原始信号非常微弱，不足毫伏。如果流量计附近有强电磁场辐射，将会影响测量的精确度，甚至无法正常工作。

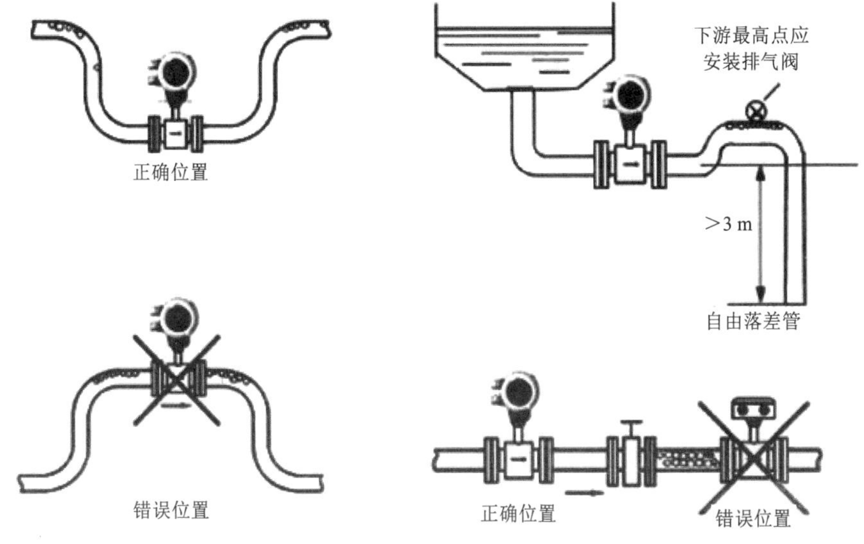


图 3.4-3　安装位置

直管段长度：注意尽量避开涡流产生部件，如各种阀门、弯头、旁路等，尽量延长流量计上下游直管段，必要时安装整流管，确保流量计的上游直管段必须为 5 个 DN（测量管径）以上，下游保证在 2 个 DN 以上。

液体电导率必须均匀稳定：不要把流量计安装在被测流体电导率极不均匀的地方。如果上游有不同介质注入，将会导致电导率不均匀，而且会影响测量。这种情况下，建议将注入口移到下游；如果必须从上游注入，则应该尽量远离流量计。一般保持 20 个 DN 以上的距离为佳，以保证液体充分混合均匀。

保持电极轴线处于水平：测量电极平面必须保持水平，这样可以防止由于气泡而导致的两个电极之间的短时间绝缘。

无气泡：在流量计安装管道设计时应确保无气泡产生。

流量计管路满管：流量计可以水平、垂直和倾斜安装。但是管路结构应保证测量管必须始终充满液体（满管）。管路设计时注意确保测量管段无气泡，否则将会造成测量不稳定和偏差过大。

安装方式的选择：如果被测介质含有固体颗粒或浆液，建议垂直安装（流向自下而上），避免固体颗粒沉积在流量计测量管内。流量计在水准或倾斜安装时，其电极轴线应该处于水准位置。假如电极轴线与地面垂直，则上方的电极附近容易聚集气泡。

管道安装：避免流量计上下游管道不对中或倾斜，并保持与上下游法兰对准。安装前清除焊接残渣和凸起物，并垫上垫片。流量计装到管道上后应禁止在该管段上进行电焊作业，防止衬里受损。

接地：由于电磁流量计的感应信号很弱，易受杂讯影响。因此，传感器、转换器的基准电位必须与被测液体相同，共同接地。

电磁流量计两侧安装接地环或接地电极的作用就是建立流量计壳体和液体的等电位。

注意事项：

切忌用棒或绳子穿过流量计测量管道将其吊运，因为测量管内衬一旦受到损坏，将造成流量计报废。

对 DN80 口径以上流量计，切忌用手或绳子拎着流量计的转换器或接线盒，因为转换器或接线盒的材质是强度较脆的铝合金，无法承受较大的重量。在储运、安装流量计的过程中，应时刻注意保护流量传感器的衬里，以免受到损坏。

## 二、超声波流量计

### 1. 超声波流量计原理

当超声波在流体中传播时，会载带流体流速的信息。因此，根据对接收到的超声波信号进行分析计算，可以检测到流体的流速，进而可以得到流量值。超声波流量测量方法有很多，主要有传播速度差法和多普勒法。

传播速度差法的基本原理：测量超声波脉冲在顺流和逆流传播过程中的速度之差得到被测流体的流速。根据测量的物理量不同，可以分为时差法（测量顺流、逆流传播时由于超声波传播速度不同而引起的时间差）、相差法（测量超声波在顺流、逆流中传播的相位差）、频差法（测量顺流、逆流情况下超声脉冲的循环频率差）。频差法是目前常用的测量方法，它是在前两种测量方法的基础上发展起来的。

多普勒法是利用声学多普勒原理确定流体流量的方法。多普勒效应是当声源和目标之间有相对运动，会引起声波在频率上的变化，这种频率变化正比于运动的目标和静止的换能器之间的相对速度。

污水处理厂使用的超声波流量计，根据安装方式的不同，分为外夹式和插入式，如图 3.4-4 所示。

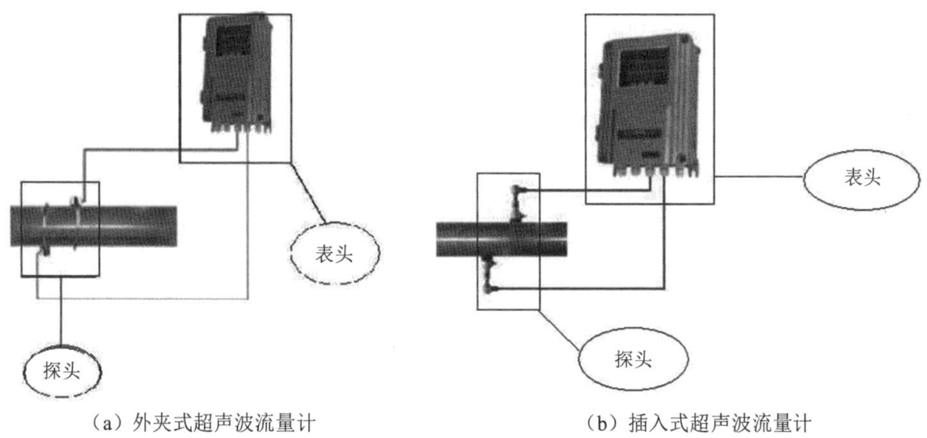


（a）外夹式超声波流量计　　（b）插入式超声波流量计

**图 3.4-4　超声波流量计安装方式**

## 2. 超声波流量计性能特点

（1）超声波流量计可作非接触测量，夹装式换能器超声波流量计无须停流截管安装，只要在待测管道外部安装换能器即可，即可以在不能断流或不能打孔的已有管道上用超声波流量计测量流量。

（2）超声波流量计为无流动阻挠测量，无额外压力损失。

（3）测量计的仪表系数可以从实际测量管道及声道等几何尺寸计算求得，可采用干法标定，除带测量管段式外一般无须作实流校验。

（4）超声波流量计适用于大型圆形和矩形管道，且原理上不受管径限制，其造价基本上与管径无关。

（5）多普勒超声波流量计可测量固相含量较多或含有气泡的液体。

（6）传播时间法中超声波流量计只能用于清洁液体和气体，不能测量悬浮颗粒和气泡超过某一范围的液体；反之多普勒法 LSF 只能用于测量含有一定异相的液体。

（7）外夹装换能器的超声波流量计不能用于衬里或结垢很厚的管道，以及不能用于衬里（或锈层）与内管剥离（若夹层夹有气体会严重衰减超声信号）或锈蚀严重（改变超声路径）的管道。

（8）多普勒法超声波流量计多数情况下测量数度不高。

（9）不能用于管径小于 DN25 mm 的管道。

主要使用品牌：罗斯蒙特、E+H、科隆、弗来克森、GE、松下等。

## 3. 超声波流量计的安装方式及要求

外夹式超声波流量计的安装方式有四种，分别是 V 法、Z 法、N 法和 W 法。一般情况下，安装管径在 DN15～200 mm 范围内可优先选用 V 法，在 V 法测不到信号或信号质量差时可选用 Z 法，管径在 DN200 mm 以上或测量铸铁管时应优先选用 Z 法。N 法和 W 法是较少使用的方法，适合 DN50 mm 以下的细管道安装。

（1）V 法安装

一般情况下，外夹式超声波流量计采用 V 法是比较标准的安装方法，使用方便，测量准确，安装时两传感器水平对齐，其中心线与管道轴线水平即可，可测管径范围为 DN15～400 mm，如图 3.4-5 所示。

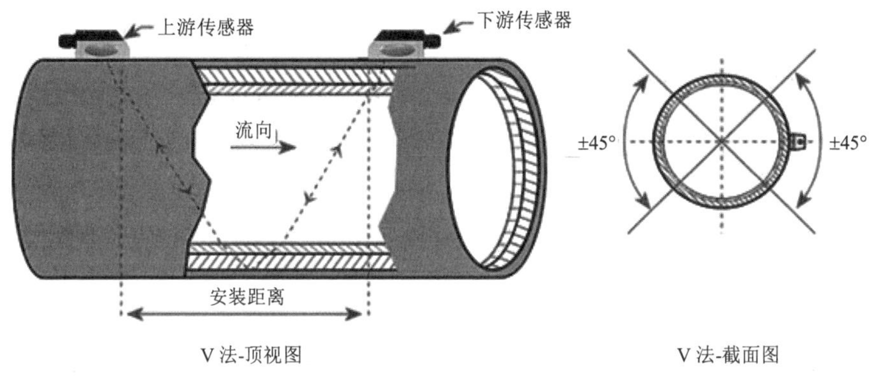


图 3.4-5　V 法安装

（2）Z 法安装

当管道很粗或由于液体中存在悬浮物、管内壁结垢太厚或衬里太厚等原因，造成 V 法安装信号弱，机器不能正常工作时，就需要选用 Z 法安装。Z 法的特点是超声波在管道中直接传输，没有反射（称为单声程），信号衰耗小。Z 法安装可测管径范围为 100～6 000 mm。现场实际安装时，建议 200 mm 以上的管道都要选用 Z 法安装，如图 3.4-6 所示。

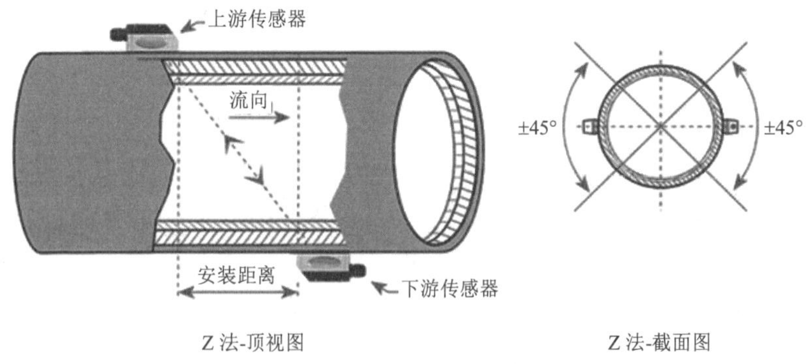


图 3.4-6　Z 法安装

（3）N法安装

N 法安装的特点是通过延长超声波传输距离来提高测量精度。使用 N 法安装时，超声波束在管道中反射两次，穿过流体三次（称为三声程），适于测量小管径管道，如图 3.4-7 所示。

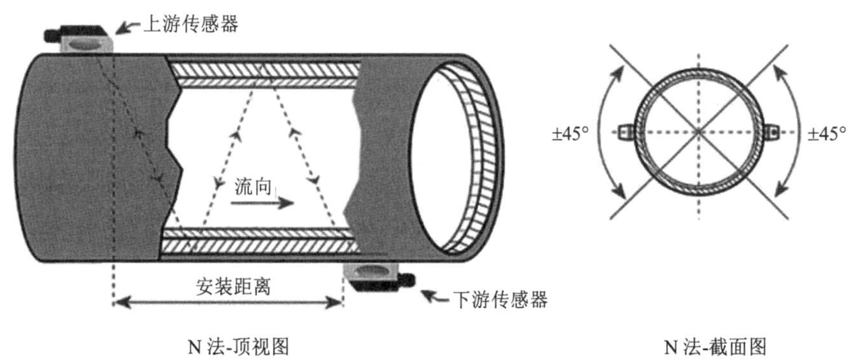


图 3.4-7　N 法安装

（4）W法安装

同 N 法安装一样，W 法安装也通过延长超声波传输距离的办法来提高小管径测量精度。W 法安装适于测量 50 mm 以下的小管。使用 W 法安装时，超声波束在管内反射三次，穿过流体四次（称为四声程），如图 3.4-8 所示。

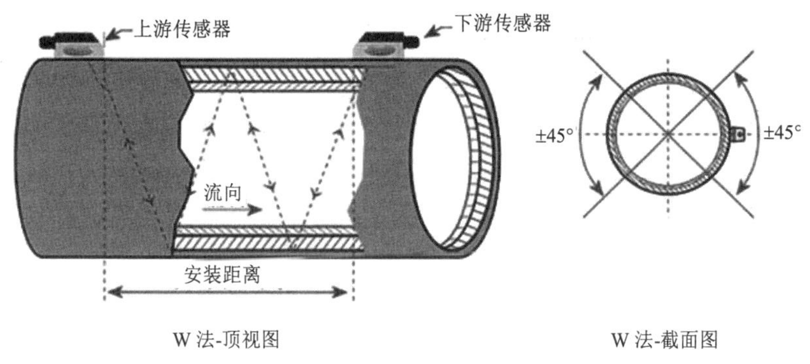


图 3.4-8　W 法安装

插入式超声波流量计的安装方式有两种。

（1）W 形安装方式

如图 3.4-9 适用于 DN50～300 mm 的管道，采用该方式可以延长声路的长度，提高测量精度。

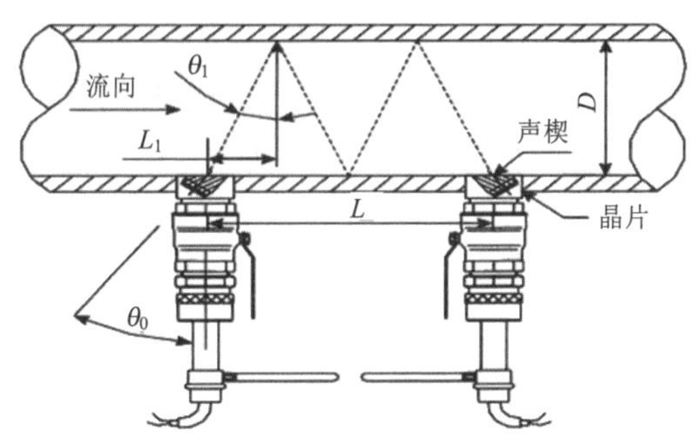


图 3.4-9　W 形安装

（2）Z 形安装方式

如图 3.4-10 适用于 DN300 mm 以上的大口径管道，两传感器之间为直线传播路径，信号损失最少，对流体的稳定性要求较 W 形要高。

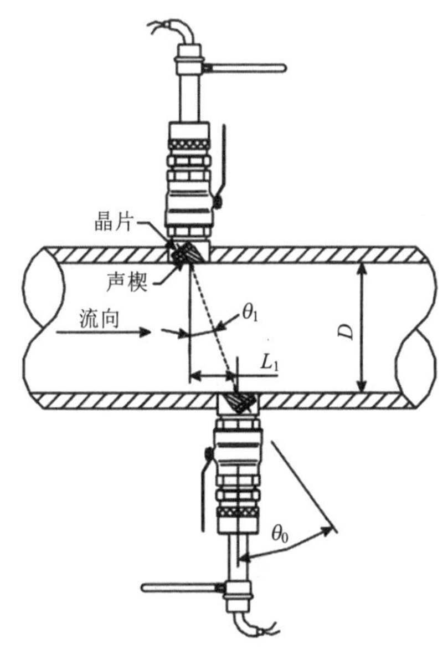


图 3.4-10　Z 形安装

常用的安装方法还包括 V 形法。受插入式传感器结构的限制，DN50～300 管道采用 W 形安装较合适，而 DN300 以上管道为获得稳定而更强的信号，采用 Z 形安装会更加有效。

插入式超声波流量计的安装注意事项：

1）足够的直管段。由于插入式超声波流量计信号强，故仅要求仪表满足前 10*D*（被测管内径）后 5*D* 直管段即可保证仪表正常工作。但这一要求的前提是，10*D* 前为非泵出口、非未全开阀门等，否则就不能保证仪表正常工作。

2）被测流体为紊流状态。超声波流量计能测量的流速范围在 0～15 m/s，这仅是可测范围。因为从层流到紊流仪表系数有较大的变化，因此多数厂家都规定了仪表的最低流速，以保证仪表性能的正常发挥。

3）选择适宜的安装位置。插入式传感器安装时应尽可能在管道侧面的正侧线上，以避开上端的气泡或底部的沉淀物。一般应安装在水平、倾斜或垂直的管道中，垂直管道应选择流动自下而上的管段，以防止测量点出现非满管流情况。

4）管道条件。在安装前，应清楚被测管道的内壁状况，内壁不应有严重的结垢、锈蚀。结垢、锈蚀层表面粗糙，一方面影响信号的传播（W 形安装时），另一方面影响管道内径的确定尺寸，这一尺寸变化 1%，将引起体积流量 2%的误差。因此选择无结垢、无锈蚀管段作为测量点，是仪表测量精度的保证。

## 4．明渠流量计的安装方式及要求

明渠流量计安装注意以下问题：

1）为了保证流经流量槽的污水没有异物，流量槽上游不远处必须加装过滤网。

2）为了保证流经流量槽的污水平稳、没有波纹，可以在流量槽边设置一个与槽相通的静水井，井的内径大于或等于 100 mm，井底应低于行进渠槽最低处 150 mm，行进渠槽的直段宽度大于或等于堰水面宽度的 10 倍，下游最高水位低于堰板的最低水位。

3）传感器探头发射面应与液面平行，传感器下端面与最高液位的距离应大于或等于 0.7 m。

三角堰（误差 1%～5%）注意事项：

1）三角口处的尺寸准确、缘台平直、光滑。板面光滑、平整、无扭曲。

2）三角堰的中心线要与渠道的中心线重合。

3）为堰板嵌入渠道墙的部分，尺寸请用户根据现场情况而定。

矩形堰（误差 3%～5%）注意事项：

1）矩形口处的尺寸要准确、缘台平直、光滑。板面光滑、平整、无扭曲。

2）矩形堰的中心线要与渠道的中心线重合。

3）为堰板嵌入渠道墙的部分，尺寸请用户根据现场情况而定。

巴歇尔槽（马歇尔槽 误差 2%～3%）注意事项：

1）内部尺寸准确。内表面光滑、平整。

2）巴歇尔槽的中心线要与渠道的中心线重合，使水流进入巴歇尔槽不出现偏流。

3）巴歇尔槽通水后，水的流态要自由流。巴歇尔槽的淹没度要小于规定的临界淹没度。

4）巴歇尔槽的上游应有大于 5 倍渠道宽的平直段，使水流能平稳进入巴歇尔槽，即没有左右偏流，也没有渠道坡降形成的冲力。

5）巴歇尔槽安装在渠道上要牢固。与渠道侧壁、渠底连接要紧密，不能漏水，使水流全部流经巴歇尔槽的计量部位。巴歇尔槽的计量部位是槽内喉道段。

## 三、流量检测仪表的操作

### 1. 重视仪表选型

在选型过程中应把握住两条基本原则：一要保证使用精度；二要保证生产安全。要做到这两点，就必须落实三个选型参数，即近期和远期的最大、最小及常用瞬时流量（主要用于选定仪表的大小规格），被测介质的设计压力（主要用于选定仪表的公称压力等级）、工作压力（主要用于选定仪表压力传感器的压力等级）。

### 2. 进行用前标校

一方面，考虑到目前对这类仪表的现场检定还存在这样或那样的困难。另外，如果购置的意图又是准备将这种仪表应用于比较重要的计量场合，比如大流量的贸易计量或计量纠纷比较突出的测量点，并且应用现场也不具备流量在线标校条件。因此，为了确保仪表在今后的工作过程中其测量结果的可靠与准确，就有必要在正式安装前将其送往具有检定能力及资质的部门进行一次全流量范围内的系统检定。虽然该种仪表对工艺安装及使用环境没有太多的特殊要求，但任何一类流量测量仪表都有这样一种共性，即尽可能避免振动及高温环境随离流态干扰元件（如压缩机、分离器、调压阀、大小头及汇管、弯头等）、保持仪表前后直管段内壁光滑平直、保证被测介质为洁净的单相流体等。

### 3. 加强后期管理

流量计虽然具有多种自动处置功能和微功耗的特点，但投运之后仍需加强管理。例如，为了保证仪表长期工作的准确性、可靠性（避免意外停运和数据丢失），就应定期进行系统标校（每年）、抄录表头数据（每天或每周）、更换介质参数（每月或每季）以及不定期查看电池状况、检查仪表系数及铅封等。

### 4. 注意内部维护

如果流量计由于气质脏污或其他原因需要对仪表的测量腔体及其构件进行定期检查或清洗，那么有一点则必须特别注意：对于同规格的旋进旋涡流量计，其旋涡发生体、导流体等核心组件不能互换，否则，须重新标定仪表计量系数并对其配带的温度及压力传感器进行系统校正。

## 四、流量检测仪表的标定与检验

在各种测量场所为了确定流量计的流量值或流量测量值的准确度，必须对流量计实施校准或者检定。校准有时也称标定或校验。实际上，校准包括两方面内容：

（1）将量值传递给仪表，确定流量标度标记所处的位置（或确定流量标度输出的信号）。

（2）调整流量计的输出与标准值（参比值）进行比较，以判别流量计准确度，测定其误差值。流量计的流量校准有直接测量法和间接测量法两种方法。直接测量法亦称实流校准法，是以实际流体流过被校验仪表，再用别的标准装置（标准流量计或流量标准计量器具）测出流过流体的流量，与被校仪表的流量值作比较，这种方法有人称作湿法标定。实流校准法获得的流量值既可靠又准确，为目前许多流量仪表（如电磁流量计、涡街流量计、蒸汽流量计）所采用，而且作为建立标准流量的方法。

流量计出厂前均以实流校准法在流量校准标准装置（有时简称流量标准装置或流量校准装置）上完成流量量值传递过程。使用单位对定期检定和检修后的仪表亦要在流量校准标准装置上作实流校准。

流量校准标准装置是按照有关标准和检定规定建立的，并由国家授权的专门机构认定，能作流量量值传递的装置，是提供流量计流量量值的校准设备，其量值可溯源到质量、时间和温度的国家计量基准量。

污水处理厂的流量计一般都采用容积法进行自主校准。

## 五、流量检测仪表的维护保养

### 1. 电磁流量计

（1）流量计的日常巡检（要求每天巡检一次）

流量计因为安装在管道上，探头都是在管道里面的，所以定期巡检时仅需对仪表作周期性直观检查。检查仪表周围环境，若表头是安装在仪表箱内，查看仪表箱是否关严，扫除尘垢，确保仪表箱不进水和尘土等物质。检查接线是否良好有没有断线现象（针对分体式流量计）；检查仪表附近有否新装强电磁场设备或有新装电线横跨仪表。检查仪表显示是否正常，有没有报警或者出错提示，管道若在使用，显示屏就应该有读数且大于0；若管道没有使用，显示屏读数就应该显示0；查看流量探头部分与管道连接处是否有渗水或漏水现象。

（2）流量计的日常维护

安装在室外的表头，请检查安装表头的仪表箱，是否有漏水等现象。

检查表头的工作环境一般是 –25～60℃，如果温度超出表头的工作稳定范围，请采取相应措施，否则表头可能损坏或降低使用寿命。

检查表头显示数据是否正常，是否和中控室显示一致，并通过对讲机进行比对确认。

检查表头接线端子上的接线是否牢固，注意若电源是 AC 220V，在检查时注意安全防止触电。

若是测量介质有杂质，容易沾污电极或在测量管壁内沉淀、结垢，应定期作清垢、清洗。注意：若流量计的安装方式是插入式，则探头的清理周期应该在 3～6 个月；若流量计的安装方式是管道式，则清理周期要视水质情况，根据现场人员的经验判断。

### 2. 明渠流量计

（1）流量计的日常巡检（要求每天巡检一次）

明渠流量计巡检时仅需对仪表作周期性直观检查。检查仪表周围环境，若表头是安装在仪表箱内的话，查看仪表箱是否关严，扫除尘垢，确保仪表箱不进水和尘土等物质。检查接线是否良好，有没有断线现象；检查仪表附近有否新装强电磁场设备或有新装电线横跨仪表。检查仪表显示是否正常，有没有报警或者出错提示。查看流量探头部分固定是否完好，探头若是在室外环境，检查探头的防雨装置是否完好。

（2）流量计的日常维护

安装在室外的表头，请检查安装表头的仪表箱，是否有漏水等现象。

检查表头的工作环境一般是 –25～60℃，如果温度超出表头的工作稳定范围，请采取相应措施，否则表头可能损坏或降低使用寿命。

检查表头显示数据是否正常，是否和中控室显示一致，并通过对讲机进行比对确认。

检查表头接线端子上的接线是否牢固，注意若电源是 AC 220V，在检查时注意安全防止触电。

明渠流量计的探头一般是不太需要维护的，需要注意的是，夏天探头上有没有冷凝水，冷凝水容易造成超声波失波，也就是探测不到回波，从而引起报警，进而输出故障电流，这种情况处理比较简单，一般先用湿布擦干净探头发射面，然后用干布擦干即可。

流量计探头一般都装在室外，探头安装处一定要做好防护措施，注意防雨、雪淋。虽然仪表探头不怕冻，但有时也会产生一些小影响，因此冬天应做一定的保温防护措施。

若是超声波明渠流量计在安装支架上拆下检查维护时，则再次安装后需要进行重新标定测试，一般情况下是通过重新设置实际安装高度再测试液位来标定的。

# 任务 3.5　液位测量仪表

## 一、液位检测仪表的原理

工业生产过程中常常使用测量液位、固体颗粒和粉粒位，以及液-液、液-固相界面位置的仪表。一般测量液体液面位置的称为液位计，测量固体、粉料位置的称为料位计，测量液-液、液-固相界面位置的称为相界面计。在污水处理厂水处理中，水的液位监测也是一个重要的环节。污水处理厂使用的液位计一般都是超声波液位计，超声波液位计属于非接触式测量，精度较高，维护量较小。

### 1. 浮球液位计

浮球液位计（液位开关）如图 3.5-1 所示，其结构主要基于浮力和静磁场原理设计生产的。带有磁体的浮球在被测介质中的位置受浮力作用影响：液位的变化导致磁性浮子位置的变化。

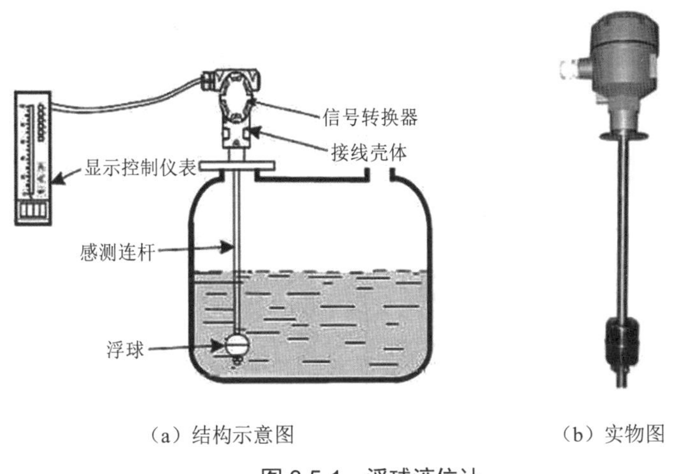


（a）结构示意图　　（b）实物图

图 3.5-1　浮球液位计

浮球中的磁体和传感器（磁簧开关）作用，使串联入电路的元件（如定值电阻）的数量发生变化，进而使仪表电路系统的电学量发生改变。也就是使磁性浮子位置的变化引起电学量的变化。通过检测电学量的变化来反映容器内液位的情况。

该液位计可以直接输出电阻值信号，也可以配合使用变送模块，输出电流值 4～20 mA 信号；同时配合其他转换器，输出电压信号或者开关信号从而实现电学信号的远程传输、分析与控制。

浮球液位计精准度高，输出端有开关控制和连续输出方式。结构简单、性价比高，适用与各种工业自动化过程控制中的液位测量与控制，可以广泛应用于石油加工、食品加工、化工、水处理、制药、电力、造纸、冶金、船舶和锅炉等领域中的液位测量、控制与监测。

## 2. 超声波液位计

超声波液位计原理：超声波液位计安装于容器上部在电子单元的控制下，探头向被测物体发射一束超声波脉冲。声波被物体表面反射，部分反射回波由探头接收并转换为电信号。从超声波发射到被重新被接收，其时间与探头至被测物体的距离成正比。电子单元检测该时间，并根据已知的声速计算出被测距离。通过减法运算就可得出物位值。由于温度对声速具有影响，所以仪表应测量温度，以修正声速。

超声波液位计如图 3.5-2 所示。它是通过一次探头向被测介质外表发射超声波脉冲信号，超声波在传输过程中遇到被测介质（障碍物）后反射，反射回来的超声波信号通过电子模块检测，通过专用软件加以处置，分析发射超声波和回波的时间差，结合超声波的传达速度，可以精确计算出超声波传播的路程，进而可以反映出液位的情况。

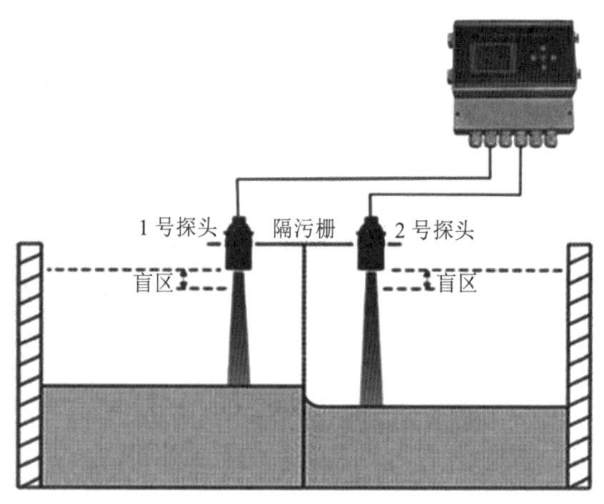


图 3.5-2　超声波液位计

超声波液位计性能稳定，价格低廉，精度高，具有模拟量，开关量及数字信号同时输出功能，防水外壳，适用于一般场合的液物位检测。

超声波液位计不需要运动部件，所以在安装和维护上比较方便。超声波液位计可广泛应用于石油、矿业、发电厂、化工厂、水处理厂、污水处理站、农业用水、环保监测、食品（酿酒业，饮料业、添加剂、食用油、奶制品）、抗洪防汛、水文监测、明渠、空间定位等行业。

### 3. 投入式液位计

投入式液位计基于所测液体静压与该液体的高度成比例的原理，采用先进的隔离型扩散硅敏感元件或陶瓷电容压力敏感传感器制作而成，将静压转换为电信号，再经过温度补偿和线性修正，转化成标准电信号（一般为 4～20 mA/1～5VDC 的一种测量液位的压力传感器，又称静压液位计、液位变送器、液位传感器、水位传感器），如图 3.5-3 所示。

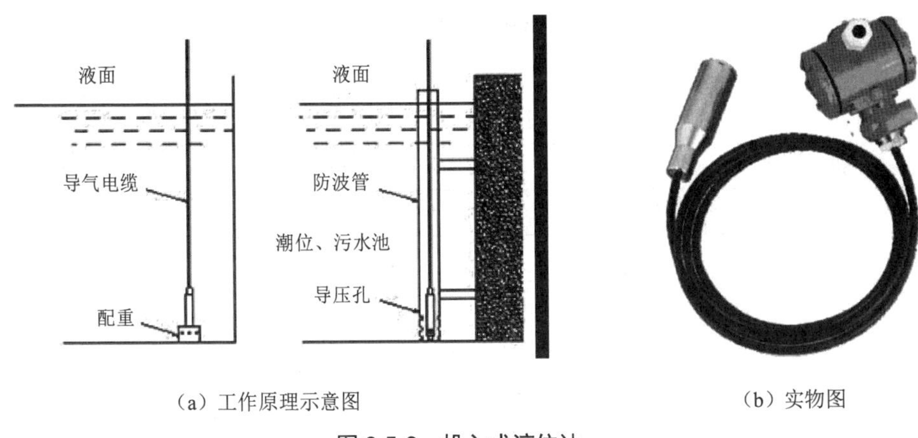


（a）工作原理示意图　　（b）实物图

图 3.5-3　投入式液位计

这种两线制投入式液位计由一个内置毛细软管的特殊导气电缆、一个抗压接头和一个探头组成。投入式液位计的探头构造是一个不锈钢筒芯，底部带有膜片，并由一个带孔的塑料外壳罩住。液位测量实际上就是在测探头上的液体静压与实际大气压之差，然后再由陶瓷传感器（附着在不锈钢薄膜上）和电子元件将该压差转换成 4～20 mA 输出信号。

应用静压投入式液位变送器（投入式液位计）适用于石油化工、冶金、电力、制药、供排水、环保等系统和行业的各种介质的液位测量。

## 二、液位检测仪表的性能参数

超声波液位计在使用中根据安装不同有一体式和分体式之分，按使用目的不同有超声波液位计和超声波液位差计。如图 3.5-4 所示。

超声波液位计的性能参数如表 3.5-1 所示。

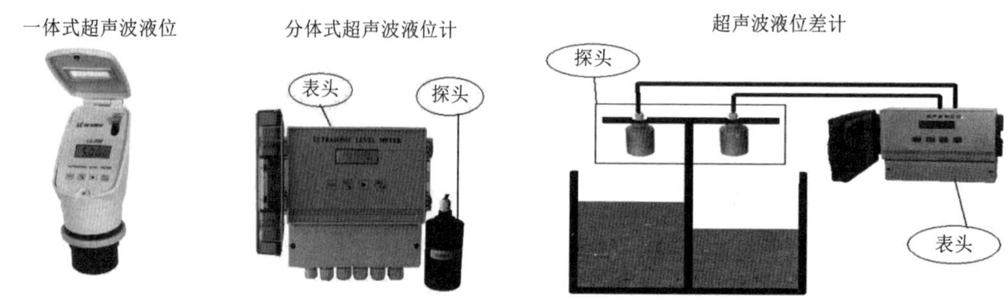


图 3.5-4 超声波液位计

表 3.5-1 超声波液位计的性能参数

| 性能参数 | 内　容 |
| --- | --- |
| 1. 量程 | 0～60 m，量程可选 |
| 2. 结构 | 一体式、分体式，可选 |
| 3. 测量精度 | 0.5%～1.0% |
| 4. 分辨率 | 3 mm 或 0.1%（取大者） |
| 5. 显示 | 中英文液晶显示 |
| 6. 模拟输出 | 4～20 mA/510Ω 负载 |
| 7. 供电 | 标配 24VDC：可选 220VAC 或 12VDC |
| 8. 环境温度 | –20～60℃（仪表）；–20～80℃（探头） |
| 9. 通信 | 可选 RS485/RS232 |
| 10. 防护等级 | 仪表 IP66，探头 IP68 |

## 三、液位检测仪表的安装方式及要求

### 1. 浮球液位计的安装

1）被测介质不应含有铁磁性杂质。

2）为了防止运输时浮球在密封管上高速滑落或撞击，引起测量带脱出，故仪表在出厂前，用卡箍将浮球固定在密封密管底部，磁钢在密封管顶部。用户在安装使用前应先拆去卡箍，将浮球上升至密封管顶部，然后轻缓地将浮球下移，指针应作相应的转动。

3）仪表的面板指示为指针式，满度测量时指示数字为喱针方向排列，空度测量时指示数字为逆时针方向排列。

4）仪表出厂时附有安装法兰，用户应有配管道法兰。

5）仪表的安装位置一般选择在量程之半。

6）浮球液位计分以下四种安装方式：顶置安装、侧侧安装、侧底安装、支架安装。

## 2. 超声波液位计安装

1）探头发射面到较低液位的距离，应小于选购仪表的量程。

2）探头发射面到较高液位的距离，应大于选购仪表的盲区。

3）探头的发射面应该与液体表面保持平行。

4）探头的安装位置应尽量避开正下方进、出料口等液面剧烈波动的位置。

5）超声波液位计的测量范围（工作范围）和最大的测量间距有所不同，具体如图 3.5-5 所示。

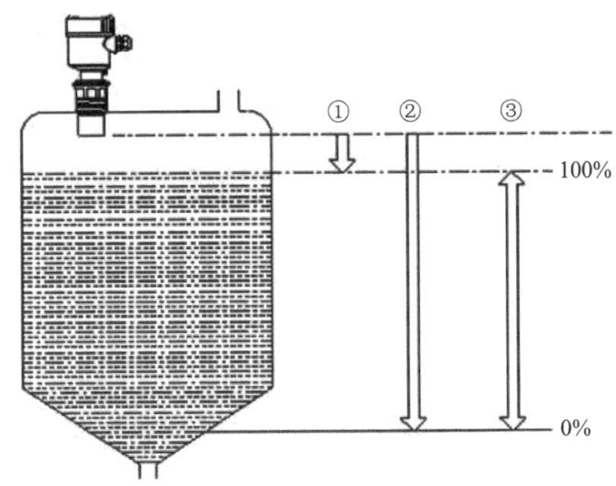


①为满；②为空（最大测量间距）；③测量范围。

图 3.5-5　测量间距

6）若池壁或罐壁不光滑，仪表安装位置需离开池壁或罐壁 0.3 m 以上。

7）若探头发射面到较高液位的距离小于选购仪表的盲区，需加装延伸管，延伸管管径大于 120 mm，长度 0.35～0.50 m，垂直安装，内壁光滑，罐上开孔应大于延伸管内径，或者将管子通至罐底，管径大于 80 mm，管底留孔保持延伸管内液面与罐内等高。

8）以不同形状的储罐（沟槽、拱形罐、锥形罐）为例，一般来说超声波液位计的安装位置有三种。安装示意图如图 3.5-6 所示。

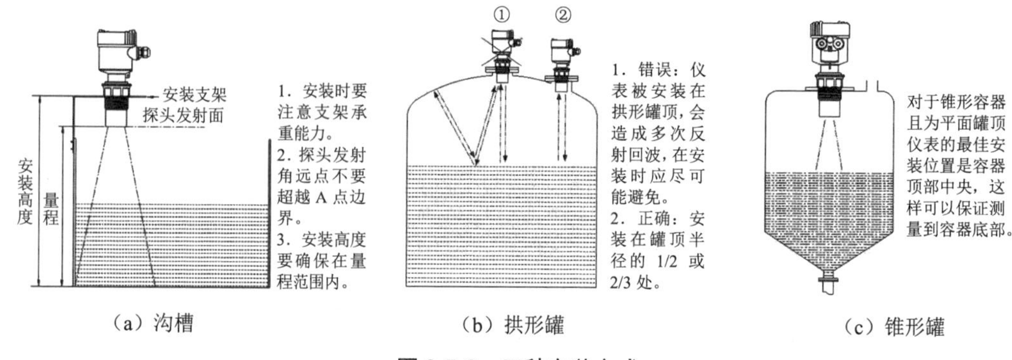


（a）沟槽　　（b）拱形罐　　（c）锥形罐

图 3.5-6　三种安装方式

### 3. 投入式液位计的安装

1）投入式液位计接地端子应可靠接地，电源屏蔽线应与其相连。

2）变送器侧面安装时，导气电缆弯曲半径应大于 10 cm，避免弯曲过度而将导气电缆损坏。

3）在有较大振动的使用场合，可在变送器上缠绕钢丝，利用钢丝减震，以免拉断电缆线。

4）变送器的安装方向为垂直，投入式安装位置应远离液体出入口及搅拌器。

5）测量流动或有搅拌液体的液位时，通常把内径为 45 mm 左右的钢管（在液体流向的反面不同高度打若干小孔，以便水通畅进入管内）固定于水中，然后将投入式液位计放入钢管中即可使用。

6）液位计安装在静止的深井、水池中时，通常把内径为 45 mm 左右的钢管（不同高度打若干小孔，以便水通畅进入管内）固定于水中，然后将投入式液位计放入钢管中即可使用。

7）在介质波动较大，导气电缆很长的情况下，对探头应采用套筒将其固定，以防探头摆动而影响测量精度。

8）由于罐底或舱底易沉积污泥、油渣等物，建议将测量探头离开罐（舱）底一定高度，以免杂物堵塞探头。

## 四、液位检测仪表的操作

如图 3.5-7 所示，这是一款常见的超声波液位计，液位计表头上有 4 个按键，其操作方法如下：

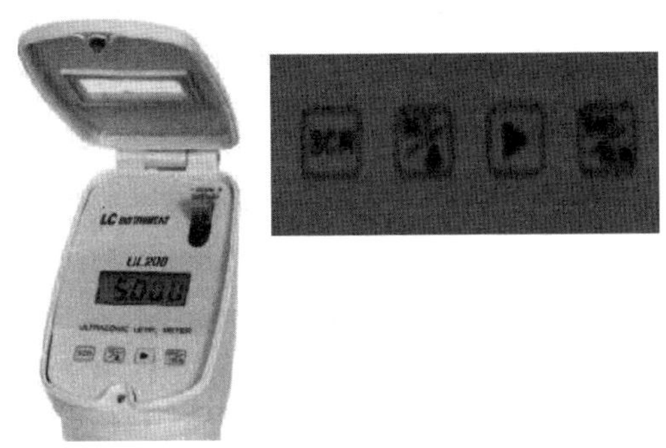

图 3.5-7 超声波液位计

## 1．按键使用说明

SCR 更换显示内容：当处于修改编辑状态时（有闪烁的光标），按此可退出修改编辑状态；

SET/▲ 选定需要修改显示内容后，按此键即进入修改编辑状态，此时会显示一个闪动的光标，再按此键时，闪动光标位数字加“1”变化；

▶ 向右移动光标至下一个数字 SET/▲ 与 ▶ 键配合使用，修改参数；

ENT/RUNN 修改参数后按此键确认，再次按此键则返回主显示菜单。

## 2．操作步骤说明

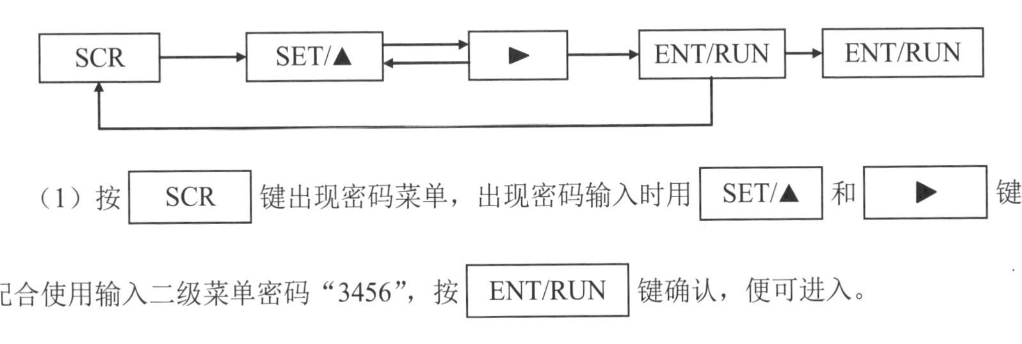


（1）按 SCR 键出现密码菜单，出现密码输入时用 SET/▲ 和 ▶ 键配合使用输入二级菜单密码“3456”，按 ENT/RUN 键确认，便可进入。

（2）按 SCR 键选择要设定的参数，按 SET/▲ 进入设定状态。交替使用

▶ 和 SET/▲ 键更改其参数值按 ENT/RUN 键确定更改好的参数；

如需更改其他参数则继续按 SCR 键更改菜单项，重复以上步骤即可，所有参数修改完后，最后按 ENT/RUN 键返回显示菜单。

（3）密码输入正确后，菜单依次是：空距、量程、盲区、测量数据的变化率、显示方式、4 个继电器的开启工作点和关闭工作点。

空距：即测量距离 $L$，当前液位 $H$ 到仪表的距离。

量程：即安装高度。

盲区：即仪表使用时不能测量的区域，一般是 30～60 cm。

日常当我们的液位计测量的数值与实际的有差别时，可以通过调整空距与量程两参数来进行测试调整，如若调整后测量数据依然不准，那就只能返厂维修了。

## 五、液位检测仪表的标定与检验

液位计的校准一般采用的是现场皮尺丈量法。在污水处理厂大多数的环境中都是通过皮尺丈量水面到地面的高度，拿出设计图纸看总深度来测算。一般情况超声波液位计基本不需要校准。

## 六、液位检测仪表的维护保养

### 1. 液位计的日常巡检

超声波液位计巡检时仅需对仪表作周期性直观检查（要求至少 2 天巡检一次）。检查仪表周围环境，若表头是安装在仪表箱内的话，查看仪表箱是否关严，扫除尘垢，确保仪表箱不进水和尘土等物质。检查接线是否良好，有没有断线现象；检查仪表附近有否新装强电磁场设备或有新装电线横跨仪表。检查仪表显示是否正常，有没有报警或者出错提示。查看液位探头部分固定是否完好，探头若是安装在地表与地面齐平或者稍有低洼处，检查附近是否有积水并清除干净，保持探头附近的干净清洁。

### 2. 液位计的日常维护

（1）表头的维护

安装在室外的表头，请检查安装表头的仪表箱，是否有漏水等现象。

检查表头的工作环境一般是 –25～60℃，如果温度超出表头的工作稳定范围，请采取相应措施，否则表头可能损坏或缩短使用寿命。

检查表头显示数据是否正常，是否和中控室显示一致，并通过对讲机进行比对确认；

检查表头接线端子上的接线是否牢固，注意若电源是 AC 220V，在检查时注意安全防止触电。

（2）探头的维护

超声波液位计的探头一般是不太需要维护的，需要注意的是探头上有没有冷凝水，冷凝水容易造成超声波失波，也就是探测不到回波，从而引起报警，进而输出故障电流，这种情况处理比较简单，一般先用湿布擦干净探头发射面，然后再用干布擦干就可以了。

液位计探头一般都装在室外，探头安装处一定要做好防护措施，注意防雨、雪淋。探头在特别炎热、寒冷的地方使用，即周围环境温度有可能超出仪表的工作要求时，建议在探头周围加设防高、低温装置。

超声波物位计在发射超声波脉冲时，不能同时检测反射回波。由于发射的超声波脉冲具有一定的时间宽度，同时发射完超声波后传感器还有余振，期间不能检测反射回波，因此从探头表面向下开始的一小段距离无法正常检测，这段距离称为盲区。被测的最高物位如进入盲区，仪表将不能正确检测，会出现误差。如有需要，可以将物位计加高安装。

## 任务 3.6　水质分析仪表

基于城市污水处理比较重视水质的检测，水质分析仪表在污水处理厂的应用很广泛，如 pH 计、浊度仪、余氯分析仪、溶解氧分析仪、污泥浓度仪、化学需氧量分析仪、紫外 UV 在线分析仪、氨氮分析仪等。实时检测各个区域的水质参数，并通过 PLC 反馈到中控室上位机，通过设定值的对比自动调节配套设备的运行，最终达到节能降耗的效果。

在线水质分析仪应用于污水处理厂，能够实现水质的连续检测，为优化控制提供了有效可靠的测量值，使自动优化控制能够稳定运行，从而提高处理效率，实现节能降耗。随着在线检测仪表技术的不断进步，水质分析变得更加方便、迅捷、可靠，为污水处理厂优化控制策略的实现提供了可靠的基础。

由此可见，在线水质分析仪在污水处理厂的使用不仅增加了污水处理厂的经济效益，同时也强化了污水处理厂的自动化管理水平，具有广泛的推广和应用价值。

仪表的测量系统由三个基本环节组成：传感器、信号变换器或信号变送器、显示装置，如图 3.6-1 所示。

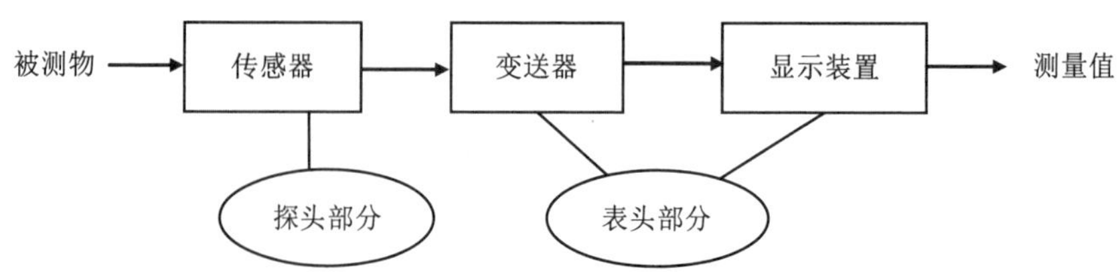


图 3.6-1 仪表测量系统

## 子任务 3.6.1 pH 计

在污水处理厂的运行中，水体的 pH 直接反映了水体的处理情况，水体的 pH 随着所溶解的物质多少而定，因此 pH 能灵敏地指示出水质的变化情况。pH 的变化对生物的繁殖和生存有很大影响，同时还严重影响活性污泥生化作用，即影响处理效果，污水的 pH 一般控制在 6～9。

ORP 氧化还原电位计。ORP 电极是一种可以在其敏感层表面进行电子吸收或释放的电极，该敏感层是一种惰性金属，通常是用铂和金来制作。参比电极是和 pH 电极一样的银/氯化银电极。因此，在日常使用中 ORP 和 pH 计外观一样，只是显示内容与单位有明显差异。

因此在污水处理厂使用的 pH 计/ORP 氧化还原电位计都是有两部分组成传感器探头和显示处理表头，pH 计探头通常用电位法测量，通常用一个恒定电位的参比电极和测量电极组成一个原电池，原电池电动势的大小取决于氢离子的浓度，也取决于溶液的酸碱度。

### 一、测量原理与结构

pH 测量通常有比色法和电极法两种。比色法不需要标定，而电极法一定要标定，因电极法 pH 测量就是将未知溶液与已知 pH 的标准溶液在测量电池中进行比较测定，这是电极法 pH 测量的“操作定义”所决定的。

pH 检测仪表叫 pH 计。由于直接测量溶液中的 $H^+$浓度是有困难的，因此采用电极和电压表来测量。电极是一种电化学装置，与电池类似，其电压随着 pH（$H^+$ 浓度）的变化而变化。pH 计的电极中分为两部分，一部分是测量电极，另一部分是参比电极。参比电极的电动势是稳定且精确的，与被测介质中的 $H^+$浓度无关。

传感器（敏感元件）。它是测量系统直接与被测对象发生联系的部分，与被测对象直接接触或者间接接触，是将我们要测量的对象以其独有的测量原理测量出来，然后将测量结果以各种方式传递给下一环节。

信号变换器（信号变送器）。它是传感器和显示装置中间的部分，是将传感器输出的信号通过设定好的程序经过处理，变换成易于显示装置接收的信号形式，并且将测量结果转换成我们所需要使用的传输信号并输送给下一级。

显示装置（显示器）。它是接收变换器传出的信号测量系统直接与观测者发生联系的部分，让使用人员能直接读取查看到测量结果的部件。

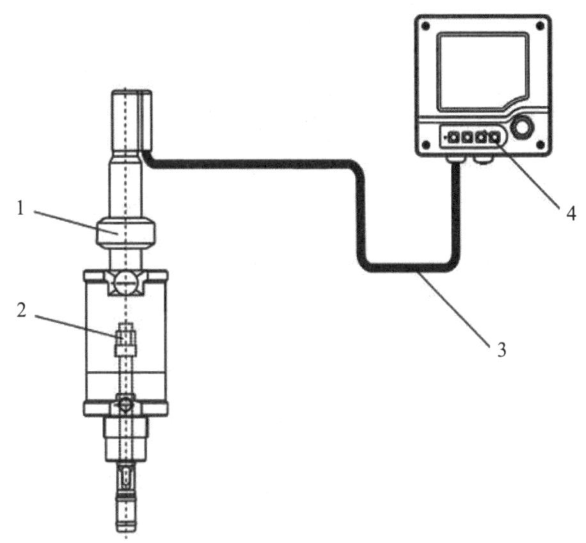


1—可伸缩式安装支架；2—pH 电极；3—专用测量电缆；4—变送器。

图 3.6-2　pH 计测量系统示意图

通常情况下我们一般把传感器部分统称为探头部分，简称探头；而把信号变换器或信号变送器和显示装置统称为表头部分，简称表头。

## 二、性能参数

pH 计性能参数如表 3.6-1 所示。

表 3.6-1　pH 计性能参数

| 性能参数 | 内　容 |
|---|---|
| 1. 测量范围 | pH：2～16；ORP –1 500～1 500 mV |
| 2. 温度 | –Pt100，Pt1 000：–50～150℃（–58～302℉）；<br>–NTC30K：–20～100℃（–4～212℉） |
| 3. 输入阻抗 | ＞$10^{12}\Omega$（玻璃电极，常规操作条件下） |
| 4. 电流输入 | 4～20 mA，电气隔离 |

| 性能参数 | 内　容 |
|---|---|
| 5．负载 | 20 mA 时为 260Ω（电压降为 5.2V） |
| 6．输出信号 | 0～20 mA/4～20 mA，电气隔离；<br>0～14.00 pH=4～20 mA |
| 7．供电电压与变送器的具体型号相关 | 100/115/230 V AC +10/–15%，48～62 Hz；<br>24V AC/DC +20/–15% |
| 8．参考温度 | 25℃（77℉） |
| 9．环境温度范围 | –10～55℃（14～131℉） |
| 10．空气相对湿度 | 10%～90%，无冷凝 |
| 11．斜率调节 | 玻璃电极：38.00～65.00 mV/pH（标称值：59.16 mV/pH）；<br>锑电极：25.00～65.00 mV/pH（标称值：59.16 mV/pH）；<br>ISFET 电极：38.00～65.00 mV/pH（标称值：59.16 mV/pH） |

## 三、安装方式

一般工业现场的在线 pH 计安装方式主要有以下几种：侧壁安装、顶部法兰式安装、管道安装、顶插式安装、沉入式安装、流通式安装。污水处理厂一般选用的是浸入式安装，如该污水处理厂的 pH 计安装在氧化沟的出口溢流槽内，此处的 pH 比较有代表性，且水流平稳，对 pH 计不会造成大的冲击。

## 四、仪表的校验

当测量不准时将电极进行清洗，若还是不准则需要对电极进行重新标定。重新标定前要先准备好标定用的标准液，一般是使用两种标准液，然后可以准备一份其他的 pH 的标准液来进行测试。

如图 3.6-3 进入“菜单/标定/pH”选择“2 点标定”，按照菜单提示完成标定。标定成功后显示斜率和零点，询问是否标定数据，标定失败后再次标定。

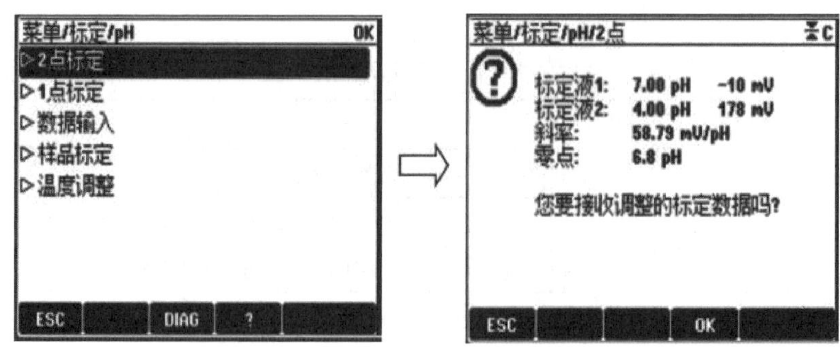


图 3.6-3　标定

标定完之后，我们可以使用 pH 的标准液来进行测试下。看显示的读数有稍微的偏差也是可以的。若偏差很大，或者在标定过程中出错、无法标定等提示，首先先找到说明书，对照说明书查找出错提示的原因，然后按说明书指导的方法处理。

## 五、仪表的维护保养

### 1. 表头的维护

安装在室外的表头，检查安装表头的仪表箱，是否有漏水现象；检查表头是否固定完好；检查表头的工作环境一般是 –25～60℃，如果温度超出表头的工作范围，请采取相应措施，否则表头将影响使用寿命；检查表头显示数据是否正常，是否和中控室显示一致；检查表头接线端子上的接线是否牢固，注意若电源是 AC 220V，在检查时注意安全防止触电。

### 2. pH 计电极停用时的维护

因为 pH/ORP 计探头电极的特殊性，不能长期干燥暴露在空气中且被阳光直晒，会使电极发生 pH/ORP 值不稳或者不能再使用的问题，因此在保存或者暂停使用时，一定要做到对探头电极玻璃泡的保湿效果（可以用瓶子装上水，不能装太多水，然后把瓶子套在探头上；或者用棉纱布等蘸湿放在袋子里然后把袋子套在探头上），使电极处于长期湿润的状态。

### 3. pH 计电极的清洗

当电极沾污导致性能下降测量不准或不能测量时，请先进行清洗电极操作。首先将电极从池子里取出来，用湿布先将探头以及安装固定探头的支架管表面擦拭干净，清除掉上面黏附的东西，注意在擦拭电极时一定要小心轻柔，以免弄破了电极玻璃泡。然后用清水清洗探头以及电极表面，最好是使用喷壶类的喷洗。

## 子任务 3.6.2 浊度仪

浊度计是依据浑浊液对光进行散射或透射的原理制成的测定水体浊度的仪器，一般用于水体浊度的连续监测。

浊度计是测定水浊度的装置。有散射光式、透射光式和透射散射光式等，统称光学式浊度计。其原理为，当光线照射到液面上，入射光强、透射光强、散射光强相互之间比值和水样浊度之间存在一定的相关关系，通过测定透射光强、散射光强和入射光强或透射光强与散射光强的比值来测定水样的浊度。

传感器（探头）上发射器发送的红外光在传输过程中经过被测物的吸收、反射和散射后仅有一小部分光线能照射到检测器上，透射光的透射率与被测污水的浓度有一定的关系，因此通过测量透射光的透射率就可以计算出污水的浓度。污泥浓度计的传感器使用了四光束技术，四光束技术利用两个发射器和两个检测器，每个发射器发送的光线经过透射后照射到两个检测器上，这样就产生一系列的光路，得到一个数据矩阵，然后通过分析这些数据信号，即可得到介质中悬浮物的准确浓度，并能有效消除干扰，补偿因污染产生的偏差，使仪器能在较恶劣的环境中工作。

## 一、浊度测量原理

浊度是用一种称作浊度计的仪器来测定，浊度计发出光线，使之穿过一段样品，如果遇到悬浮颗粒会改变传播方向形成散射，光线接收元件检测与入射光呈 90°的方向上检测有多少光被水中的颗粒物所散射，通过对检测到的散射光，再通过计算即可得出浊度值；这种散射光测量方法称作散射法，散射的程度和悬浮颗粒的数量成正比，任何真正的浊度都必须按这种方式测量。

与入射光成 90°方向（测量 90°方向的散射光能够最大限度地减少颗粒尺寸对散射光强度的影响）的散射光强度复核雷莱公式：

$$I_s = \frac{KNV^2}{\lambda} \times I_0 \tag{3-5}$$

式中，$I_s$ —— 散射光强度；

$I_0$ —— 入射光强度；

$N$ —— 单位溶液微粒数；

$V$ —— 微粒体积；

$\lambda$ —— 入射光波长；

$K$ —— 常数。

可见，在入射光强度 $I_0$ 和波长 $\lambda$ 恒定条件下，散射光强度与悬浮颗粒物的总量（$NV^2$）成比例，即与浊度成比例。因此，可由散射浊度仪测定水样浊度，根据这一公式，可以通过测量水样中微粒的散射光强度来测量水样的浊度。

浊度检测仪表安装如图 3.6-4 所示。

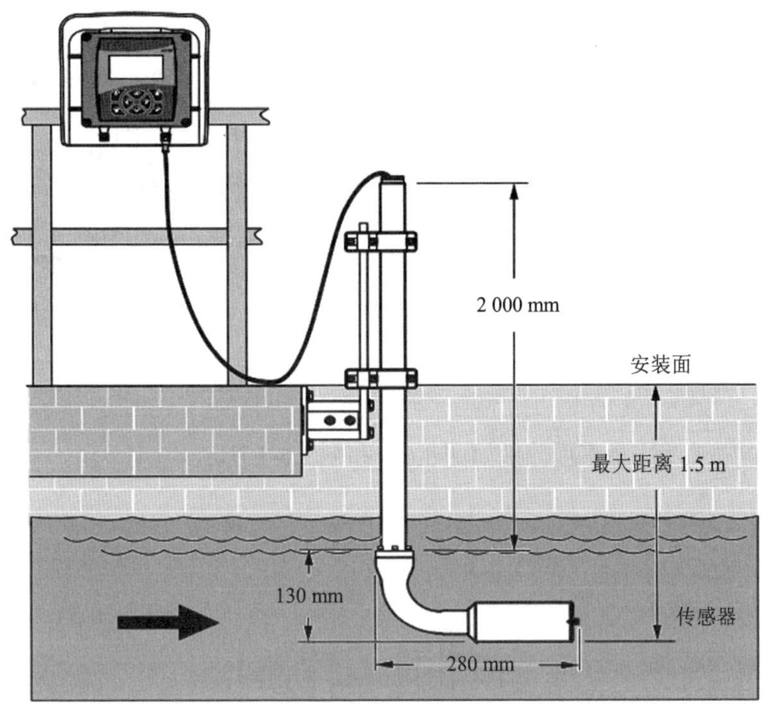


图 3.6-4　浊度仪

## 二、性能参数

浊度仪性能参数见表 3.6-2。

表 3.6-2　浊度仪性能参数

| 性能参数 | 内　容 |
| --- | --- |
| 1．测量范围 | （1）0～9 999 NTU 或 0～5 g/L 悬浮物浓度；<br>（2）0～9 999 NTU 或 0～150 g/L 污泥浓度 |
| 2．输出信号 | 0/4～20 mA，电气隔离 |
| 3．供电电压 | 100～230V AC，48～62 Hz，24V DC，24V AC |
| 4．参考温度 | 25℃（77℉） |
| 5．环境温度范围 | –20～60℃（–4～140℉） |
| 6．空气相对湿度 | 10%～90%，无冷凝 |

## 三、安装方式

安装方式如图 3.6-5 所示，多功能液晶显示器常用的安装方式有 3 种，分别为立柱安装、横柱安装、墙式安装。

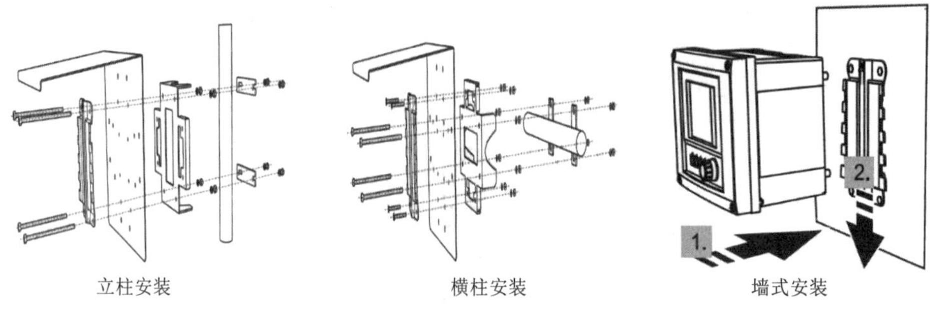


图 3.6-5　安装方式

探头安装方式及注意事项分别如图 3.6-6 和图 3.6-7 所示。

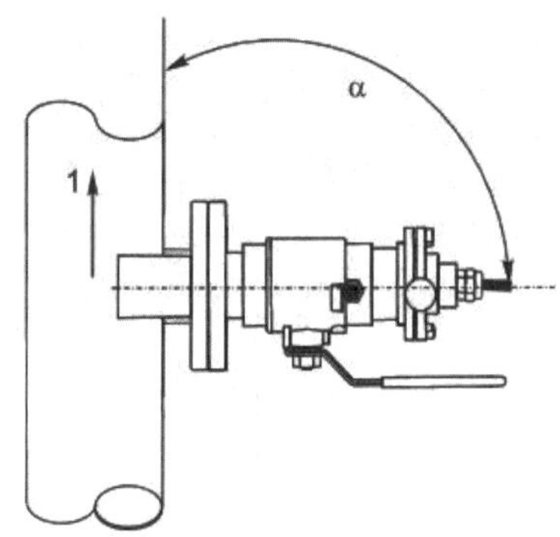


图 3.6-6　可伸缩式安装支架

箭头 1 表示流向。安装角度 α 不得超过 90°；推荐安装角度为 90°；传感器的光学窗口应与流向平行（α=90°）或朝向流向（α＜90°）；手动插入或取出安装支架时，介质压力不能超过 2 bar（29 psi）①。

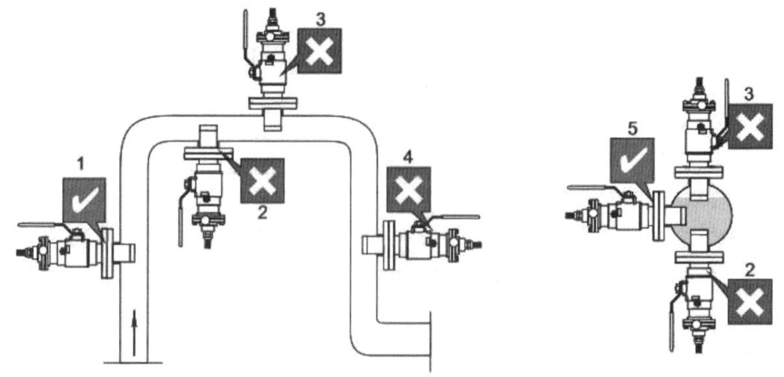


图 3.6-7　传感器安装注意事项

① 1 psi=6.895 kPa=0.068 947 6 bar。

1）在反光材料（如不锈钢）的管道中安装时，管径不得小于 100 mm。建议进行现场标定。

2）将传感器安装在均匀流体处。

3）最佳安装位置为安装在上升流管道中（位置 1）。允许将传感器安装在水平管道（位置 5）中。

4）请勿将传感器安装在易产生气体聚集或易生成气泡的位置处（位置 3），或易出现悬浮固体颗粒沉积的位置处（位置 2）。

5）避免安装在竖值向下的管道中（位置 4）。

6）受管壁背向散射的影响，低于 200 NTU 的浊度测量会导致错误测量结果。因此，建议进行多点标定。

7）避免将传感器安装在管道的降压段，会造成脱气。

## 四、仪表的标定

浊度的校准需要使用 800 NTU 标准溶液，也建议使用去离子水的零点校准。

进入“菜单/标定/浊度”按照菜单提示逐步完成，将实验室的数值输入到标称值中，如果多点标定（最多 5 点）选择标定下个化验值，标定结束后接受标定数据并激活。如图 3.6-8 所示。

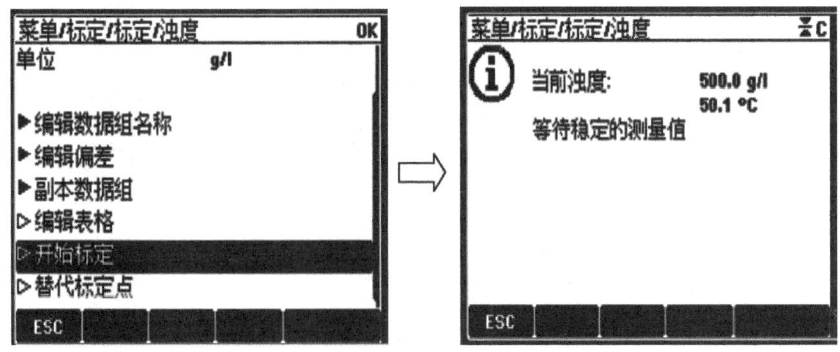


图 3.6-8 仪表标定

## 五、仪表的维护保养

1）使用通用清洁剂清洗变送器外壳的前部；

2）一至两周使用清水或软布对传感器光学视窗进行手动清洗；

3）标定时间根据需要可以和化验室对比后，如果差值大于 300 mg/L，建议重新校准；

4）检查测量点、检查电流输出、更换传感器、重新进行介质标定。

# 子任务 3.6.3 余氯分析仪

## 一、测量原理与结构

余氯是指氯投入水中后，除了与水中细菌、微生物、有机物、无机物等作用消耗一部分氯量外，还剩下了一部分氯量，这部分氯量就叫作余氯。余氯可分为化合性余氯（指水中氯与氨的化合物，有 $NH_2Cl$、$NHCl_2$ 及 $NHCl_3$ 3 种，以 $NHCl_2$ 较稳定，杀菌效果好），又称结合性余氯；游离性余氯指水中的 $OCl^+$、HOCl、$Cl_2$ 等，杀菌速度快，杀菌力强，但消失快，又叫自由性余氯；总余氯即化合性余氯与游离性余氯之和。污水处理厂按照工艺运行监控要求和环保核查要求应在出水口安装余氯在线检测仪表，对检测数据定时准确的采集、报警、存储、曲线、报表。

余氯检测仪（图 3.6-9）简单来说就是用于快速检测余氯的仪器，仪器相当于一台小型的分光光度计，水样经与专门的试剂反应后，通过分光光度方法计算出其余氯/总氯值。余氯检测主要采用 DPD 分光光度法，DPD 与水中余氯迅速反应而产生红色。在碘化物催化下，一氯胺也能与 DPD 反应显色，在加入 DPD 试剂前加入碘化物时，一部分三氯胺与游离余氯一起显色，通过变化试剂的加入顺序可测得三氯胺的浓度。

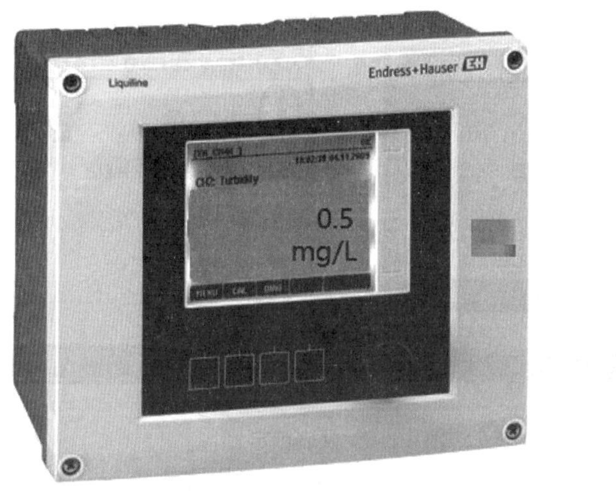

图 3.6-9 余氯检测仪和探头

## 二、性能参数

余氯分析仪性能参数如表 3.6-3 所示。

表 3.6-3　余氯分析仪性能参数

| 性能参数 | 内　容 |
| --- | --- |
| 1．测量范围 | （1）0～5 mg/L（ppm）HOCl，分辨率 0.03 μg/L（ppb）HOCl;<br>（2）0～20 mg/L（ppm）HOCl，分辨率 0.13 μg/L（ppb）HOCl;<br>（3）0～200 mg/L（ppm）HOCl，分辨率 1.1 μg/L（ppb）HOCl |
| 2．输出信号 | 0/4～20 mA，电气隔离 |
| 3．供电电压 | 100～230V AC，48～62 Hz，24V DC，24V AC |
| 4．参考温度 | 20℃（68℉） |
| 5．参考 pH | 5.5±0.2 |
| 6．环境温度范围 | –10～55℃（14～131℉） |
| 7．空气相对湿度 | 10%～90%，无冷凝 |
| 8．电解液使用寿命 | 在高浓度和 55℃温度条件下 60 天;<br>在量程的 50%和 20℃温度条件下 1 年;<br>在量程的 10%和 20℃温度条件下 2 年 |

## 三、安装方式

多功能液晶显示器常用的安装方式有 4 种，分别为立柱安装、横柱安装、墙式安装、整套安装（图 3.6-10）。

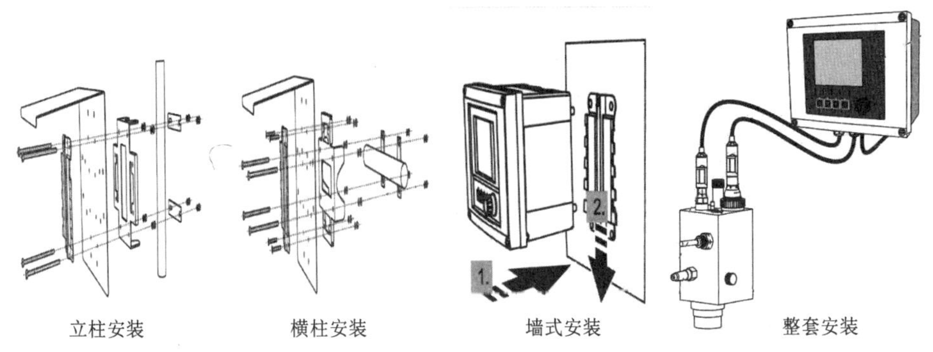


图 3.6-10　安装方式

## 四、仪表的校验

仪表的校验步骤如图 3.6-11 所示：进入“菜单/标定/余氯”选择“斜率/样品标定”，按照菜单提示输入“标称值”完成标定。

标定后显示新的斜率，询问是否接受调整的标定数据。标定失败后提示是否再次标定。

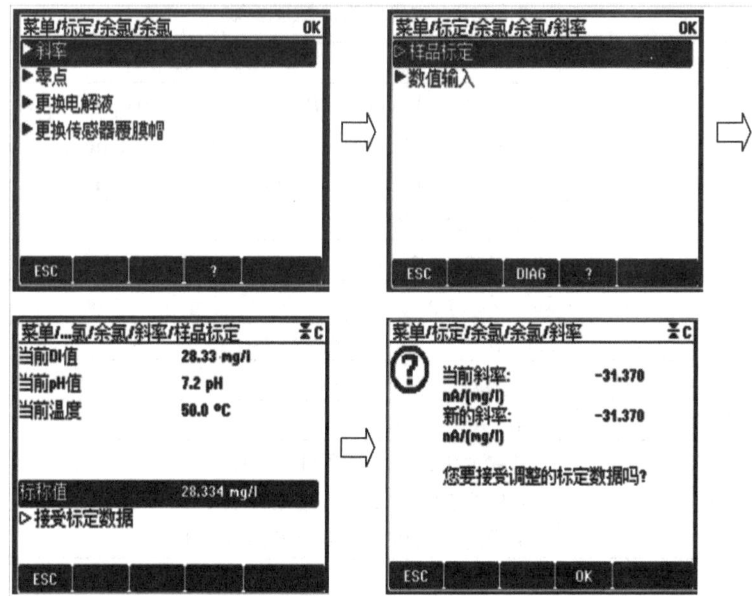


图 3.6-11　仪表校验步骤

## 五、仪表的维护保养

（1）如果膜片污染，需要清洗传感器。

（2）每季度或每年更换一次电解液，具体间隔视工况而定。

（3）定期更换膜片，间隔视工况而定。

（4）必要时标定传感器。

# 子任务 3.6.4　溶解氧分析仪

## 一、测量原理及结构

水中溶解氧含量是进行水质监测时的一项重要指标。溶解氧是指溶解于水中分子状态的氧，即水中的 $O_2$，用 DO 表示。溶解氧是水生生物生存不可缺少的条件。溶解氧随温度、气压、盐分的变化而变化，一般来说，温度越高，溶解的盐分越大，水中的溶解氧越低；气压越高，水中的溶解氧越高。溶解氧除了被通常水中硫化物、亚硝酸根、亚铁离子等还原性物质所消耗外，也被水中微生物的呼吸作用以及水中有机物质被好氧微生物的氧化分解所消耗。所以说溶解氧是水体的资本，是水体自净能力的表示。

溶解氧分析仪（图 3.6-12）的常用测量方法有电流测定法（Clark 溶氧电极）和荧光淬灭法等，因此根据测量原理的不同传感器就有覆膜型探头和荧光法探头。

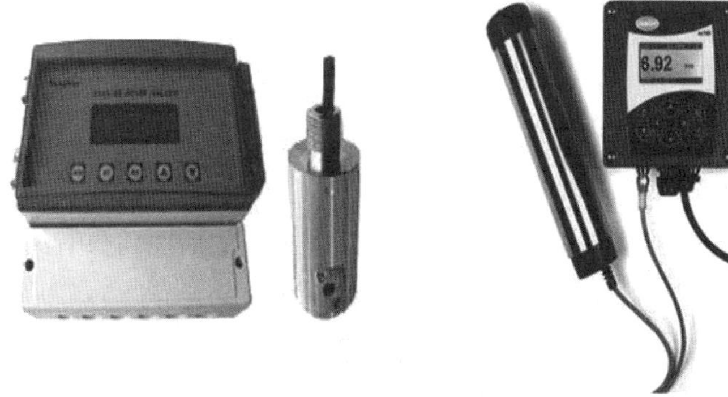


图 3.6-12　溶解氧分析仪

电流测定法（Clark 溶氧电极）：当需要测量受污染的地面水和工业废水时必须用修正的碘量法或电流测定法。电流测定法根据分子氧透过薄膜的扩散速率来测定水中溶解氧（DO）的含量。溶氧电极的薄膜只能透过气体，透过气体中的氧气扩散到电解液中，立即在阴极（正极）上发生还原反应，在阳极（负极），如银一氯化银电极上发生氧化反应两电极之间产生的电流与氧气的浓度成正比，通过测定此电流就可以得到溶解氧（DO）的浓度。

荧光淬灭法：荧光淬灭法的测定是基于氧分子对荧光物质的淬灭效应原理，根据试样溶液所发生的荧光的强度来测定试样溶液中荧光物质的含量。

## 二、性能参数

溶解氧分析仪性能参数如表 3.6-4 所示。

表 3.6-4　溶解氧分析仪性能参数

| 性能参数 | 内　容 |
|---|---|
| 1．测量范围（溶解氧） | 0～20.00 ppm（0～20.00 mg/L）或 0～200%饱和度 |
| 2．测量范围（温度） | 0～50℃（32～121℉） |
| 3．探头操作温度 | 0～50℃（32～121℉） |
| 4．探头保存温度 | –20～70℃（–4～158℉），95%相对湿度，无冷凝 |
| 5．测定准确度 | 量程的±2% |
| 6．温度准确度 | ±0.2℃ |
| 7．灵敏度 | 量程的±0.5% |
| 8．校准/确认 空气校准 | 单点，100%饱和空气 |
| 9．校准/确认 样品校准 | 与标准仪器相比较，或者是与温克勒（Winkler）滴定法相比较 |
| 10．输出 | 两路模拟电流输出（4～20 mA），最大阻抗为 500 mA |

## 三、安装方式

（1）传感器为浸入式安装。

（2）安装在没有腐蚀性液体的环境；传感器会受到二氧化氯（$ClO_2$）的负面影响，因此传感器应当安装在 $ClO_2$ 投放点的上游。

（3）控制器的高压接线是位于机箱内的高压隔离板的后面。只有经过培训的专业人员才可以打开隔离板，进行电源、报警或继电器的接线。

（4）请连接双绞屏蔽线到控制元件端或者是在控制电路的末端，如果使用了没有屏蔽的电缆，可能会导致电磁辐射的干扰高于允许的标准。

## 四、仪表的校验

当溶氧仪经过清洗之后，还是测量不准与实际相差很大时，覆膜法的电极就需要进行更换电解液或者膜片重新标定，荧光法的电极就直接进行重新标定。

### 1．溶氧仪电极的校准、标定

每只溶氧仪电极都有自己的零点和斜率，而且随着使用时间的延长，电解液会逐渐消耗，零点和斜率就会发生变化。标定就是为了得到电极的真实零点和斜率。

零点标定：在零氧环境中标定电极的零点。零点标定时，最好用99.99%以上浓度的氮气（$N_2$），或者是用＞2%的 $Na_2SO_3$ 溶解于水中再用 $COCL_2$ 做催化剂制作简单的“无氧水”来标零点。

斜率标定：在已知氧浓度的空气饱和去离子水或空气中标定电极的斜率。这时需要知道当地标准大气压和温度，为进行标定结果的准确性判断。在空气中进行斜率标定时，将探头用清水清洗干净，然后置于空气且保证探头所处的环境是空气稳定的环境也尽量有风吹动的情况中进行，直至读数稍稳定变化幅度微小即可（一般十几分钟即可），然后再进入标定状态，进入标定状态后不要着急确认进入下一步操作。

### 2．荧光法DO电极的校准、标定

溶解氧（DO）传感器出厂前已经进行过校准。传感器很少或者根本不需要进行校准。如果有相关要求时可以进行校准。空气校准是最为准确的方法；而比较法校准则是最不准确的，因此不推荐使用。出于长时间的准确性和重复性，推荐每使用一年更换一次传感器帽。

## 五、仪表的维护保养

（1）密封圈如果损坏需更换。

（2）更换玻璃体（可选，如果阴极被黏附）。

（3）更换膜片帽（可选，如果膜片损坏）。

（4）重新注满新鲜的电解液，使用螺丝刀敲打膜片帽以去除附着的气泡。

（5）把轴套拧到底。

（6）用水流清洗传感器的外表面。如果仍有碎屑残留，请用湿的软布进行擦拭。不要将传感器放在阳光直射或者通过反射能够照到的地方。

## 子任务 3.6.5 污泥浓度计

### 一、测量原理及结构

污泥浓度计是为测量市政污水或工业废水处理过程中悬浮物浓度而设计的在线分析仪表。无论是评估活性污泥和整个生物处理过程，还是检测不同阶段的污泥浓度，污泥浓度计都能给出连续、准确的测量结果。

污泥浓度计（图 3.6-13）由变送器和传感器组成。传感器可以方便地安装在池内、排水管、压力管道或自然水体中，污泥浓度计能自动补偿因污染而引起的干扰。传感器带有空气清洗功能，能根据预先设置的时间自动定时清洗，从而大大降低了仪器维护的工作量。

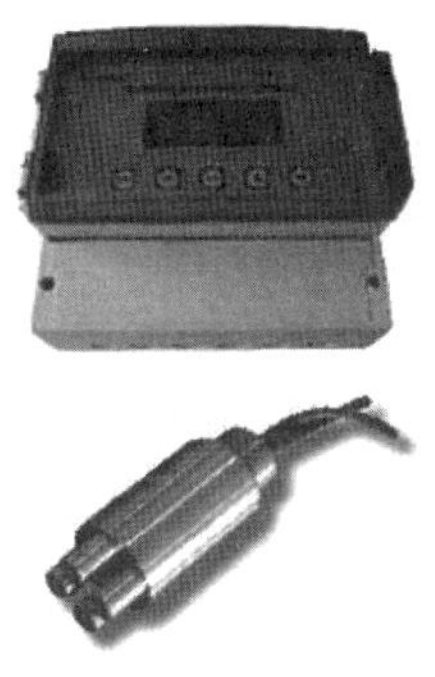

图 3.6-13 污泥浓度计

传感器上发射器发送的红外光在传输过程中经过被测物的吸收、反射和散射后仅有一小部分光线能照射到检测器上，透射光的透射率与被测污水的浓度有一定的关系，因此通过测量透射光的透射率就可以计算出污水的浓度。四光束技术利用两个发射器和两个检测器，每个发射器发送的光线经过透射后照射到两个检测器上，这样就产生一系列的光路，得到一个数据矩阵，然后通过分析这些数据信号，即可得到介质中悬浮物的准确浓度，并能有效消除干扰，补偿因污染产生的偏差，使仪器能在较恶劣的环境中工作。

## 二、性能参数

污泥浓度计性能参数如表 3.6-5 所示。

表 3.6-5　污泥浓度计性能参数

| 性能参数 | 内　容 |
| --- | --- |
| 1. 测量范围 | CUS41：<br>0.00～9 999 FNU/NTU；<br>0.00～9 999 ppm；<br>0.0～300.0 g/L；<br>0.0～200.0%；<br>温度：–5.0～70.0℃（23～158℉）；<br>电缆规格 电缆长度：最大 200 m |
| 2. 测量变量 | 浊度、悬浮固体浓度、温度 |
| 3. 电流输入 | 4～20 mA，电气隔离 |
| 4. 输出信号 | 0/4～20 mA，电气隔离，有源信号 |
| 5. 供电电压与变送器的具体型号相关 | 100/115/230 V AC +10/–15%，48～62 Hz；<br>24 V AC/DC +20/–15% |
| 6. 环境温度范围 | –10～55℃（14～131℉） |
| 7. 空气相对湿度 | 10%～95%，无冷凝 |

## 三、安装方式

（1）污泥浓度计安装位置应选择便于用户及工业污水处理安装维护人员阅读仪器铭牌，便于使用、维护及检修的地方。污泥浓度计电源前端必须安装绝缘开关或者电路切断开关。

（2）变送器安装注意事项：

1）避免变送器受阳光直射、避免变送器发生震动；

2）应将变送器安装在稍高于操作者平视位置，便于操作者浏览面板或进行控制操作；

3）为变送器箱体的开启和维护留出足够的空间。

## 四、仪表的校验

由于污泥浓度计是通过测量红外光在介质中的透射率来测量介质中悬浮物浓度，对于同一种介质红外光的衰减系数不变，但在不同物质中红外光的衰减系数不一定相同，因此用户在实际使用时需要对仪表进行标定，实际上也就是确定其衰减系数。如图 3.6-14

所示，仪表正常标定需要标定两点，即零点（零点标定值，零点浓度值）和第一点（第一点标定值，第一点浓度值），仪表通过分析零点和第一点的浓度值与标定值就能得到红外光在该介质中的衰减系数。零点标定时将传感器置于清水中，最好用一个深颜色的容器，避免阳光直射。

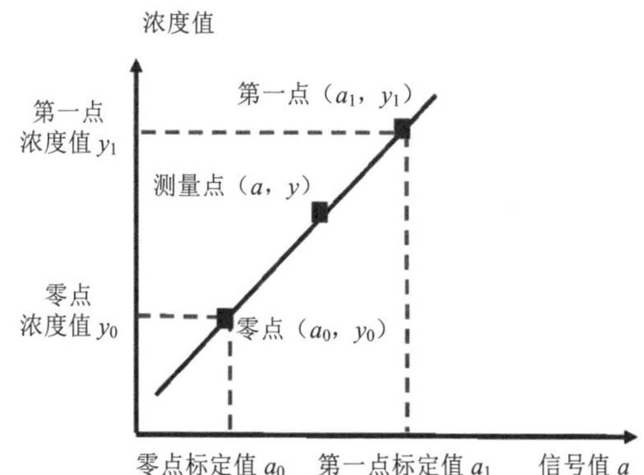


标定后的测量点浓度值的计算依据下式：

$$Y=(a-a_0)\times(y_1-y_0)/(a_1-a_0)+y_0$$

其中：

$Y$：测量点浓度值；

$a$：测量点信号值；

$a_0$：零点标定值；

$a_1$：一点标定的信号值；

$y_0$：零点浓度值；

$y_1$：一点浓度值。

**图 3.6-14　仪表校验原理**

### 1. 零点标定

一般情况下零点出厂时都已经标定好，不需要标定。零点标定在出厂时已经标定过，用户只有在使用时间较长需要校准时才需要再次标定，在清水中标定。

### 2. 第一点标定

如果要求测量结果准确度高，需要进行第一点标定。将传感器清洗干净，确保光束的发送与接收窗口没有杂物遮拦。将被测介质的样品进行化验得到被测介质的浓度值，进入第一点浓度值修正界面，将化验得到的介质浓度值输入，保存数据即可。

## 五、仪表的维护保养

### 1. 日常巡检（要求每天巡检一次）

MLSS 仪巡检时仅需对仪表作周期性直观检查。检查仪表周围环境，若表头是安装在仪表箱内的话，查看仪表箱是否关严，扫除尘垢，确保仪表箱不进水和尘土等物质；检查接线是否良好，有没有断线现象；检查仪表显示、读数是否正常，有没有报警或者出错提示；查看 MLSS/TSS 仪探头部分和安装支架固定是否完好，探头是否浸泡在水内；查看探头上是否有挂物，保持探头附近的干净清洁。

### 2. MLSS/TSS 仪的日常维护

安装在室外的表头，请检查安装表头的仪表箱，是否有漏水现象；检查表头是否固定完好；检查表头的工作环境一般是 –25～60℃，如果温度超出表头的工作稳定范围，请采取相应措施，否则表头可能损坏或降低使用寿命；检查表头显示数据是否正常，是否和中控室显示一致，并通过对讲机进行比对确认；检查表头接线端子上的接线是否牢固，注意若电源是 AC 220V，在检查时注意安全防止触电。

### 3. 探头（电极）的维护

MLSS 污泥浓度计与 TSS 浊度计的探头的测量原理都是一样的，只是在外观上稍有区别，因此探头的维护方法也是一样的。

此仪表的探头维护非常简单，只需要定期清洗，保证探头表面的清洁、干净；在使用测量值不理想时进行标定校准；检查传感器的电缆，正常工作时电缆不应绷紧，否则容易使电缆内部电线断裂，引起传感器不能正常工作；检查传感器的外壳是否因腐蚀或其他原因受到损坏；检查传感器的安装支架是否完好，是否因腐蚀或其他原因受到损坏；在暂时不使用时，虽然不用将探头一直浸泡在水中，但必须保证探头不被阳光直照，采取一定的遮光措施。

### 4. MLSS/TSS 仪电极的清洗

电极的清洗主要是清洗电极底端的发送和接受光束的窗口，MLSS 仪电极有四个小窗口，TSS 仪电极有两个小窗口，请维护人员根据经验定时清洗传感器，确保传感器光束窗口的清洁，同时也要清洗整个探头以及安装杆，以保探头使用的时间更长。

清洗时，断开电源，将探头从水里提上来后，用软布擦除光束窗表面内和传感器上的污物，并用清水冲洗干净即可，清洗时不要使用硬物进行擦拭光束窗口，不要使用过于粗糙的物品，以免破坏了光束窗口表面膜的完好。

## 子任务 3.6.6　化学需氧量分析仪

### 一、测量原理及结构

化学需氧量（COD）分析仪的测量原理是：水样、重铬酸钾、硫酸银溶液（催化剂使直链芳香烃化合物氧化更充分）和浓硫酸的混合液在消解池中被加热到 175℃，在此期间铬离子作为氧化剂从Ⅵ价被还原成Ⅲ价而改变了颜色，颜色的改变度与样品中有机化合物的含量成对应关系，仪器通过比色换算直接将样品的 COD 显示出来（图 3.6-15）。

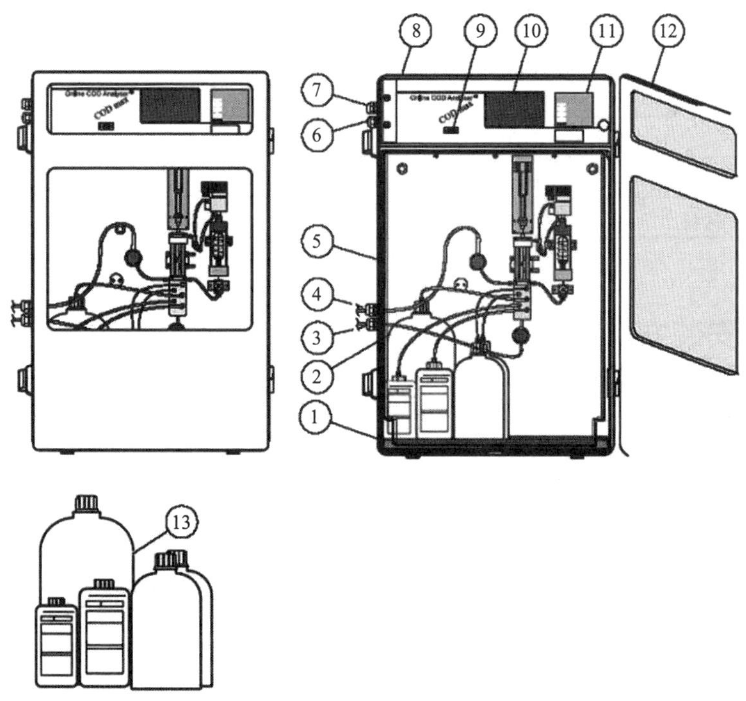

①底扳；②试剂；③废液排放管；④进样管；⑤安全面板；⑥电源线；⑦屏蔽电缆的应变消除装置；⑧仪器外壳；⑨服务接口（笔记本使用超级终端）；⑩液晶显示屏；⑪操作键盘；⑫仪器门；⑬试剂瓶（空）。

图 3.6-15　COD 分析仪

## 二、性能参数

化学需氧量分析仪性能参数如表 3.6-6 所示。

表 3.6-6　化学需氧量分析仪性能参数

| 性能参数 | 内　容 |
| --- | --- |
| 1．测量方法 | 重铬酸钾法 |
| 2．测量范围 | 10～5 000 mg/L；备注：水样中允许的最大氯化物浓度为：5 g/L |
| 3．测量准确度（标准偏差） | ＞100 mg/L 时，＜读数的 10%；<br>＜100 mg/L 时，＜±6 mg/L |
| 4．重复性 | ＞100 mg/L 时，＜读数的 5%；<br>＜100 mg/L 时，±5 mg/L |
| 5．消解时间 | 3 min、5 min、10 min、20 min、30 min、40 min、60 min、80 min、100 min、120 min 或自动，可选；可调的测量间隔时间：1～24 h，以 1 h 为步幅调节或连续测量，使用 MODBUS 时有触发模式 |
| 6．校准 | 自动校准的时间间隔可人工选择（自动校准的持续时间约为 60 min） |

| 性能参数 | 内　容 |
|---|---|
| 7．操作温度 | +5℃～40℃，相对湿度为95%，无结露 |
| 8．存储温度 | +5℃～40℃，相对湿度为95%，无结露 |
| 9．电源要求 | 220V AC±10%/50～60 Hz |
| 10．输出 | 1路电流输出：0/4～20 mA，最大负载500 Ω |
| 11．2个多功能输出继电器 | 24V 1A；服务界面：RS 232、MODBUS或Profibus通信协议可供选择 |

## 三、安装方式

分析仪是为室内运行而设计的，既可以安装在墙上，也可以平放在架上运行。理想的位置应该是干燥、通风、易于进行温度控制的地方。

安装到墙上：确保固件具有充分的负荷耐受力。墙上的螺栓必须是经过选择的，而且要适合墙的特性。如果仪器的固定不牢固，将会出现跌落事故。

安装到支架上：使用稳定的、平坦的支架。确保电力和管道都不会导致晃动，而且没有扭曲。

为了便于操作，分析仪应安装在与眼睛平行或稍高的位置。

## 四、仪表操作

### 1．试剂和校准标准的准备

与化学品接触和吸入都会有危险。只有经过训练的合格的人员才能进行操作。由于反应试剂有毒且具有腐蚀性，推荐从厂家订购受控的预制试剂，不仅可以避免人员伤害和环境污染，而且还能确保获得准确的测量和校准结果。

由专业人员准备化学试剂，试剂的组成部分：硫酸汞溶液；重铬酸钾溶液；硫酸溶液；零点标准溶液；标准溶液。

### 2．设置菜单

菜单如下：

| 设置 | 描述 | 可能的设置 |
|---|---|---|
| 语言 | 为菜单选择语言 | 中文、英文、德文 |
| 校准因子 | 校准因子 | 0.1～10.0 |
| 偏差 | 测量值的偏差 | –1 000～1 000 |
| 消解时间 | 消解时间 | 3 min、5 min、10 min、20 min、30 min、40 min、60 min、80 min、100 min、120 min<br>自动 |

| 设置 | 描述 | 可能的设置 |
| --- | --- | --- |
| 测量间隔 | 测量之间的时间间隔 | 连续测量，1～24 h，触发器（远程控制）<br>备注：使用 1 h 或 2 h 的间隔可以减小消解时间的范围 |
| 测量延迟 | 从测量周期开始到请求第一个样品的时间间隔 | 0～10 min，以 1 s 的步长增长 |
| 当前的量程 | 当前输出的测量范围（20 mA=此处的设置值） | 10～10 000 mg/L |
| 电流 | 电流传输 | 0～20 mA，4～20 mA |
| 故障 | 出现错误时传输的电流值 | 0 mA，20 mA，关闭 |
| 继电器 1 | 继电器 1 的配置：Min.ind（max.ind）：<br>测量值比选定的限值［菜单：最小值（最大值）低（高）时会触发］。样品要求：当一个测量周期开始时，继电器触发，直到采样结束，继电器才会关闭。空气压力：当样品预处理器需要使用压缩空气清洗时，在这个功能中，继电器会指示触发压缩机的正确时间 | 最大、最小值的指示器<br>指示状态过程：测量状态、校正状态、清洗状态<br>指示请求样品<br>指示空气压力 |
| 继电器 2 | 参照继电器 1 | |
| 最小值 | 测量值的下限（如果本功能中只有一个继电器，则仅在激活状态起作用） | 10～10 000 mg/L，以 10 的步长增长 |
| 最大值 | 测量值的上限（如果本功能中只有一个继电器，则仅在激活状态起作用） | 10～10 000 mg/L，以 10 的步长增长 |
| 日期 | 设置日期 | |
| 时间 | 设置时间 | |
| 清洗<br>→最近一次清洗 | 启动自动清洗<br>推荐值：1D（一天一次）<br>最后一次自动清洗的日期 | 不清洗、6 h，12 h，1～7 d，整点开始 |
| 校准<br>→最近一次校准 | 启动自动清洗<br>推荐值：3D（三天一次）<br>最后一次自动校准的日期 | 不清洗、1～7 d，整点开始 |
| 密码 | 在客户服务中启动密码保护功能 | 使用 F1、F2、F3、F4 按键，有 1～4 四个数字可供使用 |
| 奇偶性 | 数据传输形式：校验位 | |
| 速度 | 数据传输速度（波特率） | |
| +MODBUS | MODBUS 子菜单的设置 | |
| 地址 | MODBUS 用户可选附加地址范围 | |

## 五、仪表标定与校验

可以任意选定自动校准（约 60 min）的时间间隔，推荐校准时间间隔为 3 d。在用校液替代样品进行校准之前，首先执行两个零点测量。当测试数值超过某一量程（仪器内置三挡量程）时，仪器自动调用下一量程的校正数据进行校准，以确保测量的精确度。每个固有量程的校准值都被分别保存。

## 六、仪表的维护保养

设备清洗分为自动清洗和手动清洗两种模式，一般选择自动清洗模式。

### 1. 自动清洗

仪器配备完善的自清洗功能，用户可以随意选定自动清洗（约 10 min）的时间间隔。样品流经的所有管路都采用热酸液进行清洗。经过一段时间的浸泡之后，清洗溶液通过废液管路排放。

### 2. 手动清洗

手动清洗按照仪器操作步骤执行，如果此时的计量试管仍然未洗干净，则必须拆下来进行清洗。

### 3. 安全面板

在进行分析仪内部（软管、泵、阀门、消解单元、小试管）的所有操作时，必须先拆下安全面板，但是在执行测量之前，必须重新安装安全面板。在消解单元内部，温度在 175℃左右，并且使用了高压和强酸消解方法。这些需要加强安全防护措施。在安全面板内侧，有一个透明的锁定销，用于锁定分析面板背后特殊的锁定系统。只有当仪器恢复到初始状态（试管被清空、减压，室温下）时，该锁可以在+SERVICE 菜单中打开。

# 子任务 3.6.7　紫外（UV）在线分析仪

## 一、测量原理及结构

溶解在水中的有机物能够吸收紫外光，水中有机物的含量可以通过测量到达检测器的光量进行测量。如图 3.6-16 所示。

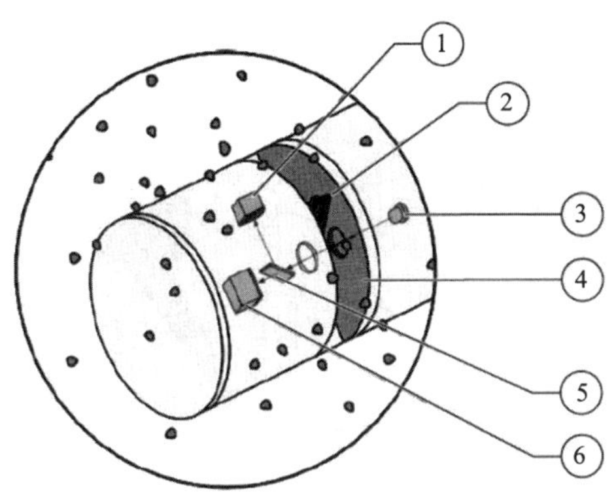


①接收器，测量元件；②双面刮片；③紫外灯；④测量狭缝；⑤镜子；⑥接收器，参考元件。

图 3.6-16 紫外（UV）分析仪传感器主要部件名称

规定以 254 nm 处的特别吸光系数表示过滤后的水样的测量值，该吸光系数可以转化为吸光度/米。通过对不同光程比色池的光度计中测得的测量值进行比较，然后可获得吸收单位 1/m 或 $m^{-1}$。吸收读数可以转换成透过率并且通过控制器显示。UVAS 浸没式探头由一个多光束吸收光度计组成，可以有效地进行浊度补偿。当在 550 nm 处测量 SAC 值时可以进行浊度补偿，并将这个测量值从在 254 nm 处测得的 SAC 值中减去。控制器规定光度计的灯每闪一次，就进行一次测量，而且，测量窗的机械清洗是通过擦拭器完成的。

对于特定的应用场合，选择正确的传感器光程是非常重要的。通常，越干净的水所需要的光程就越长。在自来水应用中一般选择光程为 5 mm 和 50 mm。在废水应用中，一般选择光程为 2 mm 和 1 mm。

## 二、性能参数

紫外（UV）在线分析仪性能参数如表 3.6-7 所示。

表 3.6-7 紫外（UV）在线分析仪性能参数

| 性能参数 | 内 容 |
|---|---|
| 1．测量光程 | 可选 1 mm、2 mm、5 mm、50 mm |
| 2．量程 | 0.01～60 $m^{-1}$、0.1～600 $m^{-1}$、0～1 500 $m^{-1}$、2～3 000 $m^{-1}$ |
| 3．pH | 水样 pH 4.5～9 |

## 三、安装方式

紫外在线分析仪安装方式如图 3.6-17 所示。

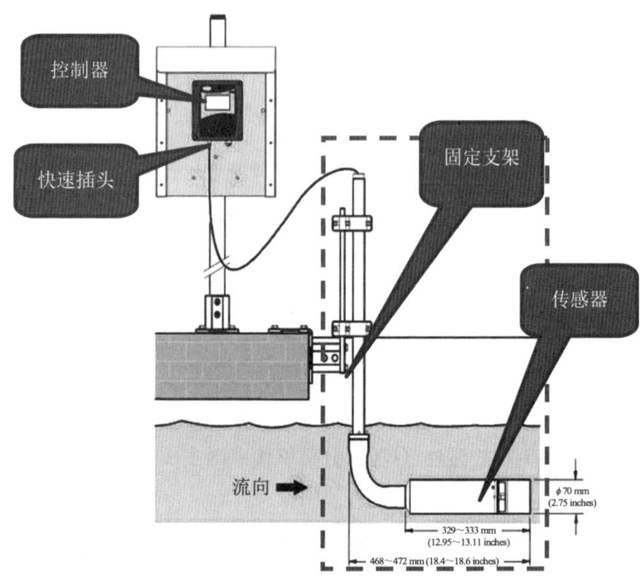


图 3.6-17　安装示意图

安装 UV 传感器时，要确保墙壁和传感器之间有足够的距离以防止物理损坏。

在水平的位置安装传感器时，缝隙应该面向左侧或右侧。狭缝不要向上，这样可能会导致沙子聚集，而且去除气泡也很困难。不要让传感器朝下，否则或使空气聚集。

对于所有的安装，都要使用 90°适配器，以确保流通单元是水平安装的。

## 四、参数的相关性转换

每个总体参数所涵盖的仅仅是其总体内容的一个部分，它们并不是完全相同的。TOC 所检测的是有机污染物，COD 代表的是容易被化学氧化的物质，BOD 代表的是容易被生物氧化的物质。SAC 测量值记录的是那些吸收紫外光的物质。这些参数的关系在图 3.6-18 中有所描述。

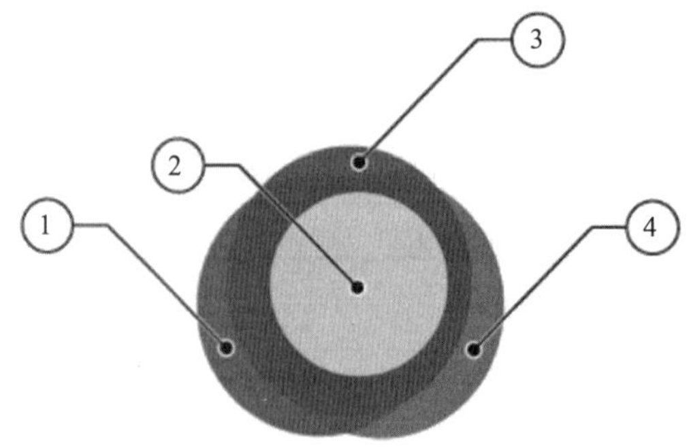


① COD；② SAC；③ BOD；④ TOC。

图 3.6-18　参数关系示意图

这种相互关系解释了在这些不同的总体参数之间相关性的不同程度。为了测定源水中有机物的含量，用户必须要确定那个总体参数最适合特定的应用场合。

SAC254 是一个独立的总体参数，可以代表水中溶解的有机物含量，而且像其他总体参数一样，可以估计水体负荷中一个特定的部分。尽管是非常相似的，但总体参数还是只能在特定的范围内从一种参数转换成另外一种参数。但是，一旦在 UV 和其他总体参数之间找到了相关性，从 UVAS 探头转换过来的测量值就可以以 $TOC_{UV}$、$BOD_{UV}$、$COD_{UV}$ 来显示。为了确定相关性，必须要测量一段时间的 SAC 值。

## 五、仪表标定与校验

传感器在出厂时已经经过校准到用户需求的技术参数值。最好保持出厂校准，不要做任何更改。

定期验证校准。在出现较大偏移的情况下，首先需要进行零点校准，在斜率允许使用单点校准进行更改之前，补偿零点偏移量。

（注：确保在执行校准之前清洗玻璃窗口。根据不同的应用场合，任何偏离出厂校准的变化都可能是光学部污染引起的。如果校准验证失败，请再一次清洗玻璃窗口并重复这些步骤。与出厂校准之间很大的偏移会导致仪器校正失败。）

## 六、仪表的维护保养

在传感器测量路径中，两个测量窗的洁净程度对于测量结果的准确性而言是非常关键的。

测量窗应该每周检查一次看看是否被污染，擦拭器也应该每周检查一次，看看是否破损。

### 1. 维护时间

详见表 3.6-8、表 3.6-9。

表 3.6-8 基本的维护工作

| 工作内容 | 频率 |
| --- | --- |
| 目视检查 | 每周一次 |
| 检查校准 | 每周进行一次比对测量（取决于环境条件） |
| 擦拭器刮片更换 | 根据计数器的情况而定 |

表 3.6-9 耗材更换

| 数量 | 描述 | 平均使用寿命 |
| --- | --- | --- |
| 1 | 擦拭器套件 | 1 年 |
| 2 | O 形垫圈流通单元 | 1 年 |

### 2. 从水池中拆除传感器

1）根据污染的程度和本质，使用窗口清洁器、油脂去除剂或5%的盐酸进行清洗（使用ENTER键操作擦拭器臂对清洗过程有帮助）。

2）对于所使用的清洁剂，一定要仔细阅读安全操作指南：穿防护服、戴安全眼罩和橡胶手套。

3）浸泡5～10 min，然后用蒸馏水小心的清洗测量通路。

### 3. 擦拭器维护

在更换旁路面板上的O形圈之前，先拆除探头。

# 子任务3.6.8 氨氮分析仪

## 一、测量原理及结构

氨氮分析仪用于市政污水、饮用水、地表水及工业等领域的在线氨氮监测（图3.6-19）。

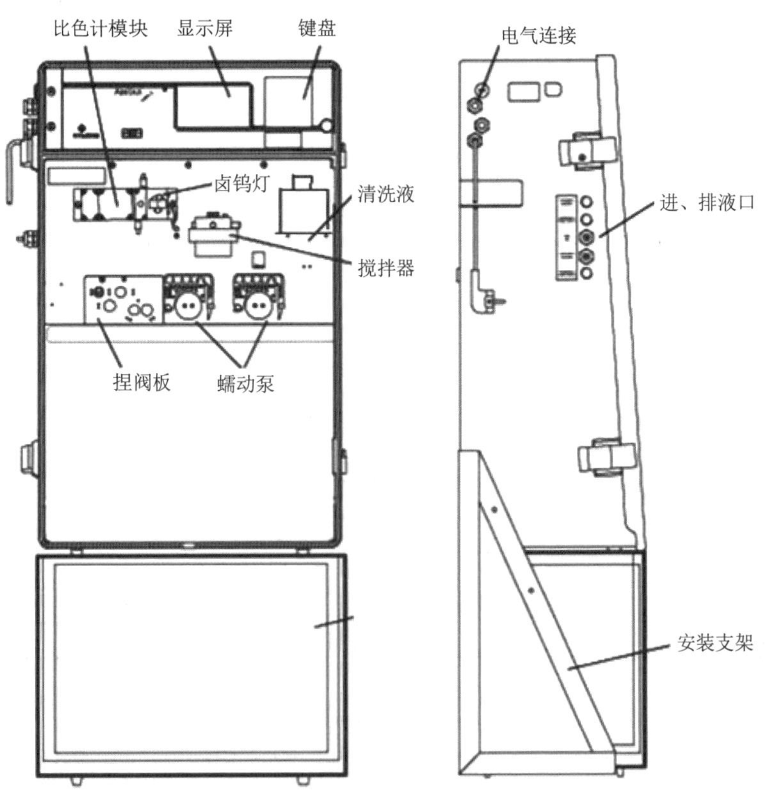


图3.6-19 氨氮分析仪

氨氮是指水中以游离氨（$NH_3$）和铵离子（$NH_4^+$）形式存在的氮。氨氮快速测定仪采用水杨酸-靛酚蓝法。在催化剂的作用下，$NH_4^+$在 pH 为 12.6 的碱性介质中，与次氯酸根离子和水杨酸盐离子反应，生成靛酚化合物，并呈现出绿色。在氨氮快速测定仪测量范围内，其颜色改变程度和样品中的$NH_4^+$浓度成正比。因此，氨氮快速测定仪通过测量颜色变化的程度计算出样品中$NH_4^+$的浓度，从而完成氨氮检测氨氮。

## 二、性能参数

氨氮水质自动分析仪是用来测量水溶液（污水、过程水和地下水）中$NH_4^+$离子的浓度。测量值以 mg/L $NH_4$-N 的形式显示。

1．转换公式

$$NH_4\text{-}N : NH_4^+ = 1 : 1.288$$

2．测量范围

低量程 0.1～20 mg/L，高量程 3～80 mg/L。

## 三、安装方式

可以采用墙体安装或者基座安装，安装位置需要干燥没有阳光直射，需要注意分析仪下方有排废液管路、进水管路及电缆，需要预留空间，使水路畅通，线缆无挤压。进入在线分析仪之前，样品中所含有的固体必须经过预处理。

环境温度要求 5～40℃，对于无冷却模块的分析仪，试剂寿命与环境温度无关，建议安装在有空调的小屋内，环境温度不超过 20℃。

## 四、仪表标定与校验

1）准允许自由选定的间隔执行。零点标液和量程标液会取代水样相继进入搅拌容器。作为两点校准的一部分，为了确保最大的准确度，传输过程中试剂的老化和变化都得到了补偿。每次更换了试剂瓶或样品瓶之后，需手动启动校准。

2）需要将首次标定时间设置为将来的某一时间，确保分析仪的标定时间和清洗时间正确，需要在下次标定前的 3～4 h 进行清洗操作。切换至测量模式后，分析仪按照设定时间自动进行测量、清洗和标定操作。

## 五、仪表的维护保养

每次巡检要清洗采样杯、采样管，检查管路是否堵塞或漏气（捏阀处拔出管子，检查是否压扁或有破洞；泵夹处是否夹扁），是否有废液回流（管路中有少数蓝紫色废液会被反吸回反应池）。每半个月检查药剂是否充足，废液桶是否需要更换（药剂更换后需要校准）。每次巡检要检查搅拌器和比色皿，堵塞，污物附着等及时清洗。观察每次初始化时搅拌器内药剂抽取情况（满药抽取，无气泡），观察测量状态比色皿情况（变色反应和气泡附着，沉淀附着）。

**【拓展任务】**

# 任务 3.7　自动化仪表基础

## 一、自动化仪表发展概况

自动化仪表包括对工艺参数进行测量的检测仪表，根据测量值对给定量的偏差按一定的调节规律发出调节命令的调节仪表，以及根据调节仪表的命令对进出生产装置的物料或能量进行控制的执行器等。这些仪表代替人们对生产过程进行测量、控制、监督和保护，因而是自动控制系统的必要组成部分。

自动化仪表的产生和发展分别经历了基地式、单元组合式（Ⅰ型、Ⅱ型、Ⅲ型）、组装式及数字智能式等几个阶段。

基地式仪表最早出现于 20 世纪 40 年代初，当时由于石油、化工、电力等工业对自动化的需要，出现了将测量、记录、调节仪表组装在一个表壳里的所谓“基地式”自动化仪表。基地式的名称是因它和后来出现的“单元组合式”仪表相比，比较适于在现场做就地检测和调节之用而得来的。仪表的这种结构形式是和当时自动化程度不高、控制分散的状况基本适应的，因而在一段时期内曾获得了普遍的应用。

20 世纪 60 年代初，随着大型工业企业的出现，生产向综合自动化和集中控制的方向发展，人们发现基地式仪表的结构不够灵活，不如将仪表按功能划分，制成若干种能独立完成一定功能的标准单元，各单元之间以规定的标准信号相互联系，这样，仪表的精度容易提高。在使用中可以根据需要选择一定的单元，积木式地把仪表组合起来，构成各种复杂程度不同的自动控制系统。这种积木式的仪表就称为“单元组合式”仪表。当时国内使用的单元组合式仪表是采用气动放大元件的 QDZI 型仪表和以电子管为放大元件的 DDZ-Ⅰ型仪表；70 年代初开始生产的以晶体管作为主要放大元件的 DDZ-Ⅱ型仪表；80 年代初开始生产的以线性集成电路为主要放大元件、具有国际标准信号制（4～20 mA DC 1～5V DC）和安全防爆功能的 DDⅢ型仪表。这三代产品虽然电路形式和信号标准不同性能指标和单元划分的方法也不完全一样，但它们实现的控制功能和基本的设计思想是相同的，只要掌握其中的一种，其他产品便不难分析。同时 QDZ-Ⅰ型仪表也发展到Ⅱ型、Ⅲ型阶段。所以，DDZ-Ⅱ型、Ⅲ型仪表和 QDZ-Ⅱ型、Ⅲ型仪表同时并存了 20 多年，它为我国工业生产自动化的发展起到了促进作用。

20世纪80年代以来，由于各种高新技术的飞速发展，我国开始引进和生产以微型计算机为核心，控制功能分散，显示与操作集中的集散控制系统（DCS），从而将自动化仪表推向高级阶段。20多年来在现场变送器方面也有了突飞猛进的发展，它经历了双杠杆式、矢量机构式、微位移式（电容式、扩散硅式、电感式、振弦式）、现场总线式几个阶段，使过程检测的稳定性、可靠性、精度都有很大的提高，为过程控制提供了可靠的保证。可以断定，以现场总线技术为基础的数字式智能仪表代表着自动化仪表的发展方向。显然，将全功能的复杂仪表分解为若干基本单元的做法，无论是对仪表制造厂的大量生产，还是对用户的维修选用都是有利的。此外，目前自动化程度较高的大、中型企业，大多使用单元组合式仪表，只在小型企业或分散设备单机控制中，基地式仪表由于结构紧凑，价格便宜，仍有一定的应用。

## 二、自动化仪表的分类

自动化仪表按驱动动力可分为气动、电动、液动等几类。工业上通常使用气动仪表和电动仪表。其中气动仪表的出现比电动仪表早，而且价格便宜，结构简单，特别对石油化工等易燃易爆的生产现场，具有本质性的安全防爆性能，因而在相当长的一段时间里一直处于优势地位。从20世纪60年代起，由于电动仪表的晶体管化和集成电路化，控制功能日益完备，在使用低电压、小电流时，可在电路上及结构上采取严密措施，限制进易燃易爆场所的能量，从而保证在生产现场不会发生足以引起燃烧或爆炸的“危险火花”。这样，限制电动仪表使用的一个主要障碍被扫除，电信号比气压信号在传送和处理上的优越性就能得到充分的发挥。气压信号传递速度慢，传输距离短，管线安装不便。相比之下，电信号传输、放大、变换、测量都比气压信号方便得多，特别是电动仪表容易和电子巡回检测装置和工业控制计算机配合使用，实现生产过程的全盘自动化，因此，近年来电动仪表的应用更为广泛。

电动仪表可按信号类型和结构形式来分类。

### 1. 按信号类型分类

电动仪表按信号类型可分为模拟式和数字式两大类。模拟式仪表的传输信号通常为连续变化的模拟量。这类仪表线路比较简单，操作方便，使用者易于掌握，价格较低，在我国已经历多次升级换代，在设计、制造、使用上均有较成熟的经验。长期以来，它广泛地应用于各种工业部门。

数字式仪表的传输信号通常为断续变化的数字量。这些仪表以微型计算机为核心，其功能完善，性能优越，在控制功能、精度等方面均优于模拟式仪表，能解决模拟式控制仪表难以解决的问题，满足现代化生产过程的高质量控制要求。

## 2. 按结构形式分类

电动仪表按结构类型可分为基地式仪表、单元组合式仪表、组装式综合控制装置、数字式仪表、集散控制系统和现场总线控制系统。

1）基地式仪表是以指示、记录为主体，附加控制机构组成的。它不仅能对某变量进行指示或记录，还具有控制功能。由于基地式控制仪表的结构比较简单，价格便宜，又能一机多用，常用于单机自动化系统。我国生产的 XCT 系列控制仪表和 TA 系列电子控制器均属于基地式控制仪表。

2）单元组合式仪表是根据控制系统中各个组成环节的不同功能和使用要求，将系统划分成能独立地完成某种功能的若干单元，各单元之间用统一的标准信号来联络。将这些单元进行不同的组合，可构成多种多样、复杂程度各异的自动检测和控制系统。

我国生产的电动单元组合仪表（DDZ）和气动单元组合仪表（QDZ）经历了Ⅰ型、Ⅱ型、Ⅲ型三个发展阶段，此后又推出了较为先进的数字化单元组合仪表 DDZS 系列仪表。这类仪表将模拟技术和数字技术相结合，并以数字技术为主，其主要特点是数字化、智能化、微位移化，因而是一种先进的仪表。

3）组装式综合控制装置是在单元组合式控制仪表的基础上发展起来的一种功能分离、结构组件化的成套仪表装置。目前组装式综合控制装置在实际工程中已很少使用。

4）数字式仪表是以数字计算机为核心的数字控制仪表。其外形结构、面板布置保留了模拟式仪表的一些特征，但其运算、控制功能更为丰富，通过组态可完成各种运算处理控制。可与计算机配合使用，以构成不同规模的分级控制系统。

5）集散控制系统是将集中于一台计算机完成的任务分派给各个微型过程控制计算机、数字总线以及上一级过程控制计算机，组成各种各样的、能适用于不同过程的分布式计算机控制系统。它将生产过程分成很多小系统，以专用微型计算机进行现场的各种有效控制，实现了“控制分散、危险分散，集中管理、集中操作”，因此被称为集中分散型控制系统，简称集散控制系统（DCS）。

6）现场总线控制系统是 20 世纪 90 年代发展起来的新一代工业控制系统。它是计算机技术、通信技术、控制技术和现代仪器仪表技术的最新发展成果。现场总线控制系统的出现引起了传统控制系统结构和设备的根本性变革，它将具有数字通信能力的现场智能仪表连成网络系统，并同上一层监控级、管理级连接起来成为全分布式的新型控制网络。

## 3. 水处理仪表分类

在污水处理中的自动化仪表主要分为热工仪表和成分分析仪表。

热工仪表主要包括温度、压力、液位、流量这些物理量检测仪表，热工仪表大致都由测量元件（传感器）部分、中间传送部分和显示部分（包括变换成其他信号）构成。

成分分析仪表在污水处理过程中常常称之为水质分析仪表，例如溶解氧仪、在线 BOD 仪、在线 COD 仪等。这部分仪表的主要特点是专用性强，形式多样化，但每种成分分析仪的适用范围往往都限于某种介质成分分析。

自来污水处理厂的清水测量仪表，热工仪表跟污水处理厂仪表基本相同，水质分析仪表主要包括余氯分析仪、浊度分析仪和 pH 计等。

## 三、自动化仪表的性能指标

1）量程：仪表测量被测参数的最高值和最低值，分别称为仪表测量的范围的上限和下限，测量范围的上限值和下限值的代数差即为仪表的量程。

2）绝对误差：仪表的指示值与被测量的真值之间的代数差称为仪表的绝对误差。

3）引用误差：仪表的绝对误差与仪表量程的比值，称为引用误差，常用百分数表示。

4）精度等级：仪表在出厂检验时，其示值的最大引用误差不能超过规定的允许值，此值称为允许引用误差，并规定允许引用误差去掉%号后的数字来表示精度等级。

5）分辨率：是指仪表示值发生变化的最小输入变化值。

6）变差：是当输入量上升和下降时，对同一输入值的仪表两相应输出示值之间的代数差。

7）漂移：保持仪表输入量不变时，输出示值随时间或温度的改变而缓慢变化称为漂移。

## 四、自动化仪表的信号标准及使用

在自动化系统中使用的各类仪表，有的直接安装在现场的工业设备或工艺流程管路上，例如大多数的变送器、电气转换器和执行器；另一些则安装在远离生产现场，无燃烧、爆炸危险的控制室内，例如指示记录仪表、运算器、调节器、监控仪表和工业控制机等。为了方便地把各类仪表连接起来，构成各种控制系统，仪表之间应该有统一的标准联络信号和合适的传输方式。

### 1. 信号制式

即信号标准，是指仪表之间采用的传输信号的类型和数值采用统一的联络信号，不仅可使同一系列的各类仪表组成系统，还可通过各种转换器，将不同系列的仪表连接起来，混合使用，从而扩大了仪表的应用范围。所以，在设计自动化仪表和装置时，要做到通用性和相互兼容性，就必须统一仪表的信号标准。

### 2. 信号标准的类型

（1）气动仪表信号标准

《工业自动化仪表用模拟气动信号》（GB/T 777—2008）规定了气动仪表的信号下限值为 20 kPa，上限值为 100 kPa。该标准与国际标准 IEC382 是一致的，气动单元组合仪表（QDZ）采用 140 kPa 压缩空气为气源，输出下限值为 20 kPa，下限值为 100 kPa 的线性输出标准信号。

（2）电动仪表信号标准

电信号包括模拟信号、数字信号、频率信号和脉冲信号等。由于模拟式仪表装置结构简单、应用广泛，因此在过程控制系统中，远距离传输和控制室内部仪表之间的信号传输，用得最多的是模拟信号。在模拟信号中，直流电压、直流电流被世界各国普遍用作仪表的统一模拟信号。一般电动仪表的信号范围为 4～20 mA DC，电源信号采用 24V DC，负载电阻为 250～7 500 Ω，该标准与国际标准 IEC381A 是一致的。DDZ-Ⅱ系列单元组合仪表信号范围为 0～10 mA DC，电源信号采用 220V AC，负载电阻为 0～1 000 Ω 或 0～3 000 Ω，目前随着 DDZ-Ⅱ系列单元组合仪表的逐渐淘汰，这种信号标准已很少使用。

### 3. 采用 4 ~ 20 mA DC 电流信号传送的原因

（1）采用直流电流信号的优点

1）直流电流信号比交流电流信号的干扰小。交流电流信号容易产生交变电磁场的干扰，对附近仪表和电路有影响，并且如果混入的外界交流干扰信号和有用信号形式相同时将难以滤除，直流电流信号克服了这个缺点。

2）直流电流信号对负载的要求简单。交流电流信号有频率和相位问题，对负载的感抗、容抗敏感，使得影响因素增多、计算复杂，而直流电流信号只需要考虑负载电阻。

3）电流比电压更利于信号远传。如果采用电压形式传送信号，当负载电阻较小且进行远距离传送时，导线上的电压降会引起误差；采用电流传送就不会出现这个问题，只要沿途没有漏电流，电流的数值始终一样。而低电压的电路中，即使只采用一般的绝缘措施，漏电流可以忽略不计，所以接收信号的一端能保证和发送端有同样的电流。由于信号发送仪表输出具有恒流特性，所以导线电阻在规定的范围内变化时对信号电流不会有明显的影响。

（2）采用 4～20 mA 作为限值的理由

1）在目前的元器件水平下，起点电流小于 4 mA 时仪表工作将会发生困难，因此将仪表的电气零点设为 4 mA，不与机械零点重合。这种“活零点”的安排有利于识别断电、断线等故障，且为现场变送器实现二线制提供了可能性。二线制的变送器就是将供电的电源线与信号的输出线合并为两根导线。由于信号为零时变送器仍要处于工作状态，总要消耗一定的电流，所以零电流表示零信号时是无法实现二线制的。

2）在现场使用二线制变送器不仅节省电缆，布线方便，而且还便于使用安全栅，有利于安全防爆。

3）电流信号的上限值如果大，产生的电磁平衡力有利于力平衡式变送器的设计制造，但从减小直流电流信号在传输线中的功率损耗、缩小仪表体积以及提高仪表的防爆性能来讲，希望电流信号上限小些，国际电工委员会（IEC）经过综合比较后，将其上限定为 20 mA。

### 4. 电信号的传输

（1）4～20 mA DC 电流信号的传输

4～20 mA DC 电流信号一般用于现场与控制室仪表之间远距离传输，如图 3.7-1 所示，一台发送仪表的输出电流同时传输给几台接收仪表，所有这些仪表应当串联。图中 $R_o$ 为发送仪表的输出电阻。$R_{cm}$ 和 $R_i$ 分别为连接导线的电阻和接收仪表的输入电阻（假定接收仪表的输入电阻均为 $R_i$），由 $R_{cm}$ 和 $R_i$ 组成发送仪表的负载电阻。

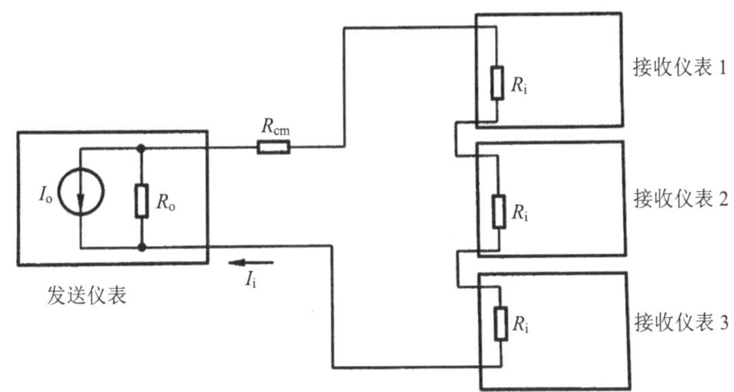


图 3.7-1 电流信号传输时仪表之间的连接

由于发送仪表的输出电阻 $R_o$ 不可能是无限大，在负载电阻变化时，输出电流也将发生变化，从而引起传输误差，为减小传输误差，要求发送仪表的 $R_o$ 足够大，而接收仪表的 $R_i$ 及导线电阻 $R_{cm}$ 应比较小。实际上，发送仪表的输出电阻均很大，相当于一个恒流源，连接导线的长度在一定范围内变化时，仍能保证信号的传输精度，因此电流信号适于远距离传输，对于要求电压输入的仪表，可在电流回路中串入一个电阻，从电阻两端引出电压，供给接收仪表，所以电流信号应用比较灵活。

电流传输也有不足之处。由于接收仪表是串联工作的，当一台仪表出现故障将影响其他仪表的正常工作，而且各接收仪表一般都应浮空工作，若要使各台仪表都有自己的接地点，则应在仪表的输入、输出之间采取直流隔离措施，这就对仪表的设计和应用在技术上提出了更高的要求。

（2）1～5V DC 电压信号的传输

1～5V DC 电压信号的传输一般用于控制室内部仪表之间的联络。一台发送仪表的输出电压要同时传输给几台接收仪表时，这些接收仪表应当并接，如图 3.7-2 所示。由于接收仪表的输入电阻 $R_i$ 不是无限大，信号电压 $U_o$ 将在发送仪表内阻 $R_o$ 及导线电阻 $R_{cm}$ 上产生一部分电压降，从而造成传输误差，为减小传输误差，应使发送仪表内阻 $R_o$ 及导线电阻 $R_{cm}$ 尽量小，同时要求接收仪表输入电阻 $R_i$ 大些。

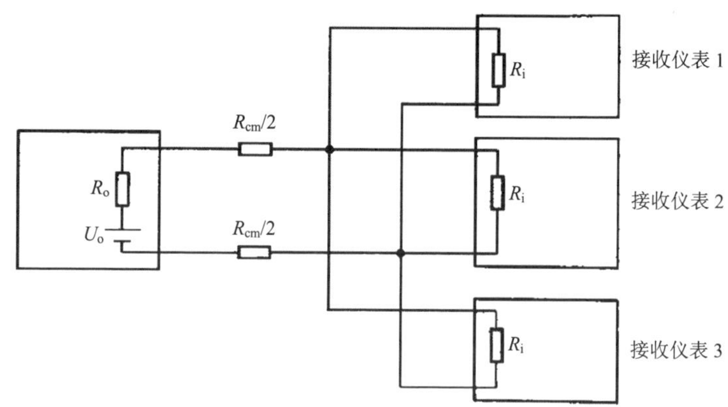


图 3.7-2　电压信号传输时仪表之间的连接

因接收仪表是并联连接的，增加或取消某个仪表不会影响其他仪表的工作，而且这些仪表也可设置公共接地点，因此在设计安装上比较简单，但并联连接的各接收仪表，输入电阻均较高，易于引入干扰，故电压信号一般用于控制室内部仪表之间的联络。

（3）变送器与控制室仪表间的信号传输

变送器是现场仪表，其输出信号送至控制室中，而它的供电又来自控制室。变送器的信号传送和供电方式通常有以下两种：

1）四线制传输。供电电源和输出信号分别用两根导线传输，如图 3.7-3 所示，图中的变送器称为四线制变送器。由于电源与信号分别传送，因此对电流信号的零点及元器件的功耗无严格要求。在该传输方式中，若变送器的一个输出端与电源装置的负端相连，也就成了三线制传输。

2）二线制传输。变送器与控制室之间仅用两根导线传输，这两根导线既是电源线，又是信号线，如图 3.7-4 所示，图中的变送器称为二线制变送器。

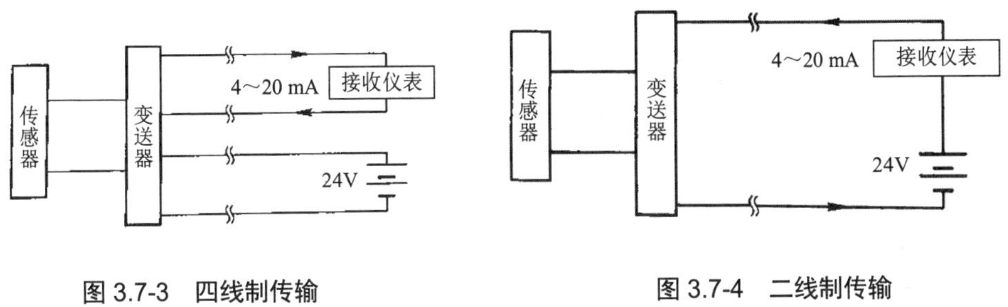


图 3.7-3　四线制传输　　　　图 3.7-4　二线制传输

采用二线制变送器不仅可节省大量电缆线和安装费用，而且有利于安全防爆，因此这种变送器得到了较快的发展。

要实现二线制变送器，必须采用活零点的电流信号。由于电源线和信号线公用，电源供给变送器的功率是通过信号电流提供的。在变送器输出电流为下限值时，应保证它内部的半导体器件仍能正常工作，因此，信号电流的下限值不能过低，国际统一电流信号采用 4～20 mA DC，为制作二线制变送器创造了条件。

【实训任务】

# 实训任务 3-1 热电偶的校验

## 一、实训目的

1. 初步了解温度测量系统是如何构成的；
2. 解热电偶的性质及工作原理；
3. 了解电子电位差计结构及使用方法；
4. 会对热电偶进行校验；
5. 对校验数据进行计算分析，并根据结果确定热电偶的精度等级。

## 二、实训所需仪表、工具

1. UJ 系列直流电位差计，测量精度 0.05 级一台。
2. 热电偶多支。
3. 精密水银温度计一支。
4. 加热炉一台。
5. 导线、电源线、螺丝刀等。

## 三、实训内容及步骤

校验前一般应先进行外观检查，热电偶热端焊点应牢固光滑，无气孔和斑点等缺陷；热电极不应变脆或有裂纹；贵金属热电偶热电极无变色等现象。外观检查无异常方可进行校验。

1. 连接电路。将热电偶的电压端接到电位差计上“未知”端，注意极性。电路如图 3-1-1 所示。

2. 校准工作电流。先将电位差计上功能开关 K 调至“标准”，调节面板右上角的“电流调节”旋钮，使检流计指“0”，此时工作电流即调好了。

3. 测出室温下的初始电动势。先将 K 拨至“未知”，然后，调节右下方的读数盘，使检流计指“0”，同时读出温度计和电位差计上读数盘的数值。应注意的是面板上“倍率”开关，若电势差太小，请选用×0.2 挡。

4. 升降温测量。每升高约 10℃测量一组 $t$ 和 $E$，共测 6～8 组数据（包括室温组）；每降低约 10℃测量一组 $t$ 和 $E$，共测 6～8 组数据（包括室温一组）。

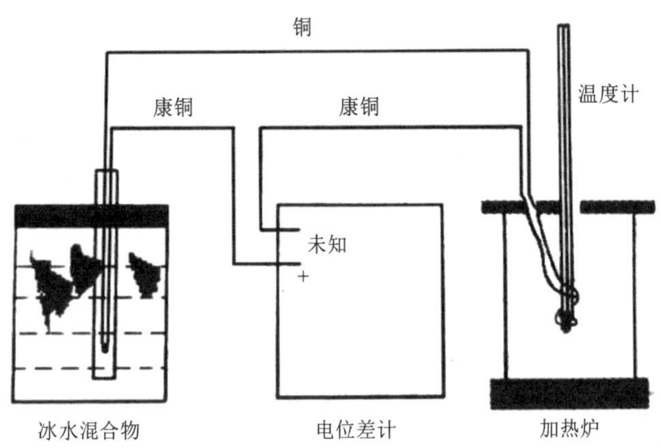


图 3-1-1　热电偶校验接线

## 四、实训数据

校验数据分别记录于表 3-1-1 和表 3-1-2 中。查分度表，分别算出热端温度。

表 3-1-1　升温测量数据处理

<table>
<tr><td colspan="8">热电偶分度号：　　　室温：　　　对应电势　　　mV</td></tr>
<tr><td>手动电位差计</td><td colspan="7">型号：　　精度：</td></tr>
<tr><td rowspan="2">次数</td><td rowspan="2">$t_0$（冷端）/℃</td><td colspan="2">$t$（热端）/℃</td><td rowspan="2">误差$\Delta t$/℃</td><td rowspan="2">$E$（$t_0$，0）/mV</td><td rowspan="2">$E$（$t$，$t_0$）/mV</td></tr>
<tr><td>实际</td><td>计算</td></tr>
<tr><td>1</td><td></td><td>30</td><td></td><td></td><td></td><td></td></tr>
<tr><td>2</td><td></td><td>40</td><td></td><td></td><td></td><td></td></tr>
<tr><td>3</td><td></td><td>50</td><td></td><td></td><td></td><td></td></tr>
<tr><td>4</td><td></td><td>60</td><td></td><td></td><td></td><td></td></tr>
<tr><td>5</td><td></td><td>70</td><td></td><td></td><td></td><td></td></tr>
<tr><td>6</td><td></td><td>80</td><td></td><td></td><td></td><td></td></tr>
<tr><td>7</td><td></td><td>90</td><td></td><td></td><td></td><td></td></tr>
<tr><td>8</td><td></td><td>95</td><td></td><td></td><td></td><td></td></tr>
<tr><td colspan="7">数据分析及结论：</td></tr>
</table>

表 3-1-2　降温测量数据处理

| 热电偶分度号：　室温：　对应电势　mV | | | | | | |
|---|---|---|---|---|---|---|
| 手动电位差计 | 型号：　精度： | | | | | |
| 次数 | $t_0$（冷端）/℃ | $t$（热端）/℃ | | 误差$\Delta t$/℃ | $E$（$t_0$，0）/mV | $E$（$t$，$t_0$）/mV |
| | | 实际 | 计算 | | | |
| 1 | | 95 | | | | |
| 2 | | 90 | | | | |
| 3 | | 80 | | | | |
| 4 | | 70 | | | | |
| 5 | | 60 | | | | |
| 6 | | 50 | | | | |
| 7 | | 40 | | | | |
| 8 | | 30 | | | | |

数据分析及结论：

# 实训任务 3-2　弹簧管压力表的校验

## 一、实训目的

1．熟悉弹簧管压力表的组成结构和工作原理；

2．会对弹簧管压力表的零位、量程、线性调整及示值进行校验；

3．会对校验数据进行计算分析，并根据结果确定仪表精度等级。

## 二、实训所需仪表、工具

1．活塞式压力表校验仪一台，精度等级 0.05 级。

2．标准压力表一块，精度等级 0.25 级，测量范围 0～6 MPa。

3．普通弹簧管压力表一块，精度等级 1.6 级，测量范围 0～6 MPa。

4．隔膜式压力表一块，精度等级 1.6 级，测量范围 0～1 MPa。

5．电接点压力表一块，推荐精度等级 2.5 级，测量范围 0～0.6 MPa。

6．300 mm 扳手和 200 mm 扳手各一把。

7．工作液变压器油若干。

## 三、实训内容及步骤

1．识别各种压力表的规格型号、精度等级和量程范围。

2．如图 3-2-1 所示连接好系统。

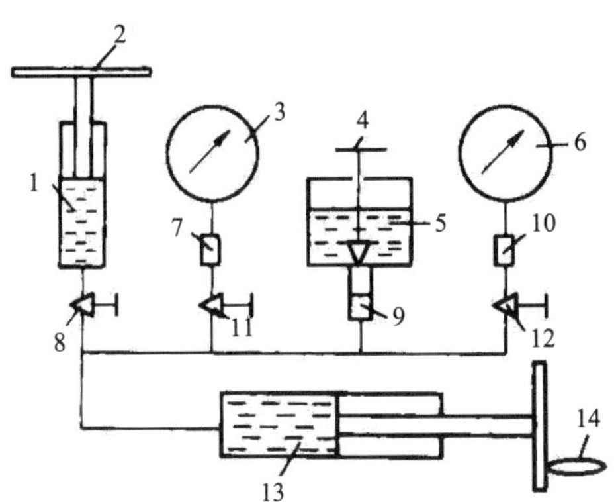


1—活塞式压力泵；2—砝码托盘；3—标准压力表；4—油杯阀；5—油杯；6—被校压力表；7、9、10—螺母；8、11、12—截止阀；13—手摇压力泵；14—手轮。

**图 3-2-1　压力表校验连接**

（1）图 3-2-1 是由一个手摇式压力泵、两个压力表接头及相应的连通管路构成，由相关阀门的开关来确定各部分的连通关闭情况。

（2）该校验仪利用手轮摇动时推进活塞而使介质产生压力，对压力表进行校验。

（3）吸油过程：将截止阀 8、11、12 关紧，手摇压力泵旋进至最深位置。在油杯 5 中充入适量的工作液，一般在油杯的 1/2 位置即可。之后打开油杯阀 4，摇动手轮使其活塞慢慢退出，则各管路及手摇压力泵内便有工作液充入。

（4）排出管路系统内的空气：由于在充入工作液之前管路内通有大气，此时管路内仍然有空气存在，因此在实训前还要做排气的工作。待系统吸入工作液之后，关闭油杯阀 4，打开截止阀 11、12，在未安装压力表的情况下缓慢旋进手摇泵活塞，直到压力表安装处没有气泡而有工作液溢出时关闭截止阀 11、12，打开油杯阀 4，旋出手轮以补足工作液，再次关闭油杯阀 4 即可。

（5）校验：将被校压力表分别装在压力表校验器左、右两个螺母接头上，打开截止阀 11、12，用手轮加压即可进行压力表的校验。

## 四、实训数据

校验时，先检查零位偏差，如合格，则可在被校表测量范围的 20%、40%、60%、80%、100% 5 点做校验，每个校验点应分别在轻敲表壳前后进行两次读数，然后记录各校验点处被校表和标准表的指示值。以同样的方式做反行程校验和记录。

校验结束后，按照上述过程反操作，将工作液压入油杯。最后分别将结果填写在表 3-2-1～表 3-2-3 中，并进行整理与计算。

表 3-2-1 普通弹簧管压力表校验记录

<table>
<tr><td colspan="9">被校压力表型号________ 测量范围________ 精度_____<br>压力表校验仪名称_______ 型号______ 绝对误差______</td></tr>
<tr><td colspan="9">原 始 记 录</td></tr>
<tr><td rowspan="2">标准表示值/MPa</td><td colspan="2">被校表示值/MPa</td><td colspan="2">轻敲后被校表示值/MPa</td><td colspan="2">绝对误差/MPa</td><td rowspan="2">正反行程示值之差</td></tr>
<tr><td>正行程</td><td>反行程</td><td>正行程</td><td>反行程</td><td>正行程</td><td>反行程</td></tr>
<tr><td></td><td></td><td></td><td></td><td></td><td></td><td></td><td></td></tr>
<tr><td></td><td></td><td></td><td></td><td></td><td></td><td></td><td></td></tr>
<tr><td></td><td></td><td></td><td></td><td></td><td></td><td></td><td></td></tr>
<tr><td></td><td></td><td></td><td></td><td></td><td></td><td></td><td></td></tr>
<tr><td></td><td></td><td></td><td></td><td></td><td></td><td></td><td></td></tr>
<tr><td></td><td></td><td></td><td></td><td></td><td></td><td></td><td></td></tr>
<tr><td colspan="2">零值误差</td><td colspan="6"></td></tr>
<tr><td colspan="2">实测基本误差</td><td colspan="6"></td></tr>
<tr><td colspan="2">轻敲变动量</td><td colspan="6"></td></tr>
<tr><td colspan="2">回程误差</td><td colspan="6"></td></tr>
<tr><td colspan="8">结论及分析：</td></tr>
</table>

表 3-2-2 隔膜式压力表校验记录

<table>
<tr><td colspan="9">被校压力表型号________ 测量范围________ 精度_____<br>压力表校验仪名称_______ 型号______ 绝对误差______</td></tr>
<tr><td colspan="9">原 始 记 录</td></tr>
<tr><td rowspan="2">标准表示值/MPa</td><td colspan="2">被校表示值/MPa</td><td colspan="2">轻敲后被校表示值/MPa</td><td colspan="2">绝对误差/MPa</td><td rowspan="2">正反行程示值之差</td></tr>
<tr><td>正行程</td><td>反行程</td><td>正行程</td><td>反行程</td><td>正行程</td><td>反行程</td></tr>
<tr><td></td><td></td><td></td><td></td><td></td><td></td><td></td><td></td></tr>
<tr><td></td><td></td><td></td><td></td><td></td><td></td><td></td><td></td></tr>
<tr><td></td><td></td><td></td><td></td><td></td><td></td><td></td><td></td></tr>
<tr><td></td><td></td><td></td><td></td><td></td><td></td><td></td><td></td></tr>
<tr><td></td><td></td><td></td><td></td><td></td><td></td><td></td><td></td></tr>
<tr><td></td><td></td><td></td><td></td><td></td><td></td><td></td><td></td></tr>
<tr><td colspan="2">零值误差</td><td colspan="6"></td></tr>
<tr><td colspan="2">实测基本误差</td><td colspan="6"></td></tr>
<tr><td colspan="2">轻敲变动量</td><td colspan="6"></td></tr>
<tr><td colspan="2">回程误差</td><td colspan="6"></td></tr>
<tr><td colspan="8">结论及分析：</td></tr>
</table>

**表 3-2-3　电接点压力表校验记录**

<table>
<tr><td colspan="8">被校压力表型号________　测量范围________　精度_____<br>压力表校验仪名称_______　型号______　绝对误差______</td></tr>
<tr><td colspan="8">原　始　记　录</td></tr>
<tr><td rowspan="2">标准表示值/MPa</td><td colspan="2">被校表示值/MPa</td><td colspan="2">轻敲后被校表示值/MPa</td><td colspan="2">绝对误差/MPa</td><td rowspan="2">正反行程示值之差</td></tr>
<tr><td>正行程</td><td>反行程</td><td>正行程</td><td>反行程</td><td>正行程</td><td>反行程</td></tr>
<tr><td></td><td></td><td></td><td></td><td></td><td></td><td></td><td></td></tr>
<tr><td></td><td></td><td></td><td></td><td></td><td></td><td></td><td></td></tr>
<tr><td></td><td></td><td></td><td></td><td></td><td></td><td></td><td></td></tr>
<tr><td></td><td></td><td></td><td></td><td></td><td></td><td></td><td></td></tr>
<tr><td></td><td></td><td></td><td></td><td></td><td></td><td></td><td></td></tr>
<tr><td></td><td></td><td></td><td></td><td></td><td></td><td></td><td></td></tr>
<tr><td colspan="2">零值误差</td><td colspan="6"></td></tr>
<tr><td colspan="2">实测基本误差</td><td colspan="6"></td></tr>
<tr><td colspan="2">轻敲变动量</td><td colspan="6"></td></tr>
<tr><td colspan="2">回程误差</td><td colspan="6"></td></tr>
<tr><td colspan="8">结论及分析：<br><br></td></tr>
</table>

# 实训任务 3-3　电磁流量计的故障排除

## 一、实训目的

1．掌握仪表的构成；
2．掌握仪表的使用操作；
3．掌握仪表的故障处理方法；
4．掌握仪表的维护方法。

## 二、原理说明

电磁流量计用于测量导电液体的流量，其测量原理是基于法拉第电磁感应定律，当导电流体通过磁场作切割磁力线运动时就产生感应电势，在被测导管两侧加以外加磁场，在与磁力线及流束垂直的方向上接入两个电极。当被测介质为电介质时管内液体的流动相当于长度为导管直径 $D$ 的导体在切割磁力线，所以在两电极上将产生感应电势，这一感应电势在其他条件不变时，其大小将正比于流体的运动速度而方向则可用右手定则确定，即通过上述电磁感应原理可以得到一个与流速成正比的电势信号。电磁流量计按照安装方式不同有管道式和插入式，为了便于适应现场的不同使用环境，然后根据使用情况不同又分为一体式和分体式。

电磁流量计性能特点如下：

1）测量导管内无可动部件和阻流体，因而压损很小，无机械惯性，故反应灵敏。

2）可测范围宽：量程比一般为 10∶1，最高达 100∶1，流速范围一般为 1～6 m/s，可扩展到 0.5～10 m/s；流量范围可从每小时 90 ml 到十几万立方米；管径范围可从 2 mm 到 2 400 mm，甚至 3 000 mm。

3）可测含有固体颗粒、悬浮物或酸、碱、盐溶液等有一定电导率的液体体积流量，也可测脉动流量，并可进行双向测量。

4）流体体积流量之间有线性关系，故仪表具有均匀刻度；且流体的体积流量与介质的物理性质、流动状态无关，故电磁流量计只需用水标定后，即可用来测量其他导电液体的体积流量而无须修正。

5）流量信号与其他大部分流量仪表相比，前置直管段要求较低。

6）使用温度和压力不能太高。

7）应用范围有限，不能用来测量气体、蒸汽和石油制品等非导电流体及含有较多较大气泡的流体的流量。

8）流速和速度分布不符合设定条件时，将产生较大的测量误差。

9）当流速过低时，要把与干扰信号相向数量级的感应电势进行放大和测量是较困难的，且仪表也易产生零点漂移。

10）电磁流量计的信号比较弱，外界略有干扰就能影响测量的精度。

## 三、实训设备

| 序号 | 名　　称 | 型号与规格 | 数量 | 备注 |
| --- | --- | --- | --- | --- |
| 1 | 工具 | 螺丝刀、钳子、电笔 | 1 | |
| 2 | 万　用　表 | FM-47 或其他 | 1 | 自备 |
| 3 | 电磁流量计 | 常用品牌 | 1 | |

## 四、实训内容

### 1．电磁流量计外部故障检查及处理

流量计开始投运或正常投运一段时间后发现仪表工作不正常，如仪表无流量显示，

仪表指示与实际流量不一致。

应首先检查流量计外部情况：

1）电源是否良好；

2）管道是否泄漏或处于非满管状态，管道内是否有气泡；

3）信号电缆是否损坏；

4）转换器输出信号是否开路、正常。

按图 3-3-1、图 3-3-2 检查仪表故障：

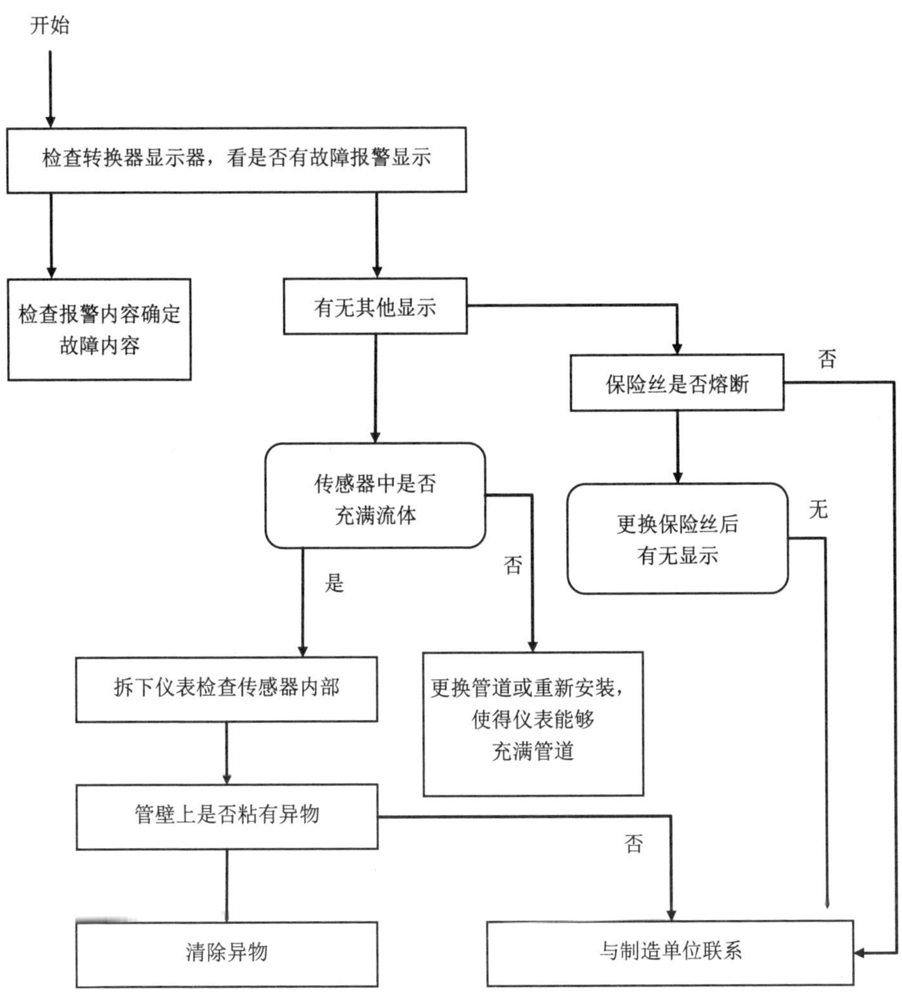


图 3-3-1　仪表检查故障流程

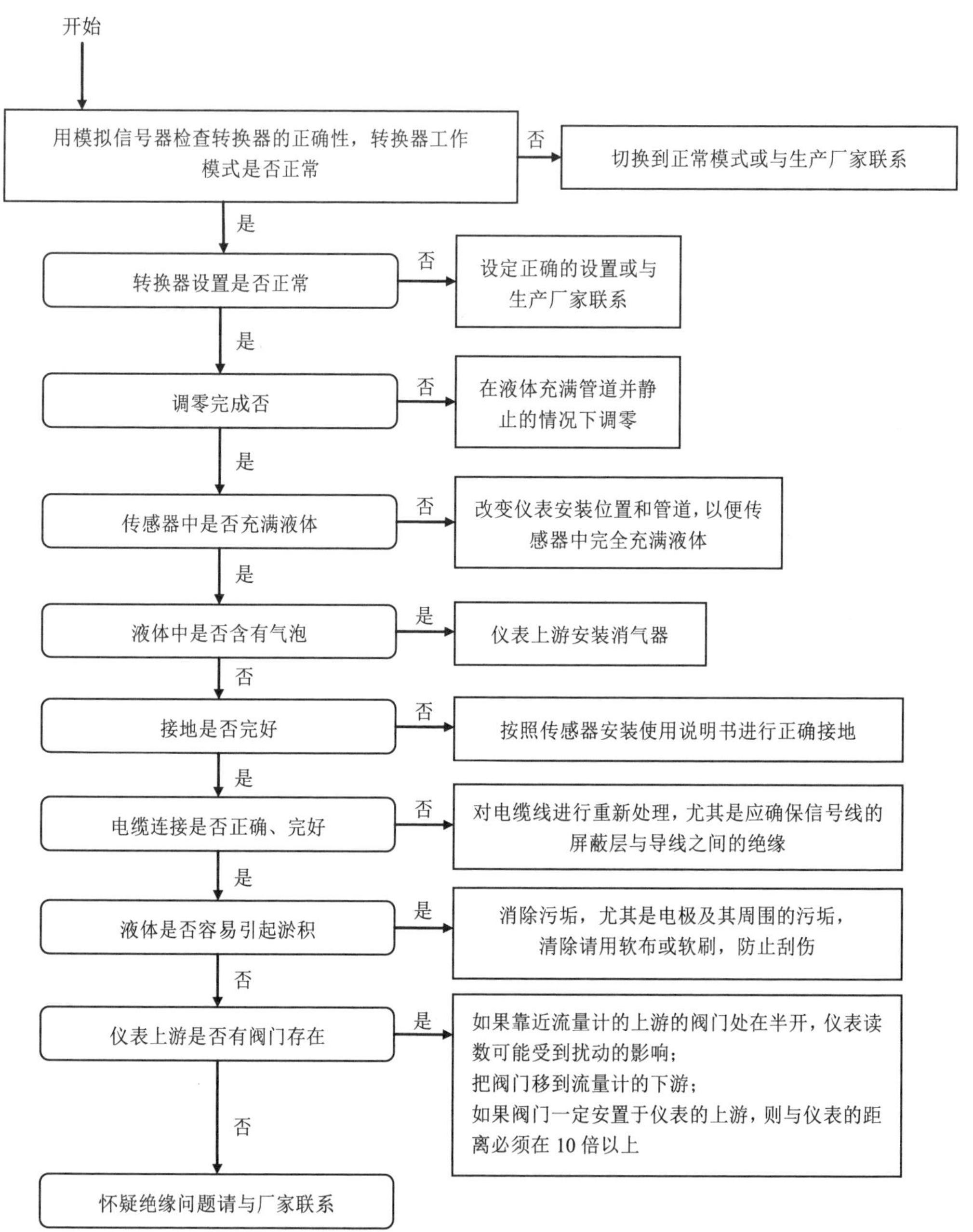


图 3-3-2　仪表数据指示错误检查流程

## 2. 电磁流量计故障报警信息及处理

首先应观察表头显示器是否有显示出错提示，若有提示则按照说明书提示进行故障分析，一步步进行分析排除。

表 3-3-1 工作时错误代码原因及解决办法汇总表

| 代码 | M08 菜单对应显示 | 原　因 | 解 决 办 法 |
|---|---|---|---|
| R | 系统工作正常 | 系统正常 | |
| J | 测量电路硬件错误 | 硬件故障 | 与公司联系 |
| I | 没有检测到接收信号 | （1）收不到信号<br>（2）探头与管道接触不紧或耦合剂太少<br>（3）探头安装不合适<br>（4）内壁结垢太甚<br>（5）新换衬里 | （1）确保探头靠紧管道，使用充分的耦合剂<br>（2）确保管道表面干净无锈迹，无油漆，无腐蚀眼使用铁刷子清理管道表面<br>（3）检查初始参数是否设置正确<br>（4）只能清除结垢或置换结垢管段，但一般情况下可换换测试点，可能另个结垢少的点，机器可能正常工作<br>（5）等待衬里固化饱和以后再测 |
| H | 接收信号强度低 | （1）信号低<br>（2）原因同上栏 | 解决方法同上栏 |
| H | 接收信号质量差 | （1）信号质量太差<br>（2）包括上述所有原因 | 同对应问题解决办法 |
| E | 电流环电流大于 20 mA（不影响正常测量，如果不使用电流输出，可置之不理） | （1）4～20 mA 电流环输出溢出超过 100%<br>（2）电流环输出设置不对 | 重新检查设置（参见 M56 窗口使用说明）或确认实际流量是否太大 |
| Q | 频率输出高于设定值（不影响正常测量，如果不使用频率输出，可置之不理） | （1）频率输出溢出 120%<br>（2）频率输出设置不对或实际流量太大 | 重新检查频率输出（参见 M66～M69 窗口使用说明）设置或确认实际流量是否太大 |
| F | 见表 1 所示 | （1）上电自检时发现问题<br>（2）永久性硬件故障 | （1）试重新上电，并观察显示器所显示的信息，按前表处理。如果问题仍然存在，与厂家联系<br>（2）与厂家联系 |
| G | 调整增益正在进行＞S1<br>调整增益正在进行＞S2<br>调整增益正在进行＞S3<br>调整增益正在进行＞S4<br>（该栏显示信息位于 M00、M01、M02、M03 窗口） | （1）这四步表示机器正在进行增益调整，为正常测量做准备<br>（2）如机器停在 S1 或 S2 上或只在 S1 与 S2 之间切换，说明收信号太低或波形不佳 | |
| K | 管道空，M29 菜单设置 | 管道中没有流体或者是设置错误 | 如果管道中确实有流体，在 M29 菜单中输入 0 值 |

## 五、注意事项

1. 检修拆卸流量计探头前，应确保探头管段两侧阀门关闭。
2. 拆卸探头时应防止损伤信号电缆。

## 六、思考题

1. 电磁流量计能否用来测量气体？为什么？
2. 管道内液体流速过低或有气泡，电磁流量计能准确测量吗？
3. 电磁流量计信号不易被干扰，对吗？
4. 电磁流量计测量值时而准确，时而不准确，可能原因有哪些？

## 七、实训报告

1. 通过实验，总结仪表无流量显示和仪表指示与实际流量不一致这类常见故障的处理方法。

2. 总结电磁流量计维护方法和注意事项。

# 实训任务 3-4　超声波液位计的安装与校准

## 一、实训目的

1. 掌握仪表的构成；
2. 掌握仪表的安装方法；
3. 掌握仪表的校准方法。

## 二、原理说明

超声波液位计原理：超声波物位计安装于容器上部在电子单元的控制下，探头向被测物体发射一束超声波脉冲。声波被物体表面反射，部分反射回波由探头接收并转换为电信号。从超声波发射到被重新被接收，其时间与探头至被测物体的距离成正比。电子单元检测该时间，并根据已知的声速计算出被测距离。通过减法运算就可得出物位值。由于温度对声速具有影响，所以仪表应测量温度，以修正声速，如图 3-4-1 所示。

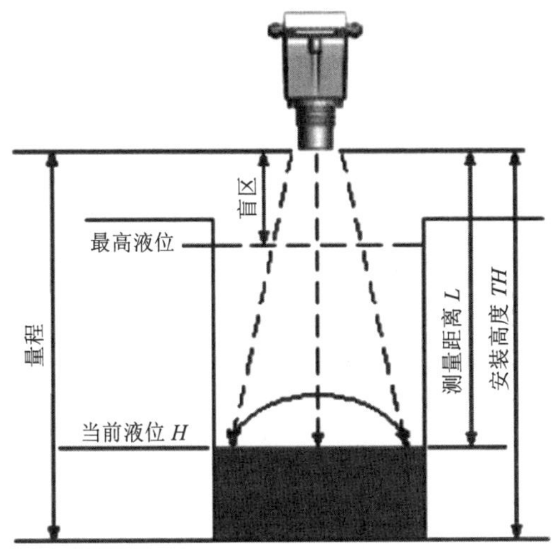


图 3-4-1 液位计工作原理

超声波液位计相关安装参数含义：

空距——测量距离 $L$，当前液位 $H$ 到仪表的距离。

量程——安装高度 $TH$。

盲区——仪表使用时不能测量的区域，一般是 30～60 cm。

## 三、实训设备

| 序号 | 名　　称 | 型号与规格 | 数量 | 备注 |
|---|---|---|---|---|
| 1 | 工具 | 螺丝刀、钳子、电笔 | 1 | |
| 2 | 万　用　表 | FM-47 或其他 | 1 | 自备 |
| 3 | 超声波液位计 | | 1 | |
| 4 | 米尺 | | 1 | |

## 四、实训内容

### 1. 超声波液位计安装

液位计显示的数据有两种情况：一种显示的是空高值，即从液位计到水面的距离；另一种显示的是液位值，即水池的实际液位。在观察液位计显示数据前，先要看看说明书，区分显示的空高值或者液位值的标志（图 3-4-1）。

安装高度=液位值+空高值

### 2. 超声波液位计校准

若是怀疑或发现超声波液位计测量不准时，可现将液位计从现场拆下，接通电源将其手持探头底面对着地面或者墙面等光滑平面，在已知此时液位计距离地面或者墙面空高距离的情况下，看仪表显示的空高值或者电流输出是否与所知距离一样或者相近，若显示数有相差大且明显，则需进行重新标定调试。

## 五、注意事项

1. 超声波探头安装注意墙壁距离，不得阻挡超声波。
2. 拆卸探头时应防止损伤信号电缆。

## 六、思考题

1. 超声波液位计测量精度是否受温度影响？为什么？
2. 超声波液位计安装盲区大于空高值，则超声波液位计能否测量出最大液位？

## 七、实训报告

1. 通过实验，总结仪表显示空高值调整为实际液位值的方法。
2. 总结超声波液位计校准方法和注意事项。

# 实训任务 3-5　pH 计的使用与维护

## 一、实训目的

1. 掌握仪表的构成；
2. 掌握仪表的使用操作；
3. 掌握仪表的校准方法；
4. 掌握仪表的维护方法。

## 二、原理说明

任何溶液的酸碱度都可以用氢离子浓度来表示。由于水本身具有电离作用，当 22℃时每升纯水含有 $10^{-7}$ g 的$[H^+]$，而氢的原子量和原子价都是 1，所以每升纯水含有 $10^{-7}$ g 当量的$[H^+]$，由于纯水中的$[H^+]$是由于水分子本身离解产生，即：$H_2O=H^++OH^-$，纯水呈中性，即两种离子浓度相等，$[H^+]=[OH^-]$，其乘积为定温常数，称为离子积 $K_水$。$K_水=$

$[H^+][OH^-]=10^{-7}\times10^{-7}=10^{-14}$，上式适用于任何酸碱性溶液，即任何一种水溶液，其中$[H^+][OH^-]$积都等于 $10^{-14}$。例如在某种水溶液中$[H^+]=10^{-3}$，则$[OH^-]$必然为 $10^{-11}$，因此对于任何一种水溶液，只要知道$[H^+]$，则$[OH^-]$就很容易求得，通常用氢离子浓度的常用对数的负值来定义 pH，表示为：$pH=-\lg[H^+]$，因此中性溶液的 pH 等于 7。如果有过量的氢离子，则 pH 小于 7，溶液呈酸性；反之，氢氧根离子过量，则溶液呈碱性。pH 随着所溶解的物质的而定，因此 pH 能灵敏地指示出水质的变化情况。

pH 的变化对生物的繁殖和生存有很大影响，同时还严重影响活性污泥生化作用，即影响处理效果，污水的 pH 一般控制在 6～9。pH 通常用电位法测量，常用一个恒定电位的参比电极和测量电极组成一个原电池，原电池电动势的大小取决于氢离子的浓度，也取决于溶液的酸碱度。该仪表测量电极采用特殊的对 pH 反应灵敏的玻璃电极，它具有测量精度高、抗干扰性好等特点。当它浸入被测溶液时，被测溶液中氢离子与电极球泡表面水化层中的氢离子平衡，同时玻璃球内外的溶液和电极球泡内壁的水化层产生电位差，玻璃电极内部充有 pH 固定的缓冲溶液，引出电极浸入内溶液中形成半电池，与甘汞电极中浸入在饱和氯化钾溶液中形成的半电池同时引入转换器进行测量。pH 不同，对应产生的电位也不一样，通过变送器将其转换成标准 4～20 mA 输出。

## 三、实训设备

| 序号 | 名　称 | 型号与规格 | 数量 | 备注 |
|---|---|---|---|---|
| 1 | 工具 | 螺丝刀、钳子、电笔 | 1 | |
| 2 | 器皿 | 500 mL | 5 | 自备 |
| 3 | pH 计 | | 1 | |
| 4 | 标准液 | pH=6.86 | 1 | 250 mL |
| 5 | 标准液 | pH=7.00 | 1 | 250 mL |
| 6 | 标准液 | pH=9.18 | 1 | 250 mL |
| 7 | 标准液 | pH=10.00 | 1 | 250 mL |
| 8 | 标准液 | pH=4.00 | 1 | 250 mL |
| 9 | 试纸 | 套 | 1 | |

## 四、实训内容

### 1. pH 计安装

pH 计的安装方式有流通式和浸入式两种。污水处理厂一般选用的是浸入式安装，pH 计安装在沉砂池的出口溢流槽内，此处的 pH 较具有代表性，且水流平稳，对 pH 计不会造成大的冲击。定期维护有助于仪表的准确测量和延长仪表的使用寿命。应当注意传感器和变送器之间的专用电缆不能受潮，否则电极的高阻低压信号将无法传送至变送器。电极不测量时，应将保护套管套上，它能使电极处于湿润状态，有利于延长电极的使用寿命。每隔一个月左右，应对电极进行清洗，先用柔和的水流喷洗附着物，再将电极浸泡于清洗液中一段时间，而后用清水洗净。传感器支架也应清洗。每次清洗之后，要用缓冲剂溶液进行标定。

### 2. pH 计校准

pH 计电极的标定：

当测量不准时现将电极按前面介绍的进行清洗，若还是不准则需要对电极进行重新标定。重新标定前要先准备好标定用的标准液，一般是使用 pH 为 4.00 和 pH 为 6.86（7.00）两种标准液，然后可以准备一份其他的 pH 的标准液体来进行测试，一般厂家配备的是 pH9.18（10.00）的标准液。

在对电极进行标定时一般是使用两点标定，先将电极用清水清洗干净后用滤纸将电极表面以及玻璃泡上的残留水渍轻柔的擦沾干净，然后将电极放到 pH6.86（7.00）的标准液内稍微的轻轻搅拌一会儿，待变送器表头上显示的数值稳定后再进行标定。标定完 pH 为 6.86（7.00）后，将电极从 pH 为 6.86（7.00）标准液内取出再用清水清洗干净，用滤纸将电极将电极表面以及玻璃泡上的残留水渍轻柔的擦沾干净，然后将电极放到 pH4.00 的标准液内稍微的轻轻搅拌一会儿，待变送器表头上显示的数值稳定后再进行标定，由此标定过程完成。

标定完之后，我们可以使用 pH 为 9.18（10.00）的标准液来进行测试下。首先将电极从 pH4.00 标准液内取出再用清水清洗干净，用滤纸将电极将电极表面以及玻璃泡上的残留水渍轻柔的擦沾干净，然后将电极放到 pH 为 9.18（10.00）的标准液内稍微的轻轻搅拌一会儿，待变送器显示读数稳定后，看显示的读数是否是 pH 为 9.18（10.00）或者有稍微的偏差也可以的。

## 五、注意事项

1. 查看 pH/ORP 计探头部分和安装支架固定是否完好，探头是否浸泡在水内；查看探头上是否有挂物，保持探头附近的干净清洁。

2. 检查表头的工作环境一般是 –25～60℃，如果温度超出表头的工作稳定范围，请采取相应措施，否则表头可能损坏或降低使用寿命。

3. 检查表头接线端子上的接线是否牢固，注意若电源是 AC 220V，在检查时注意安全防止触电。

## 六、思考题

1. pH 计的工作原理是什么？在污水处理行业中的重要作用有哪些？
2. 简述 pH 计日常维护及标定步骤。

## 七、实训报告

1. 通过实验，总结 pH 及校验的方法及注意事项。
2. 根据实训结果，总结、归纳被测各元件的特性。

# 实训任务 3-6　余氯分析仪的使用及维护

## 一、实训目的

1. 掌握仪表的构成；
2. 掌握仪表的使用操作；
3. 掌握仪表的校准方法；
4. 掌握仪表的维护方法。

## 二、原理说明

余氯传感器含有两个测量电极：次氯酸（HOCl）电极和温度电极。HOCl 电极属于克拉克型电流传感器，采用微电子技术制造，用于测量水中 HOCl 的浓度。这个传感器由小型的电化学式的三个电极组成，其中一个工作电极（WE）、一个反电极（CE）和一个参考电极（RE）。测量水中的次氯酸（HOCl）的浓度的方法是建立在测量工作电极由于次氯酸浓度变化所产生的电流变化。

测量电极（金阴极）：$HOCl+2e^{-}\rightarrow OH^{-}+Cl^{-}$

反电极（银阳极）：$2Ag+2Cl^{-}\rightarrow 2AgCl+2e^{-}$

自来水多以氯气消毒，当氯气溶于水中会变成次氯酸或次氯酸根离子，即俗称有效余氯，因次氯酸具有极高的氧化能力，如自来水含有效余氯，它在配水管中停 留时可预防细菌（病原菌）的滋生，因此有效余氯在自来水的安全卫生上扮演极重要的角色。

用含氯的消毒药剂对自来水进行消毒杀菌，价廉、效果好、操作方便，深受欢迎，全世界通用。但是氯对细菌细胞杀灭效果好，同样，对其他生物体细胞、人体细胞也有严重影响。

## 三、实训设备

| 序号 | 名　　称 | 型号与规格 | 数量 | 备注 |
|---|---|---|---|---|
| 1 | 器皿 | 500 mL | 5 | 自备 |
| 2 | 余氯测量仪 | 台 | 1 | |
| 3 | 硫酸亚铁铵 | mL | 4 | |
| 4 | 无氯脱盐水 | mL | 2 | |
| 5 | 氯标准溶液 | mL | 5 | |

## 四、实训内容

（1）将大约 4 mL 的硫酸亚铁铵加入到大约 2 L 的常规样品或无氯脱盐水中，以此配制氯浓度为零的参比溶液（注：在氯标准值之前输入值 0）。

（2）将装有零参比溶液的容器放在距离分析仪至少 2 英寸*的上方。垂直放置系统，以便 样品流关闭，从而零参比溶液可以进入到分析仪的适当位置。让分析仪对零参比溶液运作大约 10 min。

（3）当读数稳定时，设置零参比溶液。

1）进入“SETUP（设置）”菜单。

2）不断按下箭头键，直到显示“CAL ZERO”。

3）按“ENTER”显示当前测出的值。

4）按“ENTER”将该值强制设置为 0。

（4）配制一种浓度在 3～5 mg/L 的氯标准溶液。将该标准溶液的氯浓度值调整为最接近 0 的 0.01 mg/L。

（5）取下装有零参比溶液的容器，放入所配制的氯标准溶液。让分析仪对该标准溶液运作大约 10 min。

（6）当读数稳定时，进入“SETUP（设置）”菜单。

（7）当显示“CAL STD”时，按“ENTER”。此时将显示当前测出的值。

（8）按 ENTER 并编辑该值。再次按 ENTER 接受经过编辑的值。此时测出的值将被强制设置 为您输入的值。按三次“EXIT（退出）”键可返回到正常显示模式。

（9）取出氯标准溶液，将样品流重新进入到分析仪中。仪器现在已被校准好。

## 五、注意事项

1．仪器应放置在无强光直射、无强烈振动的工作平台上。测量杯与主机相距至少

---

* 1 英寸≈2.54 cm。

20 cm。移动盛液体的器皿应绕开主机，避免液体洒到电子单元上造成污染、腐蚀，更要防止液体漏入电子单元内腐蚀了电路板。工作时，避免碰撞仪器，影响测量。

2．启动电源后，仪器应有显示，若无显示或显示不正常，应马上关闭电源，检查电源是否正常。

3．必须保持电缆连接头清洁，不能受潮或进水，否则测定不准。

4．应常清洗电极，确保其不受污染。

5．在停水期间，应确保电极浸泡在被测液中，否则会缩短其寿命。

## 六、思考题

1．余氯分析仪表的工作原理是什么？

2．简述余氯分析仪标定及校准步骤。

## 七、实训报告

1．通过实验，总结余氯分析仪及校验的方法及注意事项。

2．根据实训结果，总结、归纳被测各元件的特性。

3．必要的误差分析。

4．心得体会及其他。

# 实训任务 3-7　DO 仪表的使用与校准

## 一、实训目的

1．掌握仪表的构成；

2．掌握仪表的使用操作；

3．掌握仪表的校准方法；

4．掌握仪表的维护方法。

## 二、原理说明

水中溶解氧含量是进行水质监测时的一项重要指标。溶解氧是指溶解于水中分子状态的氧，用 DO 表示。溶解氧是水生生物生存不可缺少的。溶解氧随着温度、气压、盐分的变化而变化，一般来说，温度越高，溶解的盐分越大，水中的溶解氧越低；气压越高，水中的溶解氧越高。溶解氧除了被通常水中硫化物、亚硝酸根、亚铁离子等还原性物质所消耗外，也被水中微生物的呼吸作用以及水中有机物质被好氧微生物的氧化分解所消耗。

溶解氧分析仪的常用测量方法有电流测定法（Clark 溶氧电极）和荧光淬灭法等，因此根据测量原理的不同传感器就有覆膜型探头和荧光法探头。

## 三、实训设备

| 序号 | 名　　称 | 型号与规格 | 数量 | 备注 |
| --- | --- | --- | --- | --- |
| 1 | 溶解氧仪 | 常用仪表 | 1 | |
| 2 | 亚硫酸钠（$Na_2SO_3$） | 100 g | 1 | |
| 3 | 蒸馏水 | 1 000 mL | 1 | |
| 4 | 玻璃器皿 | 1 000 mL | 2 | |

## 四、实训内容

### 1. 校准方法

（1）零点的校准

溶解氧电极清洗后，将电极置于零点校正液中，注意无氧水应装于适于电极放入的小口瓶中，减少测量中标液与空气的接触。

（2）满度的校准

1）饱和空气校准法

将电极悬于潮湿的空气中，在相同温度时，空气中溶解氧电极的测量稍高于在饱和空气的水溶液中的测量（仪器可自动调节这一差别），设定仪器显示值为相应的百分比浓度（100%～108%）。

2）饱和溶液校准法

溶解氧电极清洗后，将电极置于已配制的满度校正液中，根据饱和溶解氧浓度值设定仪器显示值。

### 2. 标准溶液的配制

（1）零点校准液（无氧水）。将约 25 g 的无水亚硫酸钠（$Na_2SO_3$）溶于蒸馏水中，加蒸馏水 500 mL。每次使用前配制用。

（2）满度校准液。以约 1 L/min 的流量将空气通入蒸馏水并使其中的溶解氧达到饱和后，静置一段时间使溶解氧达到稳定（通常，200 mL 水需 5～10 min；500 mL 水需 10～20 min）。

### 3. 校准步骤

（1）电池型（有膜）、Clark 电阻型、Ross 电阻型 DO 仪的校准。采用空气校准法，操作步骤如下：连接传感器和仪表，把传感器放在空气中或放在空的塑料袋中，以利于 DO 和温度稳定，观察显示值是否符合要求；对于智能型仪表，可输入大气压力或海拔高度，启动空气校准程序，即自动完成。

（2）无膜（Zullig）型 DO 仪的校准。在溶解氧饱和的水中校准（水的电导率需大于 300 μS/cm，自来水可满足此要求），先对水进行充气以使水中的溶解氧达到饱和，并将欲校准的探头插入水中，观察显示值是否符合要求；对于智能型仪表，可输入大气压力或海拔高度及溶液中所含的盐分（纯净水为零），启动空气校准程序，仪表会显示此时溶解氧的理论值。然后以该理论值为基准对被测溶解氧测试仪进行校准。

现场校准可以采取参比法，即将一只便携式溶解氧测试仪的探头与待校准的探头同置于被测液中，二者间距应不超过 1 m。以便携式测试仪的读数为准对溶解氧测试仪的读数进行校准；也可以用化学法测定溶解氧含量，对测试仪进行校准。

（3）光电比色法溶解氧测试仪的校准。在溶解氧饱和的水中校准。在校准前先对水进行充气以使水中的溶解氧达到饱和，插入待校准的探头，对仪表输入大气压或海拔高度及溶解中的盐分（应该是零），按下定标键，显示理论值。以这个为基准来进行标定。

（4）化学荧光法溶解氧测试仪的校准。化学荧光法溶解氧测试仪出厂后一般不需要校准，如在使用时需要校准的话，也可在空气中进行校准。

## 五、注意事项

1. 需要注电解液的溶解氧仪，加注电解液时要避免产生气泡，以防影响检测结果；
2. 校准时，确保传感器的干燥、确保探头不被阳光直射；
3. 溶解氧仪在空气中的校正显示值应在 80%～120%，表示校正成功，否则应重新校正。

## 六、思考题

1. 溶解氧仪测量原理是什么？
2. 溶解氧标定主要注意事项有哪些？
3. 溶解氧多久需要标定一次？

## 七、实训报告

1. 根据各实训数据与标准溶液对比，查找误差。
2. 根据实训结果，总结、归纳被测各元件的特性。

3．必要的误差分析。

4．心得体会及其他。

# 实训任务 3-8　MLSS 仪表的校验

## 一、实训目的

1．掌握仪表的构成；

2．掌握仪表的使用操作；

3．掌握仪表的校准方法；

4．掌握仪表的维护方法。

## 二、原理说明

混合液悬浮固体浓度（Mixed Liguid Suspended Solids，MLSS），又称为混合液污泥浓度，它表示的是在曝气池单位容积混合液内所含有的活性污泥固体物的总浓度（g/L 或 mg/L）. MLSS 的测量值间接反映混合液中所含微生物的量，是污水处理工艺中活性污泥处理系统重要的设计运行参数。

为了随时掌握 MLSS 参数，许多大中型污水处理单位都安装在线 MLSS 分析仪［又称在线悬浮物（污泥）浓度计］，该仪器可应用于生化处理过程中活性污泥浓度变化的在线监测，提供连续、准确的测量结果。通过在线 MLSS 分析仪提供的数据，可随时调整控制工艺，但判断 MLSS 的测量数据是否准确却很麻烦。通常实验室人员需在 MLSS 分析仪的现场取样，将样品带回实验室测定 MLSS 值，分析结果大约要 2 个工作日后才能得出，滞后严重。而且如果 MLSS 分析仪的测量结果误差比较大，也不能及时调整测量参数，难以满足企业在线检测的要求。本实训项主要是讨论在作业现场校准 MLSS 分析仪的方法，以保证 MLSS 分析仪测量误差在可控范围内。

## 三、实训设备

| 序号 | 名　　称 | 型号与规格 | 数量 | 备注 |
|---|---|---|---|---|
| 1 | MLSS 分析仪 | 常用仪表 | 1 | — |
| 2 | 容量桶 | 8 000 mL 左右 | 4 | 一般的水桶 |
| 3 | 活性污泥水样 | 1.181 g/L | 1 | 5 000 mL 左右 |
| 4 | 活性污泥水样 | 5.918 g/L | 1 | 5 000 mL 左右 |
| 5 | 活性污泥水样 | 12.250 g/L | 1 | 5 000 mL 左右 |
| 6 | 活性污泥水样 | 34.642 g/L | 1 | 5 000 mL 左右 |

## 四、实训内容

### 1. MLSS 分析仪

在线 MLSS 分析仪由变送器和传感器组成，测量原理类似于独度计，传感器上光源发出的红外光透过被测悬浮物后照射在光电检测元件上。光线经过被测物吸收、反射和散射后仅有一小部分光线透射过去，光电检测元件将信号传送至变送器，并计算显示 MLSS 值。透射光的透射率与被测污水悬浮固体含量之间关系，可以用朗伯-比尔定律来描述，数学表达式

$$A = \lg 1/T = Kbc \tag{3-6}$$

式中：$A$ —— 吸光度；

$T$ —— 透射比，是透射光强度与入射光强度之比；

$K$ —— 摩尔吸收系数，它与吸收物质的性质及入射光的波长 $\lambda$ 有关；

$c$ —— 吸光物质的浓度；

$b$ —— 吸收层厚度。

### 2. 在线校准方法

根据在线 MLSS 分析仪的工作原理，同时考虑仪器不停机在线校准的需求。设计思路主要是制备一系列 MLSS 标准样品，利用已知标准值的标准样品来在线校准该仪器，使量值有效溯源，实现 MLSS 分析仪能够准确，连续、即时地工作，大大提高分析效率。

### 3. 标准样品的制备

取适量活性污泥，和水混合并搅拌均匀，配制标准样品后，需要定值。配制 4 种标准值的标准样品，其 MLSS 值分别在 1.181 g/L、5.918 g/L、12.250 g/L、34.642 g/L 左右，由于通常情况下活性污泥的含水量未知，所以准确的数据需要由定值工作得出。

### 4. 校验方法

用 MLSS 分析仪，记录校准前其测量污水的读数，同时在现场取样，带回实验室分析实验结果。校准后再次测量污水的读数，记录测量结果。

### 5. 结果与讨论

在线测量污水的结果。校准前后分别测量污水的 MLSS 值，同时取样带回实验室分

析结果，校准前、后仪器的读数与实验室结果的比较填入表 3-8-1。

表 3-8-1　MLSS 校验记录　　单位：g/L

| 仪器编号 | 校准前仪器示值 | 校准后仪器示值 | 实验室数据 | 校准前示值与实验室数据误差 | 校准后示值与实验室数据误差 |
|---|---|---|---|---|---|
| 1 | | | | | |
| 2 | | | | | |
| 3 | | | | | |
| 4 | | | | | |

## 五、注意事项

1. MLSS 仪器校准时，传感器避免强光；
2. 传感器要擦拭干净，不过于用力；
3. 取样点及标准样品要标记清楚。

## 六、思考题

1. MLSS 仪器的原理是什么？
2. 现场校验与实验室校验的区别是什么？
3. 为什么要取标准样？
4. 配制标准样品后，为什么需要定值？

## 七、实训报告

1. 根据各实训数据与标准溶液对比，查找误差。
2. 根据实训结果，总结、归纳被测各元件的特性。
3. 必要的误差分析。
4. 心得体会及其他。

# 实训任务 3-9　COD 仪表的使用及维护

## 一、实训目的

1. 熟悉仪器仪表的构成；
2. 会使用仪表；

3．掌握仪器仪表的使用和和维护；

4．会使用和维护仪器仪表；

5．掌握仪表硬件构成及参数设置。

## 二、原理说明

检测原理：水样、重铬酸钾、硫酸银溶液（催化剂）和浓硫酸的混合液在消解池中被加热到 175℃，在此期间铬离子作为氧化剂从 $Cr^{6+}$被还原成 $Cr^{3+}$而改变了颜色，颜色的改变度与样品中被氧化物质的含量成对应关系，仪器通过比色换算直接将样品的 COD 显示出来。如图 3-9-1 所示。

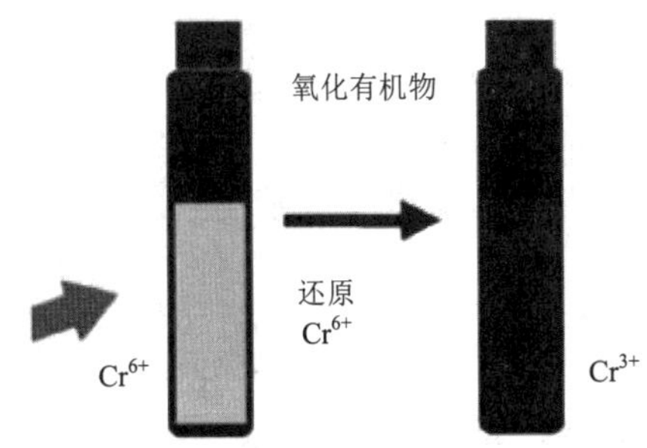


图 3-9-1　化学反应方式

## 三、实训设备

| 序号 | 名　　称 | 型号与规格 | 数量 | 备注 |
|---|---|---|---|---|
| 1 | COD 仪器 | 常规仪表 | 1 | |
| 2 | 重铬酸钾 | 1 L | 1 | |
| 3 | 硫酸溶液 | 2.5 L | 1 | 强腐蚀 |
| 4 | 硫酸汞溶液 | 1 L | 1 | 剧毒 |
| 5 | 标准溶液 | 0.25 L | 1 | |
| 6 | 零点标准溶液 | 0.5 L | 1 | |

## 四、实训内容

### 1．检测过程

（1）测试前仪器自动抽取新鲜的样品清洗进样管道；

（2）仪器使用活塞泵进样，活塞泵不与样品、试剂直接接触；

（3）试剂（硫酸汞、重铬酸钾、硫酸以及催化剂）也通过活塞泵吸入；

（4）通过气泡的方式混合样品和试剂；

（5）仪器关闭消解试管的两端的阀门后，加热电阻丝将样品和试剂的混合溶液迅速地加热至 175℃；

（6）测量系统按照仪器参数的设定值自动控制消解时间；

（7）溶液冷却后，由活塞泵排出溶液；

（8）仪器按预设置的校准时间和清洗时间自动地对仪器进行校准和清洗；

（9）根据实际校准系数，微处理器单元计算出经过自动温度补偿后的 COD 值。

如图 3-9-2 所示。

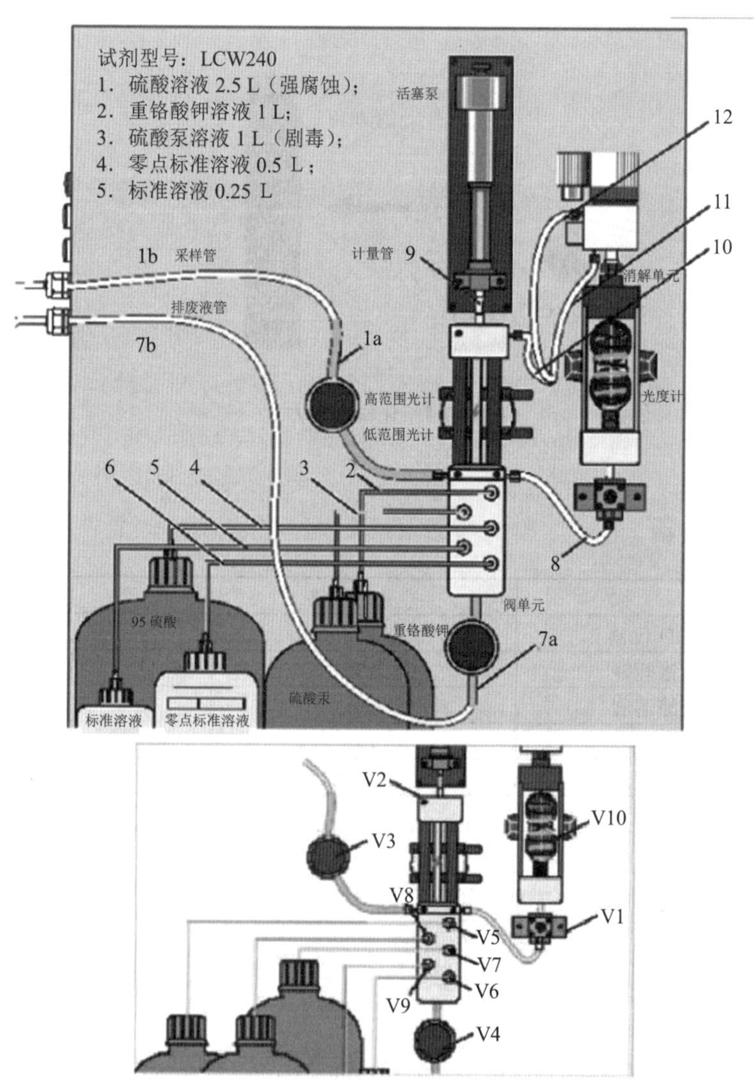


V1—消解试管入口阀；V2—空缺水平阀；V3—样品阀；V4—排放阀；V5—重铬酸钾阀；V6—消解阀；V7—95 硫酸阀；V8—硫酸汞阀；V9—标液阀；V10—空气消解阀。

图 3-9-2 设备结构

### 2．日常维护重点事项

（1）检查过滤器，一般 3 个月换一套预处理过滤器；

（2）每周对设备运行情况进行一次检查，检查设备运行是否正常，取样泵、数据采是否正常；

（3）每周进行 3～5 次质控样比对，质控样应覆盖 0～300 mg/L 的测量范围，超出 150 mg/L 的质控样比对应做好详细记录，并告知工艺，确定后再检查问题；

（4）属地管理每周和质检进行一次实际水样比对，将比对结果及本周的设备运行情况发至技术部及安环部；

（5）每月对设备采样、排水和内部管路进行一次清理，保证设备内部管路畅通，防止管路堵塞和泄漏；

（6）每月进行一次仪器校准工作，每季度进行一次仪器重复性，零漂、量程验证；

（7）每年进行一次强制检定；

（8）对设备进行的所有操作，如更换备件、更换试剂，故障处理、定期校准等如实做好记录保存；

（9）检查试剂是否足够，一般 1～2 个月更换一次标液；

（10）检查取样软管，4 周更换一次废液排放管，6 个月更换一次样品\废水软管，12 个月更换所有导管；

（11）COD 配件更换：12 个月更换消解小试管环形密封圈、活塞，24 个月更换活塞泵、消解小试管、计量小试管环形密封圈。

## 五、注意事项

1．穿上安全服（实验工作服）。

2．戴上安全眼罩/面罩。

3．佩戴橡胶手套。

4．工作的实验室必须有换气扇。

5．整个配药过程只能使用玻璃或者聚四氟乙烯材料制品。

6．确保安装之后，所有的瓶子都是通气的。

7．确保遵守当地适用的事故预防法规。

8．正确地处置物质，并遵守当地适用的法规。

## 六、思考题

1．COD 仪表的检测原理是什么？

2. 浓硫酸的混合液在消解池中被加热到多少摄氏度？

3. 怎么设置自动清洗时间？

4. 怎么设置自动校准？

## 七、实训报告

1. 根据各实训数据与标准溶液对比，查找误差。

2. 根据实训结果，总结、归纳被测各元件的特性。

3. 必要的误差分析。

4. 心得体会及其他。

**【模块小结】**

通过本模块学习，掌握了水质分析仪表、过程监测仪表、流量仪表的分类方法、用途以及测量原理、构成和安装方式，通过实训任务掌握了污水处理厂常用仪表的校验和维护保养基本技能，为准确测量工艺运行参数和维护在线仪表奠定了基础。

**【模块练习】**

1. 为什么要进行污水处理厂水质水量的检测？

2. 污水处理厂中的常规检测项目有哪些？这些检测项目对污水处理厂的运行与控制有何意义？

3. 仪表设备的安装位置取决于哪些因素？

4. 在选择仪表类型与检测方法时，应综合考虑哪些因素与条件？当有些因素相互矛盾时，应如何考虑？

5. 测温仪表有哪些分类方式？

6. 热电偶测温原理是什么？热电偶回路产生热电势的必要条件是什么？

7. 热电偶测温时为什么要进行冷端温度补偿？其冷端温度补偿方法常采用哪几种？

8. 差压式流量计测量流量的原理是什么？影响流量测量的因素有哪些？

9. 差压式流量计的安装、使用应注意哪些问题？

10. 按工作原理分类，物位检测仪表有哪几种主要类型，各有什么特点？

11. 什么叫压力？表压力、绝对压力、负压力之间有何关系？

12. 为什么压力计一般做成测表压而不做成测绝对压力的形式？

13. 弹簧管压力计的测压原理是什么？试简述弹簧管压力计的主要组成及测压过程。

14. 电接点式压力计的工作过程及报警条件是什么？试简述其工作原理。

15. 电容式差压变送器的测量原理是什么？它在结构上有何特点？

16. 智能仪表与普通仪表有什么不同？智能仪表的显著特点是什么？

17. MLSS 变送器安装应注意哪些事项？

18．pH 测量通常有哪几种？

19．当仪表读数不变时，可能原因是什么？

20．测 pH 用的玻璃电极为什么要用蒸馏水浸泡后才能使用？

21．清洗测量传感器、洗传感器上的污染物，使用什么进行清洗？

22．溶解氧分析仪的常用测量方法有几种？

答案解析

# 模块 4 污水处理厂运行监视与自动控制

【学习目标】

1．知识目标

主要掌握污水处理厂自动控制系统的构成、运行监视与操作；

熟悉各工艺流程单元的控制方式。

2．技能目标

学会自动控制系统运行监视与操作基本技能，具备污水处理厂运行值班和自动控制系统维护基本能力。

## 任务 4.1 污水处理厂自动控制系统构成

### 一、污水处理厂自动控制系统设计内容

水处理厂自动控制系统应综合考虑水处理工艺过程特性、构筑物布局、工艺机电设备和监测仪表分布等相关因素，合理设计自动控制系统构成和各站点布置，根据工艺运行要求实现各工艺段的自动控制运行或远程监控功能；通过配置相应在线监测仪表，合理设置设备仪表数据采集点数，实现全厂工艺、设备、仪表的集中监视和控制；按照工艺运行监控要求和环保核查政府以及其他监管要求，实现运行数据实时准确的采集、报警、存储、曲线、报表等功能。

### 二、污水处理厂自动控制系统典型结构简述

#### 1. 自动控制系统典型结构

污水处理厂自动控制系统一般由中央控制系统、分布式 PLC 站、在线仪表、视频监控和安保系统、通信网络等组成，实现系统间互联、互通、互动。

自动控制系统一般分为三层：第一层为现场控制层，主要有 PLC、检测仪表、电控设备等；第二层为网络中心汇聚层，主要有工控机、服务器、输入输出设备等；第

三层为网络核心层，主要有服务器、计算机集中监控终端、输入/输出设备、移动终端等（图 4.1-1）。

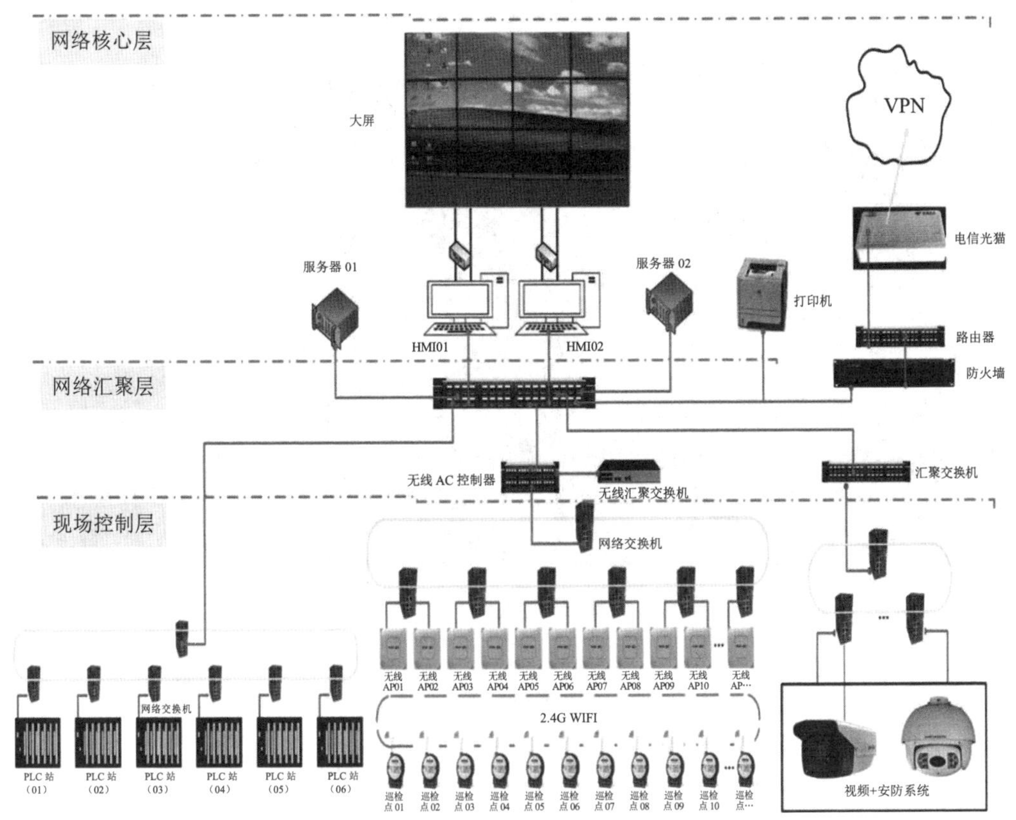


图 4.1-1　自动控制系统网络拓扑

## 2. 自动控制系统配置要求

（1）中央控制室的位置。10 万 t/d 及以上规模污水处理厂中控室应布置在需要频繁巡检或复杂控制的工艺单元附近，便于值班人员现场巡检和应急处置。5 万 t/d 及以下规模污水处理厂中控室可放在综合楼内，但仍以值班人员方便巡检为目的。

（2）上位机及监控软件。上位机至少配置两台，上位机选择 DELL 等知名品牌商用系列或工作站计算机，满足连续无故障运行 3 年以上。监控软件原则上选择亚控组态软件，一个运行版、一个组态版。

（3）工程师站。中控室内设置一台计算机作为工程师站，安装 PLC 编程软件用于远程维护 PLC 站点。5 万 t/d 及以下规模污水处理厂工程师站和上位机可合并。

（4）现场控制站及 PLC 选型。主站 PLC 原则上选择西门子、AB、施耐德等品牌。根据工艺流程复杂程度和厂区布置不同，一般由 3～6 个主站点和若干分站点构成；主站点是指控制一个或几个工艺流程的PLC站，如预处理站、生物池站、配电站等；分站点是指控制若干设备的从属于主站点的PLC站，如紫外消毒站、脱水机房站、出水区站等，如图4.1-2所示。

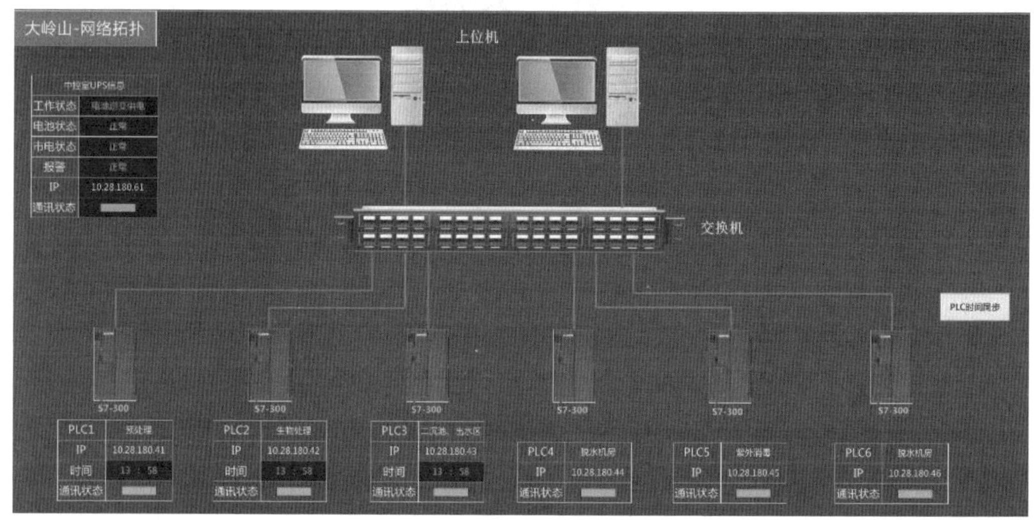


图4.1-2　大岭山污水处理厂PLC站点构成

（5）通信网络。10万t/d及以上规模水处理厂采用光纤环网。通信协议主干网必须采用以太网协议，分支网络尽量采用以太网协议。

（6）自带PLC控制的设备，要求供货商使用西门子、AB、施耐德等品牌通用PLC，控制接口及通信协议必须是开放的，设备厂家须提供PLC全套控制程序及通信接口说明书并提供技术支持。自动控制系统承建商负责选择合适的通信方式实现主站PLC对设备参数的采集和控制。

（7）为了节省布线成本和方便维护，推荐多个参数上传的在线电量仪表、水质仪表尽量使用以太网或现场总线与主站通信。

## 三、在线仪表与视频监控设备配置要求

### 1. 视频监控设备配置要求

视频监控系统是区控中心了解基层污水处理厂情况十分重要的手段。视频监控的布点原则是以满足工艺监视和安防监控两方面需求为依据。

（1）除了主要工艺区段之外，配电间、大门和控制室等区间也必须安装摄像头，并确保必要的光照效果。

（2）对于摄像头设备选型推荐采用图像清晰、易组网的高清网络型摄像头，并支持

主、副双码流输出。

（3）必须配置硬盘录像机，并且支持网络方式获取视频流。硬盘录像机录像保存时间至少达到 15 天。

### 2．污水处理厂在线仪表配置和功能要求

（1）在线仪表配置分为“必配”和“选配”两种，“必配”为所有污水处理厂必须配置的仪表。在线仪表配置清单具体以设计文件为准，PLC 信号数量作相应增减。

（2）在线仪表尽量安装在构筑物内，挂墙安装，不设仪表箱，管线、电缆合理布置，美观并易于维护维修。如果仪表安装在构筑物内，且信号电缆非架空敷设，则现场仪表和 PLC 输入信号两端均可不加装避雷器。

（3）如果在线仪表露天安装于构筑物上，则应配置不锈钢仪表箱及支架，仪表箱内安装电源避雷器和信号避雷器，并配备必要的通风散热、防冻加热器等温度控制装置，确保仪表箱内温度符合仪表运行条件。

# 任务 4.2　污水处理厂运行监视与操作

## 一、运行监视画面功能

### 1．上位机监控画面功能

上位机监控画面用于运行值班人员集中监视与控制各工艺段运行，并实现参数采集、设置、报警、存储、查询、曲线、报表等功能。

从监控页面中可以实时反映出当前污水处理厂设备运行状况，现场仪表数据传输情况，及污水处理厂整个工艺流程图。

通过工艺流程图，第一，可以直观且全面地观察到整个设施设备的情况；第二，可以反映出当前设备的运行状况，仪表数据监测情况；第三，可以实时地发现设备运转异常，如发生跳闸等事件可以第一时间进行报警，值班人员可以及时发现。

### 2．上位机监控画面分类

上位机监控画面按照功能分为工艺监控画面、设备操作画面以及报警、曲线、报表、参数设置画面等（图 4.2-1）。

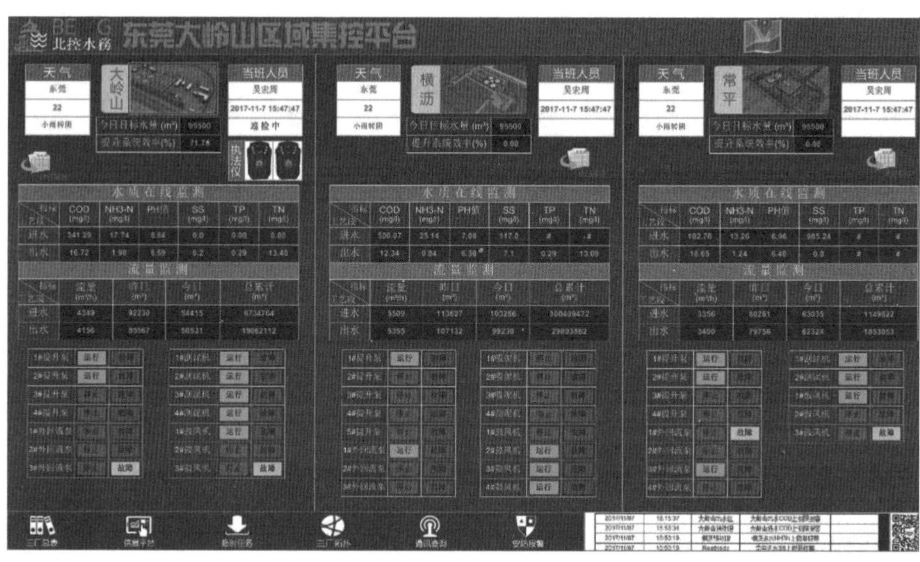


图 4.2-1　上位机监控画面

页面构成简述：

“

”为分厂当班人员信息区，显示内容有当前当班人员姓名、登录时间，以及是否在执行现场巡检作业。

“ ”为分厂巡检仪图标，巡检作业时巡检人员佩戴并开启巡检仪，上位机显示巡检仪图标，单击图标弹出巡检仪视频窗，可实时查看现场视频画面。

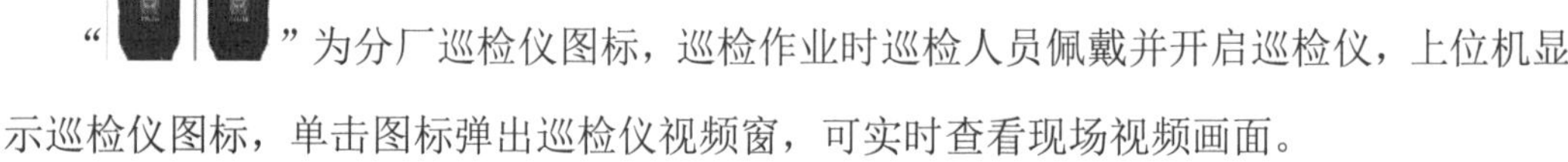

“ ”为分厂报表图标，为日报表快捷键，点击报表图片显示昨日的生产报表。

“ ”为分厂仪表数据区，列表显示分厂关键仪表，显示内容有仪表名称、单位、当前实时值。单击“仪表数值”框显示此仪表数据趋势曲线。

“ ”为分厂设备状态区，列表显示分厂关键设备，显示内容有设备名称、运行状态，以及是否故障。

（1）工艺流程画面

通过工艺流程画面，直观监视污水处理流程的走向、工艺运行参数、水质数据及设备运转状况（图 4.2-2）。

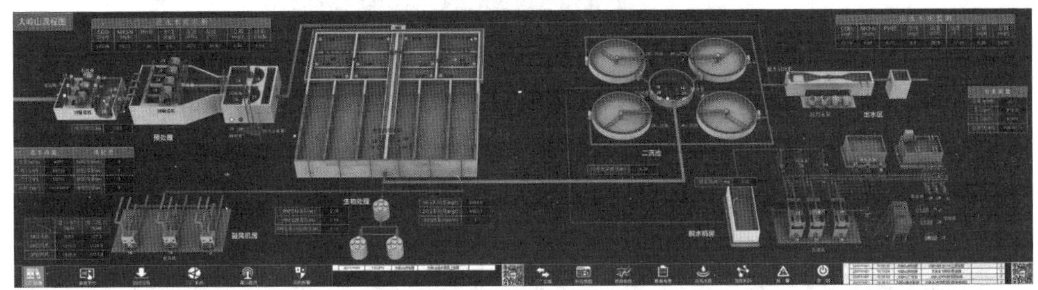

图 4.2-2　工艺流程画面

页面构成简述：

“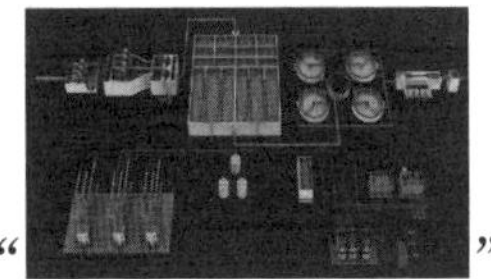”为全厂工艺单元流程图，按比例设计 3D 效果图，显示内容工艺单元内设备设施，污水、污泥管道。

“”为工艺单元图，3D 图显示构筑物、设备简图、设备简称以及设备状态。单击“图标区”进入此工艺单元独立页面。

“

| 进水流量 | | 液位差 | |
|---|---|---|---|
| 流量(m³/h) | 4645 | 1#粗格栅(m) | 1 |
| 昨日(m³) | 70893 | 2#粗格栅(m) | 1 |
| 今日(m³) | 36126 | 1#细格栅(m) | 0 |
| 总累计(m³) | 8978126 | 3#细格栅(m) | 0 |

| | 进口压力(kpa) | 出口压力(kpa) |
|---|---|---|
| 1#鼓风机 | 100.6 | 170.6 |
| 2#鼓风机 | 102.4 | 103.3 |
| 3#鼓风机 | 100.7 | 109.5 |

”为全厂仪表，显示内容有仪表名称、单位、当前实时值。单击“仪表数值”显示此仪表数据趋势曲线。

（2）操作画面

通过设备操作画面的启停按钮可远程启动/停止设备；通过设备运行参数、故障报警指示等监视设备运行状态；通过调整设备频率可控制设备运行转速；通过操作记录和启停记录可查询设备历史操作情况（图 4.2-3）。

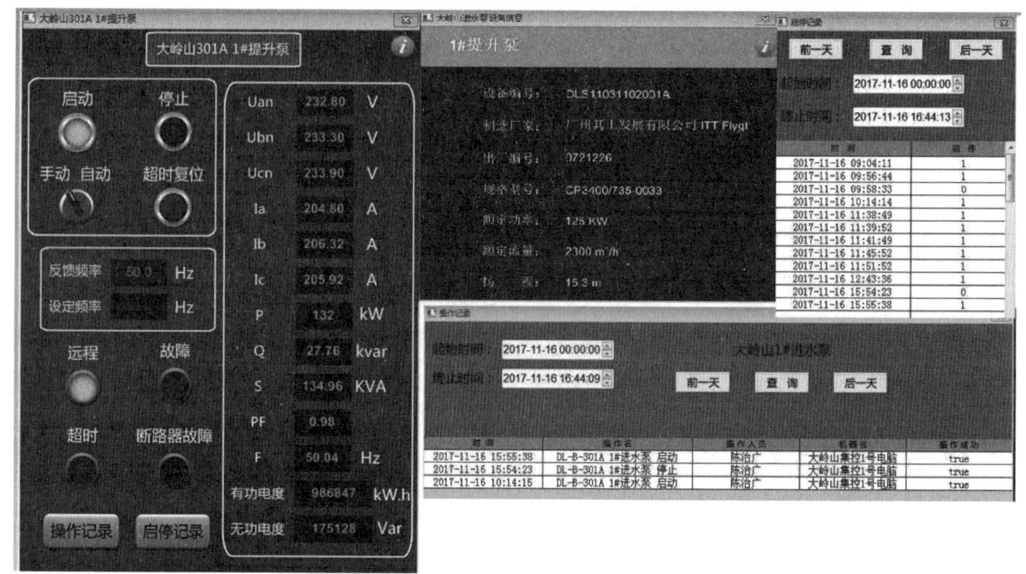


图 4.2-3 设备操作画面

页面构成简述：

“”为设备基本信息区，显示内容设备名称、设备信息卡按钮图标。点击“ ”查看此设备固定资产编号、关键技术参数及额定值等信息如上图右侧“ ”。

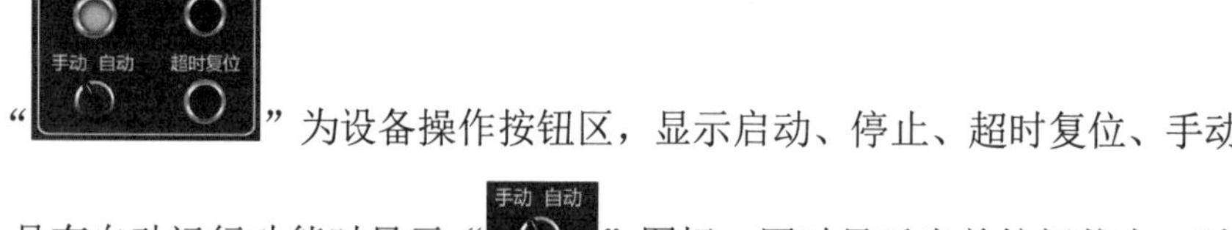

“ ”为设备操作按钮区，显示启动、停止、超时复位、手动/自动转换按钮，具有自动运行功能时显示“ ”图标。同时显示当前按钮状态，“灯亮”表示此按钮动作并保持，反之表示此按钮未动作。

“ ”为设备调节区，显示内容调节参数名称，调节给定值和反馈值。单击“给定值”进入参数设定页面。

“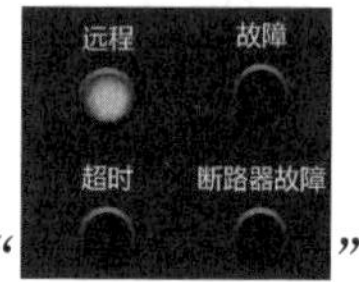”为设备状态区，显示内容远程/就地、综合故障、超时等状态，以及

此设备细分故障状态。

“操作记录　启停记录”为设备记录区，包括操作记录和启停记录 2 个按钮，单击“操作记录”可查看此设备通过上位机人工远程操作的记录，包括操作人、操作时间、操作内容等，可查询历史记录；单击“启停记录”可查看此设备启动和停止的记录，不分操作方式是远程还是就地，包括启停时间、启动或停止等，可进行历史记录查询。

“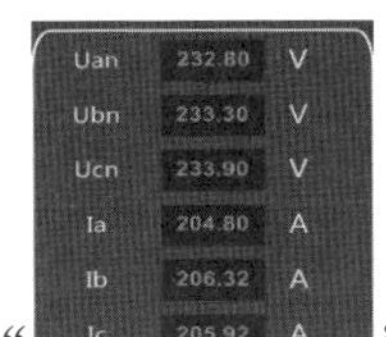

”为大功率设备动力参数区，显示内容三相电压、三相电流、功率、累计电量等实时参数值。

（3）报警画面

通过报警画面，可以查看所有故障设备的故障发生时间、故障消除时间，这为中控管理规范化奠定基础，与此同时，通过报警画面，能够最短时间内发现故障设备，减少设备故障率扩大化（图 4.2-4）。

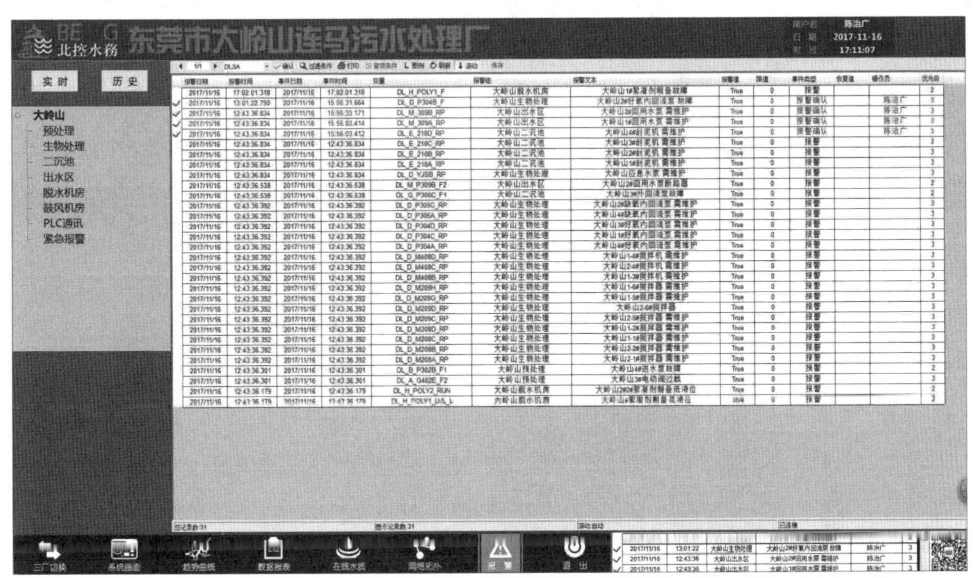


图 4.2-4　报警画面

页面构成简述：

“实 时　历 史”为报警信息选择区，分为实时报警和历史报警 2 个按钮，单击“实时报警”按钮查看当前正存在的设备报警信息；单击“历史报警”查看已确认或已消除的设备报警信息。

“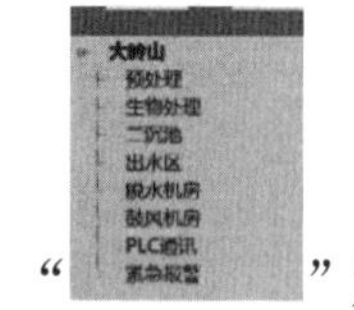

”为工艺单元选择区，单击“工艺单元名称”显示此工艺单元内仪表、设备的报警信息。

“ ”为报警信息区，显示内容有报警设备名称、报警时间、报警内容、报警等级、是否确认等信息。“红色”表示正存在且未被操作人确认的报警信息；“紫色”表示正存在报警，但已被操作人确认的报警信息；“黑色”表示报警恢复正常，且被操作人确认的报警信息。

（4）趋势曲线画面

可以查看所有监控参数的数据曲线，通过调整下端日期开始时间与结束时间，可查看一段时间内的参数变化趋势曲线（图 4.2-5）。

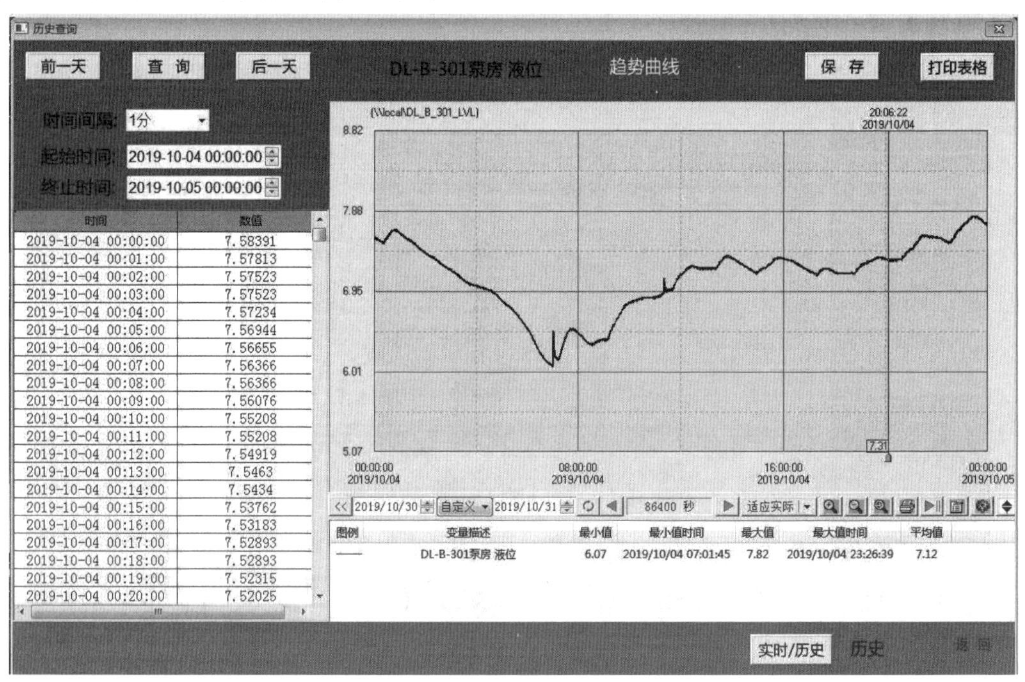


图 4.2-5　曲线画面

页面构成简述：

“实时/历史 历史”为参数曲线数据类型选择按钮，分为实时和历史数据曲线两类。

“

”为参数历史数据曲线日期按钮区，可自定义选择起止时间，也可选择前一天、后一天查看参数变化曲线。

“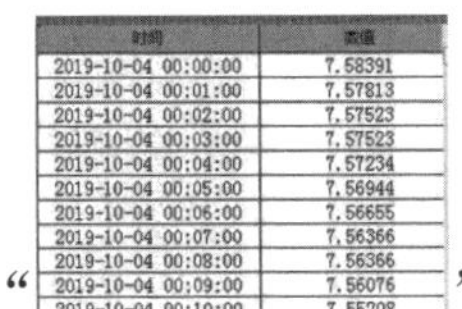

| 时间 | 数值 |
|---|---|
| 2019-10-04 00:00:00 | 7.58391 |
| 2019-10-04 00:01:00 | 7.57813 |
| 2019-10-04 00:02:00 | 7.57523 |
| 2019-10-04 00:03:00 | 7.57523 |
| 2019-10-04 00:04:00 | 7.57234 |
| 2019-10-04 00:05:00 | 7.56944 |
| 2019-10-04 00:06:00 | 7.56655 |
| 2019-10-04 00:07:00 | 7.56366 |
| 2019-10-04 00:08:00 | 7.56366 |
| 2019-10-04 00:09:00 | 7.56076 |
| 2019-10-04 00:10:00 | 7.55208 |

”为参数数据显示区，显示查询时间范围内各时间间隔点的数据值，包括记录时间、数据值。

“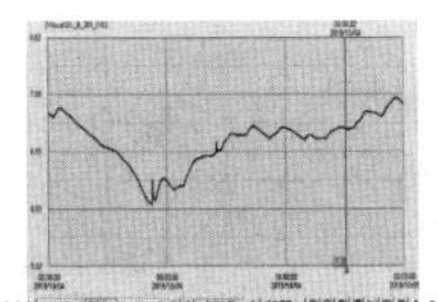”为参数趋势曲线显示区，显示查询时间范围内数据变化趋势曲线，通过左右移动“红色”坐标线，查看不同时间点具体参数值。

（5）报表画面

通过报表画面，可以直观查看参数在设定时点记录的数据值，通过调整最上端的日期，可查看历史日报表（图 4.2-6）。

东莞市大岭山连马污水处理厂生产日运行记录表

报表日期：2017年12月04日

| 班次 | 时间 | 进水仪表读数（除pH外，单位mg/L） | | | | 进水流量计 | | 生化池仪表读数记录（除生化池水温为℃外，单位mg/L） | | | | | | 出水仪表读数（除pH外，单位mg/L） | | | | 出水流量计读数 | |
|---|---|---|---|---|---|---|---|---|---|---|---|---|---|---|---|---|---|---|---|
| | | pH | COD | $NH_3$-N | SS | 瞬时（$m^3$/h） | 累计（$m^3$） | DO1仪 | DO2仪 | DO3仪 | DO4仪 | MLSS1仪 | MLSS2仪 | pH | COD | $NH_3$-N | SS | 瞬时（$m^3$/h） | 累计（$m^3$） |
| 夜班 | 1:00 | 7.42 | 149.31 | 23.70 | 0.00 | 3009.33 | 6274.00 | 1.78 | 1.7 | 5.53 | 4.96 | 3989.01 | 4081.01 | 6.38 | 12.67 | 3.24 | 3.11 | 2868.06 | 5670.00 |
| | 3:00 | 7.34 | 101.85 | 24.09 | 0.00 | 2948 | 5926 | [illegible] | [illegible] | [illegible] | [illegible] | [illegible] | [illegible] | 6.50 | 10.94 | 1.52 | 3.13 | 2807 | 5450 |
| | 5:00 | 7.27 | 89.27 | 24.62 | 0.00 | 2841 | 4843 | 1.78 | 1.82 | 2.08 | 1.90 | 4078.88 | 4147.88 | 6.69 | 12.15 | 1.37 | 3.20 | 2710 | 4380 |
| | 7:00 | 6.74 | 62.93 | 24.48 | 0.00 | 1402 | 3152 | 1.84 | 1.82 | 2.07 | 1.91 | 3894.03 | 3912.56 | 6.81 | 15.34 | 2.82 | 3.08 | 1335 | 2930 |
| 白班 | 9:00 | 7.38 | 117.91 | 23.81 | 0.00 | 2833 | 5834 | 1.94 | 1.93 | 2.30 | 2.12 | 3900.42 | 3944.71 | 6.82 | 13.77 | 3.98 | 3.08 | 2700 | 5300 |
| | 11:00 | 7.42 | 87.38 | 23.42 | 0.00 | 2820 | 5818 | 2.00 | 1.79 | 5.24 | 5.38 | 3979.85 | 4030.96 | 6.75 | 12.87 | 3.92 | 3.04 | 2678 | 5290 |
| | 13:00 | 7.45 | 100.41 | 22.50 | 0.00 | 2863 | 5857 | 1.80 | 1.78 | 3.40 | 4.20 | 4257.98 | 4234.13 | 6.39 | 12.96 | 2.29 | 3.11 | 2722 | 5390 |
| | 15:00 | 7.44 | 124.28 | 21.98 | 0.00 | 2892 | 5843 | 1.82 | 1.74 | 2.27 | 3.62 | 4154.27 | 4232.00 | 6.33 | 12.98 | 1.22 | 3.07 | 2759 | 5400 |
| 中班 | [illegible] | [illegible] | [illegible] | [illegible] | [illegible] | [illegible] | [illegible] | [illegible] | [illegible] | 2.05 | 3.66 | 3882.10 | 4006.90 | 6.34 | 12.73 | 0.51 | 3.11 | 2564 | 5410 |
| | 19:00 | 7.32 | 363.15 | 22.09 | 0.00 | 2918 | 8136 | 1.74 | 1.78 | 2.04 | 1.90 | 3663.60 | 3867.62 | 6.27 | 11.34 | 0.12 | 3.08 | 2773 | 7480 |
| | 21:00 | 7.27 | 367.33 | 22.37 | 0.00 | 4222 | 7404 | 2.06 | 1.74 | 2.03 | 1.89 | 3809.27 | 3974.10 | 6.68 | 11.40 | 0.97 | 3.18 | 4023 | 6780 |
| | 23:00 | 7.25 | 404.37 | 22.37 | 0.00 | 2780 | 5856 | 1.84 | 2.01 | 2.03 | 1.90 | 3780.94 | 3896.16 | 6.87 | 14.70 | 3.31 | 3.15 | 2647 | 5300 |
| 累计值/平均值 | | 7.31 | 172.47 | 23.13 | 0.00 | 2851 | 5899 | 1.84 | 1.81 | 2.76 | 2.94 | 3968.85 | 4054.28 | 6.55 | 12.80 | 2.11 | 3.11 | 2716 | 5398 |
| 最小值 | | 6.74 | 62.93 | 21.98 | 0.00 | 1402 | 3152 | 1.68 | 1.70 | 2.03 | 1.89 | 3663.60 | 3867.62 | 6.27 | 10.94 | 0.12 | 3.04 | 1335 | 2930 |
| 最大值 | | 7.45 | 404.37 | 24.62 | 0.00 | 4222 | 8136 | 2.06 | 2.01 | 5.53 | 5.38 | 4257.98 | 4323.36 | 6.87 | 15.34 | 3.98 | 3.20 | 4023 | 7480 |

图 4.2-6　报表画面

页面构成简述：

“ ”为报表日期选择区，分为日、月类型选择和日期选择。

“ ”为报表参数区，显示各班组查询日期的参数记录值。

“ ”为报表选择区，显示分厂所有生产报表，单击“页签名称”切换报表。

（6）自动参数设置画面

见图 4.2-7。

图 4.2-7　参数设置画面

页面构成简述：

“ ”为格栅自动参数设置区，分为时间自动和液位差自动两种参数设置。运行时两种自动方式可同时投入使用。

“ 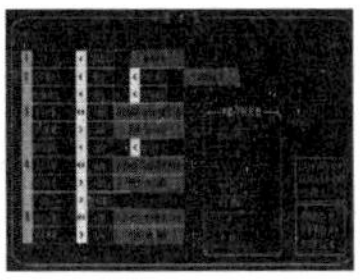　　”为进水泵自动参数设置区，分为恒液位自动和恒流量自动两种参数设置，“恒液位”又称效率型自动，使水泵效率达到最优；“恒流量”又称效益型自动，使处理水量达到设定目标水量。运行时两种自动方式每次选择1种投入使用。

### 3. 上位机监控功能要求

（1）控制室上位机界面应准确、全面、清晰、实时地反映全厂工艺运行和设备运转情况，显示故障报警、越限报警（或紧急状态）、预报警、变量正常等不同状态；

（2）上位机、可编过程控制器（PLC）的数据显示应与现场仪表一致，不得有超出工艺控制要求的延时；

（3）控制设备开启时，继电器动作应与设定一致，不得有超出工艺控制要求的延时；

（4）执行机构应正确执行控制室发出的指令，且无超出工艺控制要求的延时；

（5）上位机显示应规范，红色灯光停止；黄色灯光表示表示越限报警或紧急状态；绿色灯光表示设备或过程变量正常。

## 二、运行数据显示和记录

### 1. 水量水质监测数据显示和记录

（1）中控系统应实时记录污水处理厂的进、出水流量（含累计流量）和进、出水水质（COD、SS、氨氮、总氮、总磷等关键指标）等运行数据，并依据记录数据自动生成动态变化曲线。

（2）污水处理厂应安装再生水流量计并记录和传送流量数据，应具有表征再生水水质的色度、浊度等特征性指标的监测和数据记录，有明确用途的再生水应同时监测和记录其他选择性水质指标。

### 2. 关键设备运行监测数据显示和记录

（1）中控系统应记录污水处理关键设备的运行数据，并依据数据自动生成动态变化曲线；

（2）中控系统应记录污水提升泵的运行数据，包括吸水池液位和提升泵的运行电流、运行频率和运行时间等；

（3）中控系统应记录曝气设备的运行数据，如为鼓风曝气，应记录鼓风机风量、（总）电流；如为机械曝气，应记录设备运行（总）电流；曝气设备的运行时间、转速或开启度等；

（4）中控系统应记录污泥脱水设备的运行时间、运行电流和加药量等运行数据，并宜作为选择性指标。

### 3. 关键工艺运行参数的数据记录和显示

（1）中控系统应实时记录和显示各生化池的溶解氧（DO）数据，并依据数据自动生成动态变化曲线；

（2）活性污泥法相关工艺应实时记录和显示各生化池的氧化还原电极电位（ORP）、活性污泥浓度（MLSS）等数据，并依据数据自动生成动态变化曲线；

（3）序批式活性污泥法（SBR）工艺应实时记录和显示各生化池的运行液位数据，并依据数据自动生成动态变化曲线；

（4）曝气生物滤池（BAF）工艺应实时记录、显示反冲洗风机和反冲洗水泵等设备的运行时间、反冲洗气量、反冲洗水量、堵塞率等数据，以及实时记录和显示生物滤池水头损失等数据，并依据数据自动生成动态变化曲线。

表 4.2-1　城镇污水处理厂中控系统显示指标的要求

<table>
<tr><th rowspan="2">工艺</th><th rowspan="2">曝气方式</th><th rowspan="2">水量水质指标</th><th colspan="4">关键设备</th><th colspan="2">关键工艺参数</th></tr>
<tr><th>提升泵</th><th>曝气设备</th><th>污泥脱水设备</th><th>滗水器</th><th>好氧生化池</th><th>反冲洗设备</th></tr>
<tr><td>活性污泥法（$A^2/O$，A/O 等）</td><td>鼓风曝气</td><td rowspan="5">1. 进、出水水量（含累计流量）；<br>2. 出水COD；<br>3. 进水COD、出水氨氮、TN、TP、SS、pH（选择性指标）；<br>4. 中水回用水量（含累计流量）</td><td rowspan="5">1. 泵的运行时间（含累计时间）；<br>2. 泵的电流和运行频率；<br>3. 集水池液位</td><td>1. 鼓风机风量；<br>2. 转速或开启度（选择性指标）；<br>3. 运行时间；<br>4. 电流</td><td rowspan="5">1. 剩余污泥流量（含累计流量）；<br>2. 脱水设备运行时间、电流、加药量（选择性指标）</td><td rowspan="3">无</td><td rowspan="3">1. DO；<br>2. MLSS</td><td rowspan="5">无</td></tr>
<tr><td rowspan="2">氧化沟</td><td>机械曝气（转刷、转碟）</td><td>1. 设备运行时间；<br>2. 运行转速（选择性指标）；<br>3. 电流</td></tr>
<tr><td>鼓风曝气</td><td rowspan="3">1. 鼓风机风量；<br>2. 转速或开启度（选择性指标）；<br>3. 运行时间；<br>4. 电流</td></tr>
<tr><td>SBR（CASS 或 CAST）</td><td>鼓风曝气</td><td>运行时间</td><td>1. DO；<br>2. MLSS；<br>3. 各反应池液位</td></tr>
<tr><td>UNITANK</td><td>鼓风曝气</td><td>无</td><td>1、DO；<br>2. MLSS</td></tr>
</table>

| 工艺 | 曝气方式 | 水量水质指标 | 关键设备 | | | | 关键工艺参数 | |
|---|---|---|---|---|---|---|---|---|
| | | | 提升泵 | 曝气设备 | 污泥脱水设备 | 滗水器 | 好氧生化池 | 反冲洗设备 |
| 曝气生物滤池 | 鼓风曝气 | | | | | | 滤池堵塞率 | 1. 反冲洗风机运行时间、电流；2. 反冲洗水泵运行时间、电流；3. 反冲洗气量；4. 反冲洗水量 |
| 接触氧化 | 鼓风曝气 | | | | | | DO | 无 |

## 4. 报警管理

报警管理，主要用于记录厂内发生的各类异常报警事件，方便快捷地查询仪表和设备运行情况的历史报警信息，可根据日期和变量名进行历史报警信息的过滤查询，为故障统计分析提供参考依据。并可针对发生的故障报警信息进行初步判断，提供解决方法。报警记录可导出 Excel 文件，并可生成各类统计报表。报警提醒可按不同报警分类进行预设。

（1）报警查询：可根据时间段和报警点变量名进行组合查看所需要的报警记录。

（2）异常统计：报警异常的统计情况，以图标形式进行展现，可导出为 Excel 文件。

（3）分类统计：根据各大类常见异常分类进行统计，并以图表形式进行展现，可导出为 Excel 文件。

（4）异常分析：针对异常报警采取报警闭环机制，初步判断异常原因，从风险管控库和实际经验中得知解决措施，最终形成处理结果。

（5）异常数据报警：数据超标、数据停滞、周期异常、数据突变自动报警。

（6）批量处理：可以单个或批量多个进行同一报警源信息的分析处理。

（7）报警设定：可针对不同的报警等级进行分类预设。

## 5. 报表与打印功能

污水处理厂日常生产记录和报表应由中控采集数据自动生成，中控无法生成的记录可人工手工在线补录。污水处理厂报表按照模板生成固定打印格式报表和自定义打印格式报表。

## 三、在线仪表与视频监控

### 1．视频监控

（1）工艺单元视频监控

污水处理厂厂区及各工艺运行单元设置视频监控点，监控点图像传输至中心控制室，作为自动控制系统监控的补充，用于集控中心对分厂现场状况进行远程巡检（图 4.2-8）。

图 4.2-8　厂区工艺单元视频监控布点

“ ”为摄像头图标，分为球机和枪机两种。依照现场视频摄像头所在工艺单元实际位置分布到上位机监控画面。单击“图标”可查视频实时画面。

“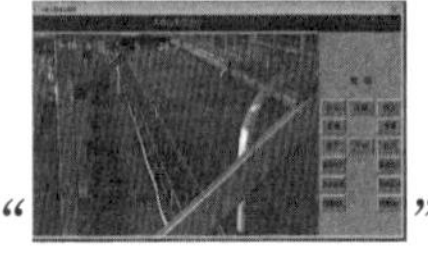”为视频实时画面，在操作区进行画面缩放、选择角度等操作。

（2）安防视频监控

无人值守污水处理厂，通过视频摄像头、远控对话机、远控门锁等设备，实现集控中心对分厂访客的远程进出管理（图 4.2-9）。

图 4.2-9 厂区门口视频监控布点

（3）现场作业视频监控

分厂运维人员现场操作、维护维修设备时，集控中心可远程监控人员作业安全，协助调控关联设备（图 4.2-10）。

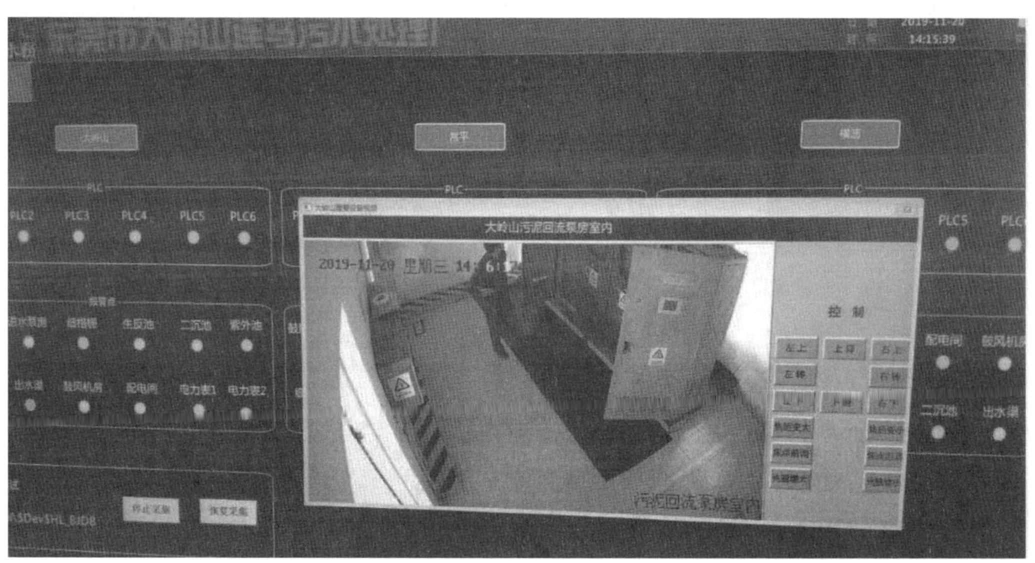


图 4.2-10 厂区设备运维视频监控布点

### 2. 污水处理厂在线仪表监测

按照污水处理厂设计要求，在工艺流程、关键设备上安装在线仪表，用于实时监测工艺参数和设备状态，参与工艺设备自动控制，发现异常及时报警（图 4.2-11）。

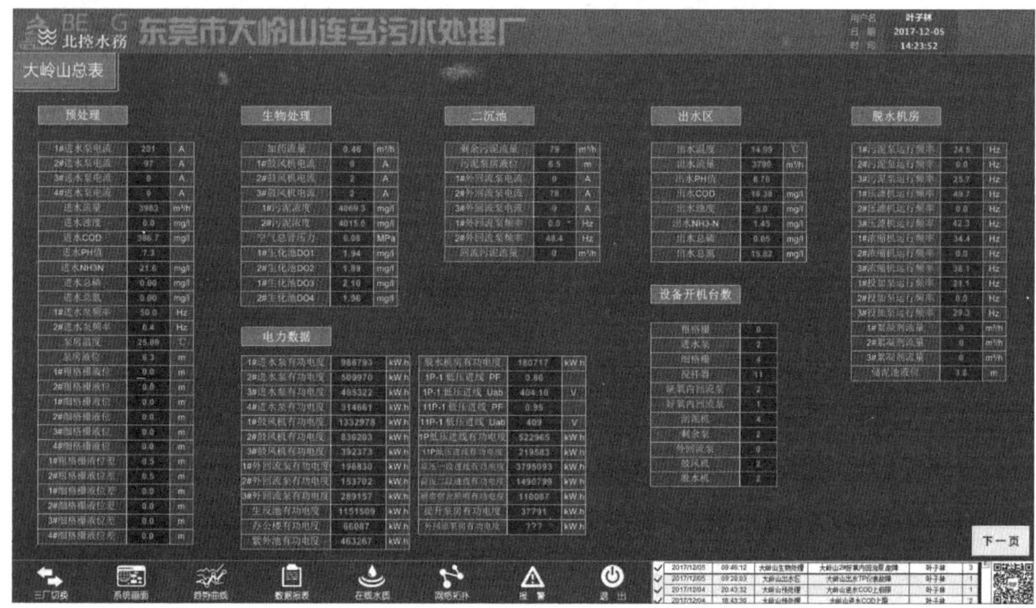


图 4.2-11　仪表数据总览

“　”为仪表数据总览页面，按照工艺单元显示仪表实时数据值，便于查看与监视。

# 任务 4.3　污水一级处理的过程控制

## 一、污水处理厂预处理设施的过程控制

### 1. 工艺流程

污水处理厂预处理设施包括粗格栅、细格栅及除砂设施等。上位机显示的预处理工艺流程如图 4.3-1 所示。

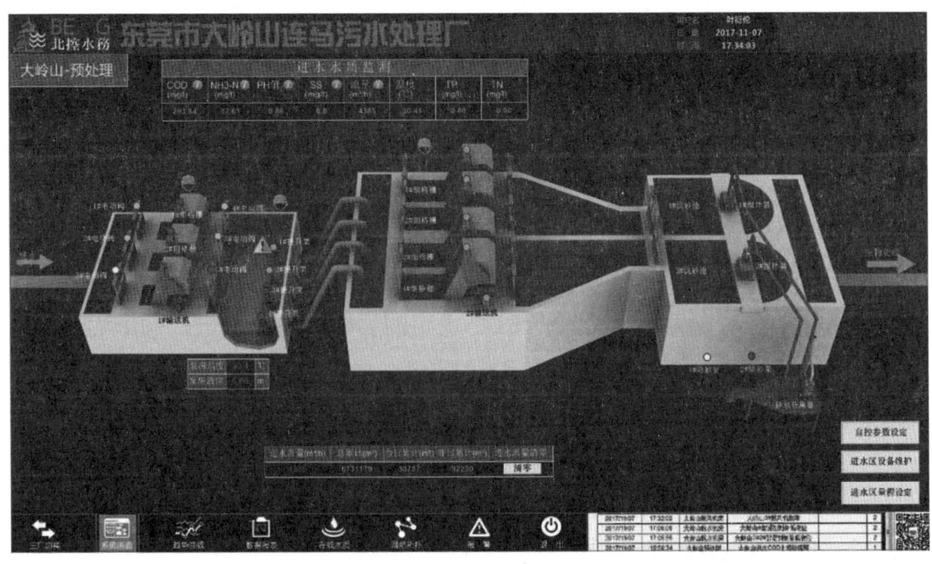


图 4.3-1　预处理工艺流程

## 2. 粗格栅控制方式

粗格栅控制系统有“就地”和“远程”两种操作模式。当格栅处于“就地”模式下，操作人员手动操作现场控制箱上的按钮实现设备启停；在“远程”模式下有两种子模式：“远程手动”和“远程自动”。格栅处于“远程手动”模式时，操作人员通过中控室上位机操作界面对设备进行启停控制；格栅处于“远程自动”模式时，采用“液位差控制模式”与“时间控制模式”相结合的方式实现设备自动启停；针对异常情况及突发事件，粗格栅控制系统还设有“应急模式”及“暴雨模式”。如图 4.3-2 所示。

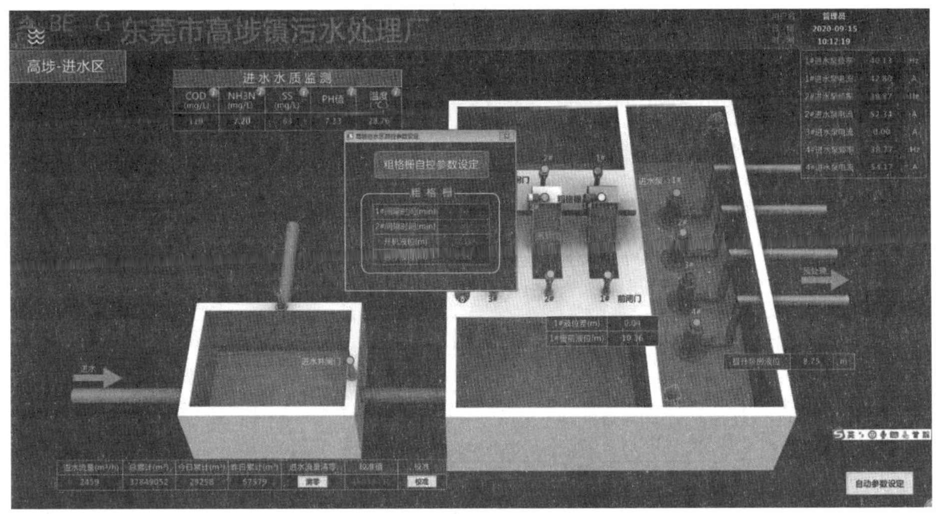


图 4.3-2　粗格栅运行监控界面

液位差控制模式：PLC 将根据超声波液位计测量的粗格栅前后液位差控制粗格栅的启停。当液位差超过液位差上限设定值$\Delta H_1$（通常设置为 0.3 m，可调整），PLC 将自动启动粗格栅除运行，同时启动皮带输送机输送栅渣，直至液位差低于液位差下限设定值$\Delta H_2$（通常设置为 0.1 m，可调整），PLC 将自动停止粗格栅运行。如果粗格栅启动后，液位差数值继续增加或长时间保持不变，PLC 将输出报警信号，并在上位机操作界面弹出现场视频，同时向值班人员及管理人员手机移动端 App 推送报警消息。

时间周期控制模式：粗格栅将根据 PLC 设定的启停时间周期进行间歇运行。在粗格栅前后液位差不超过设定值$\Delta H_1$ 的前提下（如果液位差超过设定值$\Delta H_1$，PLC 优先按照液位差控制逻辑启停粗格栅），PLC 将计算粗格栅停止时间，当粗格栅停止时间到达停止周期设定值 $T_{10}$（通常设置为 2 h，可调整），PLC 将自动启动粗格栅运行，PLC 将开始计算粗格栅运行时间，同时将粗格栅停止时间清零。粗格栅启动后到达运行周期设定值 $T_{11}$（通常设置为 10 min，可调整），PLC 自动停止粗格栅运行，开始计算粗格栅停止时间，同时将粗格栅运行时间清零。

应急控制模式：当粗格栅前后液位差超过液位差应急设定值$\Delta H_3$（通常设置为 0.5 m，可调整），PLC 将立即停止粗格栅运行，同时停止提升泵（提升泵此时需处于“远程自动”模式）运行，并在上位机操作界面弹出现场视频，同时向值班人员及管理人员手机移动端 App 推送报警消息。

暴雨控制模式：暴雨模式下，PLC 将控制粗格栅连续运行，直至暴雨模式被解除。

联锁保护与注意事项：

（1）粗格栅控制模式的优先级由高至低，依次为：暴雨控制模式—应急控制模式—液位差控制模式—时间周期控制模式。

（2）当粗格栅启动时，皮带输送机将同时启动。当粗格栅停止时，皮带输送机将继续运行延时设定时间 $T_{12}$（通常设置为 3 min，可调整）后停止运行。

（3）操作人员在上位机界面设置“远程自动”模式前必须确认粗格栅及皮带输送机均处于完好状态，且需在上位机设置界面确认：①设定值$\Delta H_3 > \Delta H_1 > \Delta H_2$；②任意两个设定值之差必须大于 0.1 m，否则设定参数无效，系统将弹出提示信息。

**表 4.3-1　粗格栅配套在线仪表明细**

| 序号 | 名称 | 推荐型号 | 数量/台 | 输出模拟信号 | 通信协议 | 必配/选配 | 备注 |
|---|---|---|---|---|---|---|---|
| 1 | 液位差计 | | 1 | 4～20 mA DC | | 必配 | |
| 2 | 浮球开关 | | 2 | | | 必配 | 高限、低限开关各一个 |
| 3 | $H_2S$ 气体监测仪 | | 1 | 4～20 mA DC | | 选配 | |
| 4 | 电流变送器 | | 1 | 4～20 mA DC | | 必配 | 每台格栅配一台 |

### 3. 细格栅控制方式

细格栅控制系统有“就地”和“远程”两种操作模式。当格栅处于“就地”模式下，操作人员手动操作现场控制箱上的按钮实现设备启停；在“远程”模式下有两种子模式：“远程手动”和“远程自动”。格栅处于“远程手动”模式时，操作人员通过中控室上位机操作界面对设备进行启停控制；格栅处于“远程自动”模式时，采用液位差控制与时间控制相结合的方式实现设备自动启停；针对异常情况及突然事件，细格栅控制系统还设有“应急模式”。如图 4.3-3 所示。

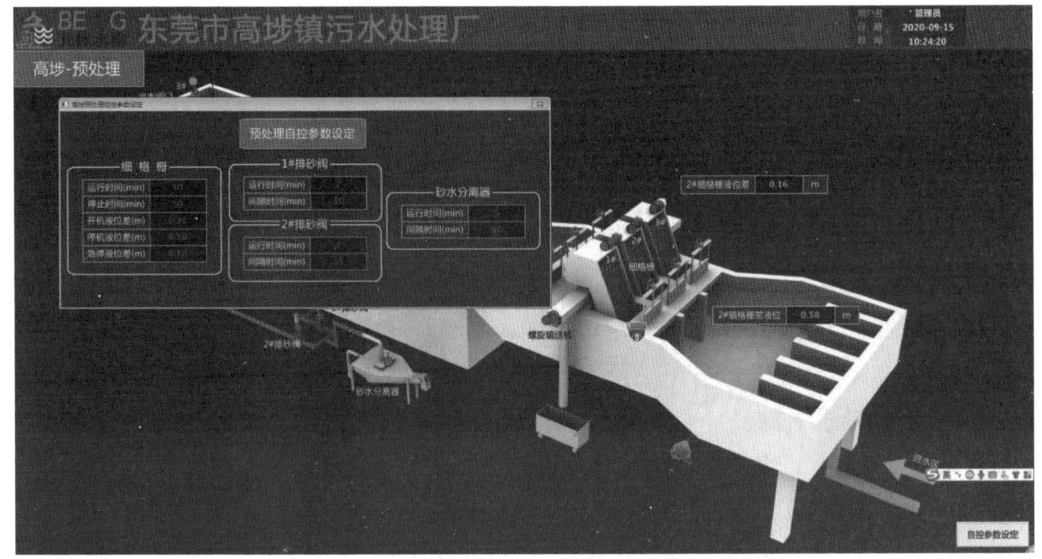


图 4.3-3　细格栅运行监控界面

细格栅控制系统的几种运行控制模式及联锁控制注意事项与粗格栅控制系统相同，具体内容详见“粗格栅控制方式”一节。

表 4.3-2　细格栅配套仪表明细

| 序号 | 名称 | 推荐型号 | 数量/台 | 输出模拟信号 | 通信协议 | 必配/选配 | 备注 |
|---|---|---|---|---|---|---|---|
| 1 | 液位差计 | | 1 | 4～20 mA DC | | 必配 | |
| 2 | 浮球开关 | | 2 | | | 必配 | 高限、低限开关各一个 |
| 3 | $H_2S$ 气体监测仪 | | 1 | 4～20 mA DC | | 选配 | |
| 4 | 电流变送器 | | 1 | 4～20 mA DC | | 必配 | 每台格栅配一台 |

## 4. 旋流沉砂池控制方式

旋流沉砂池利用搅拌器形成的旋流加速污水中砂粒沉降，让水中有机物与砂粒有效地分离，同时将池底的砂粒以螺旋状轨迹向中心砂斗移动，经汽提装置将砂水混合物提升输送至砂水分离器进行砂水分离后，砂粒掉落至集砂小车中，污水则回流至粗格栅前。旋流沉砂池除砂系统主要设备包括立式搅拌器、罗茨风机、砂水分离器、螺旋输送机（或皮带输送机）等。

旋流沉砂池除砂系统有“就地”和“远程”两种操作模式。当除砂系统处于“就地”模式下，操作人员手动操作现场控制箱上的按钮实现设备启停；在“远程”模式下有两种子模式：“远程手动”和“远程自动”。除砂系统处于“远程手动”模式时，操作人员通过中控室上位机操作界面对设备进行启停控制；除砂系统处于“远程自动”模式时，采用时间控制模式实现除砂系统间歇运行，如图 4.3-4 所示。

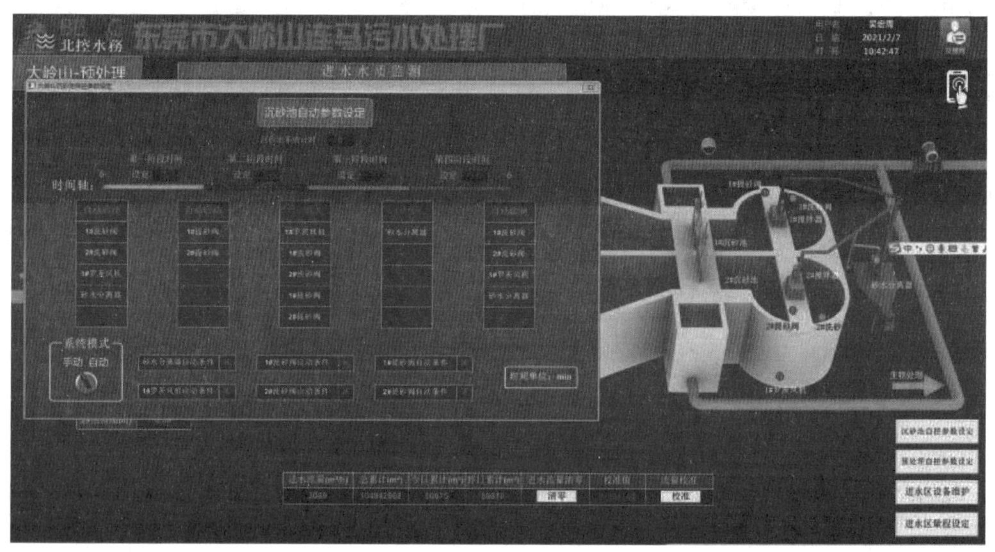


图 4.3-4 旋流沉砂池运行监控界面

旋流沉砂池系统控制模式：搅拌器保持 24 h 连续运转。除砂循环开始，首先启动罗茨鼓风机，同时启动空气管冲洗电磁阀，延时 2 min 后关闭空气管冲洗电磁阀，并启动提砂管电磁阀进行提砂，延时 1 min 后关闭罗茨鼓风机及提砂管电磁阀，延时 2 min 后启动砂水分离器，延时 30 s 后启动螺旋输送机。砂水分离器启动运行 10 min 后，停止砂水分离器及螺旋输送机运行，至此一个除砂循环结束。

由上述描述过程可以看出，旋流沉砂池系统操作较为复杂，因此一般情况下设置为“远程自动”模式。自动模式下，旋流沉砂池系统按照各设备设定的运行周期、停止周期、延时启动时间、延时关闭时间等参数实现自动运行，节省大量人力。

联锁保护与注意事项：

（1）旋流沉砂池控制参数的设置应根据砂量的变化及时调整，合理安排每日排砂次数，保证及时排砂。排砂次数过多，会使排砂含水率太大，或因不必要操作增加运行费用，排砂次数过少，会造成积砂，增加排砂难度，甚至损坏沉砂池系统设备。

（2）在旋流沉砂池除砂系统有故障的情况下，可关闭对应沉砂池的进水闸门，开启细格栅至后续工艺构筑物（初沉池或生物池）的超越闸门。

## 5. 曝气沉砂池控制方式

污水处理厂平流式曝气沉砂池利用桥式吸砂机将沉降在池底上的砂子、煤渣等重度较大的颗粒和污水的混合液提升并输送至集水渠，排放到砂水分离器，实现砂水分离。

曝气沉砂池系统有“就地”和“远程”两种操作模式。当除砂系统处于“就地”模式下，操作人员手动操作现场控制箱上的按钮实现设备启停；在“远程”模式下有两种子模式：“远程手动”和“远程自动”。除砂系统处于“远程手动”模式时，操作人员通过中控室上位机操作界面对设备进行启停控制；除砂系统处于“远程自动”模式时，采用时间控制模式实现除砂系统间歇运行，如图 4.3-5 所示。

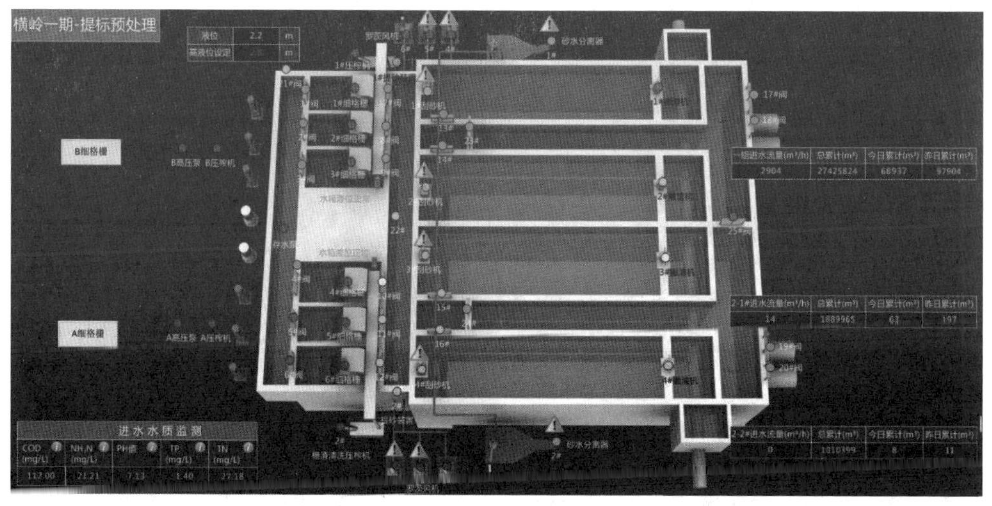


图 4.3-5　曝气沉砂池运行监控界面

曝气沉砂池系统控制模式：桥式吸砂机安装于曝气沉砂池顶的钢轨上根据设定的运行周期自动往返运行，将池底部砂水混合液通过气提装置或吸砂泵提升至集水渠。当顺水流行驶时，撇渣耙下降收集浮渣并送至池末端的渣槽；反向行驶时，撇渣耙提升，离开液面以防浮渣逆行（亦可根据工艺要求，反向撇渣）。

联锁保护与注意事项：

（1）应根据砂量的变化，合理安排排砂次数，保证及时排砂。排砂次数过多，会使排砂含水率太大，或因不必要操作增加运行费用，排砂次数过少，会造成积砂，增加排砂难度，甚至损坏沉砂池系统设备。

（2）曝气沉砂池根据池组的设置与进水量变化，调节沉砂池进水闸阀，保持沉砂池污水设计进水流速。曝气沉砂池在运行中，不得随意停止供气。曝气沉砂池的空气量，应根据水量的变化进行调节。

（3）定期检查池两端的限位开关动作情况，防止桥式吸砂机到池端不停止，损坏驱动机构。

## 二、污水提升泵站的过程控制

### 1. 工艺流程

污水提升泵站一般设置于粗格栅之后，细格栅之前，负责将进水管网汇集的污水提升至后续工艺环节。进水提升泵系统一般由多台水泵组成，根据水量需求的不同搭配运行。提升泵的形式根据安装位置的不同可分为潜水提升泵和干式提升泵。工艺流程如图 4.3-6、图 4.3-7 所示。

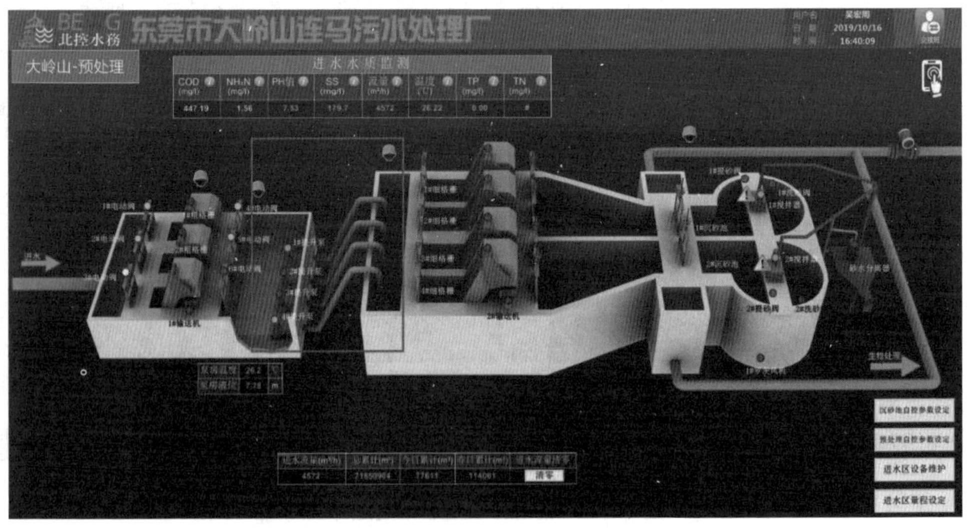


图 4.3-6 工艺流程中进水提升泵安装位置

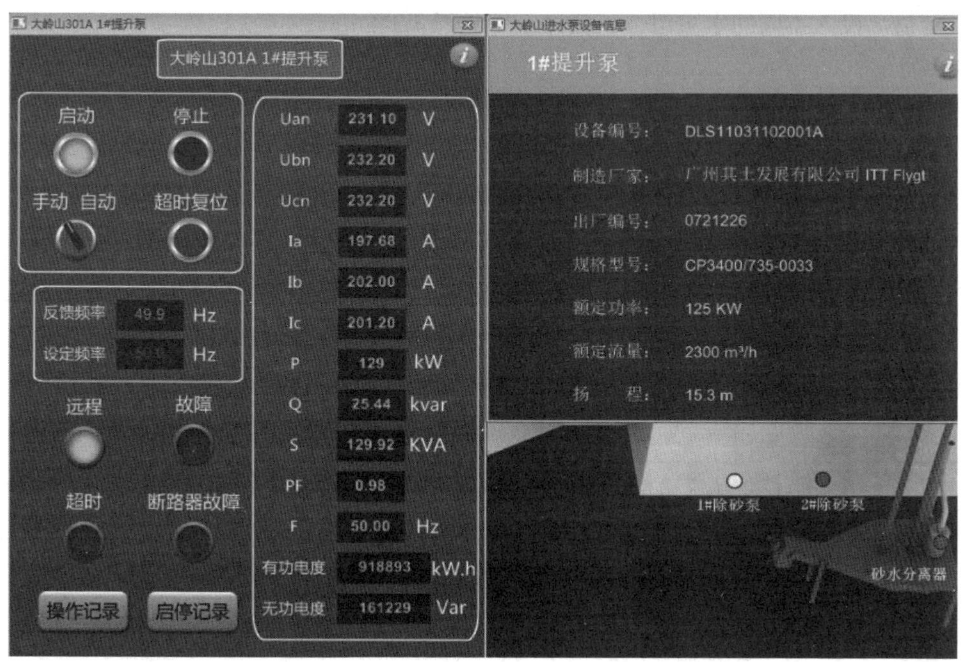


图 4.3-7　进水提升泵上位机监控界面

## 2. 进水提升泵控制方式

进水提升泵控制系统有“就地”和“远程”两种操作模式。当提升泵组处于“就地”模式下，操作人员手动操作现场控制箱上的按钮实现设备启停；在“远程”模式下有两种子模式：“远程手动”和“远程自动”。处于“远程手动”模式时，操作人员通过中控室上位机操作界面对水泵进行启停控制；处于“远程自动”模式时，分为“恒水位”运行模式和“恒流量”运行模式。

“恒水位”模式：当水量少时，PLC 将根据泵前液位计信号自动控制水泵运行。当泵前液位升至液位上限设定值 $H_1$，PLC 将启动一台水泵，如果液位继续升至液位上限设定值 $H_2$ 时，PLC 将再增加一台水泵投入运行。如果进水泵房液位降至液位下限设定值 $H_4$ 时，PLC 将停止一台水泵运行，依此类推，直至泵前液位稳定于目标区间内。具体示例参见表 4.3-3。

“恒流量”模式：当水量大时。PLC 将结合泵前液位计信号和进水泵流量计信号调配泵组运行，以达到流量平稳的控制目标。首先，将泵前液位划分为几个区间，例如，低于 6 m 为区间一，6～6.5 m 为区间二，高于 6.5 m 为区间三。每个液位区间可设置 1～2 个目标流量设定值，例如，在泵前液位处于区间三时，流量设定值 $Q_1$ 为 4 200～4 300 $m^3$/h，流量设定值 $Q_2$ 为 4 500～4 600 $m^3$/h。实际运行中，PLC 根据实际液位区间以及采用的流量设定值，投入不同的水泵组合。具体示例见表 4.3-4。

表 4.3-3　大岭山连马污水处理厂进水提升泵恒液位控制

| 水泵<br>标高 | 4 台泵全关 | 1 台泵开启 | 2 台泵开启 | 3 台泵开启 |
|---|---|---|---|---|
| 泵前集水井<br>启泵液位 | $H_7$（−4.5 m，可调） | $H_1$（−4.1 m，可调） | $H_2$（−3.7 m，可调） | $H_3$（−3.3 m，可调） |
| 水泵<br>标高 | | 3 台泵关闭 | 2 台泵关闭 | 1 台泵关闭 |
| 泵前集水井<br>停泵液位 | | $H_4$（−4.3 m，可调） | $H_5$（−3.9 m，可调） | $H_6$（−3.5 m，可调） |
| 泵前集水井液位高限报警 | $H_9$（−2 m，与整个系统工况有关，需根据整个系统不同阶段具体运行情况相应调整） | | | |
| 泵前集水井<br>水泵干运行保护液位 | $H_8$（−4.8 m，由水泵厂家提供） | | | |
| $H_9>H_3>H_6>H_2>H_5>H_1>H_4>H_7>H_8$　　差值≥0.2，否则设定无效发出提示 | | | | |

联锁保护与注意事项：

（1）水泵启动优先级：PLC 将实时记录每台水泵的运行时间，除必须运行的变频泵外，每次总是先启动累计运行时间最短的一台水泵。而每次总是先停止累计运行时间最长的一台水泵，以使得每台水泵的累计运行时间基本趋于相等。

（2）变频水泵调节：恒水位模式时，水泵频率根据液位自动调节。恒流量模式时，水泵频率根据流量自动调节。

（3）每小时最大启停次数：远控自动方式时，水泵启动后需连续运行 15 min 以上方可停止，且同一台水泵 1 h 内启停次数≤4 次。出现突发故障时可退出自动方式，手动停泵。

（4）泵房液位上下限保护：自动方式下，泵前液位设定最低保护液位 $H_8$，低于保护液位时所有泵全部停止，设定最高保护液位 $H_9$，高于保护液位时，触发中控上位机报警并弹出视频，同时向值班人员及管理人员手机 App 推送报警消息。

（5）浪涌现象：由于停泵或启泵时会出现浪涌现象，此时的液位为非正常值，为避免水泵误动作，PLC 程序中设定每次水泵启停状态变化后 $T_1$ 时间内（如 2 min）不再进行泵的启停操作。

（6）低液位浮球保护：泵前井内安装低液位保护浮球，并进行电气联锁。当泵前液位低于浮球位置时，所有水泵控制回路会断开，水泵停止运行，且浮球复位前水泵无法启动。

（7）恒水位模式：进水提升泵启停液位控制表见表 4.3-3。

（8）恒流量模式：进水提升泵启停流量控制表（以大岭山污水处理厂为例，见表 4.3-4、表 4.3-5）。

**表 4.3-4　大岭山连马污水处理厂进水提升泵组水量控制**

| 序号 | 泵房液位/m | 提升泵组合 | | | | | | | | 处理水量/$m^3$ |
|---|---|---|---|---|---|---|---|---|---|---|
| | | $1^{\#}$（满频率开启）2 600 | | $2^{\#}$ 1 600 | | $3^{\#}$ 1 500 | | $4^{\#}$ 1 500 | | |
| | | 开启情况 | 功率/kW | 开启情况 | 功率/kW | 开启情况 | 功率/kW | 开启情况 | 功率/kW | |
| 1 | ＞6.5 | √ | 125 | √ | 55 | × | — | × | — | 4 200～4 300 |
| | | √ | 125 | × | — | √ | 75 | × | — | |
| | | √ | 125 | × | — | × | — | √ | 75 | |
| | | × | — | √ | 55 | √ | 75 | √ | 75 | 4 500～4 600 |
| 2 | 6.0～6.5 | √ | 125 | √ | 55 | × | — | × | — | 3 900～4 000 |
| | | √ | 125 | × | — | √ | 75 | × | — | |
| | | √ | 125 | × | — | × | — | √ | 75 | |
| | | × | — | √ | 55 | √ | 75 | √ | 75 | 4 200～4 300 |
| 3 | ＜6.0 | √ | 125 | √ | 55 | × | — | × | — | ＜3 900 |
| | | √ | 125 | × | — | √ | 75 | × | — | |
| | | √ | 125 | × | — | × | — | √ | 75 | |
| | | × | — | √ | 55 | √ | 75 | √ | 75 | ＜4 200 |

**表 4.3-5　进水提升泵配套仪表明细**

| 序号 | 名称 | 数量/台 | 输出模拟信号 | 通信协议 | 必配/选配 | 备注 |
|---|---|---|---|---|---|---|
| 1 | 液位计 | 1 | 4～20 mA DC | — | 必配 | |
| 2 | 流量计 | 1 | 4～20 mA DC | — | 必配 | 单泵单管可每台水泵配一台 |
| 3 | 浮球开关 | 2 | — | — | 必配 | 高限、低限开关各一个 |
| 4 | $H_2S$ 气体监测仪 | 1 | 4～20 mA DC | — | 选配 | |
| 5 | 电能计量表 | 3 | — | 以太网 | 必配 | 每台水泵配一台 |

## 三、初次沉淀池的过程控制

### 1. 工艺流程

初沉池一般设置在沉砂池之后，生物曝气池之前。初沉池的主要作用是去除污水中易沉淀的固体悬浮颗粒，以降低后续生化处理工艺段的悬浮物与有机污染物负荷，提高活性污泥中微生物的活性。虽然前期污水经过格栅截留与沉砂池的处理，已经去除一定的固体悬浮物，但仍会存在许多密度稍小或颗粒尺寸较小的悬浮颗粒，这些颗粒的成分以有机物为主，所以有必要再经过初沉池进一步处理。一般情况下，初沉池可以去除进厂污水中 40%～55%的悬浮固体和 20%～30%的 $BOD_5$，如图 4.3-8 所示。

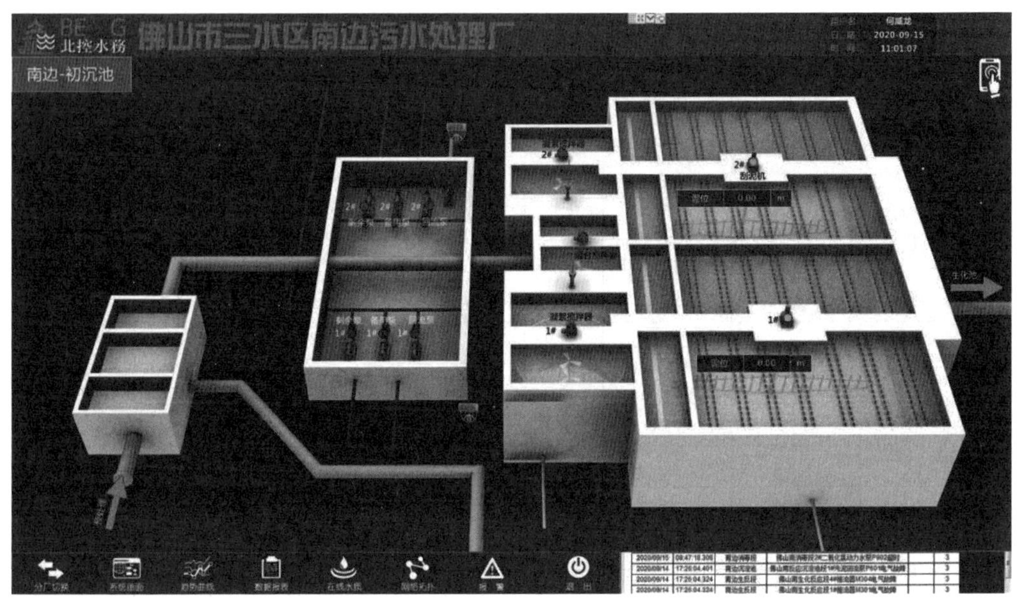


图 4.3-8 初沉池工艺流程

## 2. 初沉池控制方式

初沉池一般采用连续运行的控制方式：

（1）每座初沉池配置一台刮泥机，刮泥机可以通过就地控制柜手动启动，也可以通过上位机远程手动启动，初沉池刮泥机为连续运转设备。

（2）初沉污泥泵井内设有初沉污泥排泥泵，将沉淀的污泥输送至污泥脱水车间，初沉污泥排泥泵一般采用间歇排泥方式。排泥泵可以通过现场控制柜手动启停，也可在自动运行模式下，由 PLC 进行时间周期控制（约为 6 h/d，每次运行 1 h，可调整）。

联锁保护与注意事项：

（1）泵井内设置水泵干运行保护液位开关，并接入水泵控制回路进行联锁。

（2）在初沉池维修或进水 BOD 较低、C/N 比较低时需超越初沉池。此时，关闭初沉池进水管前的阀门，开启超越管上的阀门，污水将直接进入下个工艺环节（生物池）。

表 4.3-6　初沉池配套仪表明细

| 序号 | 名称 | 数量/台 | 输出模拟信号 | 通信协议 | 必配/选配 | 备注 |
| --- | --- | --- | --- | --- | --- | --- |
| 1 | 泥位计 | 1 | 4～20 mA DC |  | 选配 |  |
| 2 | $H_2S$ 气体监测仪 | 1 | 4～20 mA DC |  | 选配 | 加盖式必配 |

# 任务 4.4　污水二级处理的过程控制

## 一、$A^2/O$ 工艺的控制与优化

### 1. 工艺流程

$A^2/O$ 工艺是一种活性污泥法处理工艺，该工艺的特点是在去除有机污染物的同时能够实现生物脱氮与生物除磷功能。它的二级处理单元主要由生物池及与之配套的鼓风曝气系统、二沉池及污泥回流系统组成。$A^2/O$ 工艺生物反应池运行监控界面如图 4.4-1 所示。

图 4.4-1　$A^2/O$ 工艺生物反应池运行监控界面

### 2. 生物反应池控制说明

一组 $A^2/O$ 工艺生物反应池一般由厌氧段、缺氧段、好氧段组成。污水在厌氧段及缺氧段通过搅拌、推流与池体内活性污泥充分混合后进入好氧段。好氧段又称曝气反应段，

鼓风机输送的压缩空气通过好氧段池底微孔曝气器（主要形式有盘式曝气器与管式曝气器），形成许多微小气泡扩散至整个好氧段，使微生物菌群同污染物在良好的充氧环境下发生反应。好氧段末端出水一部分进入后续工艺单元——二沉池，另一部分通过内回流泵返回缺氧段前端。

（1）生物池潜水搅拌器、内回流泵的控制方式

潜水搅拌器、推流器、内回流泵可通过就地控制箱手动设置频率及启停，也可通过上位机远程手动设置频率及启停。潜水搅拌器、推流器、内回流泵一般为 24 h 连续运行。

（2）生物池溶解氧-空气阀门-鼓风机联动控制方式

当生物反应池好氧段溶解氧（DO）值与 PLC 中设定值有差异时，PLC 将调节对应曝气支管的阀门开度。例如，好氧段末端溶解氧（DO）设定值为 2 mg/L，在线溶解氧仪实测数值为 4 mg/L，此时系统会减小曝气支管阀门开度，随之鼓风机房曝气总管压力将上升，当压力高于 PLC 设定值时，PLC 将降低鼓风机的运行频率（或出口导叶开度），以此实现溶解氧值与鼓风机出气量的联动控制。在“远程手动”方式下，操作人员在上位机界面可手动调节鼓风机频率使生化反应池内溶解氧（DO）数值保持在工艺运行要求范围内。在“远程自动”方式下，可通过上位机设定溶解氧目标值、鼓风机总管压力目标值，由 PLC 根据溶解氧值变化自动调节鼓风机的启停、变频（或出口导叶调整），以实现恒溶解氧（DO）运行。

（3）生物池精确曝气控制方式

精确曝气系统是一种高级的曝气控制系统，它是基于先进过程控制（APC）的智能解决方案，实现污水处理厂提质增效和精益化管理。它涵盖了污水处理的生化过程，如有机负荷的降解、脱氮除磷环节。在模型预测控制（MPC）和前馈控制的基础上，APC 对内回流以及曝气系统进行精准控制，达到优化的处理效果。

MPC 根据进水水量、好氧池水质参数（$NH_4^+$、$NO_3^-$），实时计算曝气所需氧量和内回流流量，将这两项数值作为给定值分别传递给好氧池溶解氧 PID 控制器和内回流流量 PID 控制器。再通过变频器控制风机运行频率和内回流水泵转速，达到精确控制曝气池内总氮含量的效果，以实现节能的目的。精确曝气系统同时将进水流量作为前馈干扰引入控制模型，使控制系统能很好适应进水流量变化并同时调整污泥回流比例，实现优化生化反应环节和节约能耗的目的。控制系统还通过测量进出水水质和生化池污泥浓度，实时调整内回流流量和污泥回流流量，实现自调整智能算法。精确曝气系统上位机监控界面如图 4.4-2 所示。

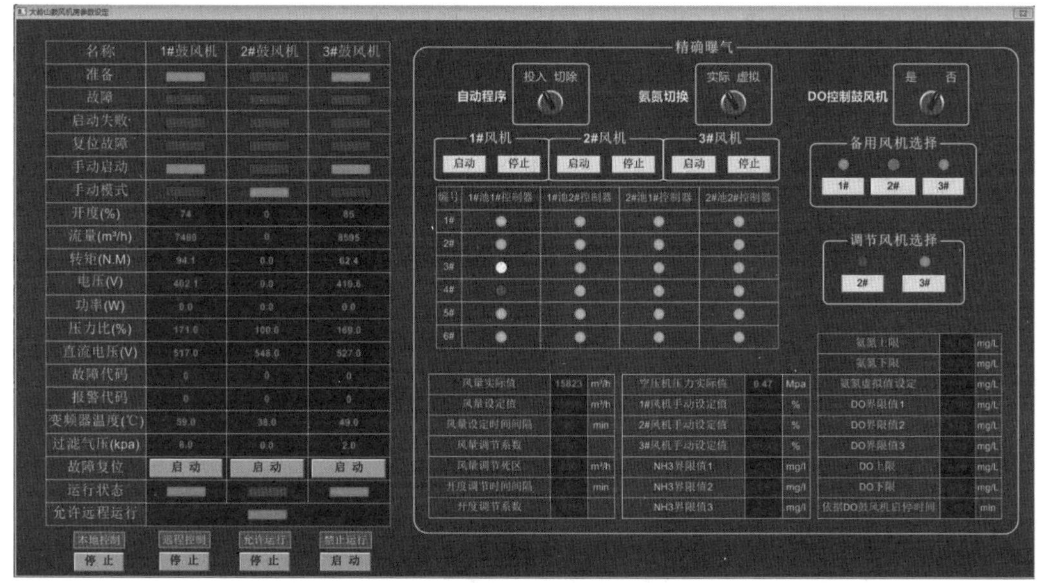


图 4.4-2　精确曝气系统设置界面

表 4.4-1　A²/O 工艺生物池配套仪表明细

| 序号 | 名称 | 数量/台 | 输出模拟信号 | 必配/选配 | 备注 |
|---|---|---|---|---|---|
| 1 | 溶解氧仪（DO） | 1～4 | 4～20 mA DC | 必配 | 每组生物池好氧段安装 1～4 台在线溶解氧仪 |
| 2 | 氧化还原电位计（ORP） | 1～2 | 4～20 mA DC | 必配 | 每组生物池缺氧段示安装 1 台，厌氧段可选配 1 台 |
| 3 | 污泥浓度计（MLSS） | 1 | 4～20 mA DC | 必配 | |
| 4 | 热质空气流量计 | 1 | 4～20 mA DC | 选配 | 安装于各曝气支管，或对应溶解氧仪位置进行安装 |
| 5 | 氨氮、硝氮、总氮测量仪表 | 1 | 4～20 mA DC | 选配 | 精确曝气系统配套安装 |

## 3. 鼓风机房的控制说明

曝气系统是由鼓风机、曝气管阀门和溶解氧仪共同组成的闭环系统，为生物反应池好氧段提供氧气，并维持好氧段所需的溶氧量。根据好氧段溶解氧值，可以控制鼓风机开启程度，维持溶解氧量在一定范围内变动。

每台鼓风机配备独立的就地控制柜。一般鼓风机组配备 PLC 柜对机组进行启停控制。曝气总管上配置压力变送器和热质气体流量计。测定的压力和风量送至 PLC，系统根据实测值与设定值的比较情况对鼓风机组进行风量控制。PLC 对鼓风机组有两种闭环控制方式，恒压力控制方式和恒风量控制方式。

（1）恒压力控制方式

①鼓风机轮换启停，每次优先投入累计运行时间最少的鼓风机。

②当鼓风机曝气总管压力低于设定量时，应首先开启一台鼓风机，并将其流量设定在最小值（45%），并逐渐增大至最大值（100%），直到曝气总管压力达到设定值。若总管压力仍不能满足要求，继续开启第二台鼓风机，并将其流量设定在最小（45%），同时将首台鼓风机的流量逐渐减至最小（45%），然后同时调增两台鼓风机的流量，直到曝气总管压力达到设定量。

③当曝气总管压力高于设定值时，同步降低两台鼓风机的流量，当两台鼓风机流量均降至最小值（45%）时，关闭一台鼓风机，然后调节单台鼓风机风量，直到曝气总管压力到达设定值。

（2）恒风量控制方式

类似恒压力控制方式，最终调节风量达到设定风量值。

此外，PLC 还将记录每台鼓风机每小时启动的次数，禁止一台鼓风机 1 h 内启动次数高于设定量。

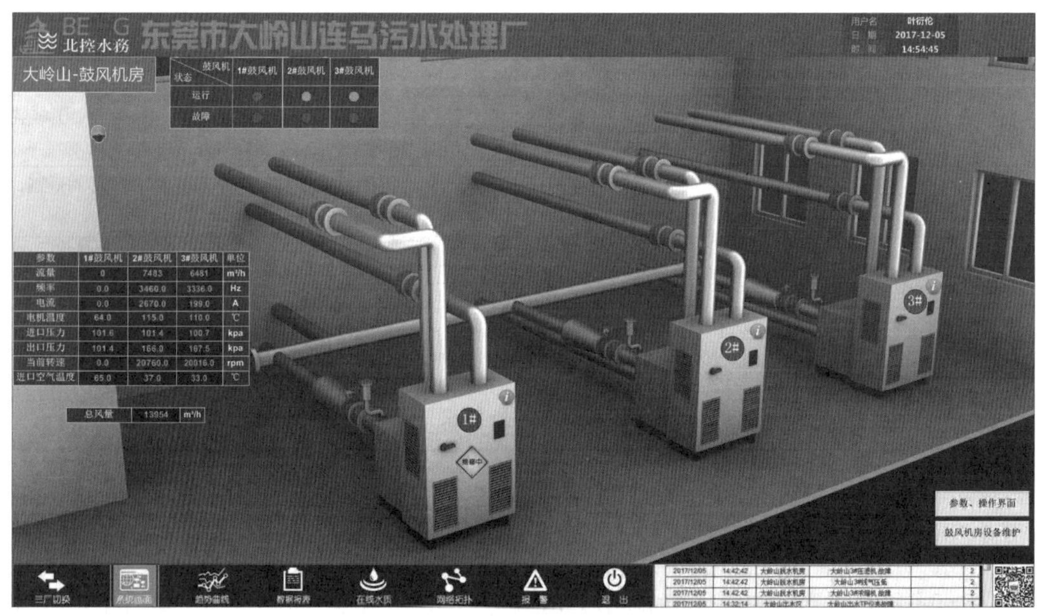


图 4.4-3　鼓风机房运行监控画面

表 4.4-2　$A^2/O$ 工艺鼓风机房配套仪表明细

| 序号 | 名称 | 数量/台 | 输出模拟信号 | 必配/选配 | 备注 |
| --- | --- | --- | --- | --- | --- |
| 1 | 热质空气流量计 | 1 | 4～20 mA DC | 必配 | 安装于鼓风机房出气总管，单台鼓风机出气管可选配 |
| 2 | 压力表 | 1 | 4～20 mA DC | 必配 | 安装于鼓风机房出气总管 |

### 4．二沉池的工艺控制

二沉池是 $A^2/O$ 工艺的重要组成部分，其作用主要是实现泥水分离，澄清后的上清液进入后续深度处理工艺单元，污泥沉淀后一小部分输送至脱水机房，大部分污泥经由外回流泵返回生物反应池前端继续在系统中循环。二沉池的工作效果能够直接影响活性污泥系统的出水水质和回流污泥浓度。

二沉池有圆形辐流式沉淀池、矩形平流式沉淀池等形式，这里以圆形辐流式沉淀池为例进行说明。二沉池系统一般由一组二沉池（2～4 个池体）及污泥配水井组成，如图 4.4-4 所示。

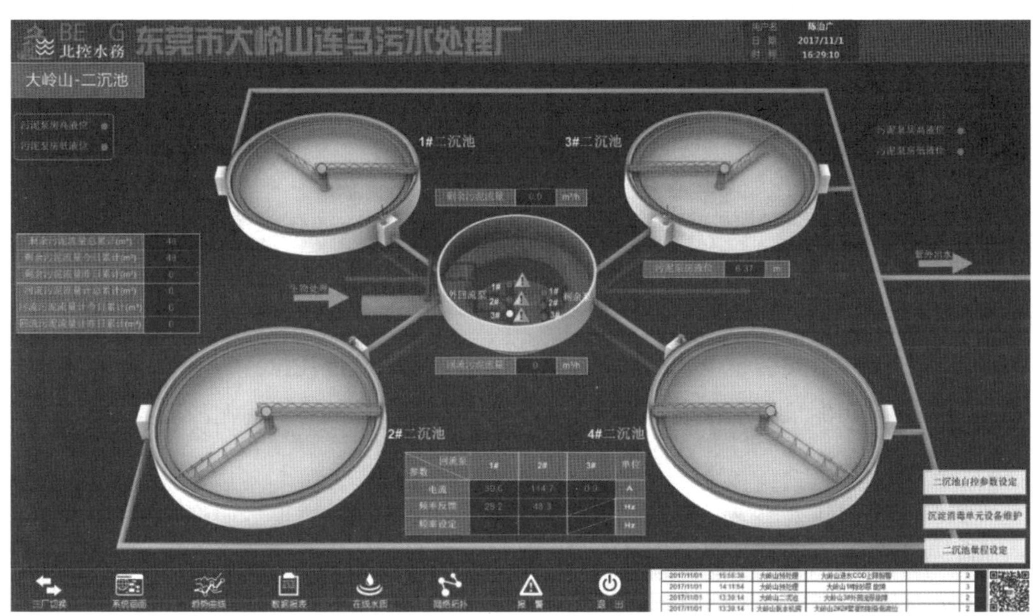


图 4.4-4　二沉池运行监控界面

（1）二沉池刮吸泥机控制

每座二沉池配有一台桥式刮吸泥机，刮吸泥机有周边传动、中心传动两种形式。以周边传动形式为例，桥车行走电机带动刮吸泥机进行环池圆周运动，桥车下端安装污泥刮板，将池底污泥不断向中心集泥斗汇聚并排至污泥配水井。刮吸泥机一般为 24 h 连续回转运行。刮吸泥机可以通过就地控制柜现场手动启停，也可以通过上位机操作界面远程手动启停。

（2）二沉池配水井的控制

二沉池配水井综合了配水（将生物池出水配送给各个二沉池）、排水（汇集各个二沉池上清液输送至后续处理单元）、排泥（汇集各个二沉池排泥至回流剩余污泥泵井）等多项功能，配水井自中心向外划分为 3 层环渠，分别实现上述功能，例如，内圈配水、中圈排泥、外圈排水。各层环渠均安装电动闸门。污泥进入回流剩余污泥井后，一部分经由剩余污泥泵输送至脱水机房进行脱水，另一部分经由外回流泵输送回生物反应池前端。

（3）外回流污泥泵及剩余污泥泵控制

外回流污泥泵一般采取保持回流比（回流污泥流量/进水流量）恒定的控制方式运行，调整回流泵频率达到回流污泥流量随进水流量变化的目的。回流泵可在就地控制箱实现手动设置频率及启停，也可通过上位机远程设置频率及启停。

剩余污泥泵一般与污泥脱水机房储泥池液位进行联锁控制。储泥池液位设置停泵限位和启泵限位，当储泥池液位到达停泵限位，剩余污泥泵停止运行；当储泥池液位降至启泵限位，剩余污泥泵启动。

回流污泥泵与剩余污泥泵一般为潜水离心泵，泵井内设置若干运转保护限位开关，并在水泵电控系统内设置相应联锁。

（4）二沉池的精确排泥控制

针对剩余污泥时序排泥存在的问题，如无法准确判断污泥存积情况，排泥多少不均、排泥浓度不稳定，导致后续浓缩脱水效率低、连续排泥能耗高等问题，设计污水处理厂精确排泥系统，以实现以下控制目标：

1）在二沉池内安装超声波泥水界面仪，准确计量二沉池泥位；

2）在剩余污泥泵出水管道安装污泥浓度仪，实现精确的管道污泥浓度实时计量；

3）形成污泥浓度、污泥排放量的精确调控策略；

4）通过设定排泥浓度和池内泥位阈值，实现稳定排泥，降低污泥浓度变化范围；

5）储泥池具有浓缩功能、搅拌均质功能，尽量保持脱水系统稳定，进泥浓度均匀，以降低污泥处理药耗。

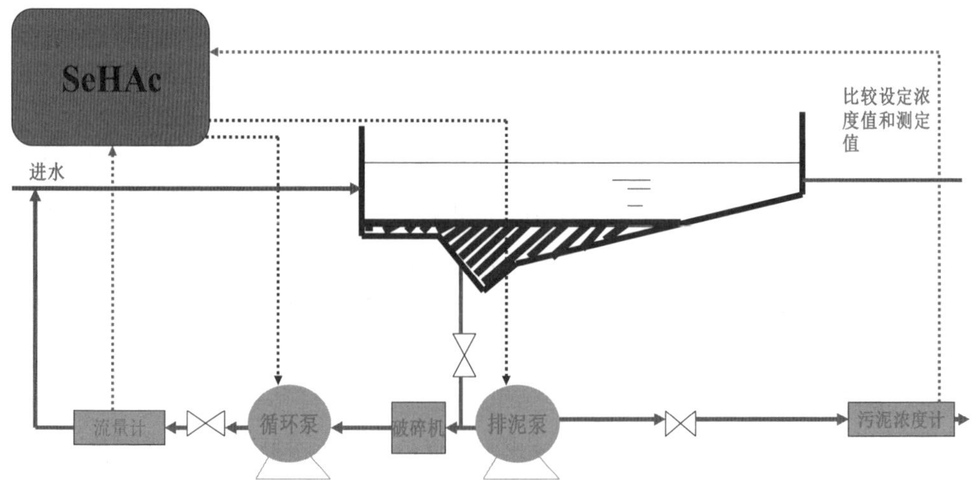


图 4.4-5　剩余污泥精确排泥示意

表 4.4-3　$A^2/O$ 工艺二沉池配套仪表明细

| 序号 | 名称 | 数量/台 | 输出模拟信号 | 必配/选配 | 备注 |
|---|---|---|---|---|---|
| 1 | 回流污泥流量计 | 1 | 4～20 mA DC | 必配 | 安装于回流污泥泵井 |
| 2 | 污泥界位计 | 1 | 4～20 mA DC | 选配 | 二沉池精确排泥控制选配 |
| 3 | 污泥浓度计 | 1 | 4～20 mA DC | 选配 | 二沉池精确排泥控制选配 |

## 二、SBR 的控制与优化

### 1. 工艺流程

SBR 工艺，也称为间歇曝气活性污泥工艺或序批式活性污泥工艺。系统内只设一个处理单元，该单元在不同时段发挥不同功能。污水进入该单元后按时序完成各阶段工艺流程。上位机显示的 SBR 工艺如图 4.4-6 所示。

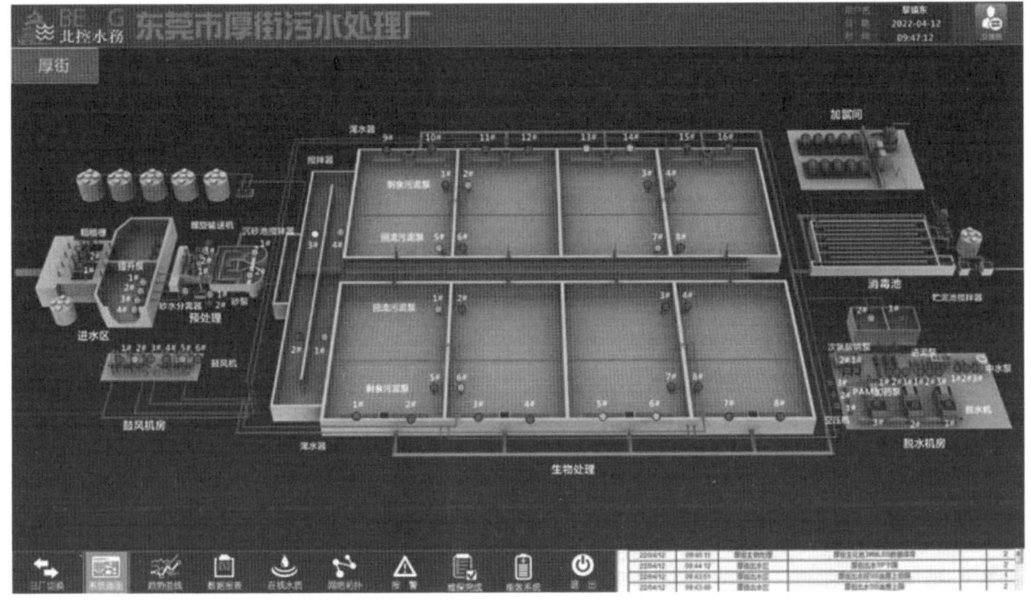


图 4.4-6　SBR 工艺监控界面

### 2. 生物反应池控制说明

（1）SBR 运行控制方式

一般 SBR 的一个运行周期包括五个阶段：

①阶段Ⅰ：进水期。反应池在该阶段内连续进入污水，直至达到运行液位高限。

②阶段Ⅱ：曝气期。反应池在该阶段内即不进水也不排水，但开启鼓风机对反应池进行曝气，使污染物质进行分化分解。

③阶段Ⅲ：沉淀期。反应池在该阶段内不进水、不排水、不曝气，反应池处于静沉状态，进行高效泥水分离。

④阶段Ⅳ：排水期。反应池在该阶段将分离出的上清液，通过滗水器连续排出至后续工艺单元，直至液位将至排水液位下限。

⑤阶段Ⅴ：空载排泥期。反应池中无污水，只有沉淀分离出的活性污泥，部分污泥在该阶段作为剩余污泥被排放至脱水机房。

SBR 工艺对自动控制系统要求较高，一般情况下所有设备均处于远程自动状态，不进行设备手动操作。

SBR 工艺自动控制逻辑主要为时间控制，每台设备均按照设置的启停周期自动运行，进水闸、滗水器在时间控制的同时需结合液位联锁控制。一个运行周期循环一般控制在 4～12 h 范围内。

（2）SBR 反应池的控制时序

对于每一个反应池，SBR 工艺控制要求如图 4.4-7 所示。

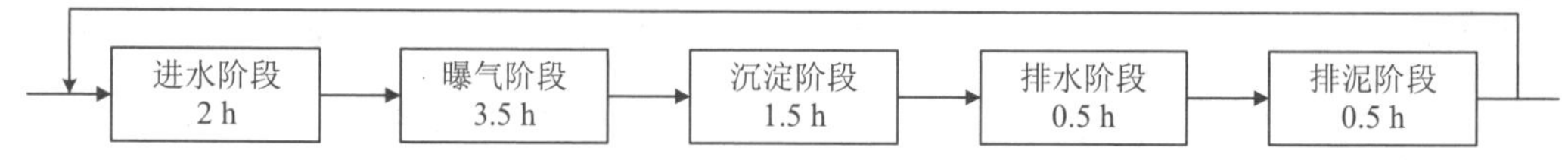


图 4.4-7　SBR 工艺控制流程

每个反应池的工艺运行要求完全相同，相互之间延迟 2 h，时序图如图 4.4-8 所示。

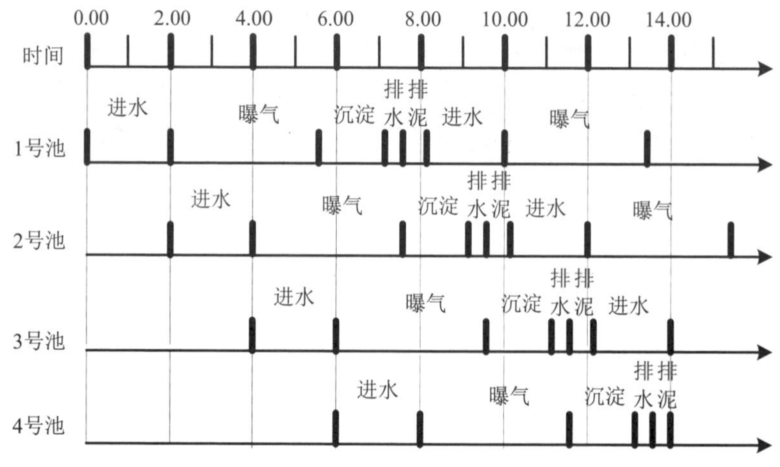


图 4.4-8　SBR 工艺处理池控制时序

表 4.4-4　SBR 工艺反应池配套仪表明细

| 序号 | 名称 | 数量/台 | 输出模拟信号 | 必配/选配 | 备注 |
|---|---|---|---|---|---|
| 1 | 超声波液位计 | 1 | 4～20 mA DC | 必配 | 实时测量反应池液位，控制反应池进水及滗水 |
| 2 | SBR 工艺反应池其他仪表参见表 4.4-3 | | | | |

## 三、生物膜法运行控制介绍

### 1. 工艺流程

生物膜法属于好氧生物处理的一种。污水中的好氧微生物、原生动物、后生动物等在填料上生长繁殖形成生物膜，污水通过生物膜吸附和降解有机物，使废水得到净化。生物膜法有生物滤池、生物转盘等形式。下面以曝气生物滤池中的前置反硝化滤池（DN 滤池+CN 滤池）为例进行介绍。前置反硝化滤池的工艺如图 4.4-9 所示。

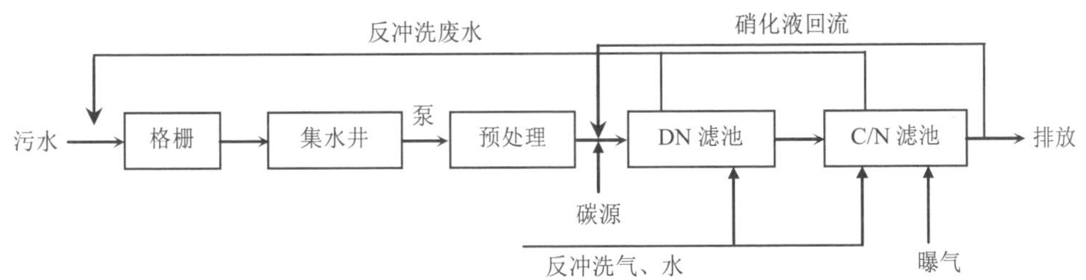


图 4.4-9　前置反硝化滤池工艺示意图

前置反硝化滤池工艺中污水首先经过反硝化滤池，微生物膜利用污水中的有机物和回流硝化液中的硝酸盐进行反硝化反应，经过反硝化滤池后的污水进入硝化滤池，对剩余的有机物和氨氮进行反应。随后部分污水通过硝化液回流泵返回反硝化滤池，提供反硝化所需的硝酸盐氮。该工艺既能达到去除有机物和氨氮的目的，同时也能脱氮。

曝气生物滤池从结构上可以分为四个部分：配水配气系统、滤料系统、排水系统、控制系统。待处理污水经管道进入配水室，通过长柄滤头配水后进入滤料层，滤料上附着的微生物膜对污水进行净化处理，处理后的污水经过出水槽后排放。如图 4.4-10 所示。

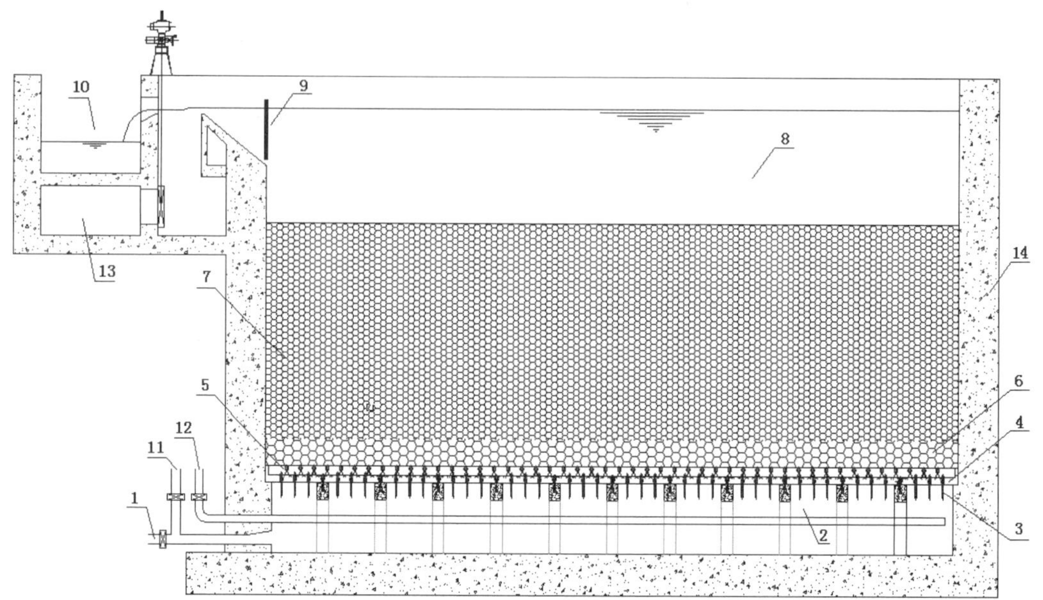


1—进水管；2—配水室；3—滤头；4—滤板；5—曝气头；6—承托层；7—滤料层；8—出水区；9—稳流栅；10—出水槽；11—反冲洗水管；12—反冲洗气管；13—反冲洗废水渠；14—池体。

**图 4.4-10　曝气生物滤池构造工艺示意图**

## 2. 曝气生物滤池工艺控制

曝气生物滤池的运行与常规活性污泥法在工艺控制方面有相同的地方，也有不同的地方，需要重点关注的工艺控制内容包括以下几个方面：

（1）预处理系统

由于污水中的悬浮物等颗粒性杂质会严重影响滤池的正常运行，因此一般在污水进入滤池前均设置了初沉池，针对总磷去除率要求高的工艺，还会设置除磷加药系统。初沉池的主要目的是通过加药混凝沉淀对原水及反冲洗废水进行处理，降低进水中的悬浮物，来减少对后续滤池的影响。

（2）混凝剂投加量控制

通过监测沉淀池出水来调整混凝剂投加量，加药量过大，会导致沉淀池絮体松散，且会增加生产成本，投加量过小，无法完全去除污水中的颗粒杂质，影响沉淀池出水。

（3）滤池溶解氧

由于曝气生物滤池的容积负荷较常规活性污泥法要高，水力停留时间短，因此 CN 池的溶解氧控制数值需要比常规活性污泥法高，一般控制在 4 mg/L 左右。根据曝气生物滤池运行要求，需要在滤池安装在线溶解氧仪表实时监测溶解氧值。日常运行过程中，需要根据溶解氧值来调节曝气量，确保溶解氧在合适范围内，避免出现曝气过大或不足的情况。

（4）滤池反冲洗

曝气生物滤池在运行过程中，生物膜在不断进行污染物降解的过程中，会逐渐增厚老化。同时由于滤料生物膜对部分颗粒物及胶体物质的截留，导致滤池的运行阻力会逐渐增大，当阻力增加到一定程度时，就需要对滤池进行反冲洗，将老化的生物膜及截留的杂质冲洗掉，从而恢复滤池的运行。因此滤池反冲洗系统是滤池运行中非常重要的一个控制环节。

滤池反冲洗一般程序包括降水、单独气冲、气水联合冲洗、单独水冲等阶段，日常运行中，需要根据滤池运行的阻力值、出水水质等指标来确定滤池的反冲洗时间。日常运行，滤池反冲洗的强度及时间需要准确控制。反冲洗强度过大，容易造成滤料表面的生物膜冲刷流失，恢复运行后影响出水效果。反冲洗强度不足，会导致滤料冲洗不干净。长此以往，容易导致滤池滤料板结。因此，反冲洗水泵和反冲洗风机需要安装变频控制，对反冲洗气冲和水冲强度进行调整。

（5）硝化液回流与碳源投加

出水水质标准对总氮去除率有要求时，需要根据进水碳源情况考虑反硝化，如进水碳源不足，就需要外加碳源来满足反硝化。同时如果采用的是前置反硝化工艺，则需要设置硝化液回流泵，向反硝化池提供硝酸盐回流液。

1）硝化液回流比控制方式

曝气生物滤池的脱氮机理是在反硝化池中，微生物膜对硝酸盐氮进行反硝化，达到脱氮的目的。硝化液回流是将硝酸盐回流至反硝化滤池中，日常运行过程中，需要根据进出水总氮情况对硝化液回流比进行调整。

2）碳源投加方式

由于曝气生物滤池在预处理阶段投加了混凝剂，导致进入滤池的污水中的碳源不足，这时就需要投加碳源来保证反硝化效果。实际运行过程中，需要根据硝化滤池进水硝酸盐氮调整碳源投加量。碳源的投加需要控制在合理水平，不能过量或不足，碳源投加过量，会导致残余的有机物进入后续滤池，增加系统的负荷；碳源投加量不足，会导致反硝化不彻底，影响出水总氮指标。

曝气生物滤池工艺控制较复杂，包含多个子系统，如混凝剂投加系统、碳源投加系统、溶解氧控制系统、硝化液回流系统、滤池反冲洗系统等。每个子系统均有各自的控制逻辑，在远程自动状态下根据在上位机监控界面设置的参数自动运行。

# 任务 4.5　污水三级处理的过程控制

## 一、沉淀与化学除磷的控制

### 1. 高密度沉淀池工艺流程

高密度沉淀工艺是在传统平流沉淀池的基础上，充分利用了动态混凝、加速絮凝原理和浅池理论，把机械混凝、强化絮凝、斜管沉淀三个过程进行了优化，因而高密度沉淀池具有混合和絮凝效果好、分离效率高、排泥量低、占地面积小、出水浊度低等特点。高密度沉淀池系统通常包括以下几个部分：

1）高密度沉淀池上游带有混凝剂投加的快速搅拌池。

2）带有聚合物投加和污泥回流功能的反应池。

3）配备斜管的沉淀池。

4）澄清水集水槽及出水水渠。

5）污泥回流和排放系统。

6）带有泥位检测的控制系统。

图 4.5-1 是高密度沉淀池结构示意。

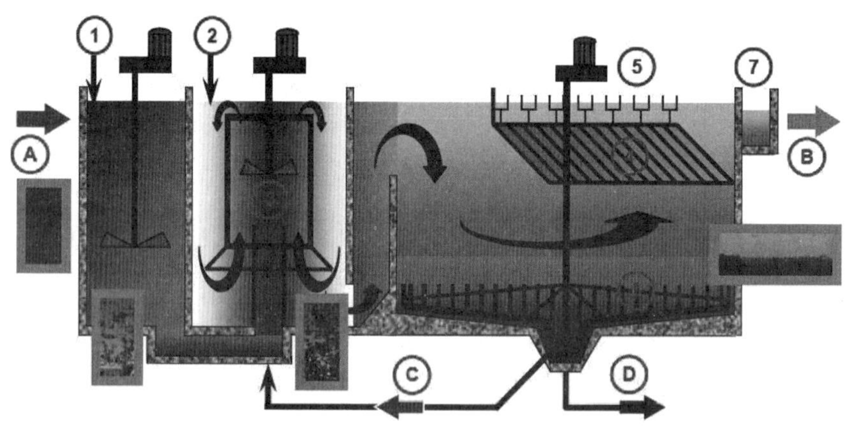


①混凝剂投加；②絮凝剂投加；③反应池；④斜管；⑤出水堰；⑥栅形刮泥机；⑦出水渠；
A 进水；B 出水；C 污泥回流；D 剩余污泥排放。

图 4.5-1　高密度沉淀池结构

## 2. 高密度沉淀池控制说明

（1）高密度反应池的启动

1）开启高密度沉淀池总进水阀，进水灌满高密度沉淀池。

2）启动搅拌器和浓缩刮泥机。启动絮凝反应池的搅拌器之前，水位必须高于导流筒和高泥位开关。

3）开启回流泵。回流量控制在 2%左右。

4）化学药剂 PAC 混凝剂和 PAM 絮凝剂开始投加。具备条件的可双路投加 PAM。依据絮体情况调控投加量。

5）排泥：只有污泥泥层达到一定高度时，才可启动排泥，参考值 0.5～1 m。

6）监测：水量、进出水水质指标（至少 SS 和 TP）、泥层厚度、回流污泥浓度、反应池内污泥浓度和回流比。

（2）快速搅拌和絮凝反应

进水首先流入快速搅拌池，与混凝剂如 PAC 接触后进行混凝。快速搅拌器连续运行，以避免矾花沉淀并帮助混凝。投加泵将混凝剂投加到快速搅拌池，投加泵通过变频器按照流量计来控制。在高密度沉淀池系统中，反应池单元是非常重要的部分，因为该模块决定污泥处理的效果，所以反应池运行参数必须合理地调整。

1）絮凝剂投加。絮凝剂投加量取决于进水悬浮物的性质和浓度，须通过药剂小试来确定投加量。试验中需控制的参数是絮凝记录、污泥量和沉淀速度。投加点上的聚合物的浓度必须稀释到 0.05～0.1 g/L，以实现最好的絮凝效果。

2）反应池搅拌器速度。搅拌器的转速应确保聚合物搅拌充足和絮凝良好，但如果旋转速度过高，则矾花有被打碎的危险。搅拌器转速调节的原则是：当水温降低和絮凝比较困难时应提高转速；当矾花易碎和水量较低导流筒中的水流不对称时应降低转速。

3）反应池污泥回流比的控制。确定污泥的沉降性能：污泥在 1 L 的带有刻度的量筒中沉淀 10 min 后的泥层的高度即污泥的沉降比（以%表示）。刻度量筒中的沉淀污泥的量应该是 30～150 mL，也就是说，性能良好的泥层的沉降比一般为 3%～15%。

如果没有足够的回流污泥，所取得的絮凝效果就不会好。如果泥量过多，就会超出固体负荷的限制，泥床有上升的危险。好的污泥回流能达到 2%～4%的污泥沉降比，甚至更高。

污泥回流调节：改变回流泵的流量，可以调节污泥的沉降比。最佳的调节是在流量最大的情况下完成的。请注意下列数据：污泥比率超过 15%，减小回流泵的流量；如果泥床升高了，那么就降低预设的沉降比值（回流泵流量）；当回流污泥的沉降比值得到满足时，那么不管进水流量如何，回流泵的调整值均可以保持不变。

如果流量突增或泥位升高，可以采取以下手段：降低污泥回流流量；逐步提高进水流量：每一步约为最大流量的 10%，每一步所需的时间是 20～30 min。

（3）污泥回流控制

污泥回流的目的在于加速矾花的生长以及增加矾花的密度。

回流泵的调节：不管进水流量如何，污泥回流泵均以恒定的流速运转。回流泵的流量按照进水最大流量调节，以便得到反应池内最佳的污泥沉降比。

当起始系统内没有污泥时，应通过剩余污泥泵从底部进行污泥回流以便反应池尽快达到正确的污泥浓度。当泥床位置升至 0.5～1 m 时（或泥位超过低位探头时），恢复回流泵从池锥部位回流污泥。

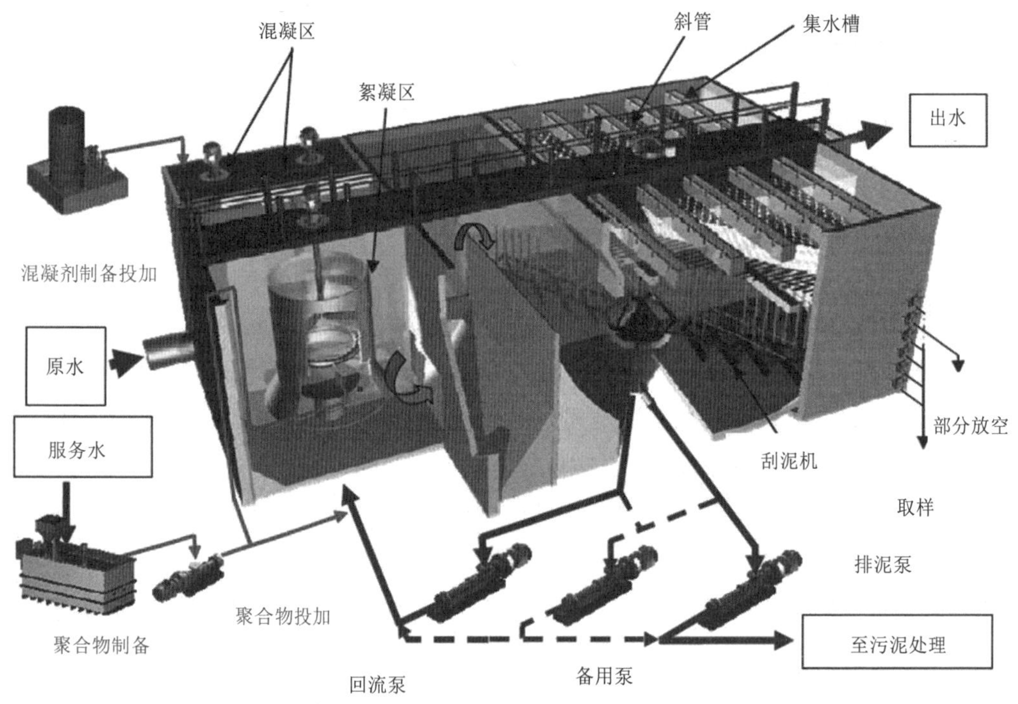


图 4.5-2　高密度沉淀池设备分布

（4）泥位控制

泥床的作用在于为回流积攒足够的污泥并提高污泥的浓度。泥位的稳定性是判断高密度沉淀池运行状况的一个指标。通过一系列的仪表监测污泥界面并以此为依据对排泥进行控制和调节。

1）高泥位检测。泥位计用于泥位明显升高时控制加速排泥，该探头的安装位置必须高于刮泥机的栅条约 0.2 m（否则探头有被拉断的危险）。其设定必须满足以下两个要求：

A. 最大流量下泥层的完整性：泥位过高则污泥有可能被水流带走，并造成斜管下方污泥浓度过大，部分或全部斜管跑泥。

B. 稳定和高浓度的回流：根据处理类型及规模的不同，要求泥层至少要高于回流锥 0.5～2 m。

2）低泥位检测。该探头用于保证回流的稳定性和在系统中保持一定的泥位，可停止或减少排泥。如果泥床过低，就有回流污泥不足的危险，会导致澄清效果不好，排放的污泥浓度低。

3）回流污泥采集点。如果在没有污泥的情况下启动高密度沉淀池，必须从泥斗底部开始污泥循环，以快速地在絮凝池内得到准确的浓度，当泥床位置升至 0.5～1 m 时，开始从池锥部位开始回流污泥。

（5）排泥控制

排泥的目的在于通过进口和出口的物料平衡来维持泥床的液位。

如果排泥可以做到与进水流量成正比，那么每个排泥期间 $tE$（s）可以在每流过进水 $V_i$（$m^3$）后开始。固定排泥时间 $tE$（s），以保证泥床液位的稳定性。如果出现泥床高液位或高密度沉淀池刮泥机的第一个过力矩报警，那就应该提高排泥的频率和泵送时间。

（6）高密度沉淀池浓缩刮泥机控制

刮泥机的转速必须能够把污泥送到漏斗底部，但是该转速不能过高，以避免破坏矾花。池底部的污泥浓度过高会导致高密度沉淀池刮泥机的第二个力矩报警并使该刮泥机跳闸。刮泥机的第一个力矩报警应自动控制增加排泥泵运行台数，快速降低污泥浓度。

## 二、滤池运行控制

### 1. 滤池工艺流程

V 形滤池是一种以恒定水位过滤的快滤池。滤池两侧的进水槽呈“V”形，池内的超声波水位自动控制装置可根据水位自动调节出水清水阀开度，使池内水位恒定。V 形滤池使用单层砂滤料，粒径通常为 0.95～1.35 mm，不均匀系数为 1.2～1.6，滤料层厚度为 1.0～1.5 m。

每组滤池配套设备：1 台超声波液位计、1 台进水电动闸门、1 台反洗排水电动闸门、1 台反洗进气气动阀（开关型）、1 台反洗进水气动阀（开关型）、1 台滤池放气气动阀、1 台产水电动调节阀。产水电动调节阀可接受 PLC 输入的电信号，根据输入的电信号调整阀门的开启度，并能把阀门的开启度转化为 4～20 mA 电信号输出给 PLC。

滤池反冲洗设备：3 台反洗水泵（2 用 1 备），2 台反洗风机（1 用 1 备）、2 台反洗风机放空电动阀。

## 2. V 形滤池控制方式

V 形滤池控制方式分为就地控制和远程控制两种，V 形滤池监控主画面见图 4.5-3。

（1）就地控制（现场控制）：V 形滤池现场设置一面控制箱，内设触摸屏，可以在选择触摸屏操作的前提下，手动控制 V 形滤池所有设备的启停，同时可对 V 形滤池进行“强制反洗”操作和反洗过程手动操作。

（2）远程控制（DCS 控制）分为两种模式：一是手动操作模式；二是自动运行模式。选择手动操作模式时，可在上位机上手动控制 V 形滤池所有设备的启停，同时可对 V 形滤池进行“强制反洗”操作和反洗过程手动操作。选择自动运行模式时，V 形滤池在设定程序下自动进行过滤和反冲洗。

（3）时间、液位均可在上位机参数设置界面中设置。

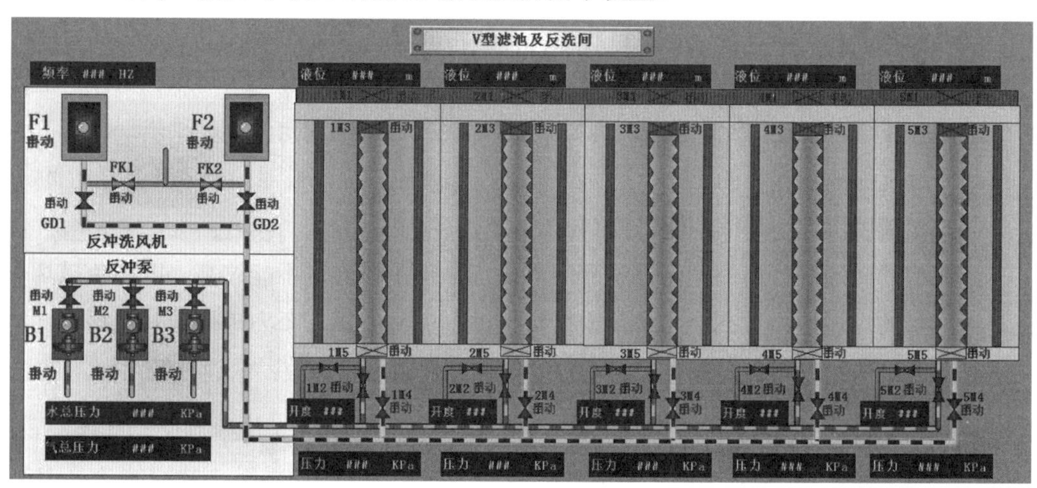


图 4.5-3　V 形滤池上位机监控画面

## 3. V 形滤池的过滤和反冲洗程序

滤池的运行包括过滤和反冲洗两个过程。

（1）过滤

1）当池内液位达到 $L_1$（中液位值可调）时，开启产水电动阀。

2）调节产水电动阀开度使池内水位保持在 $L_1 \pm 0.1$ m。

（2）反冲洗

1）关闭进水电动闸门；

2）待水位下降至液位 $L_2$ 时（低液位值可调），关闭产水电动阀；

3）打开反洗排水电动闸门；

4）打开反洗进气气动阀；

5）启动 1 台反洗风机，进行气冲洗（反洗风机启动步骤：先打开风机放空电动阀，再启动风机，10 s 后关闭放空电动阀）；

6）气冲洗 180 s（可调）后再进行气水反冲洗，先打开反洗进水气动阀，再启动反冲洗水泵进行气水反冲洗 240 s（可调）；

7）气水反冲洗 240 s（可调）后停止反洗风机运行（反洗风机停机步骤：先打开放空电动阀，再停止风机，10 s 关闭放空电动阀）；

8）关闭反洗进气气动阀；

9）打开滤池放气气动阀；

10）增开一台反冲洗水泵，进行水冲洗；

11）水冲洗 180 s（可调）后停止反冲洗泵；

12）关闭反冲进水气动阀；

13）关闭滤池放气气动阀；

14）进入过滤状态。

（3）反冲洗程序启动的条件

滤池在以下三个条件下均会启动反冲洗程序：

1）“时间周期”自动反冲洗条件。设置滤池最大运行周期（缺省值为 48 h，可调），当达到运行周期时，启动反冲洗程序。

2）“水头损失”自动反冲洗条件。当产水电动阀开度达到 90%（可调）时，同时池内液位＞$L_1$+0.2 m 时，启动反冲洗程序。

3）“强制反洗”反冲洗条件。在上位机设“强制反洗”键，按下后将启动反冲洗程序。

滤池的三个反洗条件中，“强制反洗”条件优先级最高，“水头损失”条件次之，“时间周期”条件最低。

## 三、紫外消毒系统控制

### 1. 系统组成和工作原理

紫外技术是 20 世纪 90 年代兴起的一种快速、经济的高效消毒技术。它是利用特殊设计的高效率、高强度和长寿命的波段（110～280 nm）紫外光发生装置产生紫外辐射，用以杀灭水中的各种细菌、病毒、寄生虫、藻类等。其机理是一定剂量的紫外辐射可以破坏生物细胞的结构，通过破坏生物的遗传物质而杀灭水生生物，从而达到净化水质的目的。

紫外线消毒是一种物理方法，它不向水中增加任何物质，没有副作用，不会产生消毒副产物。但缺乏持续灭菌能力，所以一般要与其他消毒方法联合使用。

紫外线杀菌消毒系统采用模块化设计，模块的大小和剂量随处理量和水质的不同而定制设计，将消毒模块置于消毒水渠内，连同岸上的其他部件及 PLC 控制单元构成消毒系统。紫外线杀菌消毒系统一般由七大部分组成：①紫外消毒模块；②镇流器柜；③接线箱；④中央控制柜；⑤自动清洗装置；⑥水位控制系统；⑦起吊装置等，如图 4.5-4、图 4.5-5 所示。

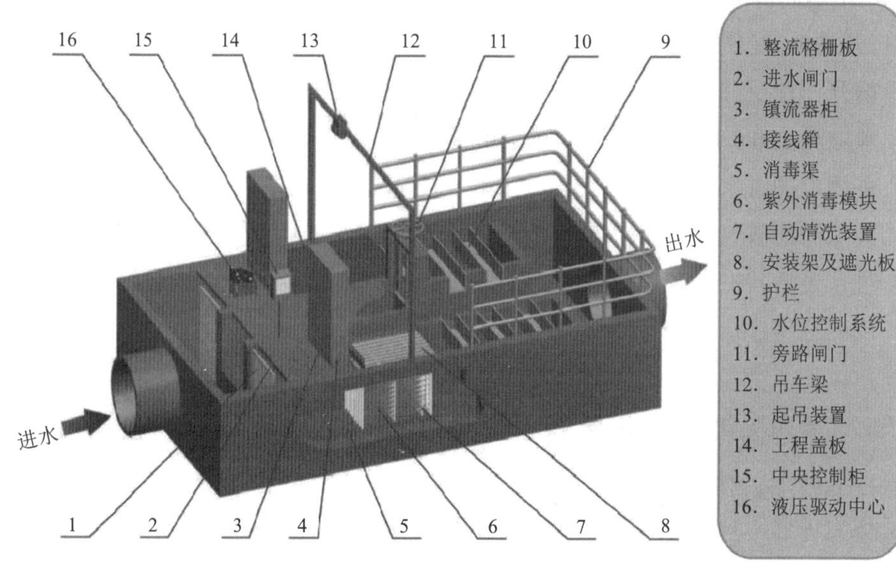


图 4.5-4 紫外消毒系统

图 4.5-5 紫外消毒渠和设备

## 2. 控制方式

中央控制柜包括触摸屏和 PLC 控制中心，具备人机操作界面以及紫外消毒模块工作状态监视和启停控制、报警信号、数据监测、水位控制、自动清洗控制等诸多功能，系统控制中心界面如图 4.5-6 所示。

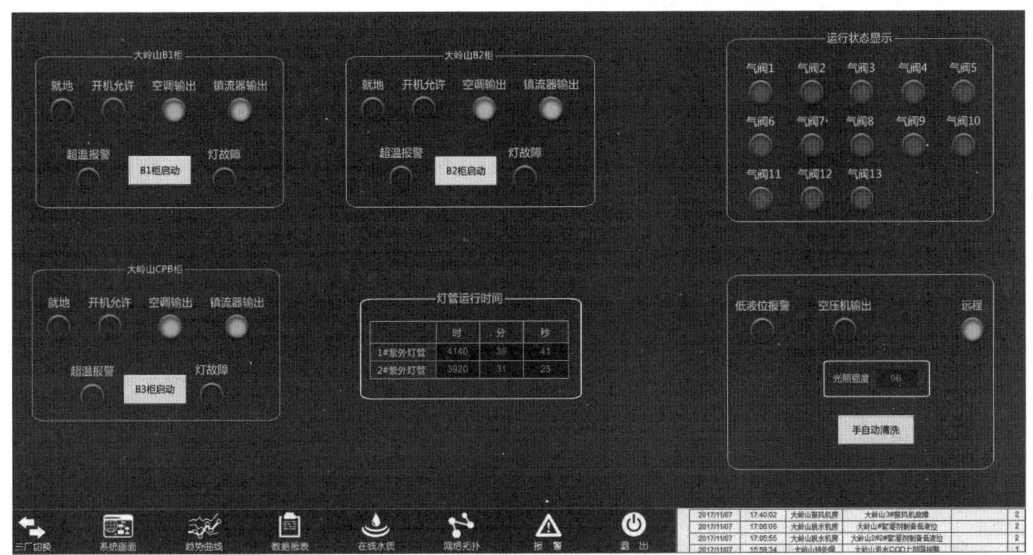


图 4.5-6　紫外线消毒系统控制中心界面

（1）系统控制中心

包含整套监视和控制系统，包括灯管状态监测、模块状态和光强控制。紫外系统控制中心和一个配电中心一体化设置，从配电中心直接取电。本系统控制中心与中控室通过网络通信协议进行通信。

（2）监测系统

本系统每个灯组配备了一个紫外探头，用来监测具有代表性的灯管上发出的平均紫外光强度。

（3）水位控制系统

自动水位控制系统（ALC）——ALC 被设计用来保持每个渠道中的最小水位波动，以保证在流量变化的情况下维持紫外灯管仍能安全的浸没于水中。所有与水接触的部件都由 304 不锈钢或合适的塑料材质制造，ALC 的配重码由低碳钢制造。

（4）清洗系统

一套在线自动机械加化学清洗系统，实现了系统的全自动清洗，大大提高了紫外光的有效输出，减少了设备运行维护成本和灯管的使用数量。具有食品级认证的凝胶清洗剂的使用，最大限度地减少了清洗剂的使用，避免了二次污染产生的可能。

# 任务 4.6　污泥处理的过程控制

## 一、带式污泥脱水系统的控制

### 1. 工艺流程

污泥脱水系统包括带式脱水机以及絮凝剂制备装置、絮凝剂输送泵、污泥进料泵、压滤机、浓缩机、冲洗泵、输送机、干泥泵、气动开启式污泥斗等，配有现场控制箱。脱水系统的开启和关闭可通过中央控制室上位机监控画面操作，也可由现场就地控制柜手动控制，如图 4.6-1 所示。

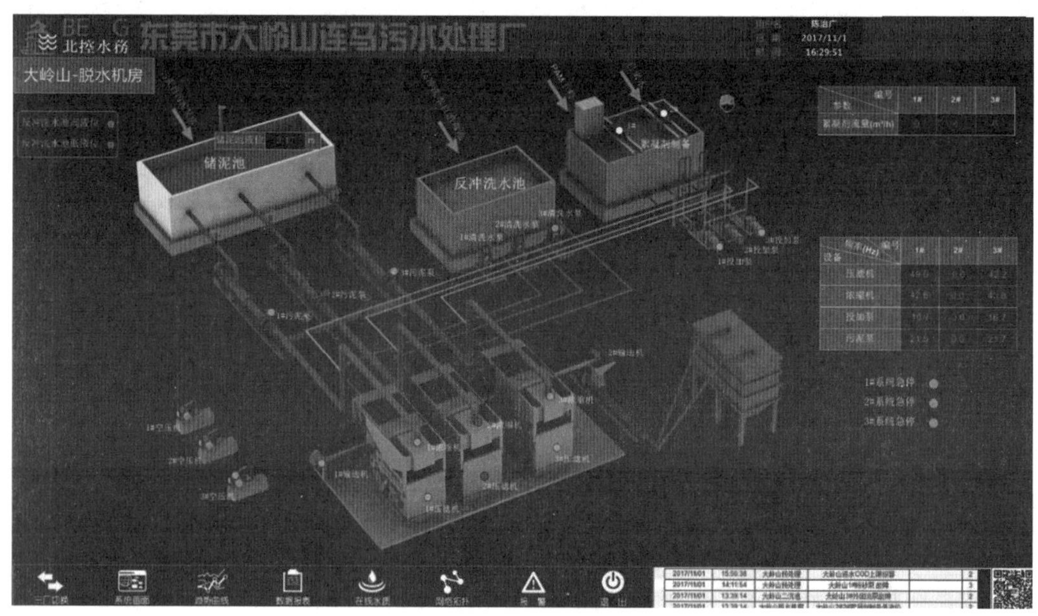


图 4.6-1　脱水机上位监控画面

### 2. 带式污泥脱水机控制

（1）开机程序

1）检查电源开关闭合，气动压力正常，储泥池泥位正常。

2）启动浓缩机、压滤机，依次开启滤带清洗系统、进泥阀、污泥进料泵，当污泥进料流量计达到进料流量时再启动加药泵。

3）检查出泥饼含水率，调节絮凝剂药量；启动螺旋输送机和干泥泵输送泥饼至泥仓；压滤机工作期间，检查冲洗水压正常，观察泥饼含水率正常。

（2）停机程序

1）关闭进泥阀，停止加药，打开冲洗电磁阀冲洗进泥泵。

2）冲洗干净滤布，让压滤机空载几圈沥干水分，停止冲洗水泵、停止上辊清洗阀门、停止上、下辊电机。

（3）带式污泥脱水系统相关设备的联锁控制

1）空压机由现场控制箱、PLC 远程和脱水机上压力开关保护控制。当压力高于 0.2 MPa 时接通，低于 0.2 MPa 时停止后续压滤机、浓缩机、加药泵、污泥泵，给出单独报警信号。

2）冲洗泵由现场控制箱、PLC 远程和脱水机上压力开关保护控制。当压力高于 0.3 MPa 时接通，低于 0.3 MPa 时停止后续压滤机、浓缩机、加药泵、污泥泵，给出单独报警信号。

3）浓缩机由现场控制箱、PLC 远程和脱水机上跑偏开关保护控制。当极限跑偏开关动作时停止后续压滤机、浓缩机、加药泵、污泥泵、输送机、干泥泵，给出单独报警信号。

4）压滤机由现场控制箱、PLC 远程和脱水机上跑偏开关保护控制。当极限跑偏开关动作时停止后续压滤机、浓缩机、加药泵、污泥泵，输送机、干泥泵，给出单独报警信号。

5）加药泵由现场控制箱、PLC 远程和加药泵上干转保护开关保护控制。当缺料过热开关动作时停止相应的压滤机、浓缩机、加药泵、污泥泵、输送机、干泥泵，给出单独报警信号。

6）污泥进料泵由现场控制箱、PLC 远程和污泥泵上干转保护开关保护控制。当缺料过热开关动作时停止相应的压滤机、浓缩机、加药泵、污泥泵、输送机、干泥泵，给出单独报警信号。

7）输送机由现场控制箱、PLC 远程控制。当电机过热保护开关动作时停止相应的压滤机、浓缩机、加药泵、污泥泵、输送机、干泥泵，给出单独报警信号。

8）干泥泵由现场控制箱、PLC 远程和污泥泵上干转保护开关保护控制。当缺料过热开关动作时停止相应的压滤机、浓缩机、加药泵、污泥泵、输送机、干泥泵，给出单独报警信号。

## 二、离心污泥脱水系统的控制

### 1. 离心脱水机结构和工作原理

离心机的结构原理：卧式螺旋卸料离心机主要由转鼓、螺旋和差速器组成，转鼓由主电机拖动。螺旋由辅电机通过差速器来拖动。主电机和辅电机都通过变频器调整差转速，来保证离心机稳定的分离效果。

高速旋转的转鼓内装有输料螺旋，其旋转方向与转鼓相同，但两者之间由差速器产生一定的速度差。悬浮液从进料管进入机内，在离心力的作用下，悬浮液固相被沉降在转鼓内壁，由输料螺旋推送到转鼓小端，从沉渣口排出，澄清后液相从转鼓大端溢流口流出，如图 4.6-2 所示。

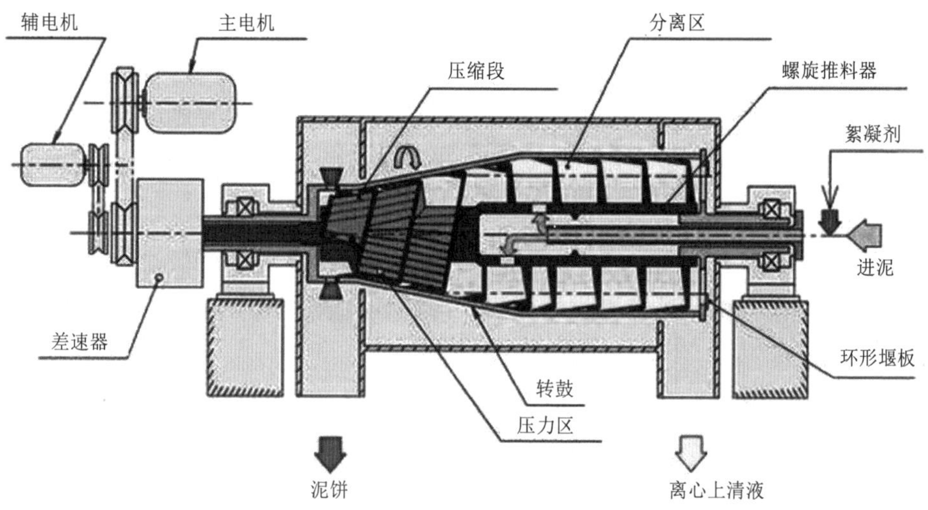


图 4.6-2　离心式脱水机结构原理

### 2. 离心脱水系统构成

离心式脱水系统主要由离心机本体、切割机、进泥泵、加药泵、冲洗泵、螺旋输送机和配套电气控制柜组成。

离心机本体部分主要包括主机电机和辅机电机构成。电气控制柜部分主要包括以下几部分组成：

1）进线电源断路器和电源分配断路器等；

2）DC 24V 开关电源；

3）接触器及配套热电器等；

4）控制变压器；

5）变频器（包括主机变频器和辅机变频器 2 台、进泥泵变频器 1 台、加药泵变频器 1 台）；

6）PLC 控制器；

7）端子继电器；

8）就地控制触摸屏等。

### 3. 离心式脱水机 PLC 控制模式

（1）单机操作模式

离心式污泥脱水机 PLC 控制分为手动和自动操作模式。手动操作模式下，操作人员可通过现场触摸屏（HMI）操作单机设备启停和频率给定，即通过点击 HMI 主画面中的进泥泵图标，进入进泥泵控制画面，在此操作画面下，操作人员可通过点击进泥泵启动和停止按钮对进泥泵进行启停操作，同时触摸屏（HMI）上指示设备运行状态，可通过修改进泥泵频率设定值，调节进泥泵变频器运行频率，见图 4.6-3。

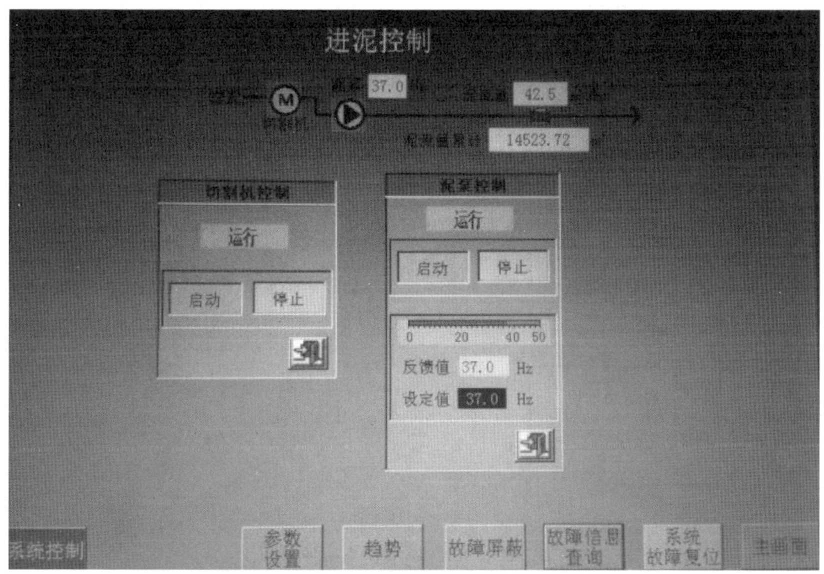


图 4.6-3　进泥手动控制操作

（2）自动操作模式

自动操作模式下，离心式脱水机按照设定的流程执行，如图 4.6-4 所示，该流程图包括开机流程和停机流程。

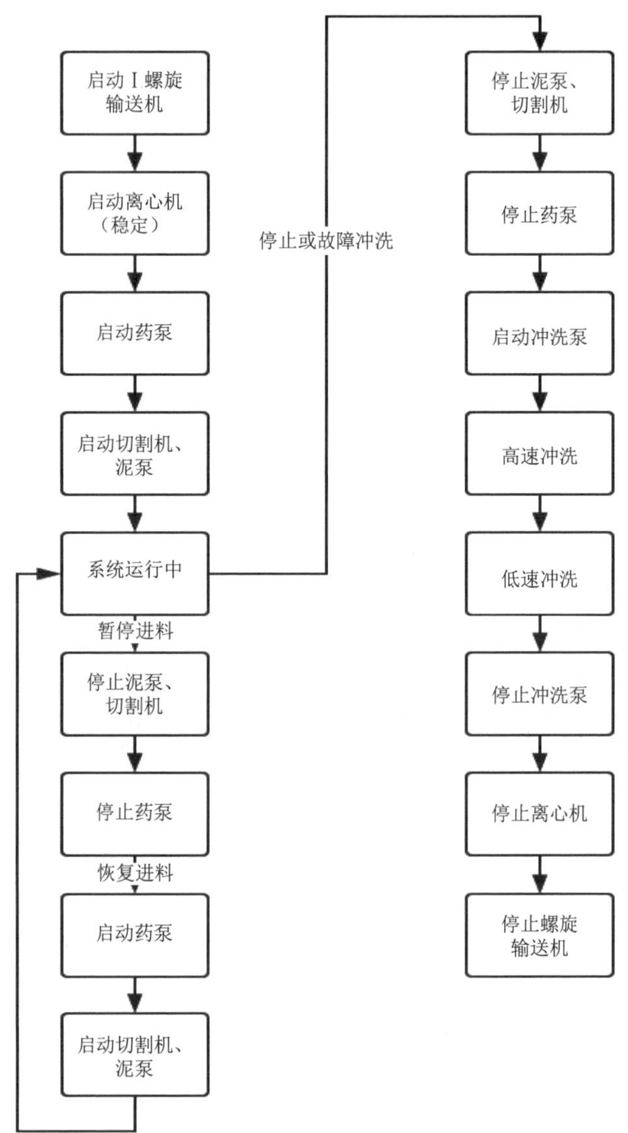


图 4.6-4 离心脱水设备操作流程

### 4. 离心式脱水机 PLC 报警设置

离心式脱水机 PLC 设有设备故障处理功能，可通过触摸屏（HMI）人为选择相应设备故障信号的有效性，例如，切割机故障信号，若人为选择该故障信号有效，当该故障信号发生时，将触发该故障信号报警，同时根据该故障的优先级，选择是否触发离心机故障联锁停机。离心式脱水机的故障信号包括：

1）离心机故障；

2）泥泵故障；

3）药泵故障；

4）切割机故障；

5）泥斗刀闸阀故障；

6）Ⅰ螺旋故障；

7）回流阀故障；

8）冲洗泵故障；

9）Ⅱ螺旋故障；

10）料位触发；

11）泥流量故障；

12）药流量故障；

13）制药系统故障；

14）干泥泵故障；

15）PLC 间通信故障。

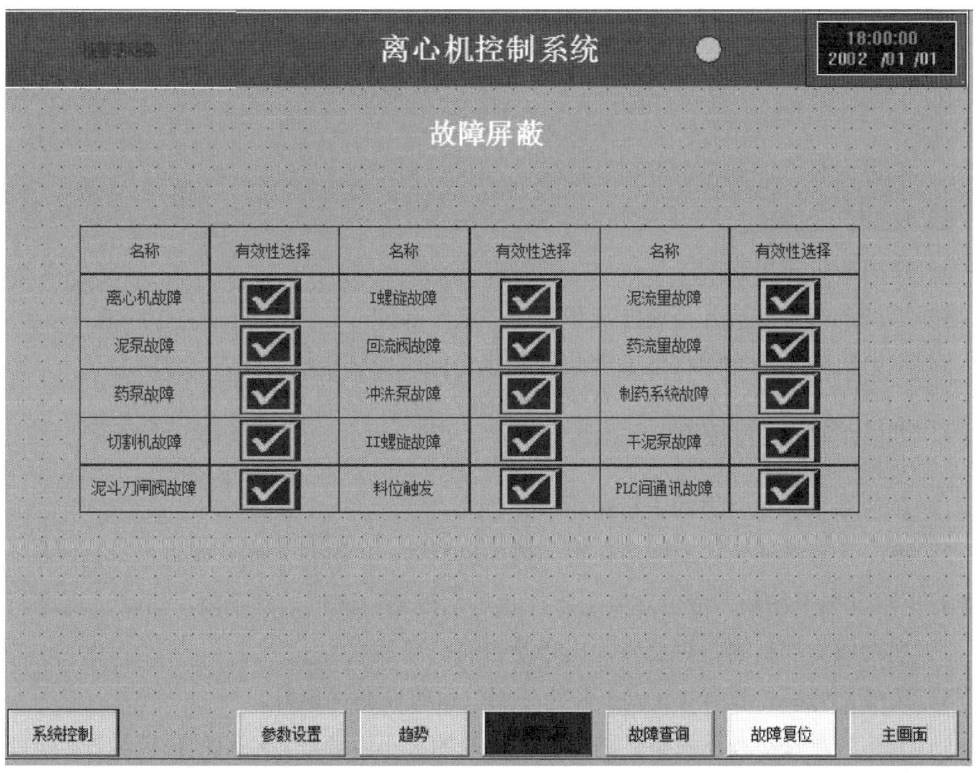


图 4.6-5　故障屏蔽界面

### 5. 离心机启动操作及运行监控

（1）离心机启动

1）当主机转速达到设定转速，10 s 后开始启动加药泵，同时启动切割机、进泥泵进料，进完料后立即查看主机的扭矩、电流，如果扭矩较低，可以继续进料。扭矩控制在40%最佳。

2）当进泥泵频率为处理量的一半时，适当加药，开始观察出液出泥情况，根据出液情况调整加药量。

3）按照差转速公式进行调节。稳定主电机频率，差转速$\Delta n$一般要求大于 8，根据出泥情况调节差转速。如果出泥比较稀，把差转速适当减小，如果出泥很干，增大差转速，通过差转速的值计算出辅机频率，通过调节辅机频率来增大或者减小差转速。

（2）运行监控

1）观察主电机电流和辅电机电流在合适的范围。

2）观察出渣出液情况，如果泥太稀，适当减小差转速。如果泥太干，适当增加差转速。

3）如果出液水质太差，适当增加药量。

### 6. 停机操作

1）停进泥泵、加药泵、停料、停药；

2）反冲洗开始；

3）停离心机主电机；

4）加冲洗水，冲洗分高速冲洗和低速冲洗两部分；

5）主电机扭矩降为10%左右停止冲洗水，同时停辅电机，停冲洗水。

### 7. 加药系统运行控制

1）在药箱里加上合适的干粉药。

2）确保水管畅通，启动加药装置，搅拌机启动，同时进水阀开始进水，延时后，加药螺旋开始投加干粉药。液位达到上限停止进水进药，液位达到下限，启动进水进药。

3）观察螺旋加料器是否旋转，出口是否有药粉流出。

4）药液配好后，搅拌 1 h 以上开始使用，这时候药性最好。

5）供药时，直接开加药泵供药即可。药量的大小主要看离心机的出液情况而定，离心机液相出液情况不好，增加药量，出液情况良好，适当减少一点药。

6）巡视时需注意药箱液位、自来水量、搅拌器运转情况等。

## 8. 故障处理

1）主电机电流扭矩偏高，立即停止进料。

2）辅电机电流扭矩偏高，立即增大差转速。如果辅电机电流上升很快，立即停止进料。

3）停止进料后电流扭矩下降不明显，立即停机加冲洗水冲洗，如果电流在偏高的范围一直不降，立即减小差转速。用冲洗水冲洗较长时间。

4）上清液发黑，应适当增加加药量或者降低进泥量，如果效果不好，可适当增加差速，把离心机里积累的泥尽快推出去。

【实训任务】

# 实训任务 4-1　污水处理厂工艺运行监视与操作

## 一、任务用途

污水处理厂工艺运行监视与操作，能够通过上位机监控系统切换污水处理厂各工艺画面实时监视污水处理厂各工艺单元的仪表值、设备状态，查看现场实时视频；操作报表、曲线控件查看历史生产数据；识别并处理运行、设备类异常报警。

## 二、方法步骤

### 1. 登录上位机监控系统

双击上位机监控系统图标进入系统登录界面，见图 4-1-1，填写登录账号、密码，单击登录进入监控主页面。

图 4-1-1　登录界面

（1）在用户名窗口，单击“▼”选择用户名；
（2）在密码窗口，填写用户名对应的密码，然后单击确认按钮登录系统。

### 2. 工艺单元画面选择

打开“系统画面选择”按钮进入工艺单元画面名称列表页面，见图 4-1-2。单击要查看的工艺单元名称。

大岭山系统画面选择

| 总平面图 | 工艺总览 | 总表 | 配电间 |
|---|---|---|---|
| 预处理 | 生物处理 | 二沉池 | 出水区 |
| 脱水机房 | 鼓风机房 | 紫外消毒 | |

图 4-1-2　工艺单元列表界面

## 3．全厂鸟瞰图

全厂鸟瞰图包括污水处理厂内构筑物、PLC 柜、巡检点、摄像头位置。能够直观查看生产、办公构筑物位置，PLC 主站、巡检点、视频摄像头安装位置。

图 4-1-3　全厂鸟瞰图

1）单击"PLC 柜"按钮，查看每套主站 PLC 在污水处理厂的位置分布；

2）单击"巡检点"按钮，查看每个工艺巡检点在污水处理厂的位置分布；

3）单击"摄像头"图标，查看实时现场视频画面。

## 4．全厂工艺流程图监视

全厂流程图（图 4-1-4）包括各生产工艺单元的构筑物、管道，以及关键设备和仪表，能够直观查看全厂工艺流程及管道走向；能够监视各工艺单元的关键仪表的实时值，关键设备的实时状态。

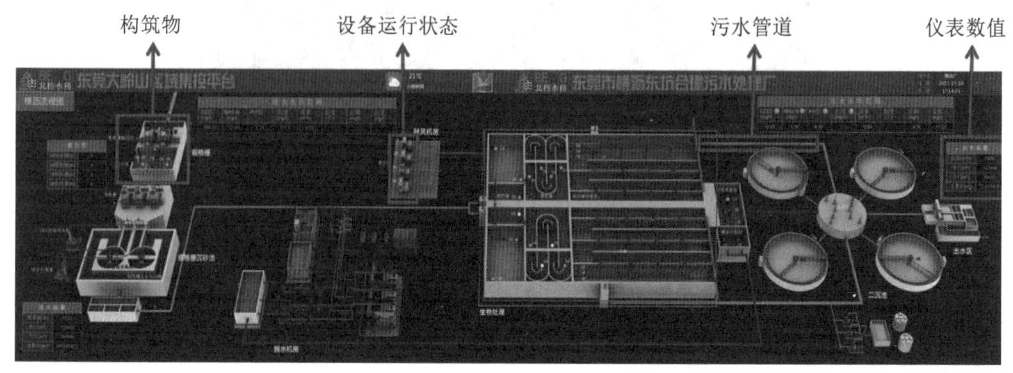


图 4-1-4　工艺流程

1）双击“构筑物”3D 图，可全屏显示工艺单元画面；

2）单击“仪表数值”框，可查看此仪表趋势曲线。

## 5. 工艺单元运行监视

工艺单元画面包括本工艺段的构筑物、管道，以及仪表、设备、摄像头。能够直观查看本工艺单元的构筑物构成及管道走向，能够监视本工艺的所有仪表位置及实时值，所有设备位置及实时状态。图 4-1-5 为预处理工艺单元监视画面。

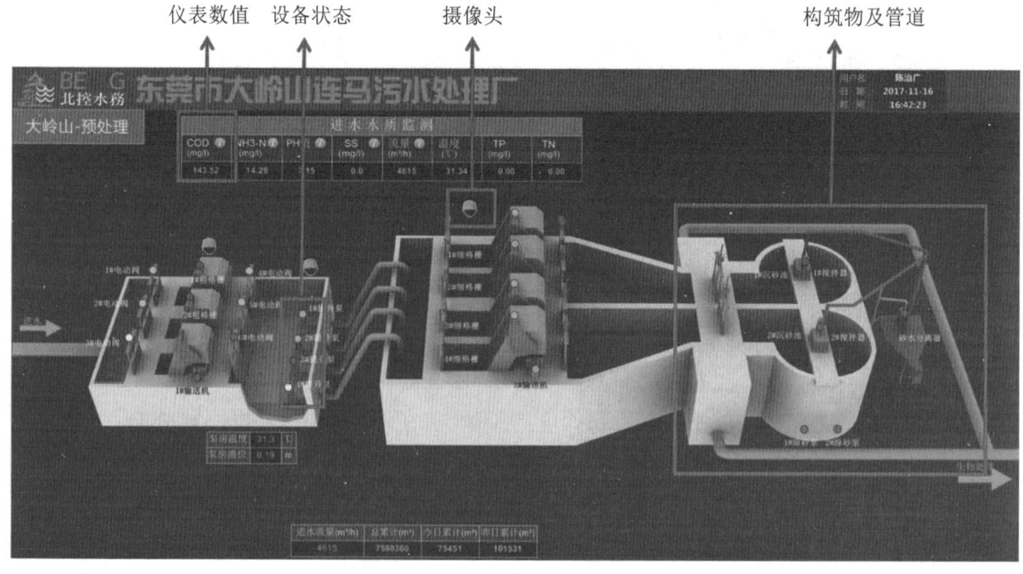


图 4-1-5　预处理工艺单元监视画面

1）单击“仪表数值”框，可查看此仪表趋势曲线；

2）单击“设备状态”，可进行此设备的远程操作；

3）点击“摄像头”图标，查看实时现场视频画面。

## 6. 历史趋势曲线操作

历史趋势曲线用于污水处理厂生产数据类（指开关量）指标的图形化展示。能够自定义选择多个指标，设置起止日期。

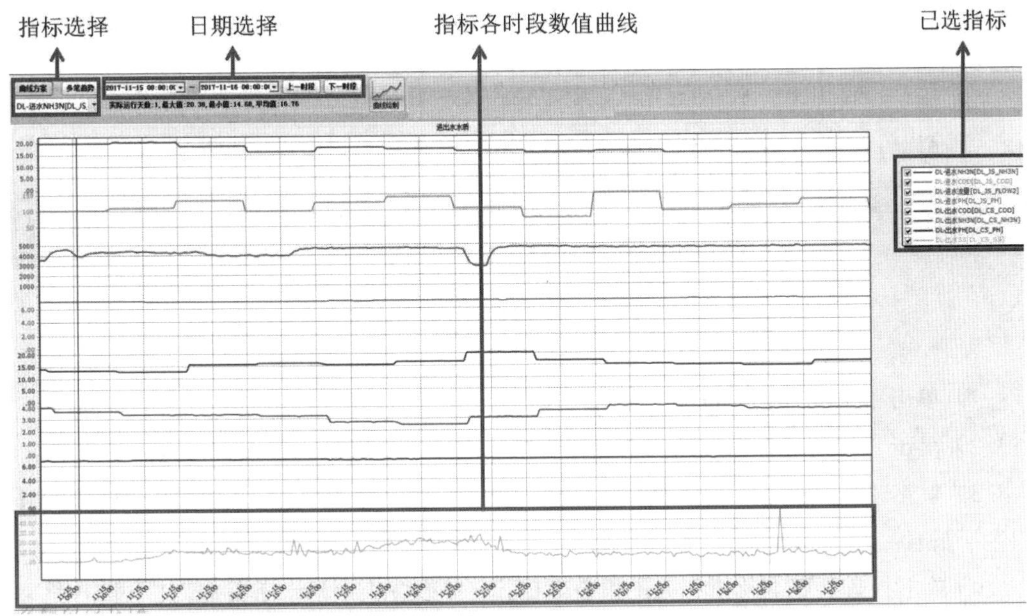


图 4-1-6　历史趋势曲线界面

1）单击“趋势曲线”按钮，进入生产指标历史数据趋势曲线查询页面；

2）单击“多笔趋势”按钮，自定义勾选要查看的指标，单击“日期选择”框，选择要查询指标的起止时间，单击“曲线绘制”生成指标数据历史曲线图；

3）左右移动“曲线坐标指针”，查看具体时间点时的指标实际值，系统自动弹出文字“XX指标XX时间XX值”。

## 7. 生产报表操作

污水处理厂常规生产报表用于各生产指标历史记录的快速查看使用。

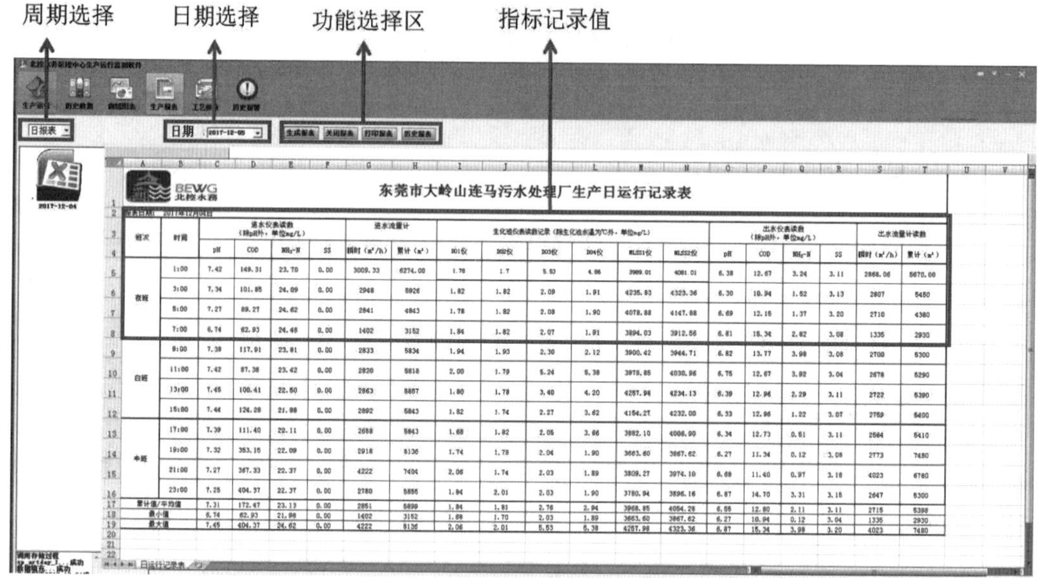


东莞市大岭山连马污水处理厂生产日运行记录表

| 班次 | 时间 | 进水仪表读数（除pH外，单位mg/L） | | | | 进水流量计 | | 生化池仪表读数记录（除生化池水温为℃外，单位mg/L） | | | | | | 出水仪表读数（除pH外，单位mg/L） | | | | 出水流量计读数 | |
|---|---|---|---|---|---|---|---|---|---|---|---|---|---|---|---|---|---|---|---|
| | | pH | COD | $NH_3$-N | SS | 瞬时（$m^3/h$） | 累计（$m^3$） | DO1仪 | DO2仪 | DO3仪 | DO4仪 | MLSS1仪 | MLSS2仪 | pH | COD | $NH_3$-N | SS | 瞬时（$m^3/h$） | 累计（$m^3$） |
| 夜班 | 1:00 | 7.42 | 149.31 | 23.70 | 0.00 | 3009.33 | 6274.00 | 1.76 | 1.7 | 5.53 | 4.86 | 3909.01 | 4081.01 | 6.38 | 12.67 | 3.24 | 3.11 | 2868.06 | 5670.00 |
| | 3:00 | 7.34 | 101.85 | 24.09 | 0.00 | 2948 | 5926 | 1.82 | 1.82 | 2.09 | 1.91 | 4235.83 | 4323.36 | 6.30 | 10.94 | 1.52 | 3.13 | 2807 | 5450 |
| | 5:00 | 7.27 | 89.27 | 24.62 | 0.00 | 2841 | 4843 | 1.78 | 1.82 | 2.08 | 1.90 | 4078.88 | 4147.88 | 6.69 | 12.15 | 1.37 | 3.20 | 2710 | 4380 |
| | 7:00 | 6.74 | 62.93 | 24.48 | 0.00 | 1402 | 3152 | 1.84 | 1.82 | 2.07 | 1.91 | 3894.03 | 3912.56 | 6.81 | 15.34 | 2.82 | 3.08 | 1335 | 2930 |
| 白班 | 9:00 | 7.38 | 117.91 | 23.81 | 0.00 | 2833 | 5834 | 1.94 | 1.93 | 2.30 | 2.12 | 3900.42 | 3944.71 | 6.82 | 13.77 | 3.98 | 3.08 | 2708 | 5300 |
| | 11:00 | 7.42 | 87.38 | 23.42 | 0.00 | 2820 | 5818 | 2.00 | 1.79 | 5.24 | 5.38 | 3979.85 | 4030.96 | 6.75 | 12.67 | 3.92 | 3.04 | 2678 | 5290 |
| | 13:00 | 7.45 | 100.41 | 22.50 | 0.00 | 2863 | 5857 | 1.80 | 1.78 | 3.40 | 4.20 | 4257.98 | 4234.13 | 6.39 | 12.96 | 2.29 | 3.11 | 2722 | 5390 |
| | 15:00 | 7.44 | 124.28 | 21.98 | 0.00 | 2892 | 5843 | 1.82 | 1.74 | 2.27 | 3.62 | 4154.27 | 4232.00 | 6.33 | 12.96 | 1.22 | 3.07 | 2769 | 5400 |
| 中班 | 17:00 | 7.39 | 111.40 | 22.11 | 0.00 | 2688 | 5843 | 1.68 | 1.82 | 2.05 | 3.66 | 3882.10 | 4006.90 | 6.34 | 12.73 | 0.61 | 3.11 | 2564 | 5410 |
| | 19:00 | 7.32 | 353.15 | 22.09 | 0.00 | 2918 | 8136 | 1.74 | 1.78 | 2.04 | 1.90 | 3663.60 | 3867.62 | 6.27 | 11.34 | 0.12 | 3.08 | 2773 | 7480 |
| | 21:00 | 7.27 | 367.33 | 22.37 | 0.00 | 4222 | 7404 | 2.06 | 1.74 | 2.03 | 1.89 | 3809.27 | 3974.10 | 6.68 | 11.40 | 0.97 | 3.16 | 4023 | 6780 |
| | 23:00 | 7.25 | 404.37 | 22.37 | 0.00 | 2780 | 5855 | 1.84 | 2.01 | 2.03 | 1.90 | 3780.94 | 3896.16 | 6.87 | 14.70 | 3.31 | 3.18 | 2647 | 5300 |
| 累计值/平均值 | | 7.31 | 172.47 | 23.13 | 0.00 | 2851 | 5899 | 1.84 | 1.81 | 2.76 | 2.94 | 3968.85 | 4054.28 | 6.55 | 12.80 | 2.11 | 3.11 | 2715 | 5398 |
| 最小值 | | 6.74 | 62.93 | 21.98 | 0.00 | 1402 | 3152 | 1.68 | 1.70 | 2.03 | 1.89 | 3663.60 | 3867.62 | 6.27 | 10.94 | 0.12 | 3.04 | 1335 | 2930 |
| 最大值 | | 7.45 | 404.37 | 24.62 | 0.00 | 4222 | 8136 | 2.06 | 2.01 | 5.53 | 5.38 | 4257.98 | 4323.36 | 6.87 | 15.34 | 3.98 | 3.20 | 4023 | 7480 |

图 4-1-7　报表操作画面

1）单击“生成报表”按钮，进入污水处理厂生产报表查询页面；

2）单击“周期选择”按钮，选择报表统计周期，一般分为日报、月报；

3）单击“日期选择”选择具体日期段，单击“生产报表”显示此周期下具体时间段的生产报表；

4）单击报表页签名称进行生产报表间切换，一般分为水量水质报表、工艺运行报表、设备运行报表等；

5）具有权限的查询人可打印、导出生产报表。

## 8. 生产报警查询操作

生产报警查询页面分为实时报警和历史报警两类，实时报警用于查看各工艺单元正存在的报警信息；历史报警用于查询各工艺单元已确认的历史报警信息。

1）单击“报警”按钮，进入报警信息查询页面；

2）单击“实时”按钮，选择工艺单元名称，查看当前正存在的报警信息；

3）单击“历史”按钮，选择起止日期，选择工艺单元名称，查看此日期区间内各工艺单元的报警信息。

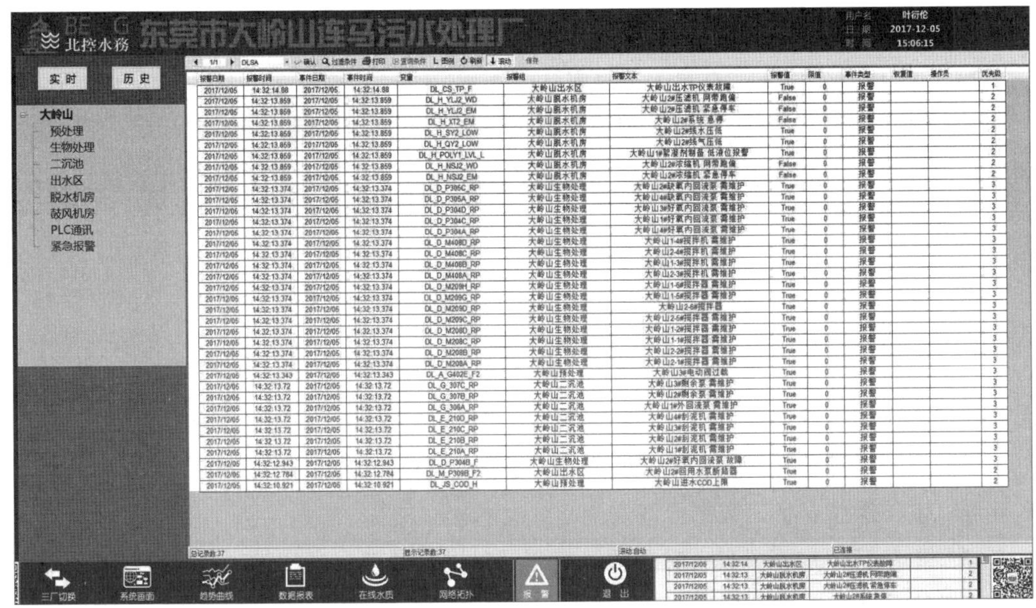

图 4-1-8　报警查询画面

## 9. 工单处理

中控室上位机监控系统中的工单用于污水处理厂日常生产调度和异常事件处理使用，一般包括工艺调整单、设备调整单、工艺异常通知单、设备异常通知单、巡检工单等。

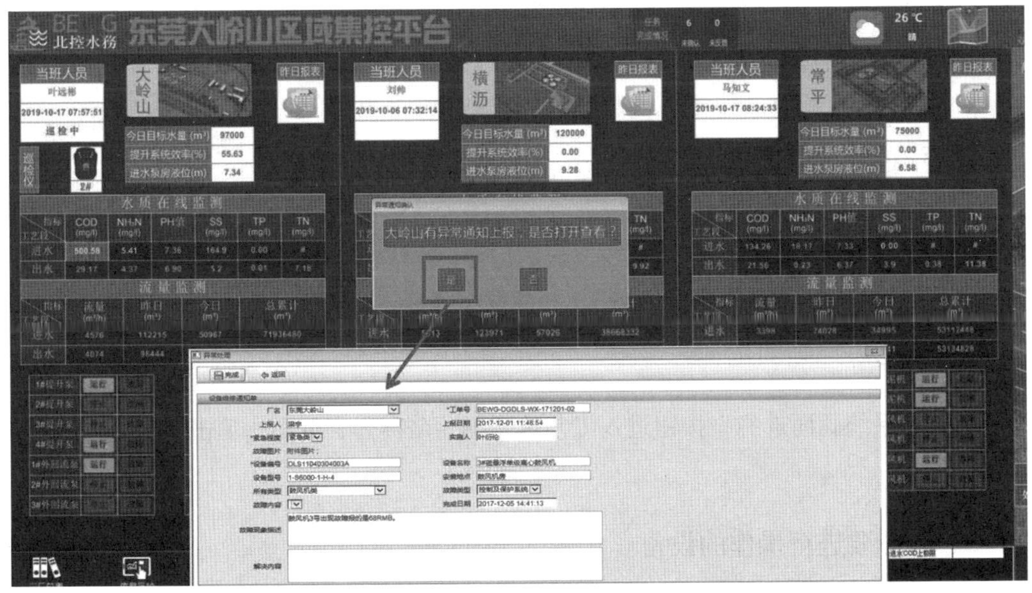

图 4-1-9　工单处理画面

1）污水处理厂编制并提交工单，系统推送到上位机监控系统，并自动弹出提醒；

2）单击“是”按钮，查看工单内容；

3）工单执行，能够处理的事项填写处理意见，点击“完成”，结束工单，系统自动消息反馈提交人；无法处理的填写原因说明，选择“专业负责人”，报上级主管领导处理，系统显示处理进度。

## 三、注意事项

（1）账号管理，使用上位机监控系统前需先注册账号，登录后方可完成污水处理厂工艺运行监视和操作。

（2）权限管理，按照岗位职责设置用户权限，不同权限具有的功能不同，以保证污水处理厂设备操作安全，数据查询安全。

（3）工单管理，工单具有时效性，需要及时进行处理，当超过时间时系统按照设置节点推送给分管负责人处理。

# 实训任务 4-2　污水一级处理的过程控制

## 一、任务用途

通过在上位机监控系统设定粗格栅运行参数，实现粗格栅的时间—液位控制运行，熟悉污水处理厂一级处理过程的控制方法。

## 二、方法步骤

### 1．登录上位机监控系统

双击上位机监控系统图标进入系统登录界面，填写登录账号、密码，单击登录进入监控主页面。

### 2．工艺单元画面选择

打开“系统画面选择”按钮进入工艺单元画面名称列表页面，单击“预处理”工艺单元名称。

### 3．选择要进行操作的设备

在“预处理”工艺单元界面中，选择“粗格栅”设备监控界面。

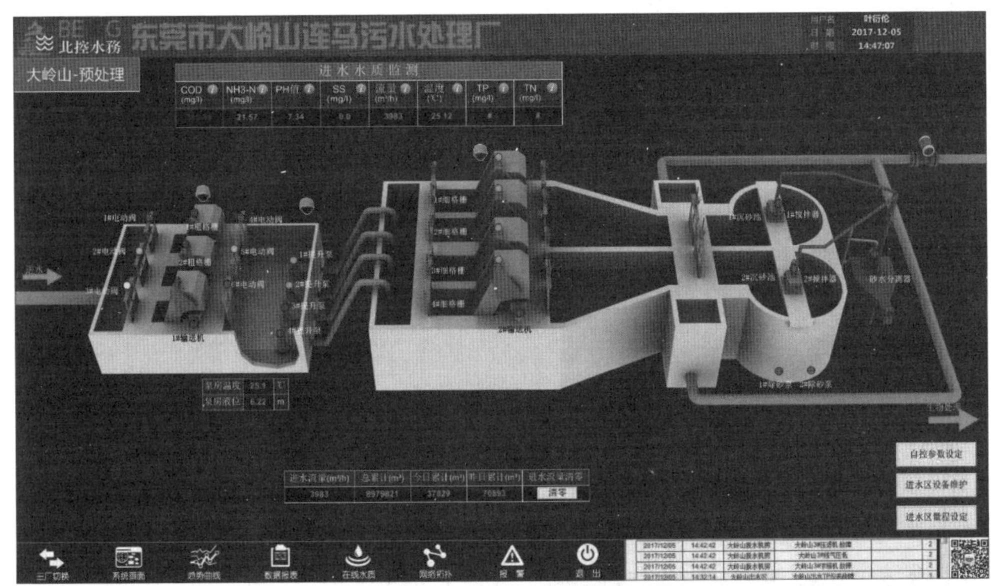


图 4-2-1　预处理工艺单元监视画面

## 4．确认上位机监控界面设备控制状态

在粗格栅上位机监控界面中分别点击 1#粗格栅设备图形，弹出设备控制窗，见图 4-2-2。点击“自动”按钮，将 1#粗格栅设置为“远程自控”。

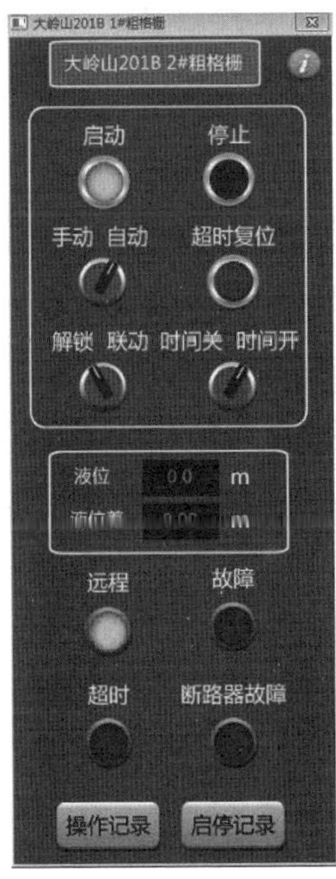


图 4-2-2　设备控制窗

## 5. 选择控制参数设定功能

在“粗格栅”设备监控界面中点击“自动参数设定”按钮，弹出参数设定小视窗，如图 4-2-3 所示。

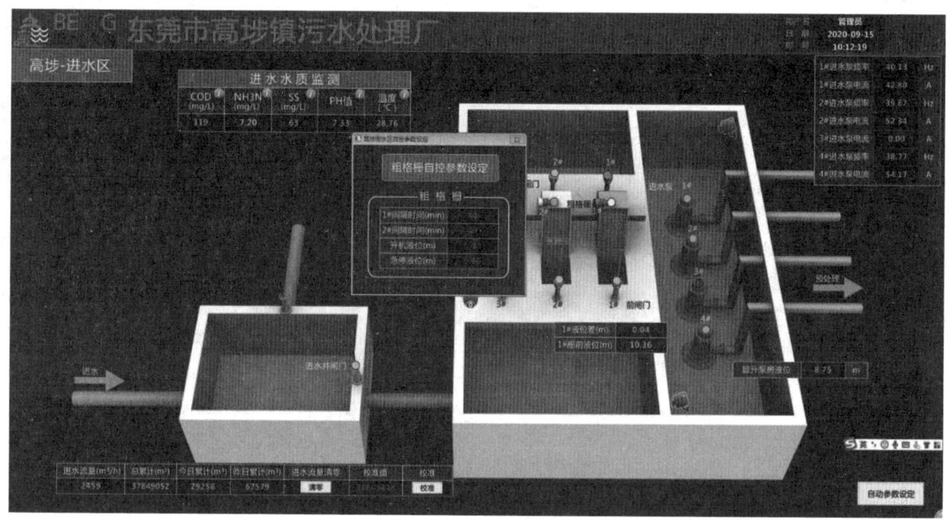


图 4-2-3 参数设定视窗

## 6. 在参数设定视窗中，修改控制参数

修改 1#粗格栅运行间隔时间为 45 min、开机液位差为 0.30 m、急停液位差为 0.50 m。点击“确认执行”。

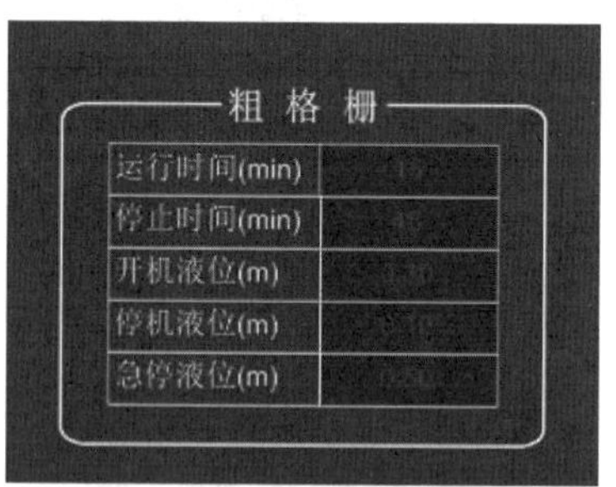


图 4-2-4 修改参数设定

# 三、注意事项

设置完成后，运行人员应监视粗格栅前后液位差实时变化，当液位差高于 0.3 m 时粗格栅应自动启动运行。如发现下列情况，应视为设备异常并通知运行班值班长：

粗格栅液位差显示数值为负值或长时间为 0；

粗格栅液位差高于 0.3 m，粗格栅并未启动运行（状态标识为绿色）；

粗格栅设备状态显示为“故障”（运行状态标识为黄色）。

# 实训任务 4-3　污水二级处理的过程控制

## 一、任务用途

通过设定鼓风机运行控制参数，熟悉污水处理厂二级处理过程的控制方法。

## 二、方法步骤

### 1. 登录上位机监控系统

双击上位机监控系统图标进入系统登录界面，填写登录账号、密码，单击登录进入监控主页面。

### 2. 工艺单元画面选择

打开“系统画面选择”按钮进入工艺单元画面名称列表页面，单击“鼓风机房”工艺单元名称。

### 3. 确认上位机监控界面设备控制状态

在鼓风机上位机监控界面中分别点击 2#鼓风机设备图形，弹出控制状态小视窗，见图 4-3-1。点击“投入自动”按钮，将 2#鼓风机设置为“远程自控”。

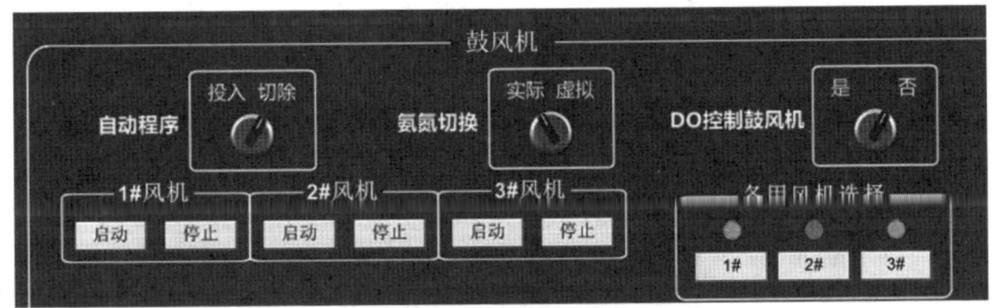


图 4-3-1　鼓风机控制操作窗口

### 4. 选择参数设置界面

在“鼓风机房”工艺单元界面中，点击“参数、操作界面”（图 4-3-2）。

图 4-3-2　鼓风机参数操作界面

## 5. 设置运行控制参数

在“参数、操作界面”设置 $2^{\#}$鼓风机“开度”控制参数。设置 $2^{\#}$鼓风机出口导叶开度参数值为 65%。点击“确认执行”（图 4-3-3）。

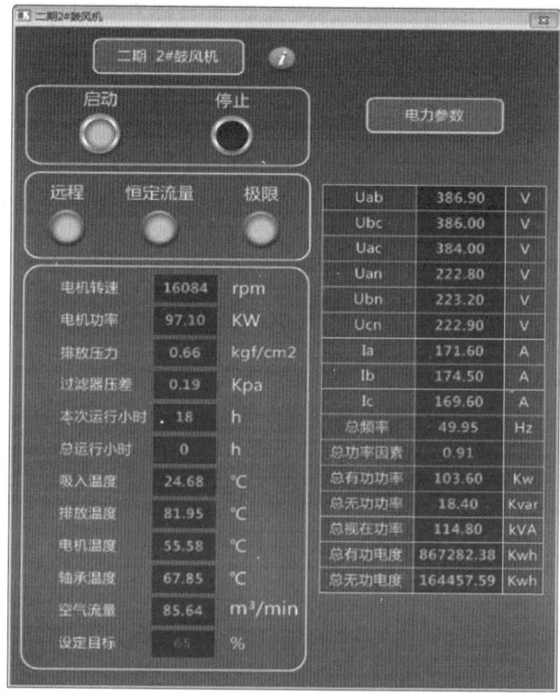


图 4-3-3　修改参数

## 三、注意事项

鼓风机的远程自动控制参数有“给定频率”“给定转速”“给定开度”等，根据实际工艺运行需要进行选择。

操作人员在鼓风机运行过程中应关注鼓风机运行状态，发现油温、轴温、电机绕组温度、喘振等报警时，须停止鼓风机运行，并上报值班主管，待问题查明解决后，方可再次启动。

# 实训任务 4-4　三级处理（滤池）过程监控画面操作

## 一、任务用途

三级处理过程（滤池）监控画面操作能够通过上位机监控系统实时监视滤池系统设备运行状态和水、电、药流量的仪表值，查看现场实时视频；操作报表、曲线查看历史生产数据；识别并处理运行、设备类异常报警。

## 二、方法步骤

（1）登录上位机监控系统，进入三级处理过程（滤池）监控画面，见图 4-4-1。

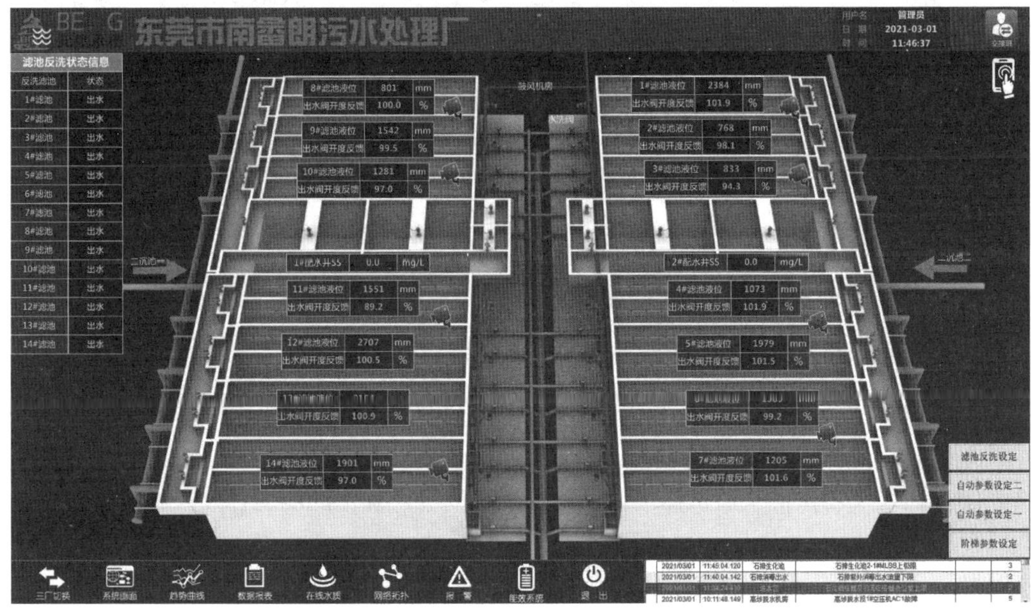


图 4-4-1　滤池监控画面

（2）监控滤池系统所有运行设备（进水阀、排水阀、气洗阀、排气阀、水洗阀、出水调节阀）的运行状态，并对异常故障设备进行上报处理和异常查询。

（3）查看在线仪表数据，并对异常数据进行核对分析。

（4）通过摄像头查看现场设备运行状态和滤池运行效果。

（5）退出滤池自动运行，远程控制滤池运行水位。

（6）能够投入滤池运行，熟悉手动操作阀门的流程。

（7）能够退出滤池运行，熟悉手动操作阀门的流程。

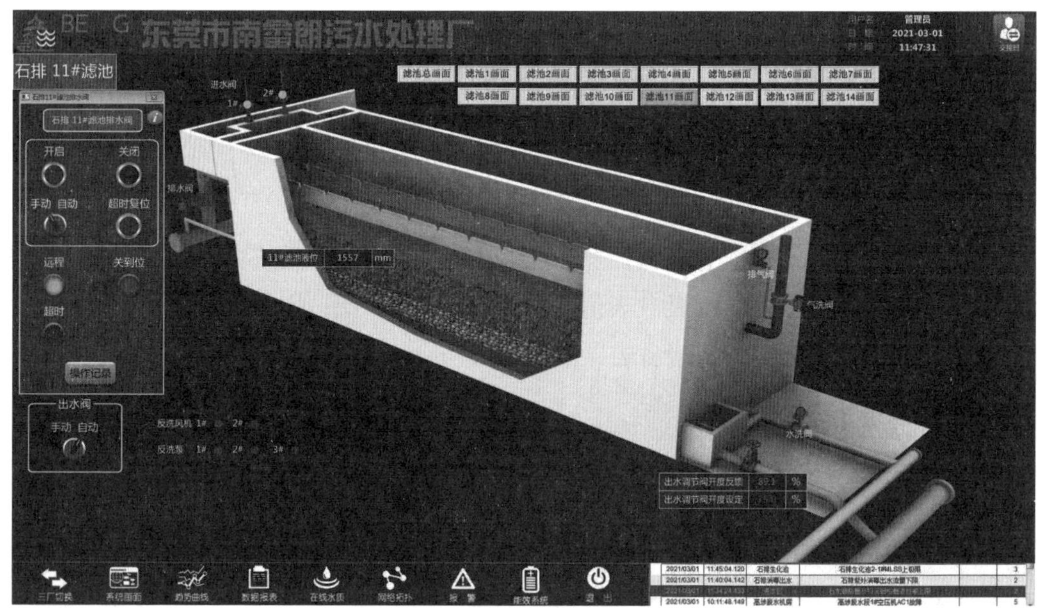


图 4-4-2　滤池操作画面

## 三、注意事项

（1）滤池阀门多，运行和反冲洗程序复杂，随时监视设备运行情况，发现设备异常告警、程序异常须及时处理。

（2）监视仪表数据显示情况，发现滤池运行液位、滤后浊度、阀门开度异常须及时处理。

（3）通过现场摄像头监试滤池运行、反冲洗情况，确保滤池运行效果和现场安全。

# 实训任务 4-5　污泥处理（带式脱水机）监控画面操作

## 一、任务用途

污泥处理（带式脱水机）监控画面操作，能够通过上位机监控系统实时监视脱水系统设备运行状态和水、电、药流量的仪表值，查看现场实时视频；操作报表、曲线查看历史生产数据；识别并处理运行、设备类异常报警。

## 二、方法步骤

（1）登录上位机监控系统，进入污泥处理（带式脱水机）监控画面，见图 4-5-1。

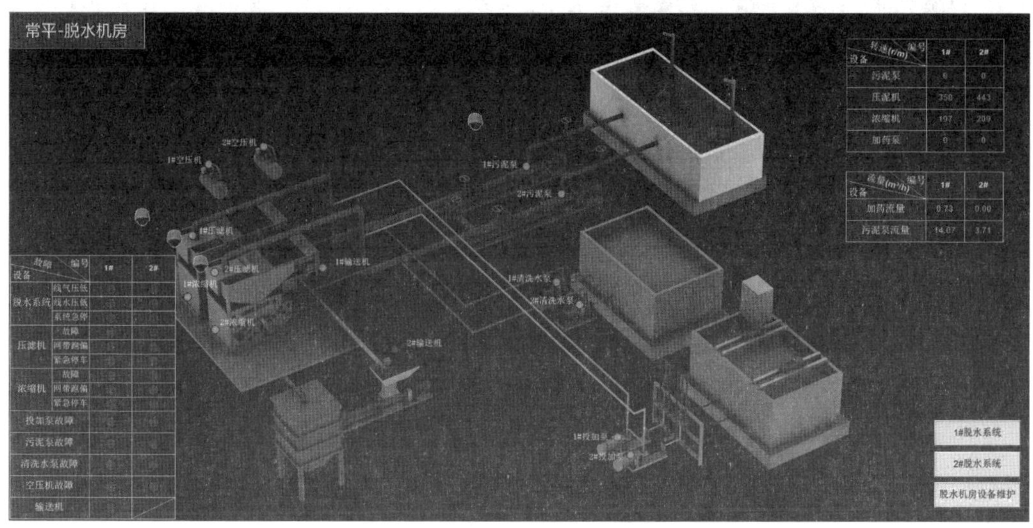


图 4-5-1　带式脱水机监视画面

（2）监控脱水系统所有运行设备（投药泵、清洗泵、污泥泵、压滤机、浓缩机、空压机）的运行状态，并对异常故障设备进行上报处理和异常查询。

（3）查看在线仪表数据，并对异常数据进行核对分析（图 4-5-2）。

（4）通过摄像头查看现场设备运行和污泥脱水效果。

（5）能够对进泥泵进行远程启停，对进泥量、加药量进行调整。

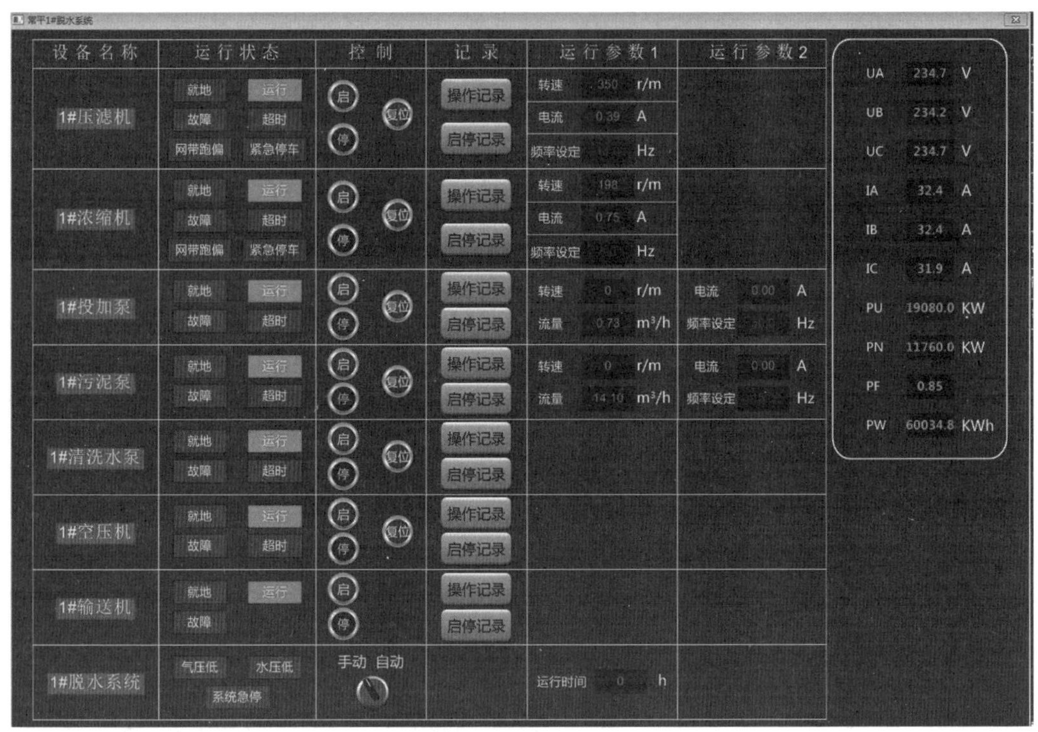


图 4-5-2　在线仪表数据

## 三、注意事项

1．监视设备运行情况，出现告警信号及时处理上报。

2．监视仪表数据，发现进泥流量异常及时处理。

3．通过摄像头监视脱泥效果，及时调整加药量。

【模块小结】

通过本模块学习，掌握了水厂各工艺单元运行监视功能和自动控制功能；能依托污水处理厂自控系统完成运行监控操作，了解各工艺单元运行情况，实时监测进出水水质与设备运行状态，记录分析生产数据；能够对工艺运行异常、设备异常情况迅速反应，及时调控，实现污水处理厂安全经济运行。

【模块练习】

1．简述上位机监控系统账号登录操作步骤。

2．简述生产报表操作步骤，以生产日报表为例。

3．简述粗格栅液位差控制逻辑。

4．请举出两种进水提升泵的控制逻辑。

5．简述溶解氧-鼓风机联动控制逻辑。

6. $A^2/O$ 生物反应池一般分为几段，名称分别是什么？

7. 滤池系统远程实时监控的内容有哪些？

8. 进出水量的改变是通过什么方式来实现？

9. 滤池系统反冲洗的方式和条件有哪些？

10. 脱泥系统远程实施监控的内容有哪些？

11. 脱泥系统如何调整加药量、进泥量？

答案解析

# 参考文献

[1] 常晓玲．电气控制系统与可编程控制器[M]．北京：机械工业出版社，2015：20-30.

[2] 龚淑贞．可编程控制器原理及应用（第 3 版）[M]．北京：人民邮电出版社，2013：10-20.

[3] 王洪臣．城市污水处理厂运行控制与维护管理[M]．北京：科学出版社，1999：347-412.

[4] 李晓尚．城市污水处理厂的自动控制系统设计[J]．HMI 及 PLC 控制系统，2014（4）：52.

[5] CJJ 60—2011 城镇污水处理厂运行、维护及安全技术规程[S].

[6] 人力资源和社会保障部教材办公室．污水处理工（三级）[M]．北京：中国劳动社会保障出版社，2018：4-19.

[7] 人力资源和社会保障部教材办公室．污水处理工（四级）[M]．北京：中国劳动社会保障出版社，2018：135-204.

[8] GB 18918—2002 城镇污水处理厂污染物排放标准[S].